KB134992

한국의 균류

• 담자균류 •

주름버섯목
끈적버섯과
땀버섯과
외대버섯과
깃싸리버섯과
자색꽃구름버섯과
밀고약버섯과
소혀버섯과
컵버섯과
치마버섯과
은행잎버섯과
겨나팔버섯과
부들국수버섯과
국수버섯과

나팔버섯목
방망이싸리버섯과
나팔버섯과
뱅어버섯과

Fungi of Korea

Vol.4: Basidiomycota

Agaricales
Cortinariaceae
Inocybaceae
Entolomataceae
Pterulaceae
Cyphellaceae
Amylocoriciaceae
Fistulinaceae
Niaceae
Schizophyllaceae
Tapinellaceae
Tubariaceae
Typhulaceae
Clavariaceae

Gomphales
Clavariadelphaceae
Gomphaceae
Lentariaceae

한국의 균류 ④

: 담자균류

초판인쇄 2019년 6월 3일
초판발행 2019년 6월 3일

지은이 조덕현
펴낸이 채종준
편 집 박지은
디자인 홍은표
펴낸곳 한국학술정보(주)
주 소 경기도 파주시 회동길 230 (문발동)
전 화 031) 908-3181(대표)
팩 스 031) 908-3189
홈페이지 http://ebook.kstudy.com
E-mail 출판사업부 publish@kstudy.com
등 록 제일산-115호(2000.6.19)

ISBN 978-89-268-8838-4 94480
978-89-268-7448-6 (전6권)

Fungi of Korea Vol.4: Basidiomycota

Edited by Duck-Hyun Cho

Published by Korean Studies Information Co., Ltd., Seoul, Korea.

한국의 균류

•담자균류•

주름버섯목

끈적버섯과
땀버섯과
외대버섯과
깃싸리버섯과
자색꽃구름버섯과
밀고약버섯과
소혀버섯과
컵버섯과
치마버섯과
은행잎버섯과
겨나팔버섯과
부들국수버섯과
국수버섯과

나팔버섯목

방망이싸리버섯과
나팔버섯과
뱅어버섯과

Fungi of Korea

Vol.4: Basidiomycota

Agaricales

Cortinariaceae
Inocybaceae
Entolomataceae
Pterulaceae
Cyphellaceae
Amylocoriciaceae
Fistulinaceae
Niaceae
Schizophyllaceae
Tapinellaceae
Tubariaceae
Typhulaceae
Clavariaceae

Gomphales

Clavariadelphaceae
Gomphaceae
Lentariaceae

조덕현 지음

머리말

균류는 자연의 청소부라 불리며 훌륭한 분해자로서의 기능을 수행하고 있다. 그 덕분에 우리 환경은 깨끗한 생태계를 유지하고 있다. 하지만 균류의 물질 분해 기능을 제대로 알고 고마워하는 사람은 많지 않다. 다만 균류 중 버섯이 먹거리로서 주목을 받으며 식용버섯인지 독버섯인지에만 관심이 모아질 뿐이다. 또한 균류는 여러 가지 신물질, 특히 항암 성분을 가지고 있는 한편 싱싱한 목재를 썩게 하여 막대한 경제적 피해를 주기도 하며 병원균으로서 질병을 유발하기도 한다. 따라서 양날의 칼과 같은 균류를 어떻게 알아가고 이용하는지가 중요한 과제라 할 수 있다.

저자는 50년간 백두산을 비롯한 한국의 국립공원, 도립공원 등을 샅샅이 찾아다니며 균류를 채집해왔다. 그중 25년에 걸쳐 백두산 일대의 버섯을 집대성한 『백두산의 버섯도감』(1, 2권)을 출간하였다. 그동안 연구를 통해 확보한 방대한 자료에서 자낭균류만을 골라 『한국의 균류 1: 자낭균류』를 출간하였다. 자낭균류만을 전문적인 도감으로 출판한 나라는 세계에서 손에 꼽을 정도다. 이어서 담자균류 중 주름버섯과, 광대버섯과, 눈물버섯과, 송이버섯과를 중심으로 『한국의 균류 2: 담자균류』를 출간하였다. 이후 소똥버섯과, 졸각버섯과, 벚꽃버섯과, 배주름버섯과, 만가닥버섯과, 낙엽버섯과, 애주름버섯과, 배꽃버섯과, 뽕나무버섯과, 느타리과, 난버섯과, 구멍젖꼭지버섯과, 이끼버섯과, 독청버섯과를 다룬 『한국의 균류3: 담자균류』를 출간했다.

이번에 주름버섯목과 나팔버섯목 등 550여 종을 수록한 『한국의 균류 4: 담자균류』를 펴내게 되었다. 형태적인 것에 기반을 둔 과거의 분류 방식이 분자생물학적 방식으로 바뀌면서 도감 작업을 하는 데 여러 가지 문제를 야기하기도 했다. 과거의 학명이 전혀 다르게 바뀌어 전체를 하나하나 대조 · 확인해야 하는 작업이 필요했다. 그리고 하루가 다르게 학명이 바뀌어 또다시 재배치하는 등 어려움이 많았다. 그래서 이미 발표된 종들(species)이 빠져 있기도 하고 임시 배치하여 소속이 없거나 일부 분명치 않은 것도 있다. 앞으로 세계는 생물자원을 많이 확보한 나라가 부강한 나라가 될 것이라는 게 공통된 의견이다. 생물자원을 확보하기 위해서 전 세계는 지금 소리 없는 전쟁을 하고 있다. 과거에는 외국인 학자가 자국에 들어와서 연구 활동하는 것이 용이했으나 지금은 모든 나라가 엄격히 제한하고 있다. 자국의 생물자원이 외국으로 유출되는 것을 막고자 함이다. 본 도감이 한국의 생물자원을 보호하고, 미래 생물자원을 확보하고 활용하는 데 도움이 되기를 바란다.

이 도감은 저자 한 사람의 노력으로 이루어진 것이 아니다. 관찰을 함께한 정재연 큐레이터의 노력과 가족의 헌신적인 격려, 그리고 그동안 함께 연구한 많은 학부생과 대학원생의 노력이 담겼다. 머리 숙여 감사의 마음을 전한다.

조덕현

감사의 글

· 균학 공부의 길로 인도하고 아시아 균학자 3명 중 한 사람으로 선정해주신 이지열 박사(전 전주교육대학교 총장)에게 고마움을 드리며 늘 무언의 격려를 해주시는 이영록 고려대학교 명예교수(대한민국학술원)에게도 고마움을 전한다.

· 정재연 큐레이터는 사진 촬영을 도와주었음은 물론 현미경적 관찰 및 버섯표본과 방대한 사진자료를 정리해주었다.

· 이태수(전 국립산림과학원)의 도움이 있었으며 사진은 박성식(전 마산성지여고)과 왕바이(王柏 中國吉林長白山國家及自然保護區管理研究所)가 일부 촬영하였다.

일러두기

· 분류체계는 Fungi(10판)를 변형하여 배치하였다.

· 학명은 영국의 www.indexfungorum.org(2018.12)에 의거하였다.

· 과거의 학명도 병기하여 참고하도록 하였으며 등재되지 않은 것은 과거의 학명을 그대로 사용하였다.

· www.indexfungorum.org에 의하여 동종이명(synonium)으로 바뀐 것도 수록 · 기재하여 학명의 혼란이 없도록 하였다.

· 신칭은 라틴어 어원을 기본으로 신칭하였다. 한국 보통명의 개칭은 출판권의 우선원칙에 따르되 라틴어에서 어긋난 것(인명을 학명으로 사용한 것 등)은 버섯의 특성을 고려하여 개칭하였다.

· 학명은 편의상 이탤릭체가 아닌 고딕체로 하였고 신칭과 개칭의 표기는 편집상 생략하였다.

· 외대버섯속(Entoloma)의 일부가 비단광택버섯속(Entocybe)로 바뀌었고, 내림살버섯속(Rhodocybe)의 일부도 비탈내린버섯속(Clitocella)로 바뀌었다. 우단버섯속(Paxillus)의 일부도 원반버섯속(Tapinella)으로 바뀌었다. 싸리버섯속(Ramaria)의 일부가 흑볏싸리버섯속(Phaeoclavulina)으로 바뀌었으며 나팔버섯속(Gomphus)의 일부가 팽이버섯속(Turbinellus)으로 이동하였다.

· 한국 버섯의 보통명 상단에 해당 균류가 속한 생물분류를 일괄 표기하였다.
  [예: ○○강(아강) 》○○목 》○○과 》○○속]

차 례

담자균문

Basidiomycota

주름균아문

Agaricomycotina

돌기끈적버섯

Cortinarius acutus (Pers.) Fr.

형태 균모의 지름은 1~2㎝로 어릴 때 원추형이며 종 모양을 거쳐 편평해지나 중앙은 언제나 뾰족하다. 흡수성으로 밝은 황토갈색이며 습할 시 투명한 줄무늬선이 중앙까지 발달한다. 색깔은 크림-베이지색이고 건조하면 줄무늬선이 없어진다. 가장자리는 예리하고 백색의 표피 잔편이 오랫동안 부착한다. 얇은 살은 크림색에서 황토갈색으로 되고, 맛은 온화하다. 주름살은 자루에 대하여 홈파진주름살 또는 좁은 올린주름살로 크림-베이지색에서 황토 갈색으로 되며 광폭이다. 언저리는 미세한 백색의 섬유실이다. 자루의 길이는 4~7㎝, 굵기 0.2~0.35㎝로 원통형이며 굽었고, 처음 속은 차 있다가 비게 되며 부서지기 쉽다. 표면은 밋밋하지만 어릴 때 미세한 백색의 섬유실이 전면에 피복하다가 곧 매끈해진다. 포자의 크기는 7.5~10.5×4.5~6㎛로 타원형이고 표면에 미세한 반점이 있고 밝은 노랑색이다. 담자기는 원통형에서 곤봉형으로 20~30×8~9.5㎛이다. 담자기는 4-포자성으로 기부에 꺾쇠가 있다.

생태 여름~가을 / 침엽수림의 땅, 이끼류속의 땅에 군생한다.

분포 한국, 일본, 중국, 유럽, 북미

흰삿갓끈적버섯

Cortinarius albofragrans Ammirati & M.M. Moser

형태 균모의 지름은 3~9㎝로 구형에서 둥근 산 모양을 거쳐 넓고 둥근 산 모양이 되며 물결형이다. 가장자리는 안으로 말렸다가 위로 들어 올려진다. 크림-백색에서 아이보리색으로 되었다가 연한 노랑색이 된다. 중앙은 크림 담황색에서 황토 담황갈색으로 된다. 밋밋한 표면은 습할 시 끈적거리며 광택이 나고, 건조 시 부스러기가 있다. 주름살은 넓은, 또는 좁은 바른주름살, 톱니상이고 밀생에서 촘촘하다. 유백색에서 회백색, 연한 담황색에서 붉은색이 되며, 포자가 성숙하면 갈색으로 된다. 자루의 길이는 5~10㎝, 굵기는 1~2㎝이며, 아래가 부풀거나 기부가 둥글게 되었을 때 지름이 1.5~3.5㎝다. 백색이며 때로 노란 담황색 띠가 있고, 표면은 약간 끈적거리고, 비단결 세로줄 섬유실과 거미집막의 섬유실이 있다. 거미집막의 섬유실이 턱받이 지대에 남아 있고, 균모의 가장자리에도 있다. 살은 균모에서는 두껍고 단단하지만 자루에서는 섬유상이며 백색에서 연한 백색이다. 과일 또는 향료 냄새이며 맛은 온화하나 좋지 않다. 포자문은 녹슨 갈색, 포자는 10~12.5×5.5~7㎛로 아몬드 모양이고 표면은 거칠다.

생태 가을~겨울 / 활엽수림의 땅에 단생 · 산생한다. 보통 종이다. 식용 여부는 알 수 없다.

분포 한국, 북미

흰검정끈적버섯

Cortinarius albonigrellus J. Favre

형태 균모의 지름은 15~25㎜로 어릴 때 원추형에서 종 모양으로 되며 중앙에 분명한 볼록이 있다. 표면은 미세한 방사상의 섬유실이 있고, 흡수성이다. 습할 시 적갈색을 띠는데 중앙은 흑갈색, 건조하면 가장자리부터 안쪽으로 황토색이 된다. 가장자리는 약간 물결형이며 백색에서 크림색의 섬유실이 오랫동안 매달린다. 살은 습할 시 흑갈색이고 건조 시 크림-노랑색이다. 균모의 중앙은 두껍고 가장자리는 얇다. 버섯 냄새가 나고 맛은 온화하다. 주름살은 자루에 넓은주름살, 핑크회색에서 녹슨 갈색으로 되고, 폭은 넓다. 언저리는 톱니상이다. 자루의 길이 20~30㎜, 굵기 2.5~4㎜, 원통형이며 기부로 갈수록 약간 부풀고 휘어지며, 속은 차 있다가 빈다. 표면은 회갈색이 황토갈색으로 된 바탕색에 기부부터 위쪽으로 갈수록 백색이 여러 갈래로 뻗어 있다. 막질의 턱받이가 있다. 포자는 6~9×4.3~5㎛로 넓은타원형, 표면에 희미한 사마귀반점이 있으며 맑은 노랑색이다. 포자문은 적갈색이다. 담자기는 30~39×9~11㎛이며 4-포자성이고 기부에 꺽쇠가 있다.

생태 여름~가을 / 이끼류와 버드나무 부근에 있는 관목류의 더미 등에 군생한다.

분포 한국, 유럽

흰보라끈적버섯

Cortinarius alboviolaceus (Pers.) Fr.

형태 균모의 지름은 2~7㎝로 둥근 산 모양에서 차차 평평하게 펴지며 가운데가 넓게 돌출된다. 표면은 끈적기가 없는 연한 회자색-은백색이고 약간 비단 같은 광택이 나며, 나중에 중앙부터 황토색을 띠게 된다. 가장자리는 오랫동안 아래로 감겨 있다. 살은 자줏빛이 도는 흰색이다. 주름살은 자루에 대하여 올린주름살 또는 바른주름살로 연한 자주색에서 황토갈색-녹슨 갈색으로 되며 폭이 넓고, 약간 성기다. 자루의 길이는 5~9㎝, 굵기는 0.6~1.1㎝로 아래쪽으로 갈수록 약간 굵어지고 밑동은 곤봉상이다. 표면은 균모와 같은 색이고 턱받이는 거미집막의 모양으로 남으며, 턱받이 아래쪽은 흰색 외피막 파편이 밀착되어 있다. 포자의 크기는 7.5~9.5×4.8~6.2㎛로 넓은 광타원형이고 연한 황색으로 표면에 미세한 사마귀반점이 덮여 있다. 포자문은 황색을 띤 녹슨 갈색이다.

생태 가을 / 활엽수의 숲에 군생한다.

분포 한국, 일본, 중국, 북반구 온대 이북

알카리끈적버섯

Cortinarius alcalinophilus Rob. Henry

형태 균모의 지름은 50~100(120)㎜로 어릴 때 반구형, 다음에 둥근 산 모양에서 편평하게 된다. 표면은 습할 시 미끈거리며 끈적기가 있고, 건조 시 무뎌지고, 그다음 중앙부엔 오렌지-노랑색이 많아지면서 오렌지-갈색의 얼룩이 갈색의 압착된 인편으로 된다. 가장자리 주변은 황금색이며, 고르고 오랫동안 안으로 말린다. 균모와 자루는 노랑색으로 다소 두껍고 냄새가 좋지 않으며, 온화하지만 맛이 없다. 주름살은 자루에 대하여 홈파진주름살이거나 좁은 바른주름살이다. 어릴 때 밝은 노랑색, 다음에 오렌지-노랑색이 오렌지-갈색으로 되며 폭은 약간 좁다. 언저리는 밋밋하다. 자루는 길이 50~80㎜, 굵기 10~15㎜로 원통형, 기부는 둥글고 부서지기 쉽고, 속은 차고 표면은 밋밋하다. 노란 바탕색 위에 미세한 갈색의 긴 세로 섬유실로 덮여 있다. 기부는 노랑의 균사체가 있다. 포자는 9~11.5×5.3~6.5㎛, 아몬드형에서 약간 레몬형, 표면은 사마귀반점이 있고, 황토갈색이다. 포자문은 적갈색, 담자기는 26~30×9~10㎛로 곤봉형, 4-포자성, 기부에 꺽쇠가 있다.

생태 여름~가을 / 느티나무 밑에 군생한다. 흔치 않은 종이다.

분포 한국, 유럽

적갈색끈적버섯

Cortinarius allutus Fr.

형태 균모의 지름은 40~70(80)㎜로 어릴 때 반구형, 후에 둥근 산 모양에서 편평하게 되며 때로는 중앙에 톱니상이 있다. 표면은 밋밋하고 건조 시 무디게 되고, 습할 시 광택이 나고 미끈거리며, 짙은 노랑-황토색에서 오렌지-갈색이 된다. 어리고 신선할 때 미세한 백색-가루상이다. 살은 백색, 균모의 중앙에서는 두껍고, 가장자리 쪽으로 갈수록 얇다. 냄새는 희미하며 자루 기부는 벌꿀색 비슷하다. 맛은 온화하다. 주름살은 자루에 대하여 넓은 바른주름살이고 어릴 시 백색, 후에 회갈색이 되며 폭은 넓다. 언저리는 밋밋하다가 톱니상이다. 자루의 길이 40~70㎜, 굵기는 10~15㎜로 원통형이고 속은 차고, 휘어지기 쉽고, 기부는 다소 부푼다. 표면은 백색, 어릴 시 세로줄의 백색-섬유실이 있고, 후에 황토갈색으로 되며 기부는 백색으로 남는다. 포자는 7.3~9.6×4.4~5.6㎛, 타원형에서 약간 아몬드형이며 표면에 약간 사마귀반점이 있고, 맑은 노랑색이다. 담자기는 27~33×8~9㎛, 곤봉형에서 배불뚝이형이며 4-포자성이고 기부에 꺽쇠가 있다.

생태 가을 / 침엽수림의 땅에 군생. 보통 종이 아니다.

분포 한국, 유럽, 북미

흰자작나무끈적버섯

Cortinarius alnobetulae Kühner

형태 균모의 지름은 30~40(60)㎜로 어릴 시 반구형, 다음에 둥근 산 모양에서 편평한 둥근 산 모양으로 된다. 표면은 밋밋하고, 습할 시 심한 미끈거림과 광택이 있으며 건조 시 무디다. 어릴 시 올리브색, 후에 올리브색의 황토갈색으로 되며 중앙은 적갈색이다. 가장자리는 오랫동안 안으로 말리며 어릴 때 섬유실의 거미집막이 있다. 살은 노랑색, 얇고 냄새는 없으며 맛은 온화하다. 주름살은 홈파진주름살 또는 약간 넓은 바른주름살이며 어릴 시 크림색과 라일락색을 띠다가 후에 갈색으로 되며 폭은 넓다. 언저리는 톱니상이다. 자루의 길이 30~45(60)㎜, 굵기 8~15㎜로 원통형, 기부는 양파 모양으로 둔하게 부풀고, 빳빳하며 속은 차 있다. 표면은 어릴 시 라일락 바탕색 위에 하얀 백색의 껍질로 덮여 있다. 매끈하고 갈색의 턱받이 흔적이 있다. 색깔은 핑크-보라색으로 되고, 황토-노랑색이 곳곳에 있다. 표피 밑은 보라색이다. 포자는 11.5~14×7.3~8.4㎛, 레몬형에서 아몬드형, 표면에 사마귀반점이 있다. 담자기는 35~48×11~13㎛, 곤봉형이며 4-포자성, 기부에 꺽쇠가 있다.

생태 여름 / 숲속의 땅, 녹색지대에 단생 또는 몇 개의 집단으로 발생한다.

분포 한국, 유럽

회색껍질끈적버섯

Cortinarius alpicola (Bon) Bon
C. epsomiansis var. alpicola Bon

형태 균모의 지름은 3~5.5㎝로 어릴 때 둥근 산 모양에서 편평해지나 물결형이며 중앙은 약간 굴곡진다. 표면은 밋밋하다가 결절형, 무디고 약간 압착된 섬유상 인편이 있다. 질은 황토색에서 갈색으로 된다. 가장자리는 고르고 예리하다. 냄새가 나며 맛은 온화하다. 주름살은 홈파진주름살 또는 넓은 올린주름살로 크림색이며 어릴 때 라일락색에서 붉은색으로 되며 폭은 넓다. 주름살의 변두리는 밋밋하다. 자루의 길이는 2.5~4.5㎝, 굵기 0.3~0.7㎝의 원통형으로 부서지기 쉽고, 기부는 부풀고, 속은 차 있다가 빈다. 어릴 때 표피에서 생긴 백색의 섬유상이 표면에 덮이나 후에 매끈해지면서 갈색이 되고 꼭대기는 라일락색이다. 포자는 7.5~10.5×6~7.5㎛로 광타원형에서 아구형, 표면에 사마귀반점이 있고 회색빛의 황토색이다. 담자기는 가는 곤봉형에 28~38×7.5~11.5㎛로 4-포자성, 기부에 꺽쇠가 있다.
생태 여름~가을 / 관목류 근처 풀밭에 단생 · 군생한다. 드문 종이다.
분포 한국, 중국, 유럽

붉은띠끈적버섯

Cortinarius amenolens Rob. Henry ex P.D. Orton

형태 균모의 지름은 5~10㎝로 처음 반구형에서 둥근 산 모양을 거쳐 편평한 모양으로 된다. 습할 때는 표면에 끈적기가 있고, 밀짚황색-황토색이지만 때로는 황갈색 끼나 보라색 끼를 보이기도 한다. 어릴 때는 자루와 떨어진 균모 사이에 거미줄 모양의 막이 붙어 있으며 후에는 자루에 피막 잔존물로 남는다. 가장자리는 오랫동안 안쪽으로 굽으며 날카롭고 고르다. 살은 두껍고, 약간 백색이며 자루는 보라색을 띈다. 주름살은 자루에 대하여 바른주름살-올린주름살이며 어릴 때는 회청색에서 보라색을 띤 담황토색으로 된다. 주름살의 폭은 보통이고 촘촘하다. 자루의 길이는 5~9㎝, 굵기는 1~2.6㎝, 기부는 구근 모양으로 팽대해 있으며(-35㎜), 처음에는 보라색이다가 유백색으로 퇴색된다. 기부는 유백색이나 보라색의 피막 잔존물이 붙어 있기도 한다. 포자는 9~12.5×5. 4~7㎛, 레몬 모양으로 양끝이 튀어나오며, 황갈색, 표면은 많은 사마귀반점이 덮여 있기도 한다.

생태 가을 / 자작나무 등 활엽수림의 땅에 발생, 보통 석회암 지대에 흔히 난다.

분포 한국, 유럽

광택끈적버섯

Cortinarius amurceus Fr.

형태 균모의 지름은 30~55㎜로 어릴 시 둥근 산 모양, 후에 펴지며 중앙에 볼록은 없지만 간혹 있는 것도 있다. 표면은 밋밋하며 매끈하고 건조 시 무디고, 습할 시 미끈거리고 강한 광택이 난다. 어릴 때 황토-노랑색, 후에 황갈색으로 된다. 가장자리는 고르고, 예리하다. 살은 맑은 노랑색, 얇고, 곰팡이와 흙냄새가 나고 맛은 약간 쓰다. 주름살은 자루에 대하여 넓은 바른주름살, 어릴 시 맑은 올리브-노랑색, 후에 황갈색으로 올리브색이 섞여 있고, 폭이 넓다. 언저리는 곳에 따라 백색이다. 자루의 길이 40~80㎜, 굵기 7~12㎜로 원통형이고 기부는 곤봉형으로 부서지기 쉽고, 어릴 시 속은 차 있다가 노쇠하면 수(髓)처럼 비게 된다. 표면은 어릴 때 백색, 세로로 긴 섬유실이 있고, 후에 노랑색에서 갈색, 때때로 희미한 턱받이 흔적이 있다. 포자는 6.6~9×5.2~7㎛, 광타원형에서 난형, 표면에 사마귀반점이 있고, 맑은 노랑색이다. 담자기는 28~35×9~11㎛, 곤봉형이며 4-포자성, 기부에 꺽쇠가 있다.

생태 가을 / 침엽수림과 혼효림의 땅에 군생한다. 드문 종이다.

분포 한국, 유럽

이형광택끈적버섯

Cortinarius anomalus (Fr.) Fr.
C. azureus Fr., C. lepidopus Cooke

형태 균모의 지름은 2.5~4㎝로 둥근 산 모양에서 차차 편평하게 펴지며 중앙은 돌출한다. 표면은 회갈색-점토색(회갈색)인데 흔히 보라색이 석여 있으며 끈적기가 있고 습할 때는 광택이 난다. 주름살은 자루에 대하여 바른주름살에서 홈파진주름살로 되며 처음 회자색이다가 계피색으로 된다. 폭이 넓고 약간 촘촘하거나 성기다. 살은 얇은 편이고 자루와 비슷한 색이다. 자루는 길이 4~6㎝, 굵기 0.4~0.6㎝, 아래쪽은 곤봉 모양으로 부풀고, 위쪽은 보라색을 띠며 기부를 향해서는 약간 점토색(회-적갈색)을 띤다. 자루의 아래쪽에 탁한 황토색의 턱받이가 있고, 불분명한 작은 인편이 부착한다. 자루의 속은 비어 있다. 포자문은 녹슨 갈색이며 포자는 9~11.2×5.5~6.4㎛의 편도 모양이며 황갈색이다. 표면은 사마귀반점으로 덮여 있다.

생태 여름~가을 / 참나무류나 활엽수의 숲속의 땅에 군생한다.

분포 한국, 일본, 러시아의 연해주, 유럽, 북미

이형끈적버섯(하늘색형)

C. azureus Fr.

형태 균모의 지름은 35~60(70)㎜로 어릴 때 둔한 원추형에서 둥근 산 모양으로 편평하게 되었다가 흔히 물결형이 된다. 표면은 밋밋하다가 미세한 방사상의 섬유상-털로 되며, 둔하다가 매끈하게 된다. 가장자리는 가끔 주름지고, 어릴 때 회-보라색, 후에 라일락-갈색으로 되고, 중앙은 황토색이다. 가장자리는 고르고 예리하다. 살은 연하고, 청색에서 황토색이며 자루의 꼭대기는 유일하게 청색, 냄새가 안 좋고, 맛은 온화하다. 주름살은 홈파진주름살 또는 넓은 바른주름살, 갈고리 모양이다. 질은 청색에서 라일락-갈색으로 퇴색하며, 폭이 넓다. 언저리는 밋밋하다가 톱니상으로 되며, 백색이 군데군데 있다. 자루는 길이 60~100㎜, 굵기 6~10㎜의 원통형이며 기부는 곤봉형으로 빳빳하고, 부서지기 쉽고, 속은 차 있다. 표면은 청-보라색이나 기부부터 퇴색하며, 군데군데 백색-섬유상이고 기부는 백색이다. 포자는 7.2~10×5.7~8㎛, 광타원형에서 아구형이고, 표면에 사마귀반점이 있는 황토-노랑색이다. 포자문은 밤-갈색이다. 담자기는 곤봉형에서 배불뚝이형, 23~30×8~10㎛, 4-포자성. 기부에 꺽쇠가 있다.
생태 가을 / 경엽수림 또는 혼효림에 군생한다. 보통 종이 아니다.
분포 한국, 유럽, 북미 해안

숯끈적버섯

Cortinarius anthracinus Fr.
C. anthracinus var. purpureobadius P. Karst.

형태 균모의 지름은 10~20㎜로 원추형에서 종 모양을 거쳐 편평하게 된다. 보통 중앙이 볼록하다. 표면은 밋밋하고 미세한 방사상의 섬유 무늬가 있으며 무디다가 나중에 매끄럽게 된다. 흡수성이고 습기가 있을 때 청홍색의 흑갈색에서 오렌지-적색으로 되고, 건조 시 황토-노랑색으로 된다. 가장자리에 띠가 있으며 고르고 예리하다. 살은 습할 시 희미한 포도주색의 흑갈색, 건조 시 밝은 핑크-갈색이며 얇다. 냄새가 나고 맛은 온화하나 떫다. 주름살은 자루에 대하여 홈파진주름살 또는 올린주름살로 어릴 때 희미한 분홍색이 있는 밝은 갈색에서 녹갈색으로 물들며 폭이 넓다. 언저리는 톱니상이다. 자루의 길이는 20~40㎜, 굵기는 1.5~4.5㎜로 원주형이며 속은 비고, 휘어진다. 표면은 황색에서 자갈색 바탕에 녹갈색의 섬유가 있고, 어릴 때 위쪽에 하얀 가루가 있다. 포자의 크기는 7~9.8×4.4~5.8㎛로 타원형에서 난형, 표면은 사마귀반점이 있고 밝은 황토색이다. 담자기는 가는 곤봉형으로 27~35×7~8㎛. 기부에 꺽쇠가 있다.

생태 여름~가을 / 숲속의 이끼류가 있는 곳에 군생한다. 드문 종이다.

분포 한국, 중국, 유럽

칼날끈적버섯

Cortinarius argutus Fr.

형태 균모의 지름은 3~6㎝로 반구형에서 둥근 산 모양을 거쳐 편평하게 되고 중앙은 거칠다. 표면은 밋밋하고 무디며 건조 시 미세한 섬유 털이 있고 습기가 있을 때 끈적기가 있어서 미끈거린다. 어릴 때 백색에서 크림-황색을 거쳐 밝은 황토색이 된다. 가장자리는 고르고 예리하다. 살은 백색으로 얇고, 적포도주색에서 청흑색으로 되며, 상처 시 황색으로 변색한다. 흙냄새가 나고 맛은 온화하다. 주름살은 자루에 대하여 홈파진주름살로 두껍고, 폭이 넓다. 표면은 어릴 때 크림색에서 밝은 황토색을 거쳐 황토-갈색으로 된다. 언저리는 톱니상이다. 자루의 길이는 6~10㎝, 굵기는 1~1.5㎝로 원통형이며 기부는 부풀고, 휘어지고 속은 차 있다가 빈다. 표면은 백색 표피의 껍질로 전체가 덮여 있다가 매끈해지며 기부의 위쪽부터 황토색으로 변색하며, 가끔 턱받이 띠가 있다. 포자의 크기는 10.5~15.7×5.9~8.4㎛로 편도형에서 레몬형, 표면은 사마귀반점이 있다. 담자기는 곤봉형이며 37~50×9.5~12㎛로 기부에 꺽쇠가 있다.

생태 여름~가을 / 혼효림의 흙에 군생한다.

분포 한국, 중국, 유럽, 북미

차양풍선끈적버섯

Cortinarius armillatus (Fr.) Fr.

형태 균모의 지름은 5~10(15)㎝로 둥근 산 모양에서 차차 편평하게 펴진다. 표면은 밋밋하고 흡습성으로 적갈색-벽돌색이며 중앙부는 약간 진하고 섬유상이 방사상으로 배열한다. 살은 유백색이다. 주름살은 자루에 대하여 바른주름살-홈파진주름살로 연한 계피색에서 진한 녹슨 갈색으로 되며 폭이 넓고 성기다. 자루의 길이는 7~13(16)㎝, 굵기는 1~1.5㎝로 약간 길며 밑동은 부풀어 있다. 표면은 섬유상이며 연한 회갈색이다. 자루의 중간쯤에 주적색의 외피막 잔존물이 얼룩덜룩한 턱받이 모양으로 남아 있고, 아래쪽에도 1~3개 정도 불완전한 테가 남아 있다. 포자의 크기는 9.5~13×7~7.3㎛로 타원형, 분홍색을 띤 황토색이고 표면에 희미한 사마귀반점이 덮여 있다.
생태 가을 / 활엽수림의 땅, 특히 자작나무 숲의 땅에 군생 · 산생한다. 식용할 수 있으며 맛이 좋다.
분포 한국, 일본, 일본, 유럽, 북반구 온대 이북

흑녹색끈적버섯

Cortinarius atrovirens Kalchbr.

형태 균모의 지름은 5~9㎝로 반구형에서 둥근 산 모양을 거쳐 편평하게 되고 물결형이다. 밋밋한 표면은 습할 시 매끈하고 건조 시에 비단결이다. 어릴 때 검은 올리브녹색에서 진한 올리브흑색으로 되고 인편이 분포한다. 가장자리는 오랫동안 아래로 말리고 고르다. 살은 녹황색이며 두껍고, 균모의 중앙은 더 두껍다. 주름살은 자루에 대하여 홈파진주름살 또는 넓은 올린주름살로 진흙 같은 황색에서 황갈색을 거쳐 녹슨 갈색으로 되며 폭이 넓다. 언저리는 톱니형이다. 자루의 길이는 5~7㎝, 굵기는 1.5~2㎝로 원통형이고 가장자리에 막편이 부착하며 빳빳하고 부서지기 쉽다. 어릴 때 속은 차 있다가 빈다. 기부 위쪽부터 아래로 갈수록 갈색이 된다. 포자의 크기는 9~11×5.~-6.5㎛로 타원형이고 표면에 강한 사마귀반점이 있으며 황갈색이다. 담자기는 원통형에서 곤봉형이고 23~38×7~9.5㎛, 4-포자성, 기부에 꺽쇠가 있다.

생태 가을 / 혼효림에 군생한다.

분포 한국, 중국, 유럽, 북미

등황갈색끈적버섯

Cortinarius aurantiofulvus M.M. Moser

형태 균모의 지름은 3~7㎝로 처음 둥근 산 모양에서 거의 편평하게 펴진다. 표면은 뚜렷한 끈적기가 있고 갈황-오렌지색이며 중앙부는 짙은 색이고, 습기가 있을 때는 주변에 다소 줄무늬선이 있다. 살은 두껍고 약간 황색이며 다소 쓴맛이 있다. 주름살은 자루에 대하여 올린-홈파진주름살이고 폭은 3.5~6.5㎜이다. 처음엔 거의 백색이나 계피-갈색이 되며, 약간 밀생한다. 자루는 길이 4~7㎝, 굵기 5~8㎜, 기부는 급격히 부풀어서 둥글게 된다. 표면은 연한 오렌지-황색이며 띠 모양의 섬유상이고 꼭대기는 가루상, 속은 차 있다. 포자의 크기는 11~15.5×6.7~7.7㎛, 타원형-아몬드형, 표면에 사마귀반점이 덮여 있다. 연낭상체는 23~29×6~8㎛, 타원형-곤봉형이며 벽은 얇다.

생태 여름~가을 / 적송림, 숲속의 땅에 군생한다.

분포 한국, 일본, 유럽

황금끈적버섯

Cortinarius aureobrunneus Hongo

형태 균모의 지름은 5~8㎝로 둥근 산 모양에서 차차 평평하게 된다. 표면은 밋밋하고 적갈색~벽돌색이며 중앙부는 흡수성의 다소 진한 색이고 균모가 펴지면 방사상의 섬유상으로 된다. 살은 유백색이다. 주름살은 자루에 대하여 바른-홈파진주름살로 연한 계피색에서 진한 녹슨 갈색으로 되고, 폭이 넓고 성기다. 자루의 길이는 7~13(16)㎝, 굵기는 1~1.5㎝로 약간 길다. 표면은 섬유상이며 연한 회갈색이다. 자루 중간쯤에 주적색 외피막의 잔존물이 얼룩덜룩한 턱받이 모양으로 남아 있고, 그 아래쪽에도 1~3개 정도 불완전한 테가 남아 있으며 밑동은 부풀어 있다. 포자의 크기는 9.5~13×5.7~7.3㎛로 타원형이고 분홍색을 띤 황토색이며 표면은 희미한 사마귀반점이 덮여 있다.

생태 가을 / 활엽수림의 땅, 특히 자작나무 숲의 땅에 군생 · 산생한다. 식용할 수 있으며 맛이 좋다.

분포 한국, 일본, 중국, 유럽, 북반구 온대 이북

피복적갈색끈적버섯

Cortinarius badiovestitus M.M. Moser

형태 균모의 지름은 8~16㎜로 어릴 때 둔한 원추형에서 반구형, 후에 종 모양에서 편평형으로 되며 중앙에 둔한 볼록이 있다. 표면은 방사상의 섬유실이 털 모양으로 된다. 강한 흡수성, 습할 시 적갈색의 보라색이며 건조 시 황토갈색이다. 가장자리는 톱니상, 어릴 때 백색의 노란 섬유실로 된 거미집막 실이 매달린다. 살은 흑색의 황토갈색, 자루의 꼭대기 살은 보라색이며 얇고, 냄새는 좋지 않은 흙 냄새지만 맛은 온화하다. 주름살은 자루에 넓은 바른주름살, 두껍고 회갈색이다. 어릴 때 보랏빛, 후에 황토색에서 자갈색으로 되며 폭이 넓다. 언저리는 밋밋하다. 자루는 길이 10~45㎜, 굵기 1.5~2㎜로 원통형, 어릴 시 속은 차고, 노쇠 시 비고, 휘어지기 쉽다. 표면은 연한 황갈색 섬유실이 적갈색의 바탕색 위에 있고, 섬유실은 때때로 불분명한 턱받이 흔적을 형성하며 꼭대기는 보라색이다. 포자는 8.6~11×4.8~6㎛, 타원형에서 아몬드형, 표면은 희미한 사마귀반점이 있는 노랑색이다. 담자기는 원통형에서 곤봉형, 31~36×8~10㎛, 담자기는 4-포자성, 기부에 꺽쇠가 있다.

생태 여름~가을 / 오리나무 숲에 군생하나 집단으로 발생하기도 한다. 드문 종이다.

분포 한국, 유럽

흰띠끈적버섯

Cortinarius balteatoalbus Rob. Henry

형태 균모의 지름은 50~100㎜로 반구형에서 둥근 산 모양을 거쳐 차차 편평하게 되며 중앙은 약간 돌출하는 것도 있다. 어릴 때 미세한 백색의 표피가 표면을 덮었다가 털로 되고, 나중에 압착된 인편으로 되며 틈새가 벌어진다. 색은 황토색에서 올리브-갈색으로 된다. 습기가 있을 때는 끈적기가 있고, 건조 시 황토색에서 적갈색으로 된다. 가장자리는 오랫동안 아래로 말리고 예리하다. 살은 백색이며 두껍다. 냄새가 거의 없고 맛은 온화하다. 주름살은 자루에 대하여 넓은 올린주름살, 크림색에서 황토색을 거쳐 황토-갈색으로 되며 폭은 좁다. 주름살의 언저리는 밋밋하다. 자루의 길이는 50~80㎜, 굵기는 15~30㎜, 원통형 또는 막대형으로 때때로 뿌리형, 속은 차 있다. 표면은 백색에서 갈색으로 되며 세로줄의 섬유실이 있고, 기부로 갈수록 가늘어지며 때때로 인편이 있다. 포자의 크기는 9~12×5~6.5㎛로 타원형 또는 방추형이고 표면은 미세한 사마귀반점이 있는 레몬-노랑색이다. 담자기는 가는 곤봉형으로 30~37×7.5~9㎛, 4-포자성, 기부에 꺽쇠가 있다.

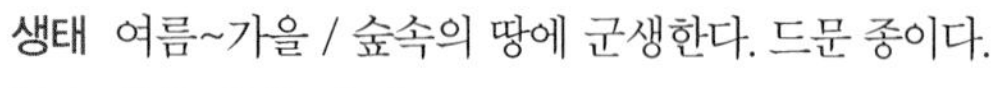

생태 여름~가을 / 숲속의 땅에 군생한다. 드문 종이다.

분포 한국, 중국, 유럽

주름균강 》 주름버섯목 》 끈적버섯과 》 끈적버섯속

휜덩이끈적버섯

Cortinarius balteatocumatilis Rob.Henry ex P.D. Orton

형태 균모의 지름은 70~100(170)㎜로 어릴 때 반구형, 후에 둥근 산 모양에서 편평하게 되며 흔히 물결형, 중앙은 톱니상이다. 표면은 밋밋하며 건조 시 무디다가 매끈하다. 습할 시 광택이 나고 미끈거린다. 가장자리는 라일락색이며 안으로 말린다. 살은 백색에서 연한 라일락, 균모의 중앙은 두껍고, 가장자리로 갈수록 얇고, 약간 흙냄새가 나고 맛은 온화하나 좋지 않다. 주름살은 넓은 바른주름살, 연한 핑크색에서 갈색을 거쳐 어두운 적갈색이 된다. 가장자리 쪽으로 보라색이 있고, 폭이 넓다. 언저리는 톱니상이다. 자루의 길이 80~90㎜, 굵기 25~40㎜, 원통형에서 약간 곤봉상, 아래쪽은 가늘고, 부서지기 쉽고, 속은 차 있다. 표면은 섬유상 또는 불분명한 보라색 표피이고 기부는 갈색, 꼭대기엔 오랫동안 연한 보라색이 남아 있다. 포자는 9.8~12.3×5.5~6.8㎛, 아몬드형에서 방추형, 표면에 희미한 사마귀반점이 있고 적황토색이다. 담자기는 28~38×7.5~9.5㎛로 곤봉형, 4-포자성, 기부에 꺽쇠가 있다.
생태 여름~가을 / 숲속과 공원의 땅에 군생한다. 드문 종이다.
분포 한국, 유럽, 북미 해안

주름균강 》 주름버섯목 》 끈적버섯과 》 끈적버섯속

청끈적버섯

Cortinarius caerulescens (Schaeff.) Fr.

형태 균모의 지름은 50~100㎜로 어릴 때 반구형, 후에 둥근 산 모양에서 편평해지며 때때로 중앙은 톱니상이다. 표면은 건조 시 둔한 비단결, 습할 시 끈적거리고 광택이 난다. 청-보라색이나 후에 황토빛을 띠며 어릴 때 칙칙한 표피로 덮인다. 가장자리는 안으로 말리며 고르고 예리하다. 어릴 때 회-보라색의 거미집막의 실로 자루와 연결된다. 살은 청색, 균모의 중앙은 두껍고 가장자리로 갈수록 얇다. 냄새는 안 좋고 맛은 온화하다. 주름살은 넓은 바른주름살, 폭은 넓고 청-보라색에서 회-보라색, 황토갈색이 언저리는 톱니상이고 청색이다. 자루의 길이 40~60(80)㎜, 굵기 10~20㎜, 원통형이고 기부는 지름 45㎜ 정도로 부풀고, 속은 차 있다. 세로줄의 섬유상이나 후에 매끈해진다. 포자는 8.8~11.5×5.3~6.5㎛, 타원형에서 아몬드형, 표면에 미세한 반점이 있고 황갈색이다. 담자기는 곤봉형으로 30~42×10~12㎛, 4-포자성, 기부에 꺽쇠가 있다.
생태 여름~가을 / 숲속의 단단한 나무숲의 땅에 단생 · 군생한다.
분포 한국, 유럽, 북미, 아시아, 북미 해안

긴털끈적버섯

Cortinarius barbatus (Batsch) Molet

형태 균모의 지름은 1.5~7㎝로 구형 또는 반구형에서 편평한 둥근 산 모양이 되고 가장자리는 흔히 물결형이다. 어릴 때 강한 끈적기가 있는 흡수성이다. 건조 시 둔하고, 방사상의 맥상이 있고 백색이며 후에 크림색에서 황토-회색이며 황토색의 맥상이 있다. 주름살은 촘촘하며 얇고 성기다. 백색, 다음에 황토색-노랑색으로 되며, 오랫동안 연한 색이다. 언저리는 털상으로 고르지 않다. 살은 처음 단단하다가 부드러워진다. 백색이며 자루와 균모의 표피 아래서는 노랑색으로 변한다. 냄새는 분명치 않고, 오래되면 좋지 않은 강한 냄새가 나고 맛은 쓰다. 자루는 길이 3~7㎝, 굵기 0.7~1.7㎝로 원통형에서 방추형이다. 어릴 때 끈적기가 있고, 비단결이다. 건조 시 표피는 백색이다. 자루의 속은 빈다. 포자는 6.5~8(9)×4~5㎛, 타원형에서 아몬드형, 표면에 미세한 사마귀반점이 있다.

생태 여름 / 숲속에 군생한다.

분포 한국, 유럽

회초리끈적버섯

Cortinarius betuletorum M.M. Moser
C. raphanoides (Pers.) Fr.

형태 균모의 지름 2~6cm로 원추형에서 둥근 산 모양이 되지만 중앙은 볼록하다. 표면은 연한 황갈색에서 올리브 갈색이 되며 비단결 모양의 섬유상이다. 살은 균모와 동색, 냄새는 없고, 특히 부서짐에 강하고 맛이 약간 있다. 주름살은 자루에 대하여 올린주름살로 밝은 황갈색올리브에서 적갈색이 된다. 자루는 길이 5~7cm, 굵기 0.5~0.9cm로 기부는 부풀고, 두꺼운 균사체로 싸인다. 올리브-연한 황갈색으로 섬유상의 실이 있고 올리브-갈색의 표피 껍질을 가진다. 포자의 크기는 8~9×5.5~6㎛로 광타원형에서 씨앗 모양, 표면은 사마귀반점이 있다. 포자문은 녹슨 갈색이다.
생태 가을 / 혼효림, 침엽수림의 땅에 군생한다. 식용은 불가하다.
분포 한국, 중국, 북미

자작나무끈적버섯

Cortinarius betulinus Favre

형태 균모의 지름은 20~50㎜로 둥근 산 모양에서 약간 편평형으로 된다. 표면은 밋밋하며 매끈하고 습기가 있을 때 미끈거린다. 밝은 회라일락색에서 황토라일락색으로 되며 가운데는 황색-황토색이다. 가장자리는 고르고 예리하며 아래로 말린다. 살은 백색에서 진한 회청색으로 얇고, 향료 냄새가 나며, 맛은 온화하다. 주름살은 자루에 대하여 올린주름살로 회라일락색에서 황토갈색으로 되며 가장자리는 톱니상이다. 자루의 길이는 50~70㎜, 굵기는 3~7㎜로 원통형이고 속은 차고 부서지기 쉽다. 표면은 밝은 회청색의 바탕에 살색으로, 오래되면 황토 갈색으로 퇴색하며 위쪽은 라일락색이다. 포자의 크기는 7.3~9.5×6.1~7.5㎛로 광타원형 또는 아구형이며, 표면에 사마귀반점이 있는 적갈색이다. 담자기는 곤봉형으로 31~41×8~9㎛, 기부에 꺽쇠가 있다.

생태 여름~가을 / 자작나무 숲의 땅에 군생한다.

분포 한국, 중국, 유럽

주름균강 》 주름버섯목 》 끈적버섯과 》 끈적버섯속

점박이끈적버섯

Cortinarius bolaris (Pers.) Fr.

형태 균모의 지름은 20~40(60)㎜로 반구형에서 둥근 산 모양을 거쳐 편평하게 되며 중앙에 가끔 둔한 볼록이 있다. 표면은 압착된 인편이 분리되면서 적갈색 인편이 연한 노랑색 바탕 위에 있게 된다. 가장자리는 안으로 말리며 예리하고, 어릴 시 적갈색으로 거미집막의 섬유실로 자루에 연결된다. 살은 백색, 균모의 중앙은 두껍고, 가장자리는 얇다. 상처 시 노랑색에서 오렌지-노랑으로 변색하며 곰팡이 냄새가 나고 맛은 쓰다. 주름살은 올린 주름살 또는 좁은 바른주름살, 노랑-황토색에서 황토갈색의 올리브색이 되며 폭은 넓다. 언저리는 약간 톱니상이다. 자루의 길이 30~70㎜, 굵기 5~10㎜의 원통형이며 기부가 부풀고, 부서지기 쉽고, 속은 차 있다가 빈다. 표면은 어릴 때 백색에서 연노랑색이지만 기부 쪽이 적색에서 적갈색으로 변색한다. 때때로 불규칙한 띠가 있다. 꼭대기는 백색에서 연한 노랑색이 된다. 손으로 만지면 노랑으로 변색하는 경향이 있다. 포자는 6~7.9×4.7~6.1㎛, 아구형에서 난형, 표면에 사마귀반점이 있으며, 반점들은 융기되고 서로 연결되며 갈색이다. 포자문은 적갈색이고 담자기는 28~35×7.5~9㎛, 곤봉형이며 4-포자성, 기부에 꺽쇠가 있다.

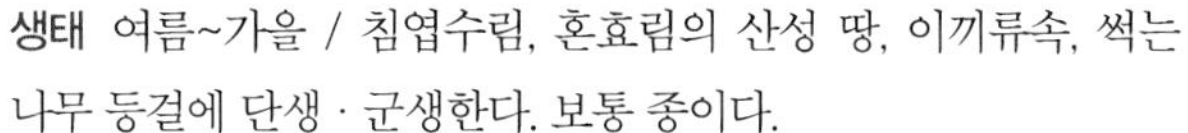

생태 여름~가을 / 침엽수림, 혼효림의 산성 땅, 이끼류속, 썩는 나무 등걸에 단생 · 군생한다. 보통 종이다.

분포 한국, 유럽

황소끈적버섯

Cortinarius bovinus Fr.

형태 균모의 지름은 3~9㎝로 반구형 또는 둔한 원추형에서 둥근 산 모양을 거쳐 차차 편평하게 되고 중앙부는 둔한 배꼽 모양으로 돌출한다. 표면은 물을 흡수하여 밤갈색으로 보이다가 마르면 흐린 갈색이 되고, 미모가 압착되어 있다. 가장자리는 처음에 아래로 감기며 백색의 미모가 있다. 살은 중앙부가 두꺼우며 연한 갈색, 냄새는 없다. 주름살은 자루에 대하여 홈파진주름살로 빽빽하거나 약간 성기며 폭은 넓고 연한 갈색에서 녹슨 갈색으로 된다. 주름살의 언저리는 반반하거나 톱니상이다. 자루는 높이가 4~8㎝, 굵기는 1.0~1.5㎝로 원주형, 기부는 둥근 모양으로 부풀고 갈색이며 백색의 솜털로 덮이고 나중에 테의 흔적이 남는다. 거미집막은 백색이나 포자가 떨어지면 녹슨색으로 보인다. 포자의 크기는 9~10.5×5.5~6.5㎛의 광타원형으로, 표면은 사마귀반점이 덮여 있으며 혹 같은 돌기가 있는 것도 있다. 포자문은 녹슨색이다.

생태 가을 / 침 · 활엽수의 혼효림 또는 활엽수림의 땅에 산생 · 군생한다.

분포 한국, 일본, 중국, 유럽

샘끈적버섯

Cortinarius brunneus (Pers.) Fr.
C. brunneus var. glandicolor (Fr.) H. Lindstr. & Melot, C. glandicolor (Fr.) Fr.

형태 균모의 지름은 25~50㎜로 원추형에서 종 모양을 거쳐 편평해지고 중앙은 뚜렷한 원추상이다. 표면은 방사상의 섬유실이 있고, 흡수성으로 습할 때 줄무늬선이 생기며 검은 회색에서 흑갈색이 되고 건조 시 황토갈색이 된다. 가장자리는 예리하고 노후 시 약간 갈라지며, 조금 압착된 섬유실-인편이 있다. 살은 얇고 베이지색에서 회갈색이 되며, 양파 냄새 또는 버섯 냄새가 나고 맛은 온화하고 좋다. 주름살은 자루에 대하여 좁은 올린주름살로 황토갈색에서 녹슨 갈색을 거쳐 검은 적갈색으로 된다. 주름살의 폭은 넓고, 변두리는 거의 밋밋하다. 자루의 길이 40~70㎜, 굵기 3~6㎜로 원통형이고 기부는 때때로 부풀며 자루의 속은 비고, 부서지기 쉽다. 표면은 회갈색의 바탕에 세로줄 섬유실로 덮인다. 보통 불분명한 턱받이 흔적이 있으며 꼭대기에 드물게 라일락 색조가 있다. 포자의 크기는 7~10×4.5~5.5㎛로 타원형, 표면에 희미한 사마귀반점이 있고 황토-노랑색이다. 담자기는 원통형에서 곤봉형으로 20~28×7.5~8.5㎛, 4-포자성, 기부에 꺽쇠가 있다.

생태 가을 / 이끼류 사이 또는 자작나무, 소나무 숲의 땅에 군생한다.

분포 한국, 중국, 유럽

부푼끈적버섯

Cortinarius bulbosus (Sowerby) Gray

형태 균모의 지름은 30~50(60)㎜로 처음 반구형에서 둥근 산 모양을 거쳐 편평하게 되며, 중앙에 볼록은 없다. 표면은 밋밋하고 미세한 방사상의 섬유실과 흡수성이 있다. 어릴 때 짙은 오렌지색에서 적갈색으로 되며, 건조 시 노랑-황토색으로 된다. 가장자리는 오랫동안 안으로 말리며, 어릴 때 백색의 거미집막의 섬유실에 의하여 자루에 연결된다. 살은 크림색에서 노랑색이 되며, 균모 중앙의 살은 두껍고 가장자리는 얇다. 냄새는 없고, 맛은 온화하다. 주름살은 자루에 대하여 넓은 바른주름살, 어릴 때 황토-갈색, 후에 적갈색으로 되며 폭이 넓다. 언저리는 밋밋하다. 자루의 길이 40~60㎜, 굵기 8~12㎜, 곤봉형, 기부는 지름 22㎜ 둥근-배불뚝이형이다. 부서지기 쉽고, 표면은 어릴 때 긴 세로의 백색 섬유실로 분명한 턱받이 흔적을 가지며 황갈색으로 된다. 포자는 6.2~8.2×4.2~5.5㎛, 타원형에서 약간 아몬드형이 되며 표면에 사마귀반점이 있고, 황갈색이다. 담자기는 곤봉형, 30~35×7~8㎛, 4-포자성으로 기부에 꺽쇠가 있다.

생태 여름~가을 / 침엽수림의 이끼류가 있는 곳에 단생 · 군생한다.

분포 한국, 유럽

주름균강 》 주름버섯목 》 끈적버섯과 》 끈적버섯속

흑청끈적버섯

Cortinarius caesionigrellus Lamoure

형태 균모의 지름은 10~15(22)mm로 어릴 때 원추형이지만 후에 종 모양에서 편평하게 되며 중앙에 둔한 볼록을 갖게 된다. 표면은 백색의 섬유실이 흑갈색 바탕 위에 있다. 후에 매끈해지고 흡수성을 갖는다. 습할 시 보랏빛이며 가장자리는 건조 시 라일락-갈색이며 안으로 말리고 표피에 섬유실이 부착한다. 살은 검은 갈색이며 얇고, 냄새는 분명치 않고 한약맛이 난다. 주름살은 넓은 바른주름살로 어릴 때 보라색이 있고 후에 라일락색을 가진 적갈색이 되며 폭은 넓다. 언저리는 밋밋하고 군데군데 보라색이 있다. 자루의 길이 15~25mm, 굵기 1.5~2.5mm, 원통형, 속은 차 있다가 비며 잘 휘어진다. 표면은 세로로 긴 회백색의 섬유실이 갈-보라색의 바탕 위에 있다. 기부는 푸른 보라의 균사체로 덮여 있다. 포자는 7.3~9×4.5~6μm, 타원형, 표면에 희미한 사마귀반점이 있고, 맑은 적갈색이다. 담자기는 26-36×7.5-8.5μm, 곤봉형으로 4-포자성, 기부에 꺽쇠가 있다.

생태 여름 / 숲속의 풀이 있는 땅, 이끼류 속의 땅에 군생한다. 보통 종이 아니다.

분포 한국, 유럽

주름균강 》 주름버섯목 》 끈적버섯과 》 끈적버섯속

민맛끈적버섯

Cortinarius camphoratus (Fr.) Fr.

형태 균모의 지름은 40~80mm로 반구형에서 둥근 산 모양이 되었다가 편평해지고 표면은 미세한 섬유상이다. 연한 라일락-보라색에서 백색, 황토-갈색이 맑은 갈색이 된다. 가장자리는 안으로 말리며 고르고 예리하다. 어릴 때 백색 거미집막의 섬유실에 의하여 자루와 연결된다. 살은 백색으로 두껍고 썩은 감자 냄새이며 맛은 온화하다. 좁은 바른주름살로 청-보라색에서 녹슨 갈색이 되고, 폭은 좁다. 언저리는 밋밋한 톱니상이다. 자루는 길이 50~100mm, 굵기 10~20(25)mm로 원통형이나 기부는 곤봉형으로 가늘고 부서지기 쉽다. 표면의 세로 줄무늬 섬유상은 라일락-보라색의 표피를 형성하며 곧 매끈해지고 오백색으로 되며 얼룩은 노랑색에서 갈색으로 된다. 섬유실은 선명한 턱받이 흔적를 형성한다. 포자는 8.5~11.5×5~6.5μm, 타원형에서 아몬드형, 표면에 사마귀반점이 있으며 황토-노랑색이다. 포자문은 녹슨 갈색이다. 담자기는 곤봉형, 32~40×8.5~10μm, 4-포자성으로 기부에 꺽쇠가 있다.

생태 여름~가을 / 침엽수림의 산성 땅에 집단으로 군생한다.

분포 한국, 유럽, 아시아

파편끈적버섯

Cortinarius caledoniensis P.D. Orton

형태 균모의 지름은 4.5~9㎝로 처음엔 둥근 산 모양에서 편평해지면서 중앙이 약간 들어가며, 흔히 건조 시 중앙은 연한 색이다. 가장자리는 때때로 습할 시 줄무늬선이 있고, 처음부터 비단결의 표피 파편이 있다. 살은 꿀색의 갈색, 맛과 냄새는 불분명하다. 주름살은 자루에 대하여 바른주름살이고 연한 갈색에서 적갈색으로 되며, 빽빽하다. 언저리는 톱니상이다. 자루의 길이 4~11.5㎝, 곤봉 모양에서 동그란 형이며, 꼭대기는 처음부터 보라-청색이 약간 있다. 밑동은 보통 백색에서 노랑색이며 부푼다. 포자의 크기는 9~11×5~6㎛, 타원형, 표면에 사마귀반점이 있다. 포자문은 적갈색 또는 올리브-갈색이다.

생태 여름~가을 / 오래된 소나무 숲의 이끼류가 있는 땅에 단생하는데, 작은 집단으로 발생하기도 한다.

분포 한국, 유럽

겹빛끈적버섯

Cortinarius callochrous (Pers.) Gray
C. callochrous var. haasii (Moser) Brandrud, C. haasii (Moser) M.M. Moser

형태 균모의 지름은 5.5~9㎝로 둥근 산 모양에서 차차 편평하게 펴지며, 표면은 황색이고 황갈색의 얼룩이 있다. 후에 전면이 황토갈색으로 된다. 습할 시 끈적기가 있다. 살은 균모에서는 거의 백색, 자루에서는 담자색이다. 주름살은 자루에 대하여 올린 주름살이며 후에 자루로부터 떨어지며 밀생한다. 자색에서 계피색이 되지만 가장자리는 오랫동안 자색으로 남는다. 자루의 길이 5~7㎝, 굵기 0.8~1.5㎝, 기부는 급격히 둥글게 부풀고, 표면은 섬유상, 담자색이며 후에 아래는 황토갈색을 나타낸다. 포자의 크기는 9~12×5.5~7.5㎛로 아몬드형이며 표면은 사마귀반점들이 덮여 있다.

생태 가을 / 적송림, 혼효림의 땅에 발생한다.

분포 한국, 일본, 유럽

촛대끈적버섯

Cortinarius candelaris Fr.

형태 균모의 지름은 30~50㎜로 어릴 때 반구형, 원추형 또는 종 모양인데, 후에 둥근 산 모양에서 편평하게 되며 흔히 물결형이다. 표면은 밋밋하며 무디고 흡수성이다. 습할 시 적갈색에서 암갈색이 되며 건조 시 맑은 황토색에서 크림색이 된다. 가장자리 부분은 방사상의 섬유실이 있으며 갈라지고 예리하다. 노쇠하면 위로 뒤집힌다. 살은 습할 시 황토-갈색, 건조 시 크림색, 얇고, 냄새는 안 좋으며, 맛은 온화하고 떫다. 주름살은 홈파진주름살-넓은 바른주름살이며 두껍고, 어릴 시 황토-갈색, 후에 녹슨 갈색이며 폭이 넓다. 언저리는 밋밋하고 군데군데 백색이고 고르다. 자루는 길이 40~80㎜, 굵기 5~10㎜, 원통형에서 방추형, 어릴 시 속은 차고 노쇠하면 빈다. 휘어지기 쉽고, 기부로 갈수록 가는 뿌리형이다. 표면은 어릴 시 노랑의 바탕색에 백색의 섬유상으로 전부 피복되며 후에 황토색이 된다. 때때로 탈락하기 쉽고, 턱받이 흔적이 있다. 포자는 8~10×5.2~6.5㎛, 광타원형, 표면에 강한 사마귀반점, 황토-노랑색이다. 담자기는 곤봉형, 28~40×9~10㎛로 4-포자성, 기부에 꺽쇠가 있다.

생태 여름~가을 / 침엽수림, 활엽수림의 땅에 군생한다.

분포 한국, 유럽

노란띠끈적버섯

Cortinarius caperatus (Pers.) Fr.
Rozites caperatus (Pers.) Karst.

형태 균모의 지름은 5~12㎝로 난형 또는 반구형에서 편평하게 된다. 표면은 마르거나 습기가 조금 있으며, 황갈색 또는 황토색이다. 마르면 중앙부는 흑색, 털이 없고 울퉁불퉁하며 주름 무늬가 있다. 가장자리는 아래로 감기며 때로는 갈라진다. 살은 두껍고 백색, 표피 아래는 다갈색, 맛은 유화하다. 주름살은 바른주름살 또는 홈파진주름살로 약간 빽빽하며 폭은 넓다. 처음에는 백색에서 녹슨색이 되고 진한 색에 연한 줄무늬가 엇갈려 있다. 자루는 길이 7~15㎝, 굵기는 0.7~2.5㎝로 위아래의 굵기가 같거나 위쪽이 가늘고 백색 또는 황백색이다. 턱받이 위쪽은 솜털 모양의 부드러운 털, 아래는 털이 없거나 미모가 있고, 기부에 외피막의 흔적이 있다. 자루의 속은 차 있다. 턱받이는 막질, 가끔 줄무늬홈선이 있고, 백색 또는 황백색이며 중위 내지 상위이다. 포자는 11~15×7~8㎛로 타원형이고 연한 녹슨색이며 표면에 작은 사마귀반점이 있다. 포자문은 녹슨 갈색, 연낭상체는 곤봉상으로 정단이 가늘고 끝이 뾰족하며 30~35×9~12㎛이다.
생태 가을 / 사스래나무 숲과 잣나무, 활엽수 혼효림의 땅에 단생 · 군생 · 산생한다. 식용 가능. 외생균근을 소나무와 형성한다.
분포 한국, 중국, 일본, 유럽, 미국

흰자루끈적버섯

Cortinarius causticus Fr.

형태 균모의 지름은 3~6㎝로 반구형에서 둥근 산 모양을 걸쳐 편평하게 되지만 중앙은 둔한 볼록이 있고, 때때로 물결형이다. 표면은 밋밋하고, 어릴 때 백색의 표피에 오렌지 황토색의 미세한 가루가 있다가 나중에 매끈해지면서 오렌지-적갈색이 된다. 습할 시 미끈거리며 빛나고, 건조 시 무뎌진다. 살은 얇으면서 백색이다. 버섯 냄새가 나며 맛은 시지만 온화하고, 표피는 쓰다. 가장자리는 연한 백색이며 고르고 예리하다. 가끔 희미한 줄무늬선이 있다. 주름살은 자루에 대하여 홈파진주름살 또는 좁은 올린주름살로 크림색에서 황토색을 거쳐 녹슨 갈색이 되고, 폭이 넓다. 주름살의 변두리는 다소 밋밋하다. 자루의 길이는 5~8㎝, 굵기는 0.7~1.5㎝로 원통형이며, 기부는 약간 부풀거나 막대형으로 휘어지기 쉽다. 자루의 속은 차고 후에 빈다. 표면은 어릴 때 끈적기가 있고, 끈적기의 표피는 밝은 갈색 바탕에 백색의 섬유실이 있다가 나중에 매끈해진다. 턱받이 테가 있고 턱받이 위에 백색-가루가 있다. 포자의 크기는 5.5~7×3.5~4㎛로 타원형이고, 표면에 미세한 사마귀반점이 밀집한다. 담자기는 가는 곤봉형으로 25~31×5.5~6.5㎛로 4-포자성, 기부에 꺽쇠가 있다.
생태 여름~가을 / 활엽수림의 땅에 군생 · 속생한다. 드문 종이다.
분포 한국 등 전 세계

황금이끼끈적버섯

Cortinarius chrysolitus Kauffman
Cortinarius huronensis var. huronensis Ammirati & A.H. Smith

형태 균모의 지름은 1.5~3cm로 반구형에서 둔한 원추형을 거쳐 편평하게 되지만 중앙에 조그맣고 둥근 돌기를 가진다. 표면은 밋밋하고 미세한 섬유상의 털 또는 고른 인편을 가지며 연한 갈색 또는 적갈색이다. 가장자리는 오랫동안 아래로 말리고, 고르며 예리하다. 살은 크림-황토색에서 밝은 황토색으로 되며 얇고, 약간 냄새가 나며 맛은 온화하다. 주름살은 자루에 대하여 좁은 올린주름살로 어릴 때 황색에서 황토색을 거쳐 녹갈색으로 되며 폭은 넓다. 주름살의 변두리는 밋밋하다. 자루의 길이는 4~8cm, 굵기는 0.3~0.8cm로 원통형, 어릴 때 속은 차고, 오래되면 비며 굽어지기 쉽다. 표면은 황토색 바탕에 회색, 적갈색의 표피 섬유실로 피복되며 섬유상으로 가끔 갈라져서 띠를 형성한다. 포자의 크기는 7.6~13×5~7.2㎛로 타원형에서 난형이 되며 표면에 희미한 사마귀반점이 있으며 황토색이다. 담자기는 곤봉형으로 28~33×9~10㎛, 기부에 꺽쇠가 있다.
생태 여름~가을 / 이끼류 속에 군생한다.
분포 한국, 중국, 유럽, 북미

등적색끈적버섯

Cortinarius cinnabarinus Fr.
Dermocybe cinnabarina (Fr.) Wünsche

형태 균모의 지름은 1.5~5cm로 어릴 때는 반구형, 나중에 둥근 산 모양에서 거의 평평하게 펴지고 가끔 가운데가 돌출한다. 표면은 황갈색-올리브갈색, 가장자리는 연하다. 살은 약간 황색 또는 올리브색을 띤다. 주름살은 자루에 대하여 바른주름살 또는 올린주름살로 어릴 때는 황색-오렌지색이나 나중에 계피색으로 되며 폭이 넓고 촘촘하다. 자루의 길이는 3~8(10)cm, 굵기는 0.3~1cm로 레몬황색-선황색이고 위쪽에 황색을 띤 턱받이 흔적이 있다. 턱받이 아래쪽은 황갈색의 섬유상 인편이 덮인다. 포자의 크기는 5.5~8.2×3.8~5μm로 타원형-쌀알 모양이며 연한 황토색이고 표면에 미세한 사마귀반점이 덮여 있다. 포자문은 적갈색이다.

생태 여름~가을 / 주로 고산지대의 가문비나무, 소나무 등 침엽수림의 땅에 나며, 활엽수림의 땅에도 난다.

분포 한국, 중국, 일본, 유럽. 북반구 온대 이북

황갈색전나무끈적버섯

Cortinarius cinnamomeoides Hongo

형태 균모의 지름은 2.5~7㎝로 둥근 산 모양에서 약간 편평해지나 중앙은 볼록하다. 표면은 황토갈색, 섬유상이고 가는 인편이 있다. 살은 다소 오황토색을 나타내고, 거의 무미무취하다. 주름살은 자루에 대하여 바른주름살로, 후에 자루로부터 분리하여 깊은 만곡을 만들고 약간 성기며 주름의 폭은 0.3~1㎝, 황토색에서 계피색-붉은색으로 된다. 자루의 길이 3~6㎝, 0.5~1㎝, 위아래가 같은 굵기이거나 아래가 약간 굵고, 수(髓) 상태 또는 빈다. 표면은 약간 섬유상, 황토색, 기부는 담황토색의 균사체에 싸여 있다. 포자의 크기는 6.5~8×4~5㎛, 타원형-아몬드형, 표면에 미세한 사마귀반점으로 피복된다.

생태 늦가을 / 적송림에 군생한다.

분포 한국, 일본

적자색끈적버섯

Cortinarius cinnamomeus (L.) Fr.
Dermocybe cinnamomea (L.) Wünsche

형태 균모의 지름은 1.5~4㎝로 어릴 때 반구형에서 종 모양을 거쳐 둥근 산 모양이 되었다가 편평하게 되며 가끔 중앙이 볼록하다. 표면은 밋밋하고, 미세하게 눌린 알갱이 섬유실이 방사상으로 있다. 질은 올리브색 또는 적갈색이나 가장자리는 연하다. 고르고 날카로운 모양이다. 살은 연한 황색, 표피 아래는 적색에서 회갈색, 얇고 냄새가 약간 나며 맛은 쓰다. 주름살은 올린주름살이면서 살짝 내린주름살로 어릴 때 밝은 오렌지색이고, 오랫동안 영존하며 나중에 오렌지 갈색으로 된다. 언저리는 밋밋하다. 자루의 길이는 2.5~5.5㎝, 굵기 0.3~0.8㎝로 원통형으로 휘어지기 쉽고, 아래로 갈수록 굵거나 가늘고 속은 차 있다. 표면은 어릴 때 밝은 노랑색이며 나중에 검은색에서 올리브 노랑색으로 되거나 또는 기부 쪽으로 갈색 세로줄의 섬유실이 덮여 있다. 포자의 크기는 5.5~8×4~5㎛로 타원형이고 미세한 반점이 있고 밝은 노랑 황토색이다. 담자기는 가는 곤봉형으로 4-포자성이고 기부에 꺽쇠가 있다.

생태 여름~가을 / 숲속의 땅에 군생하는데, 드물게 이끼류가 있는 땅에 군생한다.

분포 한국, 중국, 유럽

진흙끈적버섯

Cortinarius collinitus (Sowerby) Gray
C. mucigenus Peck

형태 균모는 지름이 4.5~10㎝로 아구형 내지 반구형에서 편평하게 되며 중앙부는 돌출한다. 표면은 습할 때 끈적기가 있고 매끄러우며 짙은 계피색 또는 황갈색이다. 살은 연한 색에서 갈색이 되고, 맛은 온화하다. 주름살은 바른주름살 또는 홈파진주름살로 밀생하며 가운데의 폭은 넓고 얇으며 자줏빛을 띤 황토색, 녹슨 갈색으로 된다. 자루는 길이가 7~10㎝, 굵기는 0.6~1.0㎝로 위아래가 같거나 아래가 가늘어진다. 자루의 상부는 백색, 하부는 갈색이며 처음에 끈적기 있는 표피 껍질로 덮이고 나중에 이것이 파열되면 뱀 무늬 꼴이며 위쪽의 끝은 거미집막으로 이어진다. 속은 비어 있다. 포자는 11~14×6~7.5㎛로 편구형 또는 타원형에 가깝고, 표면은 미세한 반점들로 거칠다. 포자문은 녹슨색이다. 연낭상체는 곤봉형이고 35~50×9~15㎛이다.

생태 가을 / 잣나무, 혼효림과 분비나무, 가문비나무 숲속의 땅에 군생 산생한다. 식용이 가능하다. 문비나무, 소나무, 사시나무, 신갈나무와 외생균근을 형성한다.

분포 한국, 중국, 유럽

노란갈색끈적버섯

Cortinarius coniferaum (M.M. Moser) Möenne –Loc & Reum.
C. multiformis var. coniferaum (Moser) Mezdojm.

형태 균모는 지름이 4~8.5㎝로 반구형에서 편평하게 되고 중앙부는 둔하게 돌출하거나 편평하다. 표면은 습할 때 끈적기, 처음에는 백색의 털 같은 것이 있으며 마르면 광택이 나고 달걀 껍질 색에서 연한 녹슨 갈색이 된다. 가장자리는 얇고 아래로 굽으며 거미집막이 붙어 있다. 살은 백색, 자루 쪽의 살은 황색을 띠며 맛은 좋다. 주름살은 홈파진주름살로 밀생, 백색에서 황갈색 또는 녹슨 갈색이 된다. 주름살의 가장자리는 톱니상이다. 자루는 길이가 4~8.5㎝, 굵기는 0.7~1.2㎝로 상하의 굵기가 같거나 위로 가늘어지는 것도 있다. 기부는 둥글게 부풀었고 섬모가 있으며 백색, 황색 또는 황갈색 등이며, 속은 스펀지 같고 연하다. 백색의 거미집막은 빈약하며 탈락하기 쉽다. 포자의 크기는 7.5~8.5×4.2~5㎛로 타원형이고 연한 녹슨색, 표면은 미세한 사마귀반점 때문에 거칠다. 포자문은 녹슨 갈색이다.

생태 가을 / 소나무 숲과 활엽수의 혼효림의 땅에 산생 · 군생한다. 맛이 좋은 버섯에 속한다. 외생균근으로 소나무, 신갈나무와 공생한다.

분포 한국, 중국, 일본

둥지끈적버섯

Cortinarius cotoneus Fr.

형태 균모의 지름은 4~8㎝로 반구형에서 둥근 산 모양을 거쳐 편평하게 된다. 표면은 미세한 털에서 침으로 되고, 올리브색 또는 올리브 갈색이며 오래되면 검은 올리브 갈색으로 된다. 가장자리는 어릴 때 아래로 말리고 예리하며, 자루의 거미줄막은 미세하고, 올리브 녹색의 섬유실로 자루에 연결된다. 살은 올리브색을 가진 크림색, 자루의 살은 녹황색이고 특히 꼭대기에서 진하고 두껍다. 냄새가 나며 맛은 온화하다. 주름살은 넓은 올린주름살로 올리브 녹색에서 올리브 갈색으로 되며 폭이 넓다. 가장자리는 연한 미모상이다. 자루의 길이는 5~8cm, 굵기 1.2~1.8cm로 막대형에서 둥글게 부푼 형으로 속은 차 있다가 비며, 부서지기 쉽다. 표면은 올리브 황색에서 올리브 녹색으로 된다. 기부는 진한 올리브 녹색이며 위쪽의 2/3쯤에 밴드 같은 턱받이 흔적이 있고, 올리브 녹색의 막편의 섬유실이 있다. 꼭대기는 연한색이며 미세한 세로줄의 섬유실의 무늬가 기부 쪽으로 있다. 포자의 크기는 6.5~9×6~8㎛로 구형 또는 아구형으로 미세한 사마귀반점이 빽빽이 있고 적갈색이다. 담자기는 가는 곤봉형이고 35~45×9.5~11㎛로 4-포자성이며 기부에 꺽쇠가 있다.

생태 여름~가을 / 활엽수림 또는 풀숲의 땅에 단생 · 군생한다.

분포 한국, 중국, 유럽

샛노란끈적버섯

Cortinarius croceocoeruleus (Pers.) Fr.

형태 균모의 지름은 1.5-5㎝로 구형에서 원추형이 되며 다음에 편평한 둥근 산 모양이 된다. 끈적기가 있다. 가장자리는 처음부터 섬유상의 맥상이다. 보라색에서 라일락색, 다음에 황토색으로 변색한다. 주름살은 자루에 바른주름살 또는 끝붙은주름살, 빽빽하고, 백색에서 황토 노랑색, 또는 라일락-보라색으로 되었다가 연한 회-노랑색, 때때로 오래되면 거의 샤프란색이 된다. 자루의 길이 4~10㎝, 굵기 0.4~0.8(1)㎝, 원통형에서 가늘어지며, 때때로 방사상, 보통 불규칙하게 굽었고, 상처 시 유리 같은 맥상으로 된다. 광택이 난다. 표피는 백색에서 보라색, 끈적끈적한 칼집 모양을 형성한다. 살은 부드럽고, 자루의 속은 비었고, 백색, 다음에 황토-노랑색(특히 자루에서)이 된다. 냄새는 오래되면 좋지 않고, 맛은 쓰다. 포자의 크기는 6.5~8.5×4-4.5㎛, 타원형에서 아몬드형, 표면에 미세한 사마귀반점이 있다.

생태 낙엽수림 숲속의 땅에 군생한다.

분포 한국, 유럽

자회색끈적버섯

Cortinarius cumatilis (Pers.) Fr.
C. cumatilis var. cumatilis Fr.

형태 균모의 지름은 5~8㎝로 어릴 때 반구형에서 둥근 산 모양을 거쳐 편평하게 되며 때로 중앙은 껄끄럽다. 표면은 밋밋하고 건조 시 매끈하며, 습기가 있을 때 광택이 난다. 어릴 때 녹색에서 회자색을 거쳐 자색이 되며, 오래되면 퇴색하고 희미한 황토색으로 된다. 가장자리는 오랫동안 아래로 말리고 어릴 때 자색의 섬유가 거미집막을 형성하여 자루에 연결된다. 살은 백색으로 두껍고, 약간 냄새가 나며, 맛은 온화하다. 주름살은 자루에 대하여 올린주름살 또는 약간 좁은 올린주름살로, 어릴 때 백색에서 핑크 황토색을 거쳐 회갈색으로 되고 폭은 좁다. 가장자리는 밋밋하고 약간 톱니상이다. 자루의 길이는 4~8㎝, 굵기는 1~2㎝로 원통형에서 막대형으로 드물게 팽대하며 부서지기 쉽다. 자루의 속은 차 있다. 표면은 백색이며 세로줄의 섬유가 있고 어릴 때 자색의 표피로 덮이며 기부는 장화형이다. 포자의 크기는 9.5~12×5.4~6.5㎛로 좁은타원형 또는 씨앗형이며, 표면은 희미한 사마귀점이 있으며 황토 갈색이다. 담자기는 곤봉형으로 기부에 꺽쇠가 있다.

생태 여름~가을 / 숲속의 땅에 군생한다.

분포 한국, 중국, 유럽

검은피끈적버섯

Cortinarius cyanites Fr.

형태 균모의 지름은 4~18㎝로 처음 반구형에서 둥근 산 모양이 되었다가 차차 편평해지지만 중앙에 둔한 돌출이 있는 것도 있다. 표면은 거친 솜털상-섬유상의 비늘이 촘촘이 덮여 있으며 건조성이다. 어릴 때는 청회색-자갈색에서 황토갈색-갈색으로 된다. 자루와 균모가 거미줄 내피막에 의해서 연결된다. 살은 연한 보라색이며 상처 시 분홍 적색으로 되었다가 나중에 포도주 적색으로 된다. 주름살은 자루에 대하여 바른주름살-홈파진주름살로 진한 남색에서 자갈색으로 되며 밀생하거나 약간 성기며 폭이 좁다. 자루의 길이는 5~9㎝, 굵기 1~1.5㎝로 기부는 곤봉 모양으로 부푼다. 연한 푸른색의 바탕에 표면에는 갈색의 미세한 비늘이 밀착되어 있다. 포자의 크기는 9~11×5~6.5㎛로 타원형-편도형으로 황색, 표면은 사마귀점이 덮여 있다.

생태 여름~가을 / 비교적 습한 숲속의 땅에 단생 · 군생한다.

분포 한국, 일본, 유럽

털끈적버섯

Cortinarius decipiens (Pers.) Fr.
C. decipiens (Pers.) Fr. var. decipiens, C. decipens var. atrocoeruleus (Moser ex Moser) Lindstr.
C. sertipes Kühner

형태 균모의 지름은 15~35㎜로 처음 원추형에서 종 모양이 되었다가 둥근 산 모양으로 되며 보통 중앙에 볼록이 있다. 표면은 밋밋하고 무디며, 미세한 방사상으로 섬유실과 흡수성이 있고, 검은 회갈색이다. 습할 시 적색이고 건조 시 중앙이 흑갈색을 띤다. 가장자리는 오랫동안 안으로 말리며, 고르고 예리하며, 어릴 시 백색 섬유실의 거미집막 실에 의하여 자루에 연결된다. 살은 백색에서 검은 갈색, 얇고, 곰팡이 냄새가 나고, 맛은 온화하다. 주름살은 넓은 바른주름살, 회베이지색에서 적갈색으로 되며, 광폭, 언저리는 백색으로 약간 톱니꼴이다. 자루의 길이 30~45㎜, 굵기 3~6㎜, 원통형, 간혹 기부로 부푼다. 속은 차고, 부서지기 쉽다. 표면의 기부는 세로로 긴 백색의 섬유실이 장미색과 회갈색으로 된 바탕색 위에 있고 섬유실은 가끔 하나 또는 2개의 턱받이 흔적이 있으며 턱받이 위쪽은 희미한 청-라일락색이다. 포자는 7.4~9.7×5.1~6.4㎛, 타원형, 표면에 희미한 사마귀반점이 있고 갈색이다. 포자문은 황토갈색이다. 담자기는 곤봉형, 27~35×8~10㎛, 4-포자성, 기부에 꺽쇠가 있다.

생태 여름~가을 / 침엽수림 또는 혼효림의 땅, 젖은 이끼류 속에 군생, 또는 집단을 형성하여 발생한다.

분포 한국, 유럽, 북미, 북미 해안

털끈적버섯(흑색형)

Cortinarius decipens var. **atrocoeruleus** (Moser ex Moser) Lindstr.

형태 균모의 지름은 1.5~3.5㎝로 반구형에서 둥근 산 모양을 거쳐 편평하게 된다. 가끔 중앙에 작은 젖꼭지가 있다. 표면은 어릴 때 섬유 표피가 백색의 가는 털로 되었다가 밋밋하고 매끈해진다. 흡수성이고 밤색이나 습기가 있을 때 흑갈색이고, 건조 시 중앙에 흑색이 가미된 황토 갈색이 된다. 가장자리는 오랫동안 비단털 같고 아래로 말리며 고르고 예리하다. 살은 갈색으로 얇고, 흙냄새가 약간 나고, 맛은 온화하다. 주름살은 자루에 대하여 홈파진주름살로 어릴 때 밝은 황토색에서 짙은 황갈색으로 되며 폭은 넓다. 주름살의 가장자리는 톱니상이다. 자루의 길이는 3~4㎝, 굵기는 0.2~0.5㎝로 원통형이고 속은 차 있다가 비며 부서지기 쉽다. 표면은 어릴 때 라일락 갈색이고 세로줄의 백색 섬유가 있지만 나중에 회갈색 바탕에 백색 표피 조각의 불규칙한 띠가 있다. 자루의 꼭대기는 희미한 라일락색이다. 포자의 크기는 7.4~9×4.5~5.5㎛로 타원형, 표면은 미세한 사마귀점이 있고 황토 갈색이다. 담자기는 원통형 또는 곤봉형으로 23~32×7~9㎛이며 기부에 꺽쇠가 있다.

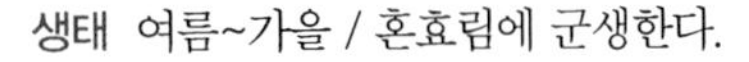

생태 여름~가을 / 혼효림에 군생한다.

분포 한국, 중국, 유럽

털끈적버섯(원추형)

Cortinarius sertipes Kühn.

형태 균모의 지름은 15-30(40)㎜로 원추형, 후에 종 모양에서 편평해지면서 중앙은 볼록하다. 표면은 밋밋하며 무디다가 매끈해지고 흡수성이 있다. 습할 시 적갈색, 검은 밤갈색이다. 가장자리는 연하고 중앙은 보통 보라색이며 건조 시 황토-갈색, 가장자리는 고르고 예리하며 섬유실의 백색이 있다. 살은 얇고 보랏빛이 나며 양파 냄새가 약간 나고, 온화한 버섯맛이 난다. 주름살은 자루에 좁은 바른주름살로 라일락 갈색이나 녹슨 갈색이 되며 폭은 넓다. 자루의 길이 30~60(80)㎜, 굵기 3~5(7)㎜, 원통형, 휘어지기 쉽고, 속은 차고, 표면은 백색-섬유상이다. 어릴 때 자루 전체를 피복하며 후에 적갈색에서 라일락 갈색이 된다. 2, 3개의 하얀 표피 띠가 있다. 포자는 8.2~10.4×4.6~6.2㎛, 타원형에서 아몬드형, 표면은 희미한 사마귀반점, 황토-노랑색이다. 포자문은 녹슨 갈색이다. 담자기는 원통형에서 곤봉형, 28~33×8.5~10㎛, 4-포자성, 기부에 꺽쇠가 있다.
생태 여름~가을 / 숲속, 공원 등에 보통 군생한다.
분포 한국, 유럽

참곤봉끈적버섯

Cortinarius delibutus Fr.

형태 균모는 지름 4~7㎝로 반구형 또는 종 모양에서 편평하게 된다. 표면은 습기가 있을 때 끈적기가 있고 매끄러우며 연한 황갈색 또는 늙은 호박 같은 황색이다. 살은 중앙부가 두꺼우며 백색으로 유연하다. 주름살은 자루에 대하여 바른주름살 또는 홈파진주름살로 약간 밀생, 처음에 연한 남회색에서 연한 황갈색 또는 녹슨 갈색으로 변색한다. 자루는 길이가 7~12㎝, 굵기는 0.6~1.0㎝로 상하의 굵기가 같거나 위로 가늘어지는 것도 있으며 상부는 백색이고 하부는 연한 황갈색이다. 기부는 부풀고, 끈적기가 있다. 포자의 크기는 8.5~10.2×7~8.1㎛로 아구형으로 표면은 미세한 반점들로 거칠다. 포자문은 녹슨색이다.
생태 가을 / 분비나무, 가문비나무 숲 땅의 이끼 사이에 군생한다.
분포 한국, 중국, 유럽

회갈색끈적버섯

Cortinarius diasemospermus Lamoure
C. diasemospermus Lamoure var. diasemospermus

형태 균모의 지름은 15~30㎜로 어릴 때 원추형에서 종 모양, 후에 편평형이며 때때로 물결형, 중앙에 볼록이 있다. 표면은 흡수성이 있고, 습할 시 검은 회-갈색, 건조 시 황토-갈색이며 미세하고, 백색, 털 같은 섬유실이지만 바로 매끈해지고, 어릴 시 턱받이 흔적이 섬유실-털상으로 남는다. 가장자리는 습할 시 줄무늬선이 있고 건조 시 고르고 예리하다. 살은 베이지색에서 갈색, 얇고, 냄새는 좋고, 버섯향이 나며, 건조 시 레몬향, 맛은 온화하고 신맛이 난다. 주름살은 자루에 넓은 바른주름살, 황토색에서 회갈색으로 되며 폭은 넓다. 언저리는 약간 톱니상이다. 자루의 길이는 40~60(70)㎜, 굵기 3~5㎜, 원통형, 속은 차 있다가 비며, 휘어지기 쉽다. 표면은 처음 세로줄의 칙칙한 백색 섬유실이 갈색의 바탕색 위에 있다가 매끈해지고 불분명한 턱받이 흔적이 있다. 포자는 7~10×4.9~6㎛, 타원형, 표면에 사마귀반점, 적황토색이다. 포자문은 적갈색이다. 담자기는 25~31×7~9㎛, 원통형에서 곤봉형이며 4-포자성, 기부에 꺽쇠가 있다.
생태 가을 / 숲속의 젖은 지역에 군생에서 속생한다. 드문 종이다.
분포 한국, 유럽

등갈색끈적버섯

Cortinarius dionysae Rob. Henry

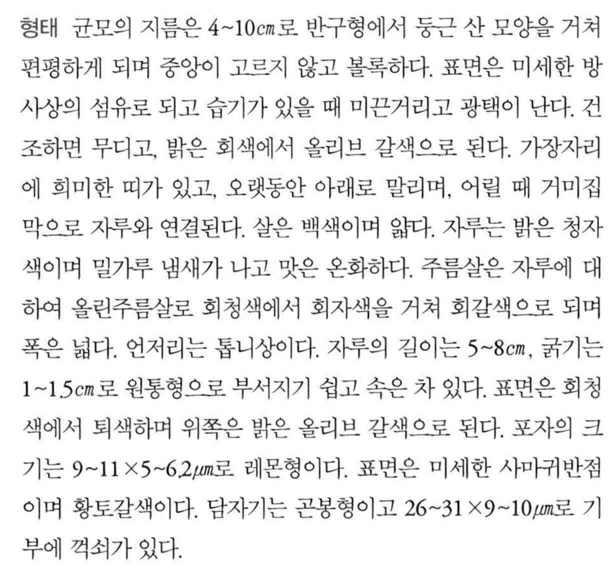

형태 균모의 지름은 4~10㎝로 반구형에서 둥근 산 모양을 거쳐 편평하게 되며 중앙이 고르지 않고 볼록하다. 표면은 미세한 방사상의 섬유로 되고 습기가 있을 때 미끈거리고 광택이 난다. 건조하면 무디고, 밝은 회색에서 올리브 갈색으로 된다. 가장자리에 희미한 띠가 있고, 오랫동안 아래로 말리며, 어릴 때 거미집막으로 자루와 연결된다. 살은 백색이며 얇다. 자루는 밝은 청자색이며 밀가루 냄새가 나고 맛은 온화하다. 주름살은 자루에 대하여 올린주름살로 회청색에서 회자색을 거쳐 회갈색으로 되며 폭은 넓다. 언저리는 톱니상이다. 자루의 길이는 5~8㎝, 굵기는 1~1.5㎝로 원통형으로 부서지기 쉽고 속은 차 있다. 표면은 회청색에서 퇴색하며 위쪽은 밝은 올리브 갈색으로 된다. 포자의 크기는 9~11×5~6.2㎛로 레몬형이다. 표면은 미세한 사마귀반점이며 황토갈색이다. 담자기는 곤봉형이고 26~31×9~10㎛로 기부에 꺽쇠가 있다.

생태 여름~가을 / 활엽수림에 군생 · 속생한다.

분포 한국, 중국, 유럽, 북미

성긴주름끈적버섯

Cortinarius distans Peck

형태 균모의 지름은 3~8(10)㎝로 둔한 둥근 산 모양에서 종 모양을 거쳐 넓은 둥근 산 모양으로 되며 중앙이 약간 볼록하다. 표면은 매끈하다가 비듬이 있으며 흡수성이 있고, 붉은 갈색이 퇴색하여 무딘 그을린 색으로 된다. 살은 얇고 부서지기 쉬우며 표면과 같은 색이다. 맛과 냄새는 온화하다. 주름살은 자루에 대하여 올린주름살로 폭이 넓고, 두껍고, 단단하며 노랑색의 그을린 색에서 다소 붉은색으로 된다. 자루의 길이 4~9㎝, 굵기 0.5~1.2㎝, 퇴색한 붉은색으로 되며 중간에 턱받이 흔적이 있고, 위는 갈색(균모보다 연한 색)이다. 포자의 크기는 7~9×5~6㎛로 난형, 표면은거칠고, 연한 갈색이다. 포자문은 녹슨 갈색이다.

생태 여름~가을 / 침엽수림 아래에 산생에서 군생한다. 식용 가능하나 권장할 만한 것은 아니다. 흔한 종이다.

분포 한국, 북미

키다리끈적버섯

Cortinarius elatior Fr.
C. elatior var. microporus Kawam.

형태 균모의 지름은 5~10㎝로 처음 종 모양 또는 끝이 둥근 원추형에서 중앙이 편평하게 펴진다. 표면은 뚜렷한 끈적기로 덮이며 올리브-갈색 또는 자갈색이다. 건조 시 점토갈색-황토색으로 되며 주변에는 홈파진주름이 있다. 살은 백색-황토색, 자루 상부의 살은 자색이다. 주름살은 자루에 대하여 바른주름살 또는 올린주름살로 점토갈색이고, 표면에는 세로줄의 선이 있다. 자루의 길이는 5~15㎝, 굵기는 1~2㎝로 아래쪽으로 갈수록 가늘어진다. 표면은 거의 백색 또는 희미한 자색을 나타낸다. 포자의 크기는 14~16.5×6.5~9㎛로 아몬드형, 표면에는 사마귀점이 덮인다.
생태 가을 / 활엽수림의 땅에 단생 · 군생한다. 식용 가능하다.
분포 한국, 중국, 일본, 북반구 온대 이북

가죽밤노란끈적버섯

Cortinarius emodensis Berk.
Rozites emodensis (Berk.) Moser

형태 균모의 지름은 4~12㎝로 어릴 때 반구형에서 약간 편평해지며 중앙부는 볼록하다. 표면은 자색 또는 옅은 자갈색에서 황갈색으로 되며, 백색의 그물꼴 형상이 있다. 가장자리는 안으로 말린다. 살은 옅은 자색, 비교적 두껍다. 주름살은 자루에 대하여 바른-홈파진주름살로, 비교적 치밀하고 길이가 다르며 주름살 간에 맥상이 있어서 세로로 연결된다. 처음에 옅은 자색에서 녹색으로 변색한다. 자루의 길이는 7~15㎝, 굵기는 2~3.5㎝의 원주형으로 자색이고, 턱받이의 위쪽은 연한 자색이며 아래는 오백색이다. 표면에 줄무늬선 혹은 인편이 있고, 기부에 턱받이의 잔편이 있다. 자루의 속은 차 있다. 턱받이는 위쪽에 있고 백색-자색이며, 막질이고 상면은 줄무늬선이 있고, 탈락하기 쉽다. 포자문은 녹갈색이다. 포자의 크기는 12.5~16×8.5~11㎛, 류난원형의 양끝이 뾰족하고 녹색이며 표면에 사마귀반점이 있다. 낭상체는 곤봉상으로 35~48×9.5~12㎛이다.
생태 여름~가을 / 숲속의 땅에 단생 · 군생한다.
분포 한국, 중국

갈라진끈적버섯

Cortinarius emollitus Fr.

형태 균모의 지름은 3~5㎝로 처음 둥근 산 모양에서 종 모양 또는 반구형으로 되었다가 다음에 편평하게 되며 중앙에 넓은 볼록이 있다. 습할 시 약간 끈적기가 있다. 가장자리는 흔히 물결형이며 패인 주름이다. 살은 크림색에서 연한 황토색이며, 매우 부드럽다. 맛은 쓰고, 냄새는 불분명하다. 주름살은 자루에 대하여 바른주름살, 크림색에서 오렌지-갈색으로 되며 비교적 성기다. 언저리는 약간 톱니상이다. 자루의 길이는 5~6.5㎝, 다소 위아래가 같은 굵기이거나 곤봉 모양, 가늘고 길다. 습할 시 약간 끈적기가 있다. 포자문은 적갈색이다. 포자의 크기는 6~8.5×4.5~6㎛이고 광타원형, 표면에 사마귀반점이 있다.
생태 가을 / 활엽수림과 혼효림의 땅에 작은 집단이다. 매우 드문 종이다.
분포 한국, 유럽

반구끈적버섯

Cortinarius emunctus Fr.

형태 균모의 지름은 3~7㎝로 반구형에서 둥근 산 모양을 거쳐 차차 편평하게 되지만 중앙에 둔한 볼록이 있다. 표면은 미끈거리고, 연한 회자색에서 회색의 라일락색으로 되며 중앙은 오래되면 백황색에서 황토회색으로 된다. 주름살은 자루에 대하여 바른주름살로 밀생하며 회색의 라일락색에서 갈색으로 된다. 살이 오래되면 자루는 단단해지고 흰갈색이며, 어릴 때는 희미한 청색이 가미된 색깔이고 냄새는 불분명하다. 자루의 길이는 6~10㎝, 굵기 0.5~1㎝로, 기부는 곤봉형으로 유백색이다. 표면은 끈적기가 있고 연한 회자색에서 짙은 회색으로 된다. 포자의 크기는 7~8.5×5.5~6.5㎛로 아구형, 표면은 분명한 사마귀반점이 밀집된다.
생태 여름 / 침엽수림의 땅에 군생한다. 드문 종이다.
분포 한국, 중국, 유럽

껍질끈적버섯

Cortinarius epipoleus Fr.

형태 균모의 지름은 2.5~4.0㎝로 둥근 산 모양에서 편평하게 되지만 중앙은 약간 볼록하다. 표면은 습기가 있을 때 끈적기, 건조하면 매끄럽고, 회청색에서 회색을 거쳐서 베이지색으로 된다. 가장자리는 회색-라일락색의 띠가 있으며 드물게 바랜 황토색이며 얼룩이 있는 것도 있고 날카롭다. 살은 밝은 베이지색의 황토색, 자루 꼭대기는 회청색이다. 얇고 냄새는 좋고, 맛은 부드럽다. 주름살은 자루에 대하여 바른주름살, 회색의 베이지색에서 황토색을 거쳐 짙은 진흙색으로 되고 폭은 넓다. 자루의 변두리는 톱니상이다. 자루의 길이는 5.0~7.0㎝, 굵기는 0.7~1.0㎝, 원통형이며 기부는 곤봉형에서 방추상의 곤봉형으로 되며 폭은 넓다. 자루는 잘 휘어지고 속은 차 있다. 표면은 회청색의 미세한 세로줄무늬가 있으며 백색의 섬유상이나 나중에 표피와 자루의 위쪽은 회색의 라일락색이고, 기부는 백색의 털이 있고 끈적기가 있다. 포자의 크기는 6.0~8.0×5.0~7.0㎛로 아구형, 표면은 희미한 사마귀반점이 있고 밝은 황갈색이다. 담자기는 26.0~35.0×9.5~12.0㎛로 곤봉형 또는 배불뚝이형이다.

생태 여름 / 숲속의 땅에 단생 · 군생한다.

분포 한국, 중국, 유럽

흰테끈적버섯

Cortinarius evernius (Fr.) Fr.

형태 균모의 지름은 3~9㎝로 원추형에서 종 모양을 거쳐 둔한 둥근형으로 되었다가 차차 편평하게 펴진다. 표면은 흡수성이 강하고, 습기가 있을 때 자색의 암갈색이며, 건조 시에는 적색 또는 황토색이다. 오래되면 연한 황갈색의 베이지색으로 된다. 살은 균모와 동색이며 맛과 냄새는 불분명하다. 주름살은 자루에 대하여 올린 주름살로 처음 보라색에서 진한 흙색이었다가 마침내 적갈색이 된다. 자루의 길이는 7~15㎝, 굵기는 1~1.5㎝로 보라색이며 표피 막질의 보라색으로 덮인 백색의 밴드가 있다. 포자의 크기는 8.5~10×5~6㎛로 타원형이며 포자문은 녹슨 적색이다.

생태 가을 / 침엽수림의 땅에 군생한다. 드문 종이며 식용 여부는 불분명하다.

분포 한국, 중국

띠끈적버섯

Cortinarius fasciatus Fr.

형태 균모의 지름은 1.5~3㎝로 원추형에서 종 모양이 되지만 나중에는 거의 평평하게 펴지며 중앙은 언제나 산 모양으로 둥글다. 표면은 흡습성, 벽돌색~암적갈색인데 중앙은 진하다. 가장자리에는 줄무늬선이 나타나지만 건조하면 소실되고 황토색이 된다. 살은 얇고 표면과 같은 색이다. 주름살은 자루에 대하여 바른주름살로 연한 황토색~황토갈색에서 계피색으로 되고, 약간 성기다. 자루의 길이는 4~7㎝, 굵기는 0.2~0.4㎝로 상하가 같은 굵기이고 때로는 굽어 있으며, 속이 비어 있다. 표면은 연한 갈색이고, 미세한 섬유상으로 흔히 자루의 위쪽에 갈색 표피막의 잔존물이 띠 모양으로 남는다. 포자의 크기는 8.6~11.7×5~6.7㎛로 타원형, 표면은 연한 황색이며 미세한 사마귀반점이 덮여 있다. 포자문은 녹슨 갈색이다.

생태 가을 / 소나무 등 침엽수의 숲에 발생한다.

분포 한국, 일본, 중국, 러시아의 연해주, 유럽, 북미

바랜끈적버섯

Cortinarius flexipes (Pers.) Fr.
C. flexipes (Pers.) Fr. var. flexipes

형태 균모의 지름은 1.5~3cm로 원추형에서 종 모양을 거쳐 둥근 산 모양이 되지만 오래되면 약간 편평해지고, 중앙은 볼록한 둥근형이다. 표면은 흡수성, 습할 시 검은 라일락 갈색이고, 건조 시 황토 갈색이며 백색의 섬유실의 인편으로 밀집하게 덮인다. 가장자리는 고르고 예리하다. 살은 흑갈색에서 황토색으로 되며 자루꼭대기의 살은 검은 자색으로 얇고, 냄새가 강하고, 부서져서 제라늄처럼 남으며 온화한 버섯맛이다. 주름살은 자루에 대하여 홈파진주름살 또는 올린주름살로 폭이 넓고 어릴 때 회색에서 자갈색이 되고 성숙하면 검은 녹슨 갈색이 된다. 가장자리는 밋밋하다가 약간 톱니형으로 된다. 자루의 길이는 3.5~6cm, 굵기 0.3~0.45cm로 원통형이며 휘어지기 쉽고 속은 차 있다가 빈다. 표면은 흑자색에서 적갈색 바탕 위에 파편 조각이 있으며 조각들은 불규칙한 밴드에서 규칙적인 밴드로 된다. 백색의 턱받이가 있고 자색에서 라일락색이 된다. 기부에 보통 균사체가 있으며 청색이다. 포자의 크기는 7~10×4.5~6㎛로 타원형, 표면은 사마귀반점이 있으며 밝은 노랑색이다. 담자기는 가는 곤봉형으로 25~38×6.5~8.5㎛, 4-포자성, 기부에 꺽쇠가 있다.
생태 여름~가을 / 숲속의 이끼류 사이에 군생한다.
분포 한국, 중국, 유럽

흑청색끈적버섯

Cortinarius fraudulosus Britz.

형태 균모의 지름은 3~6㎝로 반구형에서 둥근 산 모양을 거쳐 편평하게 되며 중앙은 가끔 톱니상이다. 표면은 밋밋하고 무디며, 건조할 때 미세한 섬유상의 털이 있고, 습할 때 매끈하고 끈적거린다. 가장자리는 날카롭고 어릴 때 백색의 막편 섬유실이 부착한다. 살은 백색이며 얇고, 상처 시 황색으로 변색한 다음 와인 적색이었다가 흑청색이 되며, 흙냄새가 나고 맛은 온화하다. 주름살은 자루에 대하여 홈파진-넓은 올린주름살로 두껍고, 크림색에서 밝은 황토색 또는 황토갈색이 되며 폭은 넓다. 주름살의 변두리는 약간 톱니상이다. 자루의 길이는 6~10㎝, 굵기는 1~1.5㎝로 원통형, 잘 휘어지고, 기부는 약간 부풀고, 속은 차 있다가 푸석푸석 빈다. 표면은 백색이고 백색의 표피로 덮이나 나중에 매끈하게 되며 턱받이 흔적이 있다. 기부에서 위쪽으로는 황토색이다. 포자의 크기는 10.5~16×6~8.5㎛로 복숭아 모양 또는 레몬형이다. 담자기는 곤봉형으로 37~50×9.5~10㎛이고 4-포자성, 기부에 꺽쇠가 있다.

생태 여름~가을 / 혼효림의 숲속의 땅에 군생한다.

분포 한국, 중국, 유럽, 북미

모자끈적버섯

Cortinarius galeroides Hongo

형태 균모의 지름은 1~2.5㎝로 원추형에서 거의 편평하게 펴져서 중앙은 강하게 돌출한다. 표면은 흡수성이고 점토색-황토색, 중앙은 약간 암색으로 가장자리에 홈파진 줄무늬선이 있다. 건조하면 홈파진 줄무늬는 사라져 연한 색이 된다. 살은 연하고 부서지기 쉽다. 주름살은 자루에 대하여 바른주름살로 성기고, 폭은 0.2~0.4㎝이고 계피색이며 주름살끼리는 맥상으로 연결된다. 자루의 길이 2.5~4㎝, 굵기 0.1~0.3㎝, 때때로 눌려서 속이 빈다. 표면은 균모보다 연한 색으로 비단결-섬유상, 꼭대기는 미세한 가루상이며 거미집막은 소량으로 소실되기 쉽다. 포자의 크기는 8~10×4.5~6㎛, 원통형, 표면은 미세한 사마귀점이 덮여 있다. 측낭상체는 없다.
생태 가을 / 숲속의 땅에 군생한다.
분포 한국, 중국, 일본

등황색끈적버섯

Cortinarius malicorrius Fr.
C. croceoconus Fr.

형태 균모의 지름은 20~45㎜로 원추형, 종 모양에서 둥근 산 모양을 거쳐 편평하게 되면서 가끔 중앙에 둔한 볼록이 있다. 표면은 무디다가 매끈해지며 어릴 때 오렌지-노랑색 표피로 피복되고, 후에 올리브 갈색에서 적갈색으로 중앙은 더 밀집하며, 주변부는 파편 때문에 오랫동안 오렌지-노랑색이다. 가장자리는 고르고 예리하다. 살은 올리브-갈색에서 올리브-녹색, 얇고, 약간 냄새가 나고, 맛은 쓰다. 주름살은 홈파진주름살, 또는 바른주름살이다. 밝은 노랑-오렌지색에서 밝은 황-오렌지색으로 되고, 폭이 넓다. 언저리는 밋밋하다. 자루의 길이 30~50㎜, 굵기 3~6㎜, 원통형, 휘어지기 쉽고, 속은 차 있다. 섬유상이 전체를 피복하며 때때로 턱받이 흔적이 있다. 포자는 4.7~7.2×3.3~4.6㎛, 타원형, 표면에 사마귀반점, 황토-노랑색이다. 담자기는 원통형에서 곤봉형, 22~33×5.5~7.5㎛, 4-포자성, 기부에 꺽쇠가 있다.
생태 여름~가을 / 습한 숲속, 비옥한 땅, 이끼류속, 풀밭에 군생하고 드물게 단생한다.
분포 한국, 유럽, 북미, 아시아

주름균강 》 주름버섯목 》 끈적버섯과 》 끈적버섯속

등황색끈적버섯(노랑색형)

Cortinarius croceoconus Fr.

형태 균모의 지름은 10~30(40)㎜로 날카로운 원추형에서 종 모양이 되며 중앙에 예리한 볼록이 있다. 표면은 밋밋하고 습할 시 황토 갈색에서 적갈색 또는 오렌지 갈색이며 건조 시 올리브-노랑색이다. 가장자리는 예리한 톱니상이다. 살은 얇으며 습할 시 회갈색에서 올리브-갈색, 건조 시 노랑색이다. 허브냄새가 나며 맛은 온화하다. 주름살은 자루에 넓은 주름살로 샤프란-노랑색에서 녹슨-갈색, 오렌지-갈색이 된다. 언저리는 톱니상이다. 자루의 길이 60~100(150)㎜, 굵기 3~7㎜로 원통형, 속은 차 있다가 비며 휘어지기 쉽다. 표면은 황토빛을 띠다 나중에 갈색의 불규칙한 얼룩이 생긴다. 포자는 8.6-11×5-6㎛, 타원형에서 아몬드형, 표면에 희미한 사마귀반점이 있고 노랑색이다. 포자문은 녹슨-갈색이다. 담자기는 25~30×7.5~8.5㎛, 곤봉형, 4-포자성, 기부에 꺽쇠가 있다.

생태 여름~가을 / 젖은 땅, 참나무 숲의 산성 땅, 이끼류 속에 군생한다. 보통 종은 아니다.

분포 한국, 유럽, 북아메리카

주름균강 》 주름버섯목 》 끈적버섯과 》 끈적버섯속

유리끈적버섯

Cortinarius mucifluus Fr.

형태 균모는 지름 4.5~8.5㎝로 아구형 또는 종 모양에서 편평하게 된다. 표면은 습할 때 끈적액이 있으며 밀황색 또는 황갈색이지만 마르면 흐린 갈색이 된다. 가장자리는 처음에 아래로 감겼다가 펴지는데 뒤집혀 감기는 경우도 있으며, 방사상의 홈선이 있다. 살은 유백색에서 황색 또는 녹슨색을 띠며 맛은 온화하다. 바른주름살 또는 홈파진주름살로 밀생하며 폭은 넓고 연한 황갈색이다가 녹슨 갈색이 된다. 언저리에 백색의 가는 털이 있다. 자루는 길이가 7~10㎝, 굵기가 0.6~1.8㎝로 위아래의 굵기가 같거나 아래로 갈수록 가늘어진다. 상부는 백색, 하부는 연한 자회색이다. 백색의 거미집막과 연결되어 끈적액에 덮여 있으며 이것이 터지면 뱀껍질 무늬가 된다. 마른 뒤에는 윤기가 돌며 자루의 속은 차 있다. 포자의 크기는 12~14×6~6.5㎛로 타원형, 표면에 돌기가 있다. 포자문은 녹슨색이다. 연낭상체는 풍선 모양이고 28~32×14~15㎛이다.

생태 가을 / 잣나무, 활엽수 혼효림과 소나무 숲의 땅에 군생한다. 식용이다.

분포 한국, 중국, 일본

송곳끈적버섯

Cortinarius gentilis (Fr.) Fr.

형태 균모의 지름은 15~25㎜로 원추형에서 반구형을 거쳐 넓은 종 모양이 되었다가 편평하게 되지만 중앙은 예리하게 돌출한다. 표면은 미세한 방사상의 섬유상 털로 되며 황토색에서 녹슨 황색으로 되며, 흡수성이다. 가장자리는 오랫동안 아래로 말리며 예리하고, 어릴 때 황색의 표피가 매달린다. 살은 밝은 색에서 짙은 황색이 되며, 얇다. 냄새가 조금 나고, 맛은 온화하다. 주름살은 자루에 대하여 올린주름살로 청황색에서 녹슨 갈색으로 된다. 언저리는 연한 섬유상에서 톱니상이 된다. 자루의 길이는 50~60㎜, 굵기는 3~6㎜로 약간 원통형, 속은 차고 부서지기 쉬우며, 기부는 부풀고 가늘어지며 갈색이다. 표면은 미세한 세로줄 섬유가 있고 표피에서 만들어진 불규칙 또는 규칙적인 띠가 있다. 포자의 크기는 7.1~9.4×5.5~7.1㎛로 광타원형, 표면은 사마귀점이 있고 밝은 갈색이다. 담자기는 곤봉형으로 33~36×7.5~10㎛로 기부에 꺽쇠가 있다.

생태 여름~가을 / 숲속에 단생한다.

분포 한국, 중국, 유럽

청록끈적버섯

Cortinarius glaucopus (Schaeff.) Gray
C. glaucopus var. acyaneus (M.M. Moser) Nezdojm., C. glaucopus Schff. var. glaucopus

형태 균모의 지름은 50~100㎜로 어릴 시 반구형, 후에 둥근 산 모양에서 편평하게 되며 흔히 물결형이다. 표면은 밋밋하며 습할 시 미끈거리고, 건조 시 무디며, 뚜렷하게 방사상의 섬유실과 줄무늬가 있다. 중앙에 연한 껍질 파편이 있고, 황토-노랑색에서 적황토색으로 되며, 가장자리로 올리브색 끼가 있다. 가장자리는 고르고 오랫동안 안으로 말린다. 살은 백색에서 크림색이 되며 자루의 꼭대기 살은 푸른색이다. 얇고, 냄새는 거의 없고 맛은 온화하다. 주름살은 넓은 바른주름살, 어릴 시 회-보라색에서 녹슨 갈색으로 되며 폭이 넓다. 언저리는 약간 톱니상이다. 자루의 길이 50~80㎜, 굵기 10~15(20)㎜의 원통형, 둥글고 부서지기 쉬우며 속은 차 있다. 표면은 어릴 때 푸른색에서 라일락-푸른색이며 푸른 섬유실 껍질로 덮여 있다가 매끄럽게 되고 적색에서 황갈색으로 된다. 기부는 흔히 잘린 형이다. 포자는 7.7~10×4.3~5.7㎛, 타원형에서 아몬드형, 표면에 희미한 사마귀반점, 황토갈색이 있다. 담자기는 22~34×4.3~5.7㎛, 곤봉형으로 4-포자성, 기부에 꺽쇠가 있다.

생태 가을 / 침엽수림 또는 소나무 숲의 가장자리에 집단으로 줄을 지어서 균륜 형태로 발생한다.

분포 한국, 유럽, 북미, 북미 해안

습지끈적버섯

Cortinarius helobius Romagn.

형태 균모의 지름은 8~25㎜로 반구형에서 둥근 산 모양이었다가 편평해지며 중앙이 약간 볼록하다. 표면은 밋밋하다가 주변부로 물결형이고, 미세한 섬유실이 털 모양으로 된다. 흡수성이고 습할 시 검은 황토색에서 흑갈색이 되며, 건조 시 적-황토색이다. 가장자리는 고르고 예리하며, 어릴 때 백색 거미집막의 섬유실에 의하여 자루에 연결된다. 살은 검은 적색에서 황갈색으로 얇다. 좋은 냄새가 나고, 맛은 온화하나 분명치 않다. 주름살은 넓은 바른주름살이나 약간 내린주름살로 톱니상이고, 녹슨색에서 검은 녹슨색이 되며 폭은 넓다. 언저리는 밋밋하다. 자루의 길이 20~45㎜, 굵기 1.5~3㎜로 원통형이며 휘어지기 쉽고, 속은 차 있다가 빈다. 표면은 적갈색의 바탕색 위에 연한 황토-섬유상이 자루 전체를 덮으나 후에 검은 갈색으로 된다. 포자는 8~10.4×4.5~5.6㎛, 타원형, 표면에 뚜렷한 사마귀반점이 있으며 맑은 황토색이다. 포자문은 적갈색이다. 담자기는 곤봉형, 32~38×8.5~10㎛, 4-포자성, 기부에 꺽쇠가 있다.

생태 여름 / 물이 흐르는 둔덕의 이끼류가 있는 곳에 군생한다.

분포 한국, 유럽

실끈적버섯

Cortinarius hemitrichus (Pers.) Fr.

형태 균모의 지름은 3~5㎝로 둥근 산 모양에서 차차 평평하게 되고 중앙이 뾰족하게 돌출하나 그렇지 않은 것도 있다. 표면은 암갈색~흑갈색이고, 어릴 때는 회갈색 바탕에 흰색의 미세한 섬유상의 피막이 덮여 있지만 나중에 소실되고 밋밋해진다. 살은 얇고 암갈색이다. 주름살은 자루에 대하여 바른주름살로 어릴 때는 라일락 회색에서 진한 황토 갈색으로 되고, 약간 성기며 폭이 넓다. 자루의 길이는 2~5㎝, 굵기는 0.2~0.5㎝로 원주형이나 밑동이 약간 굵어지기도 한다. 균모와 같은 색이나 약간 연한 색이다. 표면은 어릴 때 흰색의 섬유가 덮여 있으나 나중에 밋밋해진다. 불완전한 턱받이 모양이 남기도 한다. 포자의 크기는 7.2~10×3.8~5.1㎛로 타원형~원주상이며 표면은 연한 황토색이고 작은 사마귀반점들이 덮여 있다.

생태 가을 / 침엽수림의 땅, 또는 활엽수림의 땅에 군생한다. 식용 가능하다.

분포 한국, 일본, 중국, 러시아의 연해주, 유럽, 북미

사슴털색끈적버섯

Cortinarius hinnuleus Fr.

형태 균모의 지름은 2.5~6㎝로 원추상-삿갓형이며 중앙부는 뾰족하게 돌출한다. 표면은 황토 갈색 또는 황갈색이며 방사상의 줄무늬선이 있다. 가장자리는 옅은 색이고 예리하다. 살은 균모와 동색이다. 주름살은 자루에 대하여 바른~홈파진주름살로 포크형이고 황토색~황색의 종려나무색이다. 자루의 길이는 3.5~10㎝, 굵기는 0.3~0.8㎝로 원주형, 균모보다 연한 색이며 미세한 털 또는 세로줄무늬 선이 있고 만곡이 진다. 턱받이는 위쪽에 있고 백색이며 기부는 팽대한다. 포자의 크기는 7~9.5×4~7.5㎛로 류타원형, 표면에 작은 사마귀반점이 있다.

생태 가을 / 숲속의 땅에 군생한다. 외생균근을 형성한다.

분포 한국, 중국

흰비단끈적버섯

Cortinarius iliopodius (Bull.) Fr.
C. alnetorum (Vel.) Moser

형태 균모의 지름은 14~35㎜로 어릴 때 원추형에서 종 모양을 거쳐 둥근 산 모양이 되었다가 차차 편평하게 되지만 중앙이 볼록하다. 표면은 흡수성이고, 어릴 때 검은 회갈색의 라일락색과 백회색의 섬유실을 가진다. 나중에 베이지색, 황토갈색이 되고 중앙은 흑색이다. 가장자리는 날카로운데 오래되면 갈라지고 백색이 되며 오랫동안 막편이 부착한다. 살은 갈색이고 얇고, 냄새가 약간 나며 맛은 온화하다. 주름살은 좁은 올린주름살로 밝은 회갈색이나 어릴 때 라일락색을 띠다 나중에 붉은색에서 밝은 녹슨 갈색이 된다. 가장자리는 약간 톱니상이고 백색이다. 자루 길이는 35~80㎜, 굵기 1.5~5㎜로 원통형이며 속은 차 있다가 비게 되며 부서지기 쉽고, 기부가 부푼다. 표면은 기부에서 위쪽으로 흑갈색에서 검은 와인 갈색의 바탕에 백색의 섬유실이 있다. 섬유실은 세 개의 가는 밴드를 형성하고 턱받이 흔적이 있다. 턱받이 흔적의 위쪽은 세로줄무늬가 있고, 가끔 희미한 라일락색을 가진다. 포자는 7~10.5×4.5~6㎛로 타원형이며 미세한 반점이 있고 밝은 회갈색이다. 담자기는 30~38×8~9㎛로 원주형에서 곤봉형으로 4-포자성이며 기부에 꺽쇠가 있다.
생태 여름~가을 / 숲속의 이끼류가 있는 땅에 군생한다.
분포 한국, 중국, 유럽

잘린끈적버섯

Cortinarius incisus (Pers.) Fr.

형태 균모의 지름은 2~4㎝로 둥근 산 모양에서 종 모양이 되며 중앙에 뚜렷한 볼록이 있다. 표면은 흡수성이 있고 습할 시 무딘 회갈색, 건조 시 퇴색한 회갈색이 되며 미세한 비단섬유실로 덮인다. 오래되면 가장자리는 갈라진다. 주름살은 자루에 대하여 올린주름살, 회황토색 다음에 녹슨 갈색으로 된다. 자루의 길이 2.5~6㎝, 굵기 0.2~0.5㎝로 위아래가 같은 굵기이다. 회갈색, 백색의 껍질 파편이 있고 때때로 띠를 형성하기도 한다. 살은 습할 시 흑갈색, 건조 시 회황토색, 자루의 기부에서는 짙은 적색이다. 냄새는 없고, 맛은 약간 있다. 포자의 크기는 7~8.7×4.6~5.5㎛로 타원형에서 씨앗 모양, 표면은 거칠다. 포자문은 녹슨 갈색이다.
생태 가을 / 침엽수림, 일반적으로 개울가에 군생한다. 가끔 집단으로 발생하는 경우도 있다. 보통 종은 아니다. 식용은 불가하다.
분포 한국, 북미

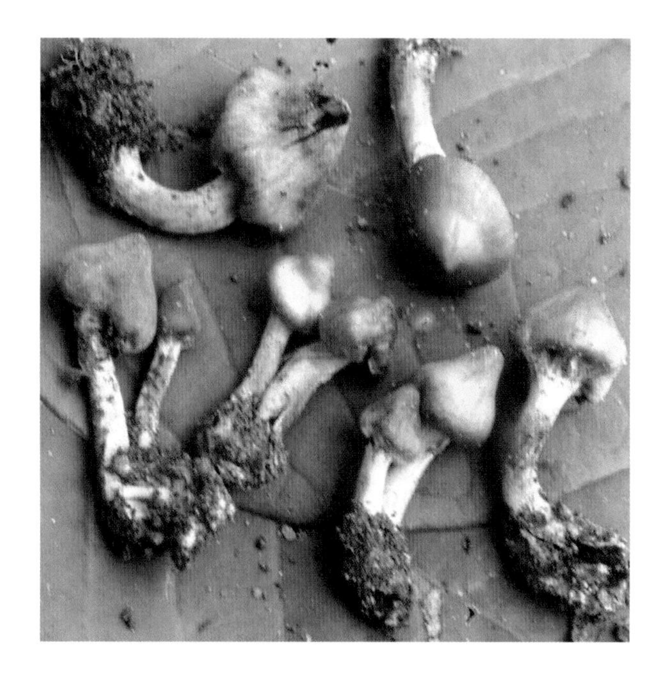

끝째진끈적버섯

Cortinarius infractus (Pers.) Fr.

형태 균모의 지름은 3~8㎝로 반구형에서 중앙에 큰 볼록을 가진 편평형이 된다. 건조하면 무디고 미세하게 눌린 섬유실이 나타난다. 습기가 있을 때 가장자리 쪽으로 광택이 있으며 미끈하고, 회색 올리브색에서 황토 갈색을 거쳐 갈색으로 된다. 가끔 희미한 올리브색을 띠기도 한다. 가장자리는 살색 점상의 띠가 있고 예리하다. 살은 칙칙한 백색, 표피 아래는 황갈색, 균모 중앙의 살은 두껍고 가장자리 쪽은 얇다. 냄새는 불분명하고 맛이 쓰다. 주름살은 바른주름살, 또는 작은 톱니형의 내린주름살이며 검은 올리브색에서 회 올리브색을 거쳐 올리브 갈색으로 되며 폭은 넓다. 변두리는 물결형으로 약간 톱니상이다. 자루의 길이는 4~7㎝, 굵기는 1~2㎝, 원통형이며 위쪽에 희미한 청색 또는 올리브색을 가진 회황토 갈색이고 기부는 약간 막대형으로 부풀고 부서지기 쉬우며 속은 차 있다. 표면은 어릴 때 백색이며 섬유상의 턱받이 띠가 있고 기부로 황토 갈색이며 백색의 표피 섬유가 덮여 있다. 포자는 6.5~8×5.5~6.8㎛로 아구형에서 구형, 표면은 사마귀반점이 있고 꿀색의 갈색이다. 담자기는 원통형에서 곤봉형으로 28~35×7.5~9㎛이고 기부에 꺽쇠가 있다.

생태 여름~가을 / 활엽수림과 침엽수림의 땅에 군생한다.

분포 한국, 중국, 유럽, 북미

제비꽃끈적버섯

Cortinarius iodes Berk. & Curt.

형태 균모는 지름 3.5~5.5㎝이며 아구형 내지 종형에서 차차 편평하게 된다. 표면은 습기가 있을 때 끈적기가 있고 매끄러우며 짙은 남회자색이고 중앙부는 갈색을 띤다. 살은 중앙부가 두꺼우며 처음에 남색에서 연한 색으로 퇴색되며 맛은 온화하다. 주름살은 자루에 대하여 홈파진주름살로 밀생, 폭은 넓은 편이고 남색에서 회 계피색으로 되며, 마르면 녹슨 회색으로 된다. 자루는 길이가 3.5~8㎝, 굵기가 1~1.3㎝로 상하의 굵기가 같거나 위쪽이 가늘어지고 기부는 조금 부풀고 끈적기가 있다. 색깔은 처음 남색에서 유백색으로 퇴색하며 연한 갈색의 섬모로 덮이고 섬유질이다. 자루의 속은 차 있다. 거미집막은 남색으로 빈약하다. 포자의 크기는 9.5~10.5×5.5~6㎛로 광타원형, 표면에 돌기가 있다. 포자문은 녹슨색이다.

생태 가을에 숲속의 땅에 산생한다.

분포 한국, 중국, 북미

꾀꼬리끈적버섯

Cortinarius laetus Moser

형태 균모의 지름은 1.2~2.5㎝로 원추형에서 종 모양이 되지만 가운데는 볼록하다. 표면은 밋밋하고 흡수성이며 짙은 오렌지 황색이다. 습할 시 방사상의 섬유실이 있고, 건조 시 황토색이다. 가장자리는 날카롭고 줄무늬선이 있다. 살은 검은 적갈색, 냄새는 없고, 맛은 온화하나 분명치 않다. 주름살은 자루에 대하여 홈파진주름살 또는 좁은 올린주름살, 녹슨 황색에서 밝은 녹슨 황색으로 되며 폭이 넓다. 주름살의 변두리는 밋밋하다. 자루의 길이는 6~9㎝, 굵기 0.3~0.6㎝로 원통형, 기부로 약간 부풀고 속은 차고, 휘어지기 쉽다. 표면은 밝은 크림 황토색이고 작은 황색 표피의 조각들이 분포하며 드물게 불규칙하게 전면에 분포하기도 한다. 포자의 크기는 8~10.5×5~6㎛로 타원형, 표면에는 미세한 반점이 있고 밝은 적갈색이다. 담자기는 원통형에서 곤봉형으로 30~35×8~9㎛로 4-포자성, 기부에 꺽쇠가 있다.

생태 여름~가을 / 숲속의 이끼류 속에 군생한다.

분포 한국, 중국, 유럽

흰둘레끈적버섯

Cortinarius laniger Fr.

형태 균모의 지름은 35~70(90)㎜이며 처음 반구형에서 둥근 산 모양이 되었다가 편평해진다. 볼록은 없거나 있으며, 때때로 물결형이다. 표면은 무디고, 섬유상의 털상 또는 인편으로 되고 특히 중앙에 인편이 많다. 흡수성이거나 아니고, 오렌지색에서 적갈색이다. 가장자리는 오랫동안 안으로 말린다. 주변부는 백색의 껍질 파편으로 덮인다. 살은 백색, 자루의 기부는 갈색이고 균모의 중앙은 두껍다. 가장자리는 얇고, 냄새가 나며 맛은 온화하다. 주름살은 자루에 대하여 넓은 바른주름살, 맑은 적갈색에서 황토 갈색을 거쳐 짙은 녹슨 갈색으로 되며 폭이 넓다. 언저리는 밋밋하다. 자루의 길이 60~100㎜, 굵기 10~20㎜, 원통형에서 곤봉형, 속은 차고, 부서지기 쉽다. 표면은 어릴 시 백색의 표피에서 털 모양이 전체를 덮는다. 때때로 꼭대기는 희미한 라일락색이다가 후에 매끈해지고 막질의 털 모양의 턱받이가 있거나 백색의 띠가 갈색 바탕 위에 있다. 포자의 크기는 8~11×5~6.5㎛, 타원상, 표면에 사마귀반점, 회-황토색이다. 담자기는 가는 곤봉형, 30~43×8~10㎛, (2) 4-포자성, 기부에 꺽쇠가 있다.

생태 여름~가을 / 고산대의 침엽수림의 땅, 젖은 이끼류 속에 군생한다. 드문 종이다.

분포 한국, 유럽

가지색끈적버섯

Cortinarius largus Fr.

형태 균모의 지름은 5~10㎝로 어릴 때는 반구형, 후에 둥근 산 모양으로 되었다가 편평하게 펴지며 중앙에 둔한 돌출이 있다. 표면은 습할 시 약간 점성이 있고 건조할 시 광택이 나고 밋밋하며, 인편은 없다. 처음엔 연한 라일락색, 점차 탁한 황색, 갈색으로 된다. 가장자리는 유백색-연보라색이다. 어릴 때는 균모와 자루 사이에 거미줄막으로 연결되기도 한다. 살은 치밀한 편으로 두껍고, 유백색이다. 표피층 아래는 보라색을 띤다. 주름살은 자루에 바른주름살에서 홈파진주름살로 되며 연한 청자색에서 후에 녹슨 갈색으로 된다. 폭이 넓고 촘촘하다. 언저리 부분은 약간 톱니상이다. 자루의 길이 7~10(15)㎝, 굵기 1.5~2㎝, 어릴 때는 굵고 짧은 둥근 모양이나 후에 위아래가 같은 굵기이거나 또는 위가 약간 가늘어지는 곤봉형이다(직경 3㎝에 달한다). 속이 차고, 섬유질, 표면은 라일락색에서 유백색-담황토색으로 퇴색된다. 꼭대기는 영존성의 연한 보라색을 가지며, 상부는 피막 잔존물이 테 모양으로 남아 있다. 포자는 9.5~11×5.2~6.2㎛, 타원형-약간 편도형, 황갈색, 표면에 사마귀반점이 덮여 있다.

생태 여름~가을 / 숲속의 땅에 군생한다. 유럽에서는 식용으로 사용한다.

분포 한국 등 전 세계

반들끈적버섯

Cortinarius levipileus Favre

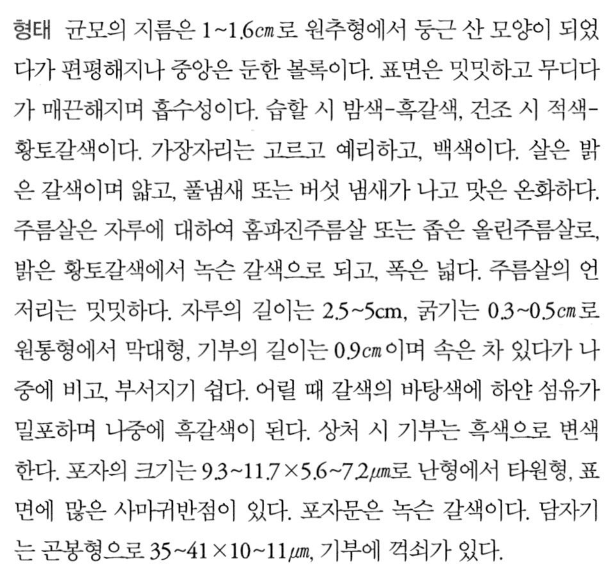

형태 균모의 지름은 1~1.6㎝로 원추형에서 둥근 산 모양이 되었다가 편평해지나 중앙은 둔한 볼록이다. 표면은 밋밋하고 무디다가 매끈해지며 흡수성이다. 습할 시 밤색-흑갈색, 건조 시 적색-황토갈색이다. 가장자리는 고르고 예리하고, 백색이다. 살은 밝은 갈색이며 얇고, 풀냄새 또는 버섯 냄새가 나고 맛은 온화하다. 주름살은 자루에 대하여 홈파진주름살 또는 좁은 올린주름살로, 밝은 황토갈색에서 녹슨 갈색으로 되고, 폭은 넓다. 주름살의 언저리는 밋밋하다. 자루의 길이는 2.5~5cm, 굵기는 0.3~0.5㎝로 원통형에서 막대형, 기부의 길이는 0.9㎝이며 속은 차 있다가 나중에 비고, 부서지기 쉽다. 어릴 때 갈색의 바탕색에 하얀 섬유가 밀포하며 나중에 흑갈색이 된다. 상처 시 기부는 흑색으로 변색한다. 포자의 크기는 9.3~11.7×5.6~7.2㎛로 난형에서 타원형, 표면에 많은 사마귀반점이 있다. 포자문은 녹슨 갈색이다. 담자기는 곤봉형으로 35~41×10~11㎛, 기부에 꺽쇠가 있다.
생태 여름 / 숲속의 땅에 단생 · 군생한다.
분포 한국, 중국, 유럽

라일락끈적버섯

Cortinarius lilacinus Sacc.

형태 균모는 지름이 6~10㎝이며 반구형에서 차차 편평하게 된다. 표면은 마르고 긴 털이 밀포하고 자색이다. 가장자리는 처음에 아래로 감긴다. 살은 중앙부가 두껍고 단단하며 연한 자색이고 약간 쓰다. 주름살은 자루에 대하여 깊은 홈파진주름살로 약간 빽빽하며 폭은 넓고 두껍다. 색은 자색에서 계피색이 된다. 주름살의 변두리는 반반하다. 자루는 높이가 7~9㎝, 굵기는 1~1.8㎝이며 원주형이고, 때로는 세로줄의 홈선이 있다. 기부는 지름 1.7~4㎝로 둥글게 부풀며 섬모로 덮이고 균모와 같은 색이다. 속은 갯솜질로 차 있다. 포자의 크기는 7.5~9×5~5.7㎛로 타원형이며 표면은 거칠다. 포자문은 녹슨색이다.

생태 가을 / 분비나무, 가문비나무 숲 또는 혼효림의 땅에 군생 · 산생한다.

분포 한국, 중국, 유럽

보라황토끈적버섯

Cortinarius livido-ochraceus (Berk.) Berk.
C. pumilus (Fr.) J.E. Lange

형태 균모의 지름은 5~10㎝로 처음에는 종 모양 또는 중앙이 둥근 원추형에서 차차 평평하게 펴지고 중앙이 돌출된다. 표면에는 현저한 끈적액이 피복되어 있다. 황토갈색-적색 또는 보라색을 띤 갈색이고, 건조하면 갈색-황토색을 띤다. 가장자리에 방사상의 줄무늬홈선이 깊게 파인다. 살은 흰색-황토색이며 자루의 위쪽 살은 처음에는 보라색을 띈다. 주름살은 자루에 대하여 바른주름살 또는 올린주름살로 점토갈색으로 폭이 매우 넓고 약간 밀생한다. 자루의 길이는 5~15㎝, 굵기는 1~2㎝로 아래로 갈수록 가늘어진다. 표면은 거의 흰색이나 보라색을 띠고 오래되면 퇴색한다. 강한 끈적기가 있으며 세로줄무늬가 있다. 포자의 크기는 11~15×7.5~9㎛로 편도형-레몬형으로 연한 황색이며 표면에 사마귀반점이 덮여 있다.
생태 가을 / 참나무류 등 활엽수의 혼효림에 땅에 난다.
분포 한국, 중국, 유럽. 북반구 온대 이북

흑비듬끈적버섯

Cortinarius melanotus Kalchbr.

형태 균모의 지름은 1.5~4.5㎝로 원추형에서 반구형을 거쳐서 둥근 산 모양이 되었다가 편평해지며 가끔 중앙에 둔한 볼록을 가지기도 한다. 표면은 무디고, 미세한 털이 있고, 짙은 적색의 올리브 갈색이지만 흑갈색의 섬유가 인편으로 덮인다. 가장자리는 올리브 녹색, 고르고 예리하다. 살은 밝은 황색으로 얇고, 냄새가 조금 나고, 맛은 온화하다. 주름살은 자루에 대하여 올린주름살로 올리브황색에서 올리브-갈색을 거쳐서 적 올리브색으로 되며 폭은 넓다. 주름살의 변두리는 밋밋하다. 자루의 길이는 2.5~4㎝, 굵기는 0.6~1.2㎝로 원통형이며, 약간 막대형으로 가운데가 굵고, 잘 휘어지며 속은 차 있다. 표면은 그물꼴의 무늬가 있고 이것은 밝은 회황색에서 올리브 황색 바탕의 갈색 인편 표피로부터 생긴 것이다. 포자의 크기는 6.2~8×4.3~5.3㎛로 타원형, 표면은 사마귀점이 있고 황토 적색이다. 담자기는 가는 곤봉형으로 30~40×7~8㎛이고 기부에 꺾쇠가 있다.

생태 여름~가을 / 활엽수림 및 혼효림의 땅에 군생한다.

분포 한국, 중국, 유럽

꿀색끈적버섯

Cortinarius mellinus Britzelm

형태 균모의 지름은 30~70(100)㎜로 처음 반구형에서 둥근 산모양이 되었다가 편평해지며 중앙에 볼록은 없거나 약간 있는 것도 있다. 표면은 밋밋하며 무디고, 방사상으로 섬유상의 미세한 털 또는 압착된 인편으로 된다. 어릴 시 노랑-황토색, 후에 짙은 황토색에서 적황토색으로 된다. 가장자리는 고르고 예리하나 노쇠하면 갈라진다. 살은 맑은 노랑색, 얇고 냄새가 나며 맛은 온화하다. 주름살은 자루에 대하여 홈파진주름살의 넓은 바른주름살, 처음은 크림색이며 올리브색이 있고 후에 황토색에서 녹슨 갈색으로 되며 폭이 넓다. 언저리는 톱니상으로 노랑색이다. 자루의 길이 50~80㎜, 굵기 5~10㎜, 원통형에서 곤봉형, 속은 차 있다. 표면은 어릴 시 표피는 레몬-노랑색에서 매끈해지고, 턱받이 아래는 갈색, 흔히 노랑색 표피 파편이 있다. 포자는 7.5~9×5.4~6.7㎛, 광타원형에서 아구형, 비교적 뚜렷한 사마귀반점이 있고 황토-노랑색이다. 담자기는 3~33×7~10㎛, 곤봉형에서 배불뚝이형이며, 4-포자성, 기부에 꺽쇠가 있다.

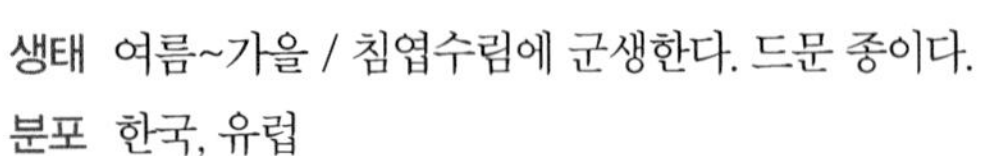

생태 여름~가을 / 침엽수림에 군생한다. 드문 종이다.

분포 한국, 유럽

작은포자끈적버섯

Cortinarius microsperma J.E. Lange

형태 균모의 지름은 3~7㎝로, 처음 둥근 산 모양에서 편평한-둥근 산 모양으로 된다. 건조성, 그러나 습할 시 강한 점성과 광택이 생긴다. 가장자리는 미세한 백색의 벨벳상, 보통 주름지거나 접은 주름살형이다. 살은 백색, 단단하고 맛은 약간 쓰고 냄새는 불분명하다. 주름살은 자루에 대하여 홈파진주름살로 백색-담황갈색, 다음에 연한 갈색-황토색에서 적갈색으로 된다. 언저리는 다소 고르지 않고 비교적 빽빽하다. 자루의 길이 3.5~6㎝, 곤봉-방추형 모양, 미세한 섬유실이 있고 아래로 갈수록 가늘고 기부는 약간 둥근형이다. 표피는 부분적으로 회색이며 빨리 사라진다. 포자의 크기는 4~5×3~4㎛이고 아구형에서 장타원상, 표면에 사마귀반점은 거의 없다. 포자문은 적갈색이다.

생태 가을 / 소나무가 있는 침엽수림의 땅에 작은 집단으로 발생한다.

분포 한국, 유럽

적갈색유리끈적버섯

Cortinarius mucosus (Bull.) J.J. Kickx

형태 균모의 지름은 50~80(100)㎜로 반구형에서 종 모양이 되었다가 둥근 산 모양을 거쳐 편평하게 되고 흔히 물결형이다. 중앙에 드물게 볼록이 있다. 표면은 건조 시 광택, 습할 시 미끈거린다. 짙은 오렌지 갈색에서 적갈색이 되고 중앙은 흑-갈색이다. 가장자리는 안으로 말리며 고르고, 어릴 시 거미집막의 흰색 섬유실에 의하여 자루에 연결된다. 살은 백색에서 크림색, 균모의 중앙은 두껍고, 가장자리는 얇다. 냄새가 약간 나고, 맛은 온화하다. 주름살은 홈파진주름살 또는 넓은 바른주름살, 크림색이다가 오회색에서 적갈색으로 되며 폭이 넓다. 언저리는 약간 톱니상이다. 자루의 길이 50~80(100)㎜, 굵기 12~20(25)㎜, 원통형, 기부는 가늘거나 두껍고, 속은 차 있다. 표면은 끈적액으로 피복되며 백색의 표피는 자라는 동안 갈라져서 노란 띠를 형성한다. 기부는 보통 갈색이다. 건조 시 불분명한 턱받이 주변의 위는 백색이다. 포자는 11~15.5×5.3~7.6㎛, 타원형에서 아몬드형, 큰 사마귀 반점이 있고 노랑색이다. 담자기는 28~33×9~11㎛, 곤봉형에서 배불뚝이형, 4-포자성, 기부에 꺽쇠가 있다.

생태 여름~가을 / 침엽수림의 산성 땅에 군생한다. 보통 종이 아니다.

분포 한국, 유럽, 북미, 아시아

검은털끈적버섯

Cortinarius nigrosquamosus Hongo

형태 균모의 지름은 5~11㎝이고 처음에는 둥근 산 모양이나 차차 편평한 모양이 된다. 균모의 바탕색은 황노란색 또는 옅은 황갈색이다. 표면에 피라미드형의 검은색 인편이 분포하는데 오래되면 탈락하여 흔적만 남고, 가운데는 약간 볼록하며 인편이 밀포하여 검은색을 띤다. 살은 백색이나 차차 황백색이 된다. 주름살은 자루에 바른주름살로 폭은 0.5~1.1㎝이며 약간 성기다. 주름살은 노란색에서 차차 갈색으로 된다. 자루의 길이는 8~12㎝, 굵기는 1.5~2㎝이며 아래로 갈수록 굵고 부풀어 있다. 자루가 굽은 것도 있다. 턱받이는 흔적만 있으며 흔적 아래에 검은색의 인편이 뱀비늘 모양으로 나선형처럼 되어 있다. 오래되면 인편은 탈락하여 흔적만 남거나 거의 밋밋하다. 턱받이 흔적이 있는 자리의 위쪽은 밋밋하다. 자루의 색은 갈색이고 속은 살이 없어서 비어 있다. 포자는 6.5~7.5×4.9~5.5㎛이고 약간 타원형이며 표면에 사마귀반점이 있다. 난아미로이드 반응이다. 포자문은 갈색이다.

생태 여름~가을 / 낙엽이 쌓인 땅에 군생하며 부생생활을 한다. 식용 여부는 불분명하다.

분포 한국, 일본, 뉴기니

적갈색포자끈적버섯

Cortinarius obtusus (Fr.) Fr.

형태 균모의 지름은 2~4㎝로 어릴 때는 원추형~종 모양에서 둥근 산 모양을 거쳐 편평형으로 펴지나, 중앙은 산 모양 또는 둔한 돌출로 된다. 표면은 흡습성, 습할 때 적갈색 또는 녹슨색이고, 거의 중앙까지 줄무늬선이 있다. 건조하면 줄무늬가 소실되고 황토색이 되며 오래되면 균모의 표면이 갈라진다. 주름살은 자루에 대하여 바른주름살~떨어진주름살로 어릴 때는 황토색에서 녹슨 갈색으로 되며 폭이 넓고 성기다. 자루의 길이는 4~8㎝, 굵기는 4~8㎜로 굴곡이 있으며, 밑동은 가늘어지나 드물게 팽대하는 것도 있다. 표면은 거의 흰색~연한 황갈색인데 압착된 흰 비단 같은 섬유가 덮여 있고, 거미줄막의 턱받이는 흰색인데 매우 쉽게 탈락한다. 자루의 속은 차 있거나 비어 있다. 포자의 크기는 7.5~10×4.5~6㎛로 타원형이고 연한 황색, 표면에 작은 사마귀 반점이 덮여 있다. 포자문은 녹슨색이다.

생태 가을 / 소나무와 참나무류의 혼효림 땅 또는 이끼류 사이에 발생한다.

분포 한국, 일본, 중국, 유럽, 북미

누런잎끈적버섯

Cortinarius ochrophyllus Fr.

형태 균모의 지름은 2.5~4㎝로 종 모양에서 원추형을 거쳐 편평하게 되지만 중앙은 약간 볼록하다. 표면은 미세한 비단결에서 섬유상으로 되며, 약간 흡수성이고, 습기가 있을 때 갈색에서 회색, 또는 황토 갈색으로 되며 광택이 난다. 건조 시 연한 황토색이다. 가장자리는 아래로 말리고, 고르며 예리하다. 살은 밝은 베이지색에서 회갈색으로 얇고, 냄새와 맛은 없지만 온화하다. 주름살은 자루에 대하여 올린주름살로 폭이 넓고, 연한 베이지 갈색에서 황색-황토갈색으로 된다. 주름살의 언저리는 물결형으로 약간 섬유상이며 자루의 길이는 6~10㎝, 굵기는 0.6~1㎝로 원통형, 기부 쪽으로 부푼다. 표면은 불규칙한 띠가 있고, 밝은 황토색 바탕에 황토 표피 껍질로 되었다가 곧 탈락하여 매끈해진다. 자루의 속은 비고, 부서지기 쉽다. 포자의 크기는 6.8~8.3×5.5~6.3㎛로 광타원형 또는 아구형으로 밝은 황색, 표면은 사마귀점이 있다. 담자기는 곤봉형에서 배불뚝이형으로 28~35×8~10㎛, 기부에 꺽쇠가 있다.

생태 가을 / 이끼류에 단생 · 군생한다.

분포 한국, 중국, 유럽

물푸레끈적버섯

Cortinarius olearioides Rob. Henry

형태 균모의 지름은 5~12㎝로 처음 반구형에서 둥근 산 모양, 다음에 편평한 둥근 산 모양, 흔히 물결형이다. 표면은 밋밋하거나 매우 미세한 인편이 중앙에 분포한다. 습할 시 끈적기가 있다. 가장자리는 안으로 말리며 영존성이다. 살은 백색에서 연한 노랑색, 맛과 냄새는 불분명하다. 주름살은 자루에 대하여 홈파진주름살로 노랑색에서 황갈색으로 성기다. 언저리는 톱니상이다. 자루의 길이 5~10㎝, 굵기 1.2~3㎝로 위아래가 같은 굵기이나, 위쪽이 약간 파진 둥근형으로 비교적 가늘기도 하다. 꼭대기는 노랑색이고 기부는 오렌지-갈색이다. 포자의 크기는 9.5~11.5×5~6㎛로 레몬 모양, 표면에 사마귀반점이 있다. 포자문은 적갈색이다.

생태 가을 / 활엽수림과 혼효림의 땅에 집단으로 발생한다.

분포 한국, 유럽

굽은끈적버섯

Cortinarius olidus J.E. Lange

형태 균모의 지름은 30~80(100)㎜로 반구형에서 둔한 원추형이 되었다가 둥근 산 모양을 거쳐 편평하게 된다. 표면은 밋밋하며 무디고, 흔히 중앙에 눌린 과립의 인편이 있고 습할 시 광택이 나고 미끈거린다. 황토갈색에서 황갈색으로 되며, 중앙은 더 진한 검은색이다. 가장자리는 어릴 시 안으로 말리며 고르고 예리하다. 살은 백색, 두껍고, 곰팡이냄새가 나고 맛은 온화한 견과류맛이다. 주름살은 자루에 대하여 홈파진주름살 또는 넓은 바른주름살, 크림색에서 황토갈색을 거쳐 적갈색으로 되며 폭은 다소 넓은 편이다. 언저리는 약간 톱니꼴이다. 자루는 길이 40~70(90)㎜, 굵기 10~20(25)㎜, 원통형에서 곤봉형, 속은 차고, 부서지기 쉽다. 표면은 오백색에서 크림색, 백색의 섬유상 턱받이 지역이 있으며, 황갈색 원형 또는 불규칙한 띠가 아래에 있고 위는 백색이다. 포자는 9~11×5~6㎛, 타원형에서 아몬드형, 표면에 사마귀반점이 있고 노랑색이다. 포자문은 녹슨 갈색이다. 담자기는 26~30×8~10㎛, 곤봉형, 4-포자성, 기부에 꺽쇠가 있다.

생태 여름~가을 / 숲속의 땅, 석회석의 땅에 보통 군생한다.

분포 한국, 유럽

작은돌기끈적버섯

Cortinarius papulosus Fr.

형태 균모의 지름은 30~80㎜로 어릴 때 반구형, 후에 둥근 산 모양에서 편평하게 되며 가끔 중앙에 볼록이 있다. 표면, 특히 중앙 쪽으로 과립이 밀집한다. 습할 시 미끈거리고 광택이 나고, 중앙은 오렌지-갈색, 가장자리는 크림-베이지색으로 퇴색한다. 가장자리는 고르다. 어릴 시 백색의 필라멘트 같은 거미집막 실에 의하여 자루에 연결된다. 살은 백색이고 얇으며 풀냄새, 맛은 온화하다. 주름살은 자루에 홈파진주름살 또는 넓은 바른주름살에서 약간 내린주름살로 된다. 어릴 때 크림색에서 후에 황토 갈색을 거쳐 맑은 녹슨 갈색으로 되며 폭은 넓다. 언저리는 밋밋하고 약간 톱니상이다. 자루의 길이 40~70㎜, 굵기 8~12㎜, 원통형 또는 곤봉형이며 속은 차 있다. 표면은 어릴 때 백색, 후에 턱받이 흔적 아래는 오황토색에서 회갈색으로 되며 위는 백색으로 남아 있다. 포자는 8.2~10.2×4.9~6㎛, 타원형에서 아몬드형, 표면은 희미한 사마귀점이 있고 황갈색이다. 담자기는 22~28×7~8㎛, 원통형에서 곤봉형, 4-포자성, 기부에 꺽쇠가 있다.

생태 여름~가을 / 침엽수림의 땅에 군생에서 거의 속생한다. 드문 종이다.

분포 한국, 유럽

주름균강 》 주름버섯목 》 끈적버섯과 》 끈적버섯속

흑올리브끈적버섯

Cortinarius olivaceofuscus Kühn.

형태 균모의 지름은 2~6cm로 구형-반구형에서 종 모양을 거쳐 중앙이 편평한 둥근 산 모양으로 되며 가끔 분명한 섬유실이 있는 흡수성이다. 색깔은 올리브 노랑색에서 올리브-갈색으로 시간이 지나면 검은 황노랑색으로 되지만 중앙은 짙다. 살은 황노랑색이고 자루의 기부 쪽으로 흑갈색이며 냄새가 약간 난다. 주름살은 자루에 대하여 홈파진주름살로 약간 밀생, 황 노랑색에서 황갈색으로 된다. 자루의 언저리는 연하고 가끔 미세한 털이 있다. 자루의 길이는 3~6cm, 굵기는 0.2~0.4cm로 원통형 또는 약간 막대형으로 황노랑색, 꼭대기는 더 연한 황노랑색이지만 나중에 기부는 흑갈색으로 된다. 포자의 크기는 6.5~8×4~5μm로 타원형, 표면은 밀집된 사마귀반점으로 덮인다.

생태 여름~가을 / 숲속의 땅에 군생한다.

분포 한국, 중국, 유럽

주름균강 》 주름버섯목 》 끈적버섯과 》 끈적버섯속

으뜸끈적버섯

Cortinarius praestans (Cord.) Gillet

형태 균모의 지름은 8~15cm로 구형에서 반구형이 되었다가 둥근 산 모양을 거쳐 편평하게 된다. 표면은 밋밋하며 매끈하고 습할 시 끈적기가 있다. 자색에서 자갈색으로 된다. 어릴 때 청백색의 표피로 덮이고 후에 자갈색의 솜털 표피 조각이 찢긴 채로 덮인다. 가장자리는 아래로 말리면서 주름지고 어릴 때 표피 막질이 매달린다. 살은 백색이며 두껍고, 냄새가 나고 맛은 온화하고 좋다. 주름살은 홈파진주름살 또는 올린주름살, 연한 자색에서 밝은 갈색을 거쳐서 녹슨 갈색이 되고 폭은 좁다. 변두리는 밋밋하다. 자루의 길이는 10~15cm, 굵기는 2~4cm로 원통형에서 막대형, 또는 부푼형이고 기부의 두께는 5cm, 속은 차고 단단하다. 어릴 때 털상의 섬유 표피는 하나 또는 여러 개로 갈라져 연한 황토색 띠를 형성한다. 포자는 13~18.6×7~9.6μm로 방추형, 표면은 사마귀반점이 있고 황갈색이다. 담자기는 곤봉형, 33~38×10~13μm이고 기부에 꺽쇠가 있다.

생태 여름~가을 / 숲속의 땅에 군생, 간혹 단생한다.

분포 한국, 중국, 유럽

분홍변끈적버섯

Cortinarius paracephalixus Bohus

형태 균모의 지름은 35~50(80)㎜로 어릴 때 반구형, 후에 둥근 산 모양에서 편평해지며 중앙에 둔한 볼록이 있다. 표면은 밋밋하다가 미세한 방사상의 섬유실, 건조 시 무디고, 습할 시 광택과 끈적기가 있다. 어릴 때 백색에서 크림색, 후에 맑은 황토색에서 회-베이지색이다. 가장자리는 약간 주름지며 줄무늬선이 있고 어릴 시 밀집되고, 백색, 필라멘토스와 같은 거미집막에 의하여 자루에 연결된다. 살은 백색, 자르면 노랑색, 후에 오렌지색이 핑크색으로 되며, 건조하면 와인-적색, 건조표본에서는 푸른-흑색이다. 균모의 중앙은 두껍고 가장자리로 갈수록 얇다. 곰팡이와 흙냄새가 나고, 맛은 온화하나 떫다. 주름살은 자루에 올린주름살 또는 넓은 바른주름살이며 어릴 시 연한 회-크림색에서 갈색이 되며 폭이 넓다. 언저리는 밋밋하고 백색이다. 자루의 길이 60~90㎜, 굵기 8~15㎜, 원통형에서 방추-곤봉형이다가 거의 뿌리 모양이다. 속은 차고, 부서지기 쉽고, 표면은 어릴 시 껍질에서 모피 가루로 된 백색의 섬유실로 된다. 후에 노랑색이 갈색으로 되며 섬유실의 턱받이 흔적이 있고, 기부는 건조 시 와인-적색으로 된다. 포자는 10~13×5.7~7㎛, 타원형에서 아몬드형, 강한 사마귀반점, 황갈색이다. 담자기는 30~40×8~12㎛, 원주형에서 곤봉형, 4-포자성, 기부에 꺽쇠가 있다.

생태 여름~가을 / 숲속의 땅에 군생한다. 드문 종이다.

분포 한국 등 전 세계

얼룩자루끈적버섯

Cortinarius parevernius Rob. Henry

형태 균모의 지름은 30~60㎜로 어릴 시 원추형에서 반구형으로 되며 후에 종 모양이다가 편평해지며 둔한 볼록이 있다. 표면은 밋밋하며 무디다. 흡수성이 있고 습할 시 중앙에 짙은 적갈색, 건조 시 황토갈색에서 오렌지 갈색이 된다. 가장자리는 고르게 물결형이며 하얀 표피의 파편이 오랫동안 덮여 있다. 살은 백색, 자루의 꼭대기는 연한 보라색으로 얇고, 냄새는 독특하고 맛은 온화하며 향이 있다. 주름살은 자루에 홈파진주름살 또는 넓은 바른주름살, 황토갈색에서 검은 녹슨 갈색으로 되며 폭은 넓다. 언저리는 밋밋하다가 톱니상, 백색이다. 자루의 길이 85~100㎜, 굵기 12~18㎜, 원통형, 백색이며 기부로 갈수록 가늘다. 휘어지기 쉽고, 속은 차 있다. 표면은 백색의 표피 띠가 있고 아래는 연한 보라색 바탕 위에 하얀 표피의 얼룩 반점이 있으며 위는 연한 보라색이다. 포자는 8.8~13.5×4.6~6.2㎛, 좁은 타원형, 표면은 사마귀반점, 황토-노랑이다. 담자기는 37~42×9~11㎛, 가는 곤봉형, 4-포자성이나 간혹 1-2포자성도 있고, 기부에 꺽쇠가 있다.
생태 여름~가을 / 가문비나무 숲의 축축한 곳, 산악지대에 군생한다. 드문 종이다.
분포 한국, 유럽

해진풍선끈적버섯

Cortinarius pholideus (Lij.) Fr.

형태 균모의 지름은 2~8㎝로 둥근 산 모양에서 중앙이 높은 편평형으로 된다. 표면은 진한 갈색인데 갈라진 인편이 많이 밀포되어 있다. 살은 회백색-연한 회갈색이다. 주름살은 자루에 대하여 바른주름살 또는 자루에서 떨어진주름살로 심하게 홈이 파진다. 처음 자색에서 계피색이 되며 밀생한다. 주름살의 변두리는 얇으며 물결형이다. 자루는 길이가 3~8㎝, 굵기는 0.3~1.2㎝로 하부는 굵고 속이 차 있다. 표면은 균모와 같은 색이며 상부는 자색이다. 거미집막의 하부는 흑갈색의 거스러미가 덮여 있다. 포자의 크기는 7~8×4.5~5㎛로 타원형, 표면은 사마귀 돌기로 덮여 있다.

생태 여름~가을 / 활엽수림(특히 백양나무속)의 땅에 군생한다. 식용이 가능하다.

분포 한국, 일본, 중국, 북반구 온대 이북

거미집끈적버섯

Cortinarius privignoides Rob. Henry

형태 균모의 지름은 30~60(70)㎜로 반구형에서 둥근 산 모양이 되었다가 편평하게 펴지며 중앙에 약간 볼록을 가진다. 표면은 밋밋하고 무디며, 흡수성이 아니고 황토갈색이다. 어릴 시 얇고, 비단결 같은 백색의 거미집막으로 피복되어 있다. 가장자리는 흔히 굽었고, 고르고 예리하다. 오랫동안 안으로 말리고 거미집막의 섬유실에 의하여 자루에 연결된다. 살은 백색, 균모의 중앙은 두껍고 자루의 살은 얇고, 냄새가 약간 나지만 맛은 온화하다. 주름살은 자루에 올린주름살 또는 좁은 바른주름살, 갈색에서 짙은 녹슨-갈색이며 폭이 넓다. 언저리는 톱니상이고 백색이다. 자루의 길이 30~60㎜, 굵기 8~15㎜, 곤봉형에서 둥글게 되며 스폰지상이다. 표면은 어릴 때 전체가 백색 표피로 덮이고, 때때로 희미한 라일락색이 있고, 불분명한 턱받이 흔적이 있다. 포자는 8~10.5×5~6㎛, 타원형, 표면에 사마귀반점이 있고 밝은 노랑색이다. 포자문은 적갈색이다. 담자기는 28~30×9~11㎛, 곤봉형에서 배불뚝이형으로 되며 4-포자성, 기부에 꺽쇠가 있다.

생태 여름~가을 / 침엽수림의 땅에 군생한다.

분포 한국, 유럽

검은피끈적버섯아재비

Cortinarius pseudocyanites Rob. Henry

형태 균모의 지름은 45~80(100)㎜로 처음 반구형에서 둥근 산 모양이 되었다가 편평하게 되며 흔히 물결형이며 중앙이 들어간다. 표면은 습할 시 미끈거리고 광택이 나며 무디고, 건조 시 미세한 털 같은 섬유상이다. 청회색에서 회갈색이다. 가장자리는 고르고 예리하며, 어릴 때 안으로 말린다. 살은 백색이며 두껍다. 어릴 때 자루의 꼭대기는 청색이며 상처 시 공기에 노출되면 붉은색이 된다. 과일 냄새가 나고 맛은 쓰다. 주름살은 자루에 대하여 홈파진주름살 또는 좁은 바른주름살로 청-보라색에서 갈보라색으로 되며 폭은 좁다. 언저리는 밋밋하다가 약간 톱니상이고 백색이다. 자루의 길이 60~80(100)㎜, 굵기 10~15㎜, 원통형, 기부는 둥글며, 단단하고, 속은 차 있다. 기부는 둥글고 지름이 30㎜다. 표면은 청색에서 회청색으로 되며 밋밋하다가 세로의 긴 줄무늬 섬유상으로 된다. 포자는 9~12.2×5~7㎛, 타원형에서 아몬드형, 표면에 사마귀반점, 황토-노랑색이다. 담자기는 곤봉형이며 30~40×7.5~10㎛, (2)4-포자성으로 기부에 꺽쇠가 있다.
생태 여름~가을 / 침엽수림과 혼효림의 땅에 군생한다. 드문 종이다.
분포 한국, 유럽

담황토끈적버섯

Cortinarius pseudoprivignus Rob. Henry

형태 균모의 지름은 2~6㎝로 원추형에서 둥근 산 모양으로 되었다가 넓게 펴지며 흔히 중앙에 황토 담황갈색의 볼록이 있다. 살은 담황갈색, 자루의 기부살은 황토색이며 냄새와 맛은 떫다. 주름살은 연한 오렌지색에서 붉은색으로 된다. 자루의 길이 3~5㎝, 굵기 0.8~2㎝, 기부는 부풀어서 커다란 둥근형이 되고, 균모와 동색이며 섬유실로 거미집막은 백색이다. 포자문은 녹슨갈색, 포자의 크기는 8.5~10×4.5~5.5㎛다.

생태 가을 / 혼효림의 땅에 군생한다. 드문 종이다. 식용 여부는 알 수 없다.

분포 한국, 북미

자주색끈적버섯아재비

Cortinarius pseudopurpurascens Hongo

형태 균모의 지름은 5~8㎝로 둥근 산 모양에서 거의 편평하게 된다. 표면은 습기가 있을 때 끈적기가 있고, 중앙부는 회갈색, 다갈색, 황토 갈색 등 다양하다. 가장자리는 자주색 또는 백색 비단 모양의 내피막이 잔편에 매달린다. 살은 연한 자색이다. 주름살은 자루에 대하여 올린주름살이며 청자색에서 계피색-녹슨 갈색으로 되고 밀생한다. 주름살의 가장자리는 물결 모양이다. 자루의 길이는 4~8㎝, 굵기는 0.7~1.3㎝, 표면은 섬유상인데 상부는 자주색이고 하부는 황토갈색으로 속이 차 있으며 근부는 부푼다. 포자의 크기는 12~15.5×7.5~9.5㎛로 타원형 또는 장타원형, 표면은 사마귀반점으로 덮여 있다.

생태 가을 / 졸참나무와 소나무의 혼효림의 땅에 군생한다.

분포 한국, 일본, 중국

푸른끈적버섯아재비

Cortinarius pseudosalor J. Lange

형태 균모의 지름은 3~8㎝로 처음 반구형에서 후 둥근 산 모양을 거쳐 거의 편평하게 펴진다. 표면은 강한 끈적액으로 덮이며 올리브갈색-회갈색, 중앙은 더 진한 색, 주변부는 약간 라일락색을 나타낸다. 살은 균모에서는 약간 살색이고 자루에서는 자색을 나타낸다. 주름살은 자루에 대하여 바른주름살-올린주름살, 약간 성기며, 어릴 시는 다소 자색을 나타내고 후에 점토색에서 붉은색으로 된다. 자루의 길이 6~12㎝, 굵기 1~1.2㎝, 원통형으로 아래로 갈수록 가늘어지지 않으며 담청색이다가 거미집막이 있는 아래는 끈적액으로 덮여 있다. 포자의 크기는 11.5~14×7~8㎛, 아몬드형-레몬형, 표면은 사마귀반점으로 덮여 있다. 연낭상체는 22~33×8~25㎛, 곤봉형-주머니형이다.

생태 가을 / 활엽수림 및 침엽수림의 땅에 단생 · 군생한다. 식용이 가능하다.

분포 한국, 일본, 유럽

풍선끈적버섯

Cortinarius purpurascens Fr.

형태 균모의 지름은 3~11㎝로 둥근 산 모양에서 차차 편평하게 되고 중앙은 둔하게 돌출한다. 표면은 습기가 있을 때 끈적기가 있고, 털이 없으며 처음 남색에서 진흙색 또는 갈색이 된다. 가장자리는 처음에 아래로 감기고 자줏빛이며 오래되어도 변색하지 않는다. 살은 두껍고 단단하며 처음에는 남색 또는 자주빛에서 연한 색을 거쳐 남자색이 되고 맛이 좋고 유화하다. 주름살은 자루에 대하여 홈파진주름살로 밀생하며 폭은 좁다. 처음은 남자색이나 곧 황토색 또는 녹슨색이 되며 상처 시 진한 자색으로 된다. 자루는 높이가 3~13㎝, 굵기는 0.7~2.0㎝, 상하의 굵기가 같거나 기부가 둥글게 부푼다. 표면은 연한 자주색에서 점차 퇴색하여 연한 색으로 되고, 자주색의 섬모가 있으며 상처 시 진한 자색이 되고 속은 차 있다. 거미집막은 자주색으로 섬모상이며 처음에 균모 가장자리와 자루를 연결한다. 포자는 크기 9~10.2×5~5.5㎛로 타원형 또는 난원형이고 연한 녹슨색이다. 표면에 작은 사마귀반점이 있다. 포자문은 녹슨 갈색이다.

생태 가을 / 활엽수림과 혼효림의 숲속 땅에 군생한다. 분비나무 또는 가문비나무와 외생균근과 형성한다.

분포 한국, 일본, 중국, 유럽, 북미

주름균강 》 주름버섯목 》 끈적버섯과 》 끈적버섯속

적보라전나무끈적버섯

Cortinarius purpureus (Bull.) Bid., Moënn. & Reum.
Dermocybe phoenica (Vent.) M.M. Moser

형태 균모의 지름은 3~6㎝로 둥근 산 모양에서 거의 편평하게 펴지며, 표면은 황갈색, 황토갈색, 계피색 등 다양하다. 약간 적색을 나타내는 섬유상이다. 살은 얇고, 적황토색을 띤다. 주름살은 자루에 대하여 바른주름살이지만 후에 심한 만입으로 홈파진주름살로 된다. 약간 성기고, 적색에서 녹슨 갈색으로 된다. 자루의 길이 3~6㎝, 굵기 0.4~0.8㎝, 위쪽은 황토색, 아래쪽은 적색으로 섬유무늬가 있다. 포자의 크기는 6~7.5×3.5~4.5㎛, 타원형으로 표면에 미세한 사마귀반점이 있다.
생태 여름~가을 / 활엽수림 및 침엽수림의 땅에 군생 · 단생한다.
분포 한국, 일본, 유럽, 북미

주름균강 》 주름버섯목 》 끈적버섯과 》 끈적버섯속

점토끈적버섯

Cortinarius watamukiensis Hongo

형태 균모의 지름은 4~7㎝로 둥근 산 모양에서 차차 편평하게 된다. 표면에 끈적기는 없고, 황토갈색에서 점토색으로 된다. 가장자리는 백색의 비단 같은 광택이 나는 외피막이 부착하지만 곧 소실한다. 살은 얇고, 백색이다. 주름살은 자루에 대하여 홈파진주름살, 처음에 거의 백색에서 점토색-계피색으로 되며 폭은 넓고, 약간 성기다. 주름살의 변두리는 다소 물결형이다. 자루의 길이는 5~8㎝, 굵기는 1~1.5㎝이고 기부는 부풀어서 1.5~2.5㎝이며 처음에 백색에서 약간 점토색을 띤다. 표면은 어릴 때 외피막이 있지만 소실하기 쉽다. 포자의 크기는 11.5~16×7~8.5㎛로 타원형-아몬드형이다. 연낭상체는 30~45×4.5~8㎛로 원주형-곤봉형이다.
생태 가을 / 숲속의 땅에 군생한다.
분포 한국, 일본, 중국, 유럽

수정끈적버섯

Cortinarius quarciticus Lindstr.

형태 균모의 지름은 3.5~9㎝로 반구형에서 둥근 산 모양이 되며 중앙은 돌출된다. 표면은 약간 결절형이고, 미세한 비단 섬유실과 약간의 광택이 있다. 흡수성, 방사상의 맥상 또는 반점들이 있다. 색깔은 처음 연한 회색에서 노랑의 회색으로 되며 중앙은 황토 노랑색으로 된다. 가장자리는 가끔 회자색이다. 살은 치밀하고 백색 또는 연한 회색이며 냄새는 불분명하다. 주름살은 자루에 대하여 바른주름살로 밀생하며 연한 회갈색이나 가끔 녹색인 것도 있으며 검은 점상들이 있다. 주름살의 변두리는 연하고, 고르지 않다. 자루의 길이는 5~11㎝, 굵기 0.8~1.5㎝로 단단하고 광택이 나는 섬유실로 되며 백색이다. 어릴 때 꼭대기는 자색이다. 표면은 흔히 흡수성의 줄무늬가 있고 자색에서 노랑색으로 된다. 기부는 막대형이며 갈라지며 불규칙하게 부풀고 둥글다. 턱받이는 섬유상처럼 되었다가 곧 섬유실로 되며 탈락성이다. 포자의 크기는 7~8.5×5~6㎛로 광타원형, 표면에 분명한 사마귀반점들이 있고, 주름살 균사의 폭은 10~25㎛이고 노랑 색소가 있다.

생태 가을 / 침엽수림의 땅에 군생한다.

분포 한국, 중국, 유럽

뿌리끈적버섯

Cortinarius rigens (Pers.) Fr.
C. duracinus Fr.

형태 균모의 지름은 30~60(80)㎜로 처음 반구형에서 둥근 산모양이 되었다가 편평하게 되며 때때로 약간 톱니상 또는 중앙에 넓은 볼록이 있다. 표면은 밋밋하며 무디고, 흡수성이 있다. 습할 시 적갈색, 건조 시 황토갈색이다. 가장자리는 안으로 말리며 고르다가 물결형이다. 어릴 시 섬유상 표피의 파편이 매달린다. 살은 백색의 크림색에서 갈색이며 얇다. 냄새는 독특하지 않으며, 맛은 온화하다가 떫다. 주름살은 자루에 대하여 넓은 바른주름살, 처음 황토색에서 녹슨 갈색으로 되며 폭은 넓다. 언저리는 톱니상이다. 자루의 길이 70~90㎜, 굵기 8~12㎜, 약간 곤봉형에서 방추형, 보통 뿌리형이며 속은 차고 휘어지기 쉽다. 표면은 기부에서 형성된 백색의 섬유상이 위쪽으로 있고 꼭대기는 갈색이다. 포자의 크기는 7.4~11×5~6㎛, 타원형, 표면에 사마귀 반점, 황토색이다. 담자기는 원통형에서 곤봉형, 28~31×8~9㎛, 4-포자성, 노랑색의 내용물이 있으며 기부에 꺽쇠가 있다.
생태 여름~가을 / 침엽수림의 땅에 군생에서 속생한다.
분포 한국, 유럽, 북미, 북미 해안

굳은끈적버섯

Cortinarius rigidus (Scop.) Fr.

형태 균모의 지름은 1.5~3.5㎝로 원추형에서 종 모양을 거쳐 둥근 산 모양이 되었다가 편평하게 되나 오래되면 중앙에 둔한 볼록형을 가진다. 표면은 밋밋하며 매끈하고 흡수성으로 적색 또는 갈색이다. 습기가 있을 때 투명한 줄무늬선이 중앙까지 발달하며, 건조 시 밝은 적갈색이고 중앙은 흑갈색이다. 가장자리는 톱니상의 인편이 있고, 오랫동안 백색의 표피 막질이 매달린다. 살은 밝은 갈색으로 얇고, 버섯 냄새 또는 흙 냄새가 나며 맛은 온화하나 불분명하다. 주름살은 자루에 대하여 올린주름살 또는 약간 내린주름살로 밝은 갈색에서 적갈색이며 폭이 넓다. 주름살의 변두리는 밋밋하다. 자루의 길이는 4~6㎝, 굵기는 0.3~0.5㎝로 원통형, 유연하며 속은 비었다. 표면은 적갈색의 바탕에 백색이고, 크림색의 섬유가 있으며 백색의 턱받이 띠를 형성한다. 포자는 크기가 7.4~10×4.4~5.7㎛로 타원형, 표면에 약간 사마귀반점이 있고, 밝은 황토 갈색이다. 담자기는 원통형에서 배불뚝이형으로 21~30×7~8.5㎛이고 기부에 꺾쇠가 있다.

생태 여름~가을 / 숲속의 유기물이 풍부한 곳에 군생하고 드물게 속생한다.

분포 한국, 중국, 유럽

녹슨끈적버섯

Cortinarius rubellus Cooke.

형태 균모의 지름은 2~7㎝로 어릴 때 예리한 원추형이지만 나중에 종 모양을 거쳐 편평하게 되며 중앙에 분명하고 예리한 돌출이 있다. 표면은 솜털에서 섬유상으로 되며 오렌지색 또는 녹슨 갈색이다. 가장자리의 띠는 연한 색에서 황색, 오랫동안 아래로 말리고, 고른 상태에서 물결형으로 된다. 살은 황토갈색, 균모의 중앙에서 두껍고, 가장자리 쪽으로 갈수록 얇으며 약간 냄새가 나며 맛은 온화하다. 주름살은 자루에 대하여 올린주름살, 황토갈색에서 짙은 녹슨 갈색으로 되며 폭은 넓다. 주름살의 변두리는 밋밋하고 톱니상이다. 자루의 길이는 5~8㎝, 굵기는 0.6~1㎝의 원통형으로 부서지기 쉽고, 기부 쪽으로 가끔 부풀거나 가늘어진다. 표면은 황색의 불규칙한 띠를 형성한다. 포자의 크기는 8~12.3×6~9.2㎛로 광타원형 또는 난형, 표면에 사마귀반점이 있고, 밝은 황토색이다. 담자기는 곤봉형으로 36~40×9~11㎛로 기부에 꺽쇠가 있다.

생태 여름~가을 / 숲속의 이끼류 사이에 군생, 간혹 단생한다.

분포 한국, 중국, 유럽

주름균강 》 주름버섯목 》 끈적버섯과 》 끈적버섯속

적변끈적버섯

Cortinarius rubicundulus (Rea) A. Pearson

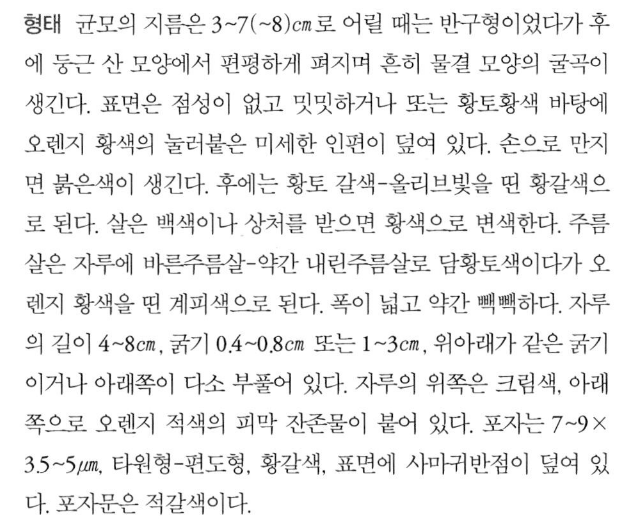

형태 균모의 지름은 3~7(~8)㎝로 어릴 때는 반구형이었다가 후에 둥근 산 모양에서 편평하게 펴지며 흔히 물결 모양의 굴곡이 생긴다. 표면은 점성이 없고 밋밋하거나 또는 황토황색 바탕에 오렌지 황색의 눌러붙은 미세한 인편이 덮여 있다. 손으로 만지면 붉은색이 생긴다. 후에는 황토 갈색-올리브빛을 띤 황갈색으로 된다. 살은 백색이나 상처를 받으면 황색으로 변색한다. 주름살은 자루에 바른주름살-약간 내린주름살로 담황토색이다가 오렌지 황색을 띤 계피색으로 된다. 폭이 넓고 약간 빽빽하다. 자루의 길이 4~8㎝, 굵기 0.4~0.8㎝ 또는 1~3㎝, 위아래가 같은 굵기이거나 아래쪽이 다소 부풀어 있다. 자루의 위쪽은 크림색, 아래쪽으로 오렌지 적색의 피막 잔존물이 붙어 있다. 포자는 7~9×3.5~5㎛, 타원형-편도형, 황갈색, 표면에 사마귀반점이 덮여 있다. 포자문은 적갈색이다.

생태 여름~가을 / 참나무류 등의 활엽수림의 땅에 군생 또는 속생한다.

분포 한국, 일본, 뉴기니, 유럽

적올리브끈적버섯

Cortinarius rufoolivaceus (Pers.) Fr.

형태 균모의 지름은 50~80(100)㎜로 어릴 때 반구형, 후에 둥근 산 모양에서 편평하게 되며 약간 톱니상이다. 표면은 건조 시 무디고, 습할 시 약간 끈적기, 어릴 때 올리브회색에서 라일락색, 후에 불규칙한 짙은 핑크-적자색, 가장자리 쪽이 연한 회보라색으로 된다. 가장자리는 고르고 오랫동안 안으로 말린다. 살은 보라색이며 두껍고, 냄새는 좋고 맛은 쓰다. 주름살은 자루에 대하여 넓은 바른주름살, 어릴 때 칙칙한 녹색-노랑색, 후에 오적갈색이며 폭은 좁다. 언저리는 밋밋하고 약간 톱니상이다. 자루의 길이 40~70(100)㎜, 굵기 12~15㎜, 원통형, 부서지기 쉽고 속은 차 있다. 표면은 연한 자색, 기부는 자갈색에서 와인 갈색을 가진다. 기부의 둘레는 20~30㎜ 정도다. 포자는 10~13×6.3~7.5㎛, 레몬형, 표면은 뚜렷한 사마귀반점, 황토갈색이다. 포자문은 갈색이다. 담자기는 40~45×10~12㎛, 곤봉형, 4-포자성, 기부에 꺽쇠가 있다.

생태 여름~가을 / 숲속의 땅에 군생한다. 보통 종은 아니다.

분포 한국, 유럽

푸른끈적버섯

Cortinarius salor Fr.

형태 균모의 지름은 3~6㎝로 둥근 산 모양에서 거의 편평하게 펴진다. 간혹 중앙이 둔하게 돌출된다. 습할 때는 점성이 있고 광택이 있다. 어릴 때는 진한 청자색-적자색, 후에 퇴색되어 라일락 황토색, 회황토색 등으로 되고, 중앙부가 갈색을 띤다. 가장자리는 날카롭고 고르며 안으로 오랫동안 굽어 있다. 어릴 때는 백색 거미줄막이 연약하게 자루와 균모 사이에 붙어 있다. 살은 연보라색이고 연하다. 주름살은 자루에 바른주름살-올린주름살로 연한 보라색에서 계피-갈색이 된다. 폭이 매우 넓고 약간 성기다. 자루의 길이 4~8㎝, 굵기 0.5~1.5㎝로 곤봉 모양이며 아래쪽이 굵어진다. 균모보다 연한 색, 오래되면 탁한 황색을 띤다. 표면은 점액이 덮여 있다. 자루의 위쪽에 내피막 잔존물이 띠 모양으로 남는다. 꼭대기는 미분상이다. 포자는 7~10.8×7~8.5㎛, 광타원형-아구형, 황토색, 표면에 크고 작은 사마귀반점이 덮여 있다. 포자문은 녹슨 갈색이다.

생태 가을 / 여러 가지의 활엽수가 섞여 있는 소나무 숲에 군생 또는 산생한다.

분포 한국, 일본, 중국, 러시아의 극동, 유럽

전나무끈적버섯

Cortinarius sanguineus (Wulf.) Gray
Dermocybe sanguinea (Wulf.) Wünsche

형태 균모의 지름은 2~5㎝로 어릴 때는 반구형에서 둥근 산 모양으로 되었다가 차차 편평해지나 간혹 중앙이 돌출되기도 한다. 표면은 끈적기가 없고 암적색~암혈적색이며 밋밋하거나 미세한 비단 같은 인편이 방사상으로 덮인다. 살은 균모와 동색이다. 주름살은 자루에 대하여 바른주름살 또는 홈파진주름살로 균모와 같은 색이거나 약간 진하며 나중에 적갈색이 된다. 주름살은 매우 두껍고 약간 성기다. 자루의 길이는 3~7(8)㎝, 굵기는 0.3~0.8㎝로 밑동이 약간 굵고 균모와 같은 색이거나 약간 진한 색을 띠기도 하며, 균모와 동색의 섬유무늬가 있다. 턱받이는 적색의 흔적이 있다. 자루의 밑동 쪽은 분홍색 또는 황색의 털 같은 균사가 덮여 있다. 포자의 크기는 6.~8.6×4~5.7㎛로 타원형, 표면에 미세한 사마귀반점이 있다. 포자문은 적갈색이다.
생태 늦여름~가을 / 가문비나무 등 침엽수림의 땅 또는 오래된 그루터기 부근, 이끼류 사이 등에 난다.
분포 한국, 일본, 중국, 유럽, 북반구 온대 이북

검붉은끈적버섯

Cortinarius saniosus (Fr.) Fr.

형태 균모의 지름은 1~2.5㎝로 종 모양에서 펴지며 중앙에 예리한 돌출이 있다. 그을린-황토색에서 붉은색이 방사상의 노란 섬유실을 뒤덮는다. 살은 균모와 동색, 균모에서는 연한 담황 갈색이다. 냄새는 강하다. 주름살은 황토색에서 붉은색으로 된다. 자루의 길이 3~6㎝, 굵기 0.3~0.4㎝, 연한 황토색-담황갈색, 꼭대기는 밝은 색, 황토색의 솜털실이 덮여 있다. 거미집막은 노랑색이다. 포자문은 녹슨 갈색이다. 포자의 크기는 8~9×5~6㎛이며 아몬드형이다.

생태 가을 / 젖은 땅. 보통 포플라나무와 버드나무 근처에 발생한다. 드문 종이다. 식용 여부는 알 수 없다.

분포 한국, 북미

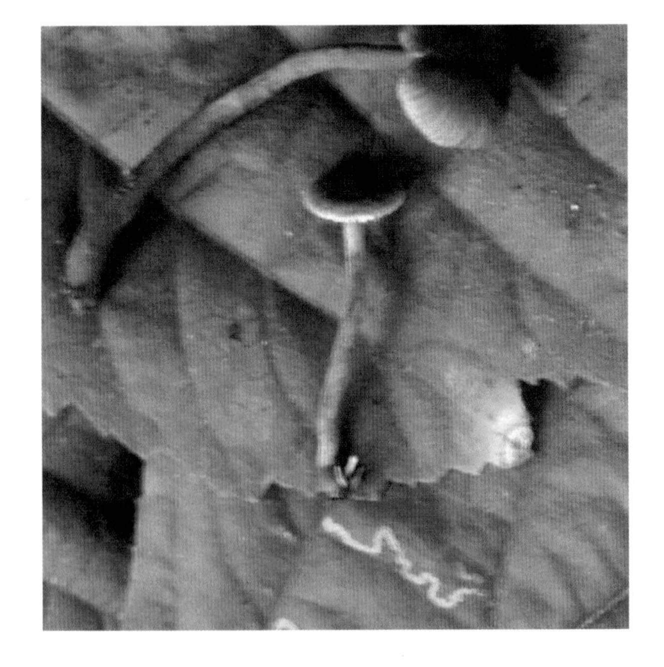

원뿔끈적버섯

Cortinarius saporatus Britz.
C. subturbinatus Rob. Henry ex P.D. Orton

형태 균모의 지름은 8.5~14㎝로 반구형 또는 볼록한 형에서 차차 편평해진다. 황갈색이며 가운데는 좀 더 진하다. 적갈색의 작은 인편이 있다. 가장자리는 안으로 말리고 회청색이다. 살은 두껍고 백색이며 손으로 만져도 변색되지 않는다. 주름살은 자루에 대하여 올린주름살이며 폭은 0.2~0.4㎝이고 밀생한다. 처음에는 백색이나 점차 자색으로 된다. 자루의 길이는 5.3~11㎝, 굵기는 1.5~2.5㎝이고 원통형이나 아래는 부풀어 있다. 균모와 같은 색깔이나 위쪽은 백색이고 턱받이는 흔적만 있다. 어릴 때는 거미집막 흔적으로 덮여 있고 갈색의 인편이 있다. 자루의 속은 살로 차 있다. 포자의 크기는 11.5~13×6~7.5㎛, 레몬형 또는 아몬드형이고 표면에 사마귀반점이 있다. 포자문은 적갈색이다.
생태 여름~가을 / 활엽수림 또는 침엽수림의 땅에 단생 · 군생한다. 식물과 외생균근을 형성하여 공생한다.
분포 한국 등 전 세계

밤끈적버섯

Cortinarius saturninus (Fr.) Fr.

형태 균모의 지름은 3~7㎝로 어릴 때는 반구형-둔한 원추형, 후에 둥근 산 모양이다가 편평하게 펴지며 중앙이 약간 돌출한다. 표면은 습하거나 어릴 때 진한 밤갈색-적갈색을 띠지만 건조하면 황토색이 된다. 가장자리는 흰색 견사상의 외피막 잔존물이 부착한다. 어릴 때 균모와 자루 사이에 거미줄막이 약하게 연결된다. 살은 크림색이나 균모의 주름 위쪽과 자루의 상부는 연한 보라색이다. 주름살은 자루에 바른주름살-올린주름살이다. 처음에는 보라색이나 나중에 계피색-녹슨색으로 된다. 폭이 매우 넓고 두꺼운 편이며 약간 성기다. 자루의 길이는 3~8㎝, 굵기는 0.5~1.3㎝, 위아래가 같은 굵기이거나 아래쪽이 다소 곤봉형이며 위쪽은 연한 보라색이고 하부는 유백색이다가 후에 탁한 점토색-갈색을 띤다. 자루의 거의 중간쯤에 외피막 찌꺼기가 부착하기도 하지만 소실되기 쉽다. 포자는 8.7~12.9×6.2~7.5㎛, 타원형-편도형, 연한 황토색, 크고 작은 사마귀반점으로 덮여 있다. 포자문은 적갈색이다.

생태 가을 / 참나무류 등의 여러 가지 활엽수림의 땅에 군생하며 때로는 소수가 속생한다.

분포 한국 등 거의 북반구 온대

등반끈적버섯

Cortinarius scandens Fr.

형태 균모의 지름은 15~30㎜로 어릴 때 원추형, 후에 종 모양에서 편평하게 되며, 중앙에 분명한 볼록이 있고 강한 흡수성이다. 습할 시 검은 적색에서 회갈색, 희미한 줄무늬선이 있으며, 건조 시 황갈색이다. 가장자리는 오랫동안 안으로 말리고, 어릴 때 백색의 표피 껍질 섬유실로 덮여 있다. 살은 크림색에서 갈색, 얇고, 냄새는 좋고, 맛은 온화하나 분명치 않다. 주름살은 자루에 바른주름살, 어릴 시 노랑-황토색, 후에 녹슨 갈색, 때때로 녹슨 얼룩이 있고 폭은 넓다. 언저리는 약간 톱니상이며 여기저기 백색이다. 자루의 길이 35~80㎜, 굵기 3~5㎜, 원통형, 꼭대기 쪽이 부풀고, 기부는 가늘다. 부서지기 쉽고, 어릴 때 속은 차고, 노쇠하면 빈다. 표면은 어릴 시 황토갈색, 때때로 희미한 핑크색이다. 손으로 만지면 땅색이 나타난다. 투명한 백색의 섬유실이 자루 전체를 덮는다. 섬유실은 때때로 탈락하기 쉬운 턱받이 흔적을 남기다가 바로 매끈해지며, 짙은 갈색이다. 포자는 6.2~8.5×4.5~5.5㎛, 타원형이며 표면은 희미한 사마귀반점이 있고 황토색이다. 포자문은 녹슨 갈색이다. 담자기는 25~30×6.5~9㎛으로 가는 곤봉형, 4-포자성, 기부에 꺽쇠가 있다.

생태 여름~가을 / 침엽수림, 젖은 숲속의 땅에 군생한다.

분포 한국, 유럽, 북미, 북미 해안

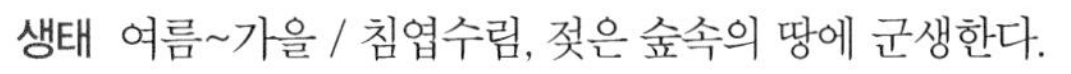

흙터끈적버섯

Cortinarius scaurus (Fr.) Fr.

형태 균모의 지름은 30~45(60)㎜로 어릴 때 반구형, 후에 둥근 산 모양에서 편평해지며 중앙에 볼록은 없거나 불분명한 것이 있다. 표면은 밋밋하지만 흡수성이고 습할 시 미끈거리고 짙은 황토색-올리브갈색이다. 반점이 있으며 가장자리 주변은 더 진한 올리브색이다. 가장자리는 고르고 예리하며 습할 시 희미한 줄무늬선이 있다. 살은 흡수성으로 습할 시 회갈색이고 건조 시 크림색, 얇고, 꿀 같은 냄새가 나며 맛은 온화하나 쓰다. 주름살은 홈파진주름, 바른주름살, 어릴 때 올리브-녹색에서 푸른-녹색, 후에 올리브-갈색이며 폭은 넓다. 언저리는 밋밋하다. 자루의 길이 60~90㎜, 굵기 7~10㎜, 원통형에서 곤봉형, 기부는 둥글며 때때로 불분명하게 파진 것도 있으며, 속은 차고, 휘어지기 쉽다. 표면은 미세한 긴 세로줄의 섬유실이 회-푸른색이 올리브갈색으로 된 바탕을 피복한다. 꼭대기는 회-푸른색에서 라일락색으로 되며 오랫동안 유지된다. 포자는 9~12.5×6~7.2㎛, 타원형, 표면에 뾰족한 사마귀반점, 노랑색이다. 포자문은 녹슨 갈색이다. 담자기는 25~30×9.5~12㎛, 곤봉형이며 4-포자성, 기부에 꺽쇠가 있다.

생태 가을 / 침엽수림 땅, 이끼류속의 땅에 군생한다.

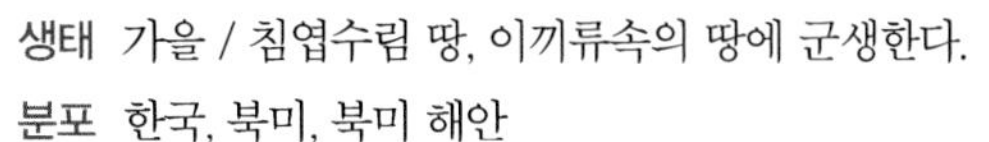

분포 한국, 북미, 북미 해안

전나무끈적버섯아재비

Cortinarius semisanguineus (Fr.) Gillet
Dermocybe semisanguinea (Fr.) Moser

형태 균모의 지름은 2~5㎝로 어릴 때는 반구형~원추형에서 둥근 산 모양이지만 중앙이 약간 높은 편평형이 된다. 표면은 끈적기 없이 비단결이고, 황갈색~올리브 갈색에서 적갈색으로 된다. 가장자리 쪽이 다소 연하고 올리브색을 나타낸다. 살은 연한 황토색이다. 주름살은 자루에 대하여 올린주름살 또는 홈파진주름살로 밝은 혈적색이고 오래 지속되며 나중에 적갈색이 된다. 자루의 길이는 3~7㎝, 굵기는 0.5~0.8㎝로 거의 상하가 같은 굵기이고 밑동이 약간 굵어지는 경우도 있다. 표면은 섬유상, 갈색의 황토색이고 밑동에는 가끔 분홍 또는 붉은색의 털 모양 균사가 피복한다. 흰색의 거미줄막집이 있으나 균모가 펴진 후에는 그 흔적이 거의 없다. 포자의 크기는 5.6~7.7×3.9~5.3㎛의 난형~타원형으로 연한 적황색, 표면은 미세한 사마귀반점이 덮여 있다. 포자문은 적갈색이다.

생태 여름~가을 / 자작나무 숲의 땅 또는 침엽수림의 땅에 군생한다.

분포 한국, 일본, 중국, 유럽, 북반구 온대 이북

보라풍선끈적버섯

Cortinarius sodagnitus Rob. Henry

형태 균모의 지름은 40~70(80)㎜로 어릴 시 반구형, 후에 둥근 산 모양에서 편평해지며 때때로 중앙이 약간 볼록하다. 표면은 건조 시 매끈하지만 습할 시 미끈거리고 광택이 나며 어릴 시 보라색에서 와인-적색, 후에 노랑 황토색의 얼룩이 있다. 가장자리는 오랫동안 안으로 말리고, 어릴 시 라일락 섬유실의 거미집막에 의하여 자루의 밑부분과 연결된다. 살은 백색, 표피 밑은 라일락색, 균모의 중앙에서는 두껍고, 가장자리로 갈수록 얇다. 냄새는 분명치 않으나 맛은 온화하며 표피는 쓰다. 주름살은 자루에 홈파진주름살 또는 좁은 바른주름살, 어릴 시 보라색이나 후에 라일락색에서 녹슨 갈색이 되며 폭은 다소 좁다. 언저리는 밋밋하다. 자루의 길이 50~90㎜, 10~20㎜, 원통형, 기부는 파지고 둥글며 지름이 35㎜ 정도이다. 부서지기 쉽고, 속은 차 있다. 표면은 어릴 시 보라색, 후에 퇴색하고 노쇠하면 드문드문 노랑색으로 변색한다. 포자는 8~10.5×5~6㎛, 타원형, 표면에 사마귀반점이 있으며 황갈색이다. 담자기는 곤봉형, 22~30×9~10㎛, 4-포자성, 기부에 꺽쇠가 있다.

생태 늦여름~가을 / 침엽수림의 땅에 단생에서 군생한다.

분포 한국, 유럽

끝말림끈적버섯

Cortinarius solis-occasus Melot

형태 균모의 지름은 3.5~7㎝로 반구형에서 둥근 산 모양을 거쳐 편평하게 되지만 중앙은 볼록하지 않다. 표면은 미세한 방사상의 섬유가 있고, 습기가 있을 때 짙은 적갈색이나 건조하면 퇴색한다. 어릴 때 회 라일락색의 표피로 덮인다. 가장자리는 오랫동안 아래로 말리고, 어릴 때 거미집막 균사로 자루와 연결된다. 살은 칙칙한 회 베이지색이며 얇고, 자루 위쪽의 살은 냄새가 좋지 않지만 맛은 온화하다. 주름살은 자루에 대하여 넓은 올린주름살, 밝은 황토갈색에서 녹슨 갈색이 되며 폭은 넓다. 주름살의 변두리는 톱니상이다. 자루의 길이는 4~6㎝, 굵기는 1~2㎝로 원통형이지만 기부는 곤봉형으로 지름이 3㎝에 이른다. 자루의 속은 차고 부서지기 쉽다. 자루의 위쪽은 청자색, 아래는 백색에서 회백색이며 턱받이 흔적을 가지며 꼭대기에 희미한 자색을 가진다. 포자의 크기는 8.5~11.5×6~8㎛로 타원형, 표면은 사마귀반점이 있고 밝은 적갈색이다. 담자기는 곤봉형으로 30~40×9~12㎛, 기부에 꺽쇠가 있다.

생태 여름~가을 / 활엽수림의 땅에 군생한다.

분포 한국, 중국, 유럽

진갈색끈적버섯

Cortinarius spadiceus Fr.

형태 균모의 지름은 2.5~4㎝로 반구형에서 둥근 산 모양을 거쳐 편평하게 되지만 가끔 작고 둔한 볼록을 가진다. 표면은 밋밋하고 무디다가 매끈해진다. 흡수성으로 습기가 있을 때 검은 적색에서 올리브 갈색이 되며, 건조 시 황토색 또는 올리브 황색이다. 가장자리는 고르고 어릴 때 노랑색의 표피가 부착한다. 살은 갈색이며 얇다. 냄새는 불분명하며, 온화하나 맛이 없다. 주름살은 자루에 대하여 홈파진주름살, 밝은 노랑색에서 녹슨 노랑색을 거쳐서 녹슨 갈색으로 되며 폭은 넓다. 주름살의 변두리는 노랑색이고 무딘 톱니상이다. 자루의 길이는 3~7㎝, 굵기는 0.5~1㎝의 원통형으로 부서지기 쉽다. 표면은 밝은 황토 노랑색에서 밝은 갈색이 된다. 오래되면 세로줄의 섬유실이 있으며 기부에 밝은 노랑색의 균사체가 있다. 포자의 크기는 8.5~10.5×4.8~5.5㎛로 타원형, 표면은 미세한 사마귀반점으로 피복되며 황갈색이다. 담자기는 곤봉형으로 25~30×8~9.5㎛, 기부에 꺽쇠가 있다.

생태 봄~여름 / 침엽수림의 땅에 군생한다.

분포 한국, 중국, 유럽

붉은끈적버섯

Cortinarius spilomeus (Fr.) Fr.

형태 균모의 지름은 3~5㎝로 어릴 때는 원추형에서 반구형이 되었다가 둥근 산 모양을 거쳐 평평하게 펴지며 중앙이 약간 돌출된다. 표면은 끈적기가 없고, 습기가 있을 때는 회갈색~황갈색, 건조할 때는 회황색으로 된다. 가장자리는 표면과 동색이나 라일락색이 섞인 색이며 적갈색 내피막의 잔존물이 점점이 붙어 있지만 쉽게 소실된다. 살은 유백색~회갈색이며 주름살은 자루에 대하여 올린주름살이지만 나중에 자루에서 분리되고 심하게 홈파진주름살로 된다. 어릴 때는 연한 자회색에서 연한 회갈색으로 되었다가 계피색이 된다. 주름살의 폭이 매우 넓고 약간 촘촘하다. 자루의 길이는 4~6㎝, 굵기는 0.5~0.8㎝로 밑동이 약간 굵어진다. 표면의 위쪽은 연한 라일락색, 아래쪽은 황색을 띤 갈색으로 섬유상이고 거미줄막 아래쪽은 적갈색의 압착된 인편이 얼룩 모양으로 붙어 있다. 포자의 크기는 6.4~8×5~6.3㎛로 광타원형~아구형으로 회황토색이고 표면에 미세한 사마귀반점이 덮여 있다. 포자문은 적갈색이다.

생태 여름~가을 / 참나무류의 숲이나 소나무와 참나무류의 혼효림, 자작나무 숲 등에 군생한다.

분포 한국, 중국, 유럽, 거의 북반구 온대

가지색끈적버섯아재비

Cortinarius stillatitius Fr.

형태 균모의 지름은 3~8㎝로 반구형에서 종 모양을 거쳐 둥근 산 모양이 되었다가 차차 편평하게 되며 오래되면 중앙에 둔한 볼록형을 가진다. 표면은 밋밋하고 건조 시 끈적기가 없으며 습기가 있을 때 강한 끈적기가 있고 올리브색에서 황토갈색으로 된다. 살은 얇고, 좋은 냄새가 약간 나고, 자루의 기부 쪽 살은 꿀 냄새, 맛은 온화하다. 주름살은 자루에 대하여 홈파진주름살로 어릴 때 희미한 회 라일락색을 가진 크림색에서 녹슨 갈색이 되며 폭은 넓다. 자루의 언저리는 백색의 솜털이 있다. 자루의 길이는 6~9㎝, 굵기는 1~1.5㎝로 원통형이며 기부는 아래로 갈수록 약간 가늘고 유연하며 속은 차 있다가 빈다. 표면은 어릴 때 연한 자색이며 백색의 바탕에 끈적끈적한 표피가 있으나 나중에 매끈해지고 백색으로 되며 섬유실의 턱받이 흔적이 있다. 포자의 크기는 12~16×6.6~9㎛로 레몬형 또는 복숭아형, 표면은 사마귀 반점이 있고 레몬황색이다. 담자기는 곤봉형으로 38~45×11~14㎛로 기부에 꺽쇠는 없다.

생태 여름~가을 / 숲속의 땅에 단생 · 군생한다.

분포 한국, 중국, 유럽, 북미, 아시아

달걀끈적버섯

Cortinarius subalboviolaceus Hongo

형태 균모의 지름은 1.5~4.5㎝의 소형으로 둥근 산 모양에서 차차 평평하게 펴진다. 표면은 약간 연한 자주색이지만 나중에 거의 흰색으로 된다. 습기가 있을 때 약간 끈적기, 건조하면 비단결 같은 광택이 난다. 어릴 때는 흰색 거미줄막 모양의 내피가 자루와 균모 사이에 연결된다. 살은 처음에는 연한 오렌지 꽃색에서 백색으로 된다. 주름살은 자루에 올린주름살, 홈파진주름살, 바른주름살 등으로 오렌지 꽃색에서 계피색이 된다. 주름살의 폭은 매우 넓고 약간 성기다. 자루의 길이는 3~7㎝, 굵기는 0.3~0.7㎝로 아래쪽은 곤봉상으로 부풀어(굵기는 0.6~1.2㎝ 정도) 있으며, 균모와 동색이며 오래되면 약간 황토색을 띤다. 자루 위쪽에 내피막 잔존물이 테 모양으로 부착되어 있다. 포자의 크기는 6.5~8×5~6㎛로 광타원형~아구형, 표면은 작은 사마귀점이 덮여 있다.
생태 봄~여름 / 졸참나무나 모밀잣밤나무 아래에 군생한다.
분포 한국, 일본

수레끈적버섯아재비

Cortinarius subanulatus Jul. Schaff. & M.M. Moser

형태 균모의 지름은 25~45㎜로 처음 원추형에서 종 모양이 되었다가 둥근 산 모양을 거쳐 편평하게 되고 약간 볼록하다. 표면은 밋밋하며 무디고, 미세한 털상이다. 약한 흡수성이 있으며 노랑-올리브색에서 칙칙한 올리브색이 된다. 습할 시 검은 올리브-갈색이다. 가장자리는 예리하며 고르고, 후에 갈라진다. 살은 검은 회갈색에서 올리브 갈색으로 되며 얇다. 한약 냄새가 나고 맛은 온화하다가 떫은맛이다. 주름살은 자루에 홈파진주름살, 다소 넓은 바른주름살, 노랑-올리브색에서 올리브-갈색으로 되었다가 녹슨 갈색이 되며 광폭하다. 언저리는 약간 톱니상이다. 자루의 길이 30~60㎜, 굵기 5~10㎜, 원통형, 부서지기 쉽고 속은 차 있다. 표면은 올리브 노랑색에서 후에 올리브갈색-오렌지 갈색이 되고 연한 황토-섬유상, 보통 탈락하기 쉬운 턱받이 흔적이 있고, 기부는 연한 노랑색이다. 포자는 7~9.5×6~7.2㎛, 광타원형에서 아구형, 뚜렷한 사마귀반점이 있으며 황토-노랑색이다. 담자기는 곤봉형, 25~33×7~8㎛, 4-포자성, 기부에 꺽쇠가 있다.
생태 여름~가을 / 침엽수림의 땅에 군생한다. 보통 종은 아니다.
분포 한국, 유럽

차양풍선끈적버섯아재비

Cortinarius subarmillatus Hongo

형태 균모의 지름은 3~8㎝로 둥근 산 모양에서 차차 편평해진다. 표면은 점성이 없고 약간 섬유상이다. 연한 오렌지 갈색(녹슨 오렌지색)이며 주변부에 붉은색의 외피막 잔편이 부착한다. 살은 균모에서는 오백색, 자루에서는 담회자색을 나타낸다. 주름살은 자루에 대하여 올린주름살 또는 바른주름살의 약간 내린주름살, 암녹슨 갈색, 주름의 폭은 넓고, 성기다. 자루의 길이 5~13㎝, 굵기 0.8~1.6㎝, 기부도 약간 방추형이며 굵게 된다. 표면은 섬유상, 거미집막의 아래는 갈색, 꼭대기는 담자색, 후에 전체가 거의 회색으로 되며 자루의 중간 아래로 한 개 또는 여러 개의 불완전한 붉은색의 외피막 둘레가 있다. 포자는 10~13×7.5~8.5㎛, 광타원형-아몬드형, 표면은 사마귀반점이 있다.

생태 여름~가을 / 활엽수림의 땅에 군생한다.

분포 한국, 일본

곤봉끈적버섯

Cortinarius subdelibutus Hongo

형태 균모의 지름은 2.5~5㎝로 둥근 산 모양에서 차차 편평형이 된다. 표면과 살은 올리브 황색이고 중앙은 갈색을 띠며 갈색의 끈적액이 덮여 있다. 주름살은 자루에 대하여 홈파진주름살, 또는 바른주름살이면서 내린주름살이다. 처음에는 탁한 황색에서 계피 갈색으로 되며 폭이 넓고, 약간 성기다. 자루의 길이는 3~7㎝, 굵기는 0.4~0.6㎝로 아래쪽은 곤봉상으로 부풀며 굵기가 0.6~1.4㎝에 달한다. 균모보다 다소 연한 색이고 거미줄막 아래쪽은 끈적액이 약간 있다. 자루의 꼭대기는 미분상이고 속은 수(髓)처럼 되었고 비어 있다. 포자의 크기는 8~9.5×6~7㎛로 광난형~아구형으로 표면에 사마귀반점이 덮여 있다.

생태 가을 / 소나무 숲의 땅 또는 이끼 사이에 발생한다. 식용이 가능하다.

분포 한국, 일본, 중국

녹갈색끈적버섯

Cortinarius subferrugineus (Batsch) Fr.

형태 균모는 지름이 4~9㎝이며 둥근 산 모양에서 차차 편평하게 된다. 표면은 물을 흡수하여 진한 갈색으로 보이며 매끈하거나 가는 섬모가 있다. 가장자리는 펴져 있다. 살은 중앙부가 두껍고 탁한 백색이며 냄새는 없다. 주름살은 자루에 대하여 홈파진주름살로 다소 빽빽하거나 성기며 폭은 넓고, 가끔 횡맥으로 이어지며 연한 색에서 녹슨 갈색으로 된다. 자루는 높이가 5~10㎝, 굵기는 1~2㎝인 원주형, 또는 위로 가늘어지며 기부는 부풀고 백색이나 가끔 갈색이 섞여 있는 것도 있으며, 단단하고 연골질이며 압착된 섬모로 덮이고, 속은 차 있다. 포자의 크기는 8~10×5~5.5㎛로 타원형으로 표면에 혹 돌기가 있다. 포자문은 녹슨 갈색이다.

생태 가을 / 활엽수림과 혼효림의 땅에 산생 · 군생한다. 신갈나무와 외생균근을 형성한다.

분포 한국, 중국

자색끈적버섯아재비

Cortinarius subporphyropus Pilat

형태 균모의 지름은 어릴 때 반구형에서 둥근 산 모양으로 되며, 중앙이 약간 볼록하다. 표면은 습할 시 황토갈색으로 연한 푸른 색조가 있고 미끈거리며 광택이 있다. 회베이지색으로 퇴색한다. 건조 시 무디다. 가장자리는 고르고 예리하다. 살은 칙칙한 갈색, 자루의 꼭대기는 라일락 색조이며 얇다. 냄새는 약하고 불분명하나 안 좋고, 맛은 온화하다. 주름살은 자루에 홈파진주름살 또는 넓은 바른주름살이며 어릴 시 자색에서 녹슨 갈색, 상처 시 자색의 얼룩이 생긴다. 언저리는 약간 톱니상이다. 자루의 길이 35~60㎜, 굵기 3~4㎜, 원통형에서 약간 곤봉형으로, 표면은 연한 보라색, 상처 시 자갈색의 얼룩이 생기고 버섯 전체가 상처 시 자색-보라색으로 변색한다. 포자는 8.5~11×5.2~6.3㎛, 타원형에서 아몬드형, 뚜렷한 사마귀반점, 황갈색이다. 담자기는 곤봉형, 25~30×8~11.5㎛, 4-포자성으로 기부에 꺽쇠가 있다.

생태 여름~가을 / 자작나무와 소나무 등의 침엽수의 혼효림에 군생한다. 드문 종이다.

분포 한국, 유럽

고목끈적버섯아재비

Cortinarius subtortus (Pers.) Fr.

형태 균모의 지름은 25~60㎜로 반구형에서 둥근 산 모양으로 되었다가 편평하게 되며, 때때로 중앙은 톱니상이다. 표면은 습할 시 끈적거리고, 건조 시 밋밋하고 무디다가 매끈하게 된다. 황토색으로 올리브색 또는 올리브-갈색의 색조가 있다. 가장자리는 오랫동안 안으로 말리고, 어릴 시 백색의 필라멘트 실의 거미집막에 의하여 자루에 연결되며, 고르고 예리하다. 살은 크림색, 균모의 중앙은 두껍고 가장자리로 갈수록 얇다. 냄새는 향기가 나고, 맛은 약간 쓰다. 주름살은 홈파진주름살 또는 넓은 바른주름살, 올리브-회색에서 적갈색이 많아지고 폭이 넓다. 언저리는 어릴 시 백색이고 고르다. 자루의 길이 40~90㎜, 굵기 10~15㎜, 원통형에서 약간 곤봉형, 속은 비고, 노쇠하면 수(髓)처럼 비고, 부서지기 쉽다. 표면은 백색의 털이 피복되는데 백색에서 크림색의 껍질이 나중에 턱받이 흔적을 만든다. 흔적의 위는 올리브회색 또는 노랑색, 아래는 노랑색에서 황토색이다. 포자는 7.2~9×5.8~7㎛, 난형에서 류구형, 표면에 사마귀반점이 있다. 담자기는 곤봉형, 29~35×8~10㎛, 4-포자성, 기부에 꺽쇠가 있다.

생태 여름~가을 / 산성 땅, 늪지대, 침엽수림의 땅, 이끼류 속, 혼효림의 땅에 군생한다. 보통 종이다.

분포 한국, 유럽

보라끈적버섯아재비

Cortinarius subviolacens Rob. Henry ex Nezdoin

형태 균모의 지름은 8.5~14㎝로 반구형 또는 볼록한 형에서 차차 편평해진다. 표면은 황갈색이며 가운데는 진하다. 가장자리에 적갈색의 작은 인편이 너들너들 부착한다. 가장자리는 안으로 말리고 회청색이다. 살은 두껍고 백색이며 손으로 만져도 변색되지 않는다. 주름살은 자루에 대하여 올린주름살로 폭은 0.2~0.4㎝이고 밀생하며 처음에는 백색이나 점차 자색이 된다. 자루의 길이는 5.3~11㎝, 굵기는 1.5~2.5㎝이고 원통형이나 아래는 부풀어 있고, 균모와 같은 색깔이나 위쪽은 백색, 턱받이는 흔적만 있다. 어릴 때는 거미집막 흔적으로 덮여 있고 갈색의 인편이 있다. 자루의 속은 차 있다. 포자의 크기는 11.5~13×6~7.5㎛로 레몬형 또는 아몬드형, 표면은 사마귀반점이 있다. 포자문은 적갈색이다.

생태 여름~가을 / 활엽수림 또는 침엽수림의 땅에 단생 · 군생하며 식물과 공생생활을 하여 균근을 형성한다.

분포 한국, 중국, 유럽

비단끈적버섯

Cortinarius suillus Fr.

형태 균모의 지름은 4~8㎝로 반구형에서 둥근 산 모양을 거쳐 편평하게 되지만 둔한 둥근형이다. 표면은 밋밋하고 무딘 상태에서 매끄럽게 되며 약간의 흡수성이 있다. 연한 핑크 황토색에서 베이지갈색으로 된다. 가장자리는 아래로 말리고 어릴 때는 백색의 거미집막 실에 의하여 자루에 연결되며 나중에는 고르고 예리하게 되고, 가끔 백색의 섬유실이 있다. 살은 백색에서 크림색, 자루의 중앙은 두껍고, 가장자리로 갈수록 얇다. 냄새는 희미하고 맛은 온화하다. 주름살은 자루에 대하여 올린주름살로 폭은 넓고, 어릴 때 연한 진흙색이나 라일락색을 가지며, 나중에 적갈색이 된다. 주름살의 변두리는 밋밋하며 물결형이다. 자루의 길이는 4~7㎝, 굵기는 1~2.5㎝로 막대형에서 배불뚝이형, 뿌리형으로 되며 기부는 두께 3.5㎝ 정도로 부서지기 쉽고, 속은 차 있다. 표면은 칙칙한 백색에서 갈색으로 되며 가끔 자루의 꼭대기가 라일락색을 띤다. 포자의 크기는 8~11.5×5~6.5㎛로 타원형, 표면에 사마귀반점이 있고 노랑색이다. 담자기는 곤봉형으로 28~32×7.5~10㎛, 4-포자성, 기부에 꺽쇠가 있다.
생태 여름~가을 / 숲속의 이끼류가 있는 땅에 군생 · 단생한다.
분포 한국, 중국, 유럽

평상끈적버섯

Cortinarius tabularis (Fr.) Fr.
C. decoloratus (Fr.) Fr.

형태 균모의 지름은 20~80㎜로 처음 반구형에서 다음에 둥근 산 모양으로 되며, 둔한 회갈색, 베이지색이며 매끄럽다. 가장자리는 안으로 굽었고, 성숙 시 잔존물이 연하게 있다. 주름살은 자루에 바른-홈파진주름살이며 비교적 촘촘하다. 어릴 때 붉은색, 회색에서 베이지색으로 되며 성숙하면 연한 녹슨 갈색이다. 언저리는 동색이며 밋밋하다. 자루의 길이 50~100㎜, 굵기 5~15㎜, 원통형, 곤봉형, 기부는 약간 더 굵다. 백색에서 회색으로 노랑색이 있고, 세로줄의 섬유상, 백색의 거미집막 표피이고 속은 차 있다가 빈다. 살은 연한 백색, 연한 청색, 속은 치밀하다가 수(髓)처럼 된다. 냄새는 약간 나고, 맛은 불분명하다. 포자의 크기는 7.5~8×5.5~6.5㎛, 아구형, 타원형, 표면의 뚜렷한 사마귀반점이 있으며 맑은 황갈색이다. 포자문은 녹슨 갈색이다. 담자기는 좁은 곤봉형에서 원통형, 2-4포자성, 기부에 꺽쇠가 있다.
생태 여름~가을 / 혼효림의 땅에 군생한다.
분포 한국, 유럽

꿀냄새끈적버섯

Cortinarius talus Fr.
C. melliolens J. Schaeff. ex Orton

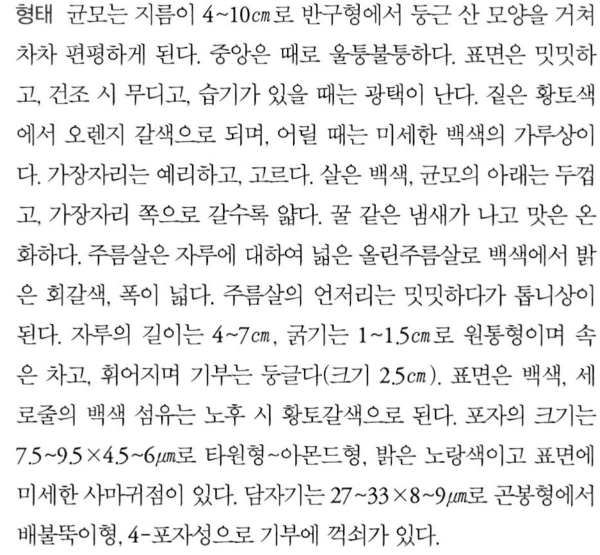

형태 균모는 지름이 4~10㎝로 반구형에서 둥근 산 모양을 거쳐 차차 편평하게 된다. 중앙은 때로 울퉁불퉁하다. 표면은 밋밋하고, 건조 시 무디고, 습기가 있을 때는 광택이 난다. 짙은 황토색에서 오렌지 갈색으로 되며, 어릴 때는 미세한 백색의 가루상이다. 가장자리는 예리하고, 고르다. 살은 백색, 균모의 아래는 두껍고, 가장자리 쪽으로 갈수록 얇다. 꿀 같은 냄새가 나고 맛은 온화하다. 주름살은 자루에 대하여 넓은 올린주름살로 백색에서 밝은 회갈색, 폭이 넓다. 주름살의 언저리는 밋밋하다가 톱니상이 된다. 자루의 길이는 4~7㎝, 굵기는 1~1.5㎝로 원통형이며 속은 차고, 휘어지며 기부는 둥글다(크기 2.5㎝). 표면은 백색, 세로줄의 백색 섬유는 노후 시 황토갈색으로 된다. 포자의 크기는 7.5~9.5×4.5~6㎛로 타원형~아몬드형, 밝은 노랑색이고 표면에 미세한 사마귀점이 있다. 담자기는 27~33×8~9㎛로 곤봉형에서 배불뚝이형, 4-포자성으로 기부에 꺽쇠가 있다.

생태 가을 / 숲속의 땅에 군생한다. 식용이 가능하다.

분포 한국, 일본, 중국, 유럽

꿀냄새끈적버섯(황토색형)

Cortinarius melliolens J. Schaeff. ex Orton

형태 균모의 지름은 5~8cm로 둥근 산 모양에서 곧 펴지며 중앙은 볼록하며 끈적기가 있다. 색깔은 연한 황토색이며 중앙은 더 진하다. 어릴 때 다소 비단결의 회백색이다. 살은 꿀 냄새의 아몬드백색이나 오래되면 갈색으로 된다. 주름살은 자루에 끝붙은주름살이며 톱니상이다. 색깔은 처음에 물같이 연한 갈색이지만 오래되면 둔한 녹슨 갈색으로 된다. 자루는 가늘고 길며 균모와 동색이다. 기부는 부풀고 둥글다. 포자의 크기는 7.5~9×4.5~5㎛이고 타원형이며 표면은 약간 아주 미세한 점이 있는 것 같으나 거의 매끈하다.

생태 여름 / 혼효림의 땅에 군생한다.

분포 한국, 일본, 유럽

노란끈적버섯

Cortinarius tenuipes (Hongo) Hongo

형태 균모의 지름은 4~8(10)cm로 둥근 산 모양에서 차차 편평하게 펴지며, 중앙이 약간 둔하게 돌출한다. 표면은 습기가 있을 때는 약간 끈적기가 있고, 황토색을 띤 오렌지색~오렌지 황색, 중앙부는 갈색을 띤다. 가장자리는 흰색, 비단 같은 피막의 파편을 부착하지만 소실되기 쉽다. 균모가 펴질 때 균모와 자루 사이에 갈색을 띤 거미집막 모양의 막질과 연결된다. 살은 흰색이다. 주름살은 자루에 대하여 바른주름살 또는 올린주름살, 유백색에서 연한 황갈색~계피색으로 되며 폭은 중 정도고, 촘촘하다. 자루의 길이는 6~10cm, 굵기는 0.7~1.1cm로 약간 길며 상하가 같은 굵기 또는 아래쪽이 약간 가늘어지는 것도 있다. 표면은 촘촘하게 섬유가 있고, 흰색에서 약간 점토색을 띤다. 거미집막은 균모가 펴진 다음에 갈색의 솜털상의 턱받이가 되어 자루의 상부에 남는다. 포자의 크기는 7~9.5×3.5~5㎛로 방추상의 타원형, 표면은 불명료한 미세한 사마귀반점이 덮여 있거나 거의 매끈하다. 포자문은 녹슨색이다.

생태 가을 / 참나무류 숲의 땅이나 소나무와의 혼효림에 군생한다.

분포 한국, 중국, 유럽

얼룩끈적버섯

Cortinarius terpsichores Melot

형태 균모의 지름은 4~10㎝이고 둥근 산 모양에서 약간 편평해지나 중앙은 약간 볼록하다. 어두운 자색이나 약간 맥상으로 손으로 만지면 누덕누덕해져서 얼룩처럼 되며, 회색으로 되었다가 노랑색으로 된다. 습기가 있을 때는 끈적기가 있다. 가장자리는 아래로 말린다. 살은 자색, 균모에서는 백색, 자루의 끝은 유백색이고 냄새는 약간 좋고, 맛은 보리 볏짚 같아서 맛이 좋지 않다. 주름살은 자루에 대하여 바른주름살 또는 올린주름살로 밀생하며 길고, 자색에서 갈색으로 된다. 자루의 길이는 4~9㎝, 굵기 1.5~2.5㎝로 원통형이며 기부는 양파처럼 둥글다. 표면은 처음엔 자색이나 나중에 흑자색에서 회색으로 되며, 턱받이는 막질이고 쉽게 탈락한다. 포자의 크기는 10~12×6~7㎛로 광타원형이며, 표면은 사마귀반점이 있다. 포자문은 갈색이다.

생태 가을 / 숲속의 이끼류가 있는 곳에 단생 · 군생한다. 식용은 불가하다. 드문 종이다.

분포 한국, 중국, 유럽

고목끈적버섯

Cortinarius torvus (Fr.) Fr.

형태 균모의 지름은 4~10㎝로 어릴 때는 반구형에서 둥근 산 모양을 거쳐 거의 편평형으로 된다. 흡수성이며 표면은 습기가 있을 때 자갈색, 건조할 때는 연보라의 황토색~연한 포도주 갈색이다. 가장자리는 오랫동안 아래로 굽는다. 균모와 자루 사이에 흰색의 막질 턱받이가 오랫동안 떨어지지 않고 붙어 있다. 살은 연한 보라색을 띤다. 주름살은 자루에 대하여 바른주름살로 처음 보라색에서 진한 계피색을 띠며 폭이 넓고 성기다. 자루의 길이는 4~7㎝, 굵기는 1~1.5㎝로 아래쪽은 약간 곤봉 모양으로 부풀어 있다. 꼭대기는 연한 보라색, 아래쪽은 유백색~갈색을 띠고 굵어져 있고, 표면에는 보라색의 솜털이 있다. 자루의 위쪽에 균모에 붙었던 흰색 막질의 거미집막이 불완전한 턱받이를 형성한다. 포자의 크기는 8.5~11×5.7~7.2㎛로 타원형이며 밝은 갈색, 표면에 작은 사마귀반점이 덮여 있다. 담자기는 35~40×7.5~9㎛로 가는 곤봉형, 4-포자성이고 기부에 꺽쇠가 있다. 포자문은 녹슨 색이다.

생태 여름~가을 / 자작나무, 참나무류의 땅 및 소나무와의 혼효림의 땅에 군생한다.

분포 한국, 중국, 유럽, 북반구 온대

연자색끈적버섯

Cortinarius traganus (Fr.) Fr.

형태 균모의 지름은 3~10㎝로 처음에는 거의 구형~반구형에서 둥근 산 모양을 거쳐 평평형이 되고 가운데가 돌출된다. 표면은 미세한 섬유상의 털이 있고, 오래되면 찢어져 그물눈처럼 되었다가 인편으로 되며 끈적기는 없다. 어릴 때는 보라색에서 점차 연한 보라색이 되고, 오래되면 퇴색하여 황토색을 띤다. 어릴 때는 균모와 자루가 연한 보라색 거미줄 모양 막으로 연결되어 있다. 살은 계피색인데 불쾌하고 자극적인 냄새가 있다. 주름살은 자루에 대하여 바른주름살~올린주름살로 처음에 연한 회황갈색에서 녹슨 갈색으로 되며 폭은 보통이고 약간 성기다. 자루의 길이는 5~10㎝, 굵기는 1~3㎝로 아래쪽을 향해서 많이 부풀어 있다. 거미집막의 아래쪽은 솜털 모양의 피막 잔재물이 많이 덮여 있다. 포자의 크기는 7.6~10.4×5~6.2㎛로 타원형~편도형, 연한 황색이며 표면은 사마귀반점이 덮여 있다. 포자문은 녹슨 갈색이다.

생태 가을 / 아고산대 또는 추운 지방의 침엽수림(종비나무, 전나무, 분비나무 등)의 땅에 군생한다.

분포 한국, 중국, 유럽, 북반구 아한대

삼각끈적버섯

Corinarius triformis Fr.

형태 균모의 지름은 2~8㎝로 어릴 때 원추형에서 반구형을 거쳐 둥근 산 모양이 되었다가 편평하게 되며 물결형으로 중앙이 둔하게 볼록하거나 간혹 들어가는 것도 있다. 표면은 밋밋하며 둔하고, 강한 흡수성을 갖는다. 습할 때 짙은 녹슨색에서 적갈색, 건조하면 황토-노랑색에서 황토-갈색으로 되며, 오랫동안 백색의 표피 조각을 가진다. 가장자리는 오랫동안 표피가 달려 있으며 고르고, 예리하다. 살은 건조 시 백색, 습기가 있을 때는 회갈색이며 얇다. 냄새는 약간 나고, 맛은 온화하다. 주름살은 자루에 대하여 넓게 올린주름살로 폭은 넓고, 어릴 때 밝은 황토색에서 노후 시 황토-녹슨색으로 된다. 주름살의 변두리는 밋밋하지만 가끔 톱니상인 것도 있다. 자루의 길이 4.5~7㎝, 굵기 0.8~1㎝로 막대형에서 부풀게 되며 휘어지기 쉽다. 표면은 갈색, 어릴 때 백색의 표피로 덮여 있다가 탈락하여 턱받이 흔적으로 되거나 또는 표피의 흔적은 사라지기도 한다. 포자의 크기는 7~10×5~6㎛로 타원형, 표면은 미세한 사마귀반점이 있고, 밝은 노랑색이다. 담자기는 곤봉형에서 배불뚝이형으로 27~33×7~10㎛, 4-포자성, 기부에 꺽쇠가 있다.

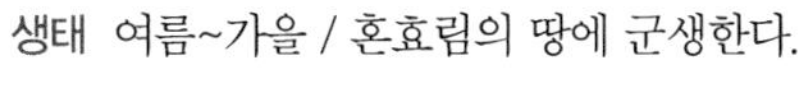

생태 여름~가을 / 혼효림의 땅에 군생한다.

분포 한국, 중국, 유럽

황토끈적버섯

Cortinarius triumphans Fr.
C. crocolitus Quél.

형태 균모의 지름은 5~9㎝로 반구형에서 둥근 산 모양을 거쳐 편평하게 되나 중앙은 둔한 볼록형 또는 물결형이다. 표면은 습기가 있을 때 매끈하고 광택이 나며, 황색에서 황토갈색을 거쳐 오렌지 갈색으로 되고 가운데에 눌린 섬유 인편이 있다. 가장자리는 고르고, 거미집막을 형성하여 자루와 연결된다. 육질은 백색, 약간 두껍고, 냄새가 나며 맛은 온화하다. 주름살은 자루에 대하여 홈파진주름살로 희미한 라일락색이 있는 크림 백색에서 황토색을 거쳐 황토 갈색으로 되며, 폭은 좁다. 주름살의 변두리는 톱니상이다. 자루의 길이는 6~10㎝, 굵기는 1.2~2㎝, 막대형에서 원통형, 뿌리형 등이며 속은 차 있다. 표면은 고르지 않고 살색이며, 백색의 바탕에 불규칙한 띠가 있다. 턱받이 위쪽은 백색이고 가루상이다. 포자의 크기는 10.5~14×6~8㎛로 레몬형, 표면은 미세한 사마귀반점이 있고 레몬 황색이다. 담자기는 가느다란 곤봉형으로 34~48×9~11㎛, 기부에 꺽쇠가 있다.
생태 여름~가을 / 이끼류, 숲속의 풀속에 군생한다.
분포 한국, 중국, 유럽, 북미

황토끈적버섯(선황색형)

Cortinarius crocolitus Quél.

형태 균모의 지름은 3~7.5(12)㎝로 둥근 산 모양이 차차 편평해지며, 표면은 황-황토색, 중앙부는 갈색이다. 약간 인편이 있고, 습기가 있을 때 끈적기가 있다. 살은 백색에서 다소 황색이다. 주름살은 자루에 올린주름살-홈파진주름살로 약간 성기거나 밀생한다. 처음 희미한 담자색을 나타내다가 후에 계피-갈색으로 된다. 자루의 길이 6~14㎝, 굵기 0.5~1.3㎝, 기부는 곤봉 모양으로 부풀고, 표면은 섬유상, 황백-점토색, 꼭대기는 담자색이다. 거미집막보다 아래는 황-황갈색의 외피막의 파편이 계단의 불완전한 테로 되어 남는다. 포자의 크기는 9~13×5~7㎛, 타원형-아몬드형, 표면에 미세한 사마귀반점이 덮인다.

생태 가을 / 적송림 등 숲속의 땅에 군생한다.

분포 한국, 일본, 유럽, 러시아 극동

세갈레끈적버섯

Cortinarius trivialis J.E. Lange

형태 균모의 지름은 30~70(100)㎜로 처음 원추형에서 반구형을 거쳐 둥근 산 모양이 되었다가 편평해지며 때때로 중앙에 볼록이 있다. 표면은 밋밋하며 습할 시 강한 끈적기가 있고 보통 황토색에서 적갈색으로 되며 때로는 올리브갈색에서 노랑갈색으로 된다. 가장자리는 오랫동안 안으로 고르게 말린다. 어릴 때 백색이고 끈적기의 거미집막에 의하여 자루와 연결된다. 살은 백색에서 크림색으로 되며 얇다. 냄새는 약간 나나 분명치 않으며 맛은 온화하다. 주름살은 자루에 넓은 바른주름살이다. 언저리는 밋밋하고 약간 톱니상, 부분적으로 백색이다. 자루의 길이는 50~80㎜, 굵기 7~10㎜, 원통형, 때때로 기부 쪽이 가늘고, 속은 차며 휘어지기 쉽다. 표면은 위쪽의 턱받이 지대는 백색, 밋밋하고 섬유상-막질로 아래는 갈색, 끈적기가 있으며 백색에서 올리브갈색의 계단식 띠가 있다. 포자는 10.7~15×6.4~7.8㎛, 아몬드형, 뚜렷한 사마귀반점, 노랑-황토색, 담자기는 가는 곤봉형, 35~40×10~11.5㎛, (2)4-포자성, 기부에 꺽쇠가 있다.
생태 여름~가을 / 침엽수림의 땅에 군생한다.
분포 한국, 유럽, 북미, 북미 해안

방망이끈적버섯

Cortinarius turgidus Fr.

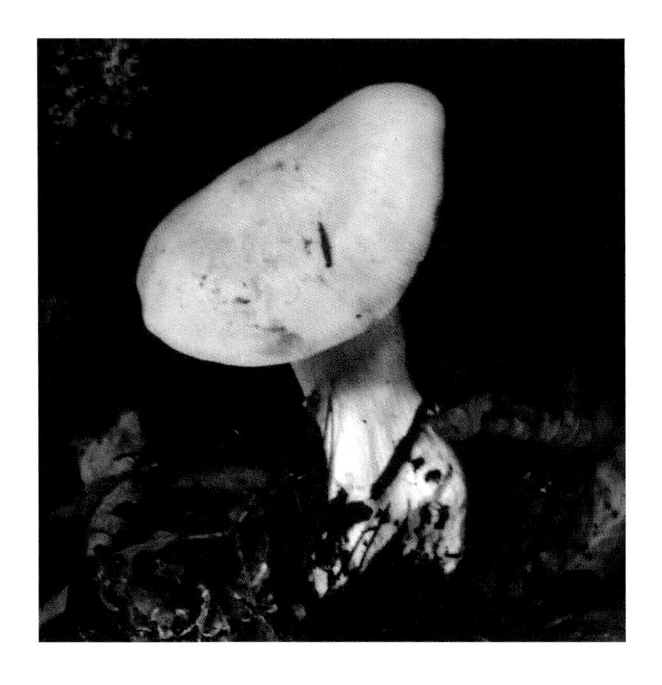

형태 균모의 지름은 4~7㎝로 반구형에서 둥근 산 모양을 거쳐 편평하게 된다. 표면은 어릴 때 크림색에서 밝은 황토색으로 되었다가 연한 가죽색이 되고, 백색의 거미집막은 황토 비단실로 되었다가 매끈해진다. 약간 흡수성이고 가장자리는 비단 같은 광택이 나며 오랫동안 아래로 말린다. 고르고 예리하며 어릴 때 거미집막의 실로 자루에 연결된다. 육질은 백색에서 갈색, 자루의 꼭대기는 자색, 균모의 중앙은 두껍고 가장자리 쪽은 얇다. 냄새는 약간 좋으며 오래되면 달콤하나 맛은 쓰다. 주름살은 자루에 대하여 홈파진주름살, 백색에서 황토색으로 되며 폭은 넓다. 주름살의 변두리는 약간 무딘 톱니상이고 곳곳에 백색의 얼룩이 있다. 자루의 길이는 5~7㎝, 굵기는 1.5~2.5㎝로 배불뚝이형에서 방추형 또는 뿌리형으로 되며, 부서지기 쉽고 속은 빈다. 표면은 백색의 털로 덮이고 표피 섬유가 턱받이를 형성하며, 위는 희미한 라일락색이다. 포자의 크기는 8.4~10.6×5.6~6.5㎛로 타원형 또는 복숭아형, 표면은 희미한 사마귀반점이 있으며 황토색이다. 담자기는 곤봉형에서 배불뚝이형으로 10~38×9~11㎛로 기부에 꺽쇠가 있다.

생태 여름~가을 / 활엽수림과 혼효림의 땅에 군생한다.

분포 한국, 중국, 유럽

끈적버섯아재비

Cortinarius turmalis (Fr.) Fr.
C. claricola var. turmalis (Fr.) Quél.

형태 균모의 지름은 4~10㎝로 어릴 때는 반구형에서 둥근 산 모양-편평한 모양으로 된다. 때에 따라 가운데가 둔하게 돌출되기도 한다. 표면은 밋밋하며 습할 때 끈적기가 있고 건조할 때는 광택이 있다. 어릴 때는 담황토색에서 적색을 띤 황토색-황토갈색으로 된다. 가장자리는 오랫동안 안쪽으로 굽으며 유백색 내피막의 잔존물이 붙기도 한다. 어릴 때는 균모와 자루 사이에 백색 거미집막의 거미줄이 균사실과 연결된다. 살은 흰색이며 치밀하다. 주름살은 자루에 대하여 바른주름살-올린주름살, 유백색에서 회갈색-적갈색으로 되며 폭이 넓고 빽빽하다. 언저리 부분은 톱니 모양이다. 자루의 길이 5~10㎝, 굵기 0.7~1.5㎝로 위아래가 같은 굵기이거나 아래쪽으로 갈수록 가늘어진다. 처음에는 흰색이나 후에 다소 황토색, 위쪽에는 얇은 피막이 턱받이의 흔적으로 남는다. 신선할 때는 흰색의 면모상 균사가 턱받이 하부에 붙는다. 포자의 크기는 7.3~9×3.4~4.6㎛, 좁은 타원형-편도형, 연한 황색, 표면에 미세한 사마귀반점이 덮여 있다.
생태 여름~가을 / 주로 침엽수림 땅의 낙엽 사이에 군생한다.
분포 한국, 일본, 중국, 유럽, 북미

황갈색습지끈적버섯

Cortinarius uliqinosus Berk.
C. queletii Betaille

형태 균모의 지름은 1.5~5cm로 둥근 산 모양 또는 어릴 때 원추형에서 차차 편평해지며 보통 중앙은 볼록하다. 표면은 밝은 황갈색 또는 오렌지색에서 황갈색의 벽돌색으로 된다. 가장자리는 연한 색, 또는 진한 노랑색이며 미세한 황색 섬유실로 덮인다. 살은 밝은 레몬색에서 누른색-노랑색, 균모에서는 황갈색이며 무우 냄새가 난다. 주름살은 자루에 대하여 바른주름살 또는 약간 끝붙은주름살로 원통형이지만 약간 굽은 것도 있다. 주름살의 색은 밝은 레몬-노랑색에서 황토색으로 되었다가 황갈색이 된다. 자루의 길이는 2.5~6.5cm, 굵기는 0.3~1cm로 기부는 다소 부풀고, 균모와 동색이거나 약간 연한 색으로 꼭대기와 기부는 진한 노랑색이다. 자루의 꼭대기는 섬유상의 황색 털로 피복되며, 아래는 녹슨 섬유상, 거미집막은 노랑색이다. 포자문은 녹슨색이다. 포자의 크기는 8~11×5~6μm로 타원형, 표면은 미세한 반점이 있어서 거칠다.

생태 가을 / 오리나무 또는 버드나무가 있는 숲속의 젖은 고목이나 땅에 군생한다.

분포 한국, 중국, 유럽

황갈색끈적버섯

Cortinarius umbrinolens P.D. Orton

형태 균모의 지름은 15~35㎜로 원추형에서 종 모양을 거쳐서 둥근 산 모양이 되었다가 편평하게 되며 둔한 볼록을 가진다. 표면은 밋밋하며 매끈하고, 흡수성이다. 적갈색에서 갈색으로 되고 습기가 있으면 투명한 줄무늬선이 중앙으로 있다. 중앙은 흑갈색이며 건조 시 적갈색이다. 가장자리는 인편-톱니상, 백색의 표피 파편 조각으로 오랫동안 피복된다. 살은 갈색이며 얇고, 곰팡이 또는 흙냄새가 난다. 맛은 온화하나 분명치 않다. 주름살은 자루에 넓은 바른주름살 또는 톱니상의 약간 내린주름살, 갈색에서 붉은 갈색으로 되며 폭은 넓다. 언저리는 밋밋하다. 자루의 길이 40~60㎜, 굵기 3~5㎜의 원통형이며 속이 비었고 휘어지기 쉽다. 표면은 크림색의 섬유상이 적갈색 바탕 위에 있다. 섬유실은 때때로 백색의 턱받이 흔적으로 된다. 포자의 크기는 7.4~10×4.4~5.7㎛, 타원형이며 표면에 사마귀반점이 있고 황토-노랑색이다. 담자기는 원통형에서 배불뚝이형, 21~30×7~8.5㎛, 4-포자성, 기부에 꺽쇠가 있다.

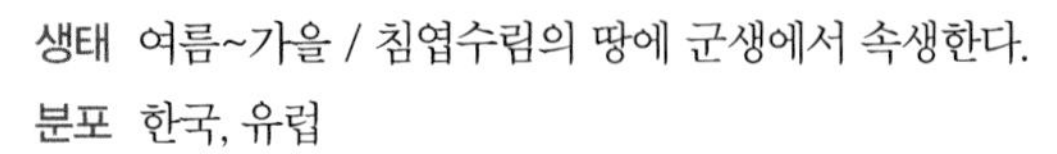

생태 여름~가을 / 침엽수림의 땅에 군생에서 속생한다.
분포 한국, 유럽

다색끈적버섯

Cortinarius variicolor (Pers.) Fr.

형태 균모의 지름은 6~13㎝로 둥근 산 모양에서 차차 편평하게 된다. 표면은 갈색인데 습기가 있을 때 끈적기가 있고, 마르면 섬유상으로 된다. 가장자리는 자주색이다. 살은 두껍고 청자색인데 나중에 퇴색한다. 주름살은 자루에 대하여 바른주름살로 청자색에서 계피색이 된다. 밀생하며 변두리는 물결형이다. 자루는 길이가 8~9㎝, 굵기는 1.5~2㎝로 근부는 부풀고 표면은 섬유상이며 연한 청자색이나 나중에 갈색을 띤다. 포자의 크기는 9~10.5×5~6㎛로 아몬드형, 표면은 사마귀반점의 돌기로 덮여 있다.

생태 가을 / 침엽수림의 땅에 군생한다. 식용이 가능하다.

분포 한국, 중국, 유럽, 북반구 일대

쓴맛끈적버섯

Cortinarius vibratilis (Fr.) Fr.

형태 균모는 지름이 4~5㎝로 반구형에서 차차 편평하게 되며 중앙은 돌출한다. 표면은 털이 없고 끈적액 층으로 덮이는데 습기가 있을 때 끈적기가 있으며, 매끄럽고 윤기가 돈다. 색은 황색, 연한 황토색 또는 황갈색이나 마르면 퇴색된다. 살은 얇고 백색이고 유연하다. 주름살은 자루에 대하여 바른주름살에서 홈파진주름살, 밀생하는데 폭이 좁고 얇으며 처음에는 연한 색이나 나중에 계피색이 된다. 자루는 높이가 5~6㎝, 굵기가 0.5~0.9㎝로 상하의 굵기가 같거나 위로 가늘어지고 유연하며 순백색이다. 처음에 끈적기가 있는 솜털 모양의 외피막으로 덮이나 곧 마르며 속은 차 있다가 빈다. 포자는 7.5~8×4.~5㎛로 타원형, 표면은 미세한 반점들이 있어서 조금 거칠다. 포자문은 진한 계피색이다.
생태 가을 / 분비나무, 가문비나무 숲의 땅에 군생한다.
분포 한국, 중국

끈적버섯

Cortinarius violaceus (L.) Gray

형태 균모의 지름은 4~10㎝로 어릴 때는 반구형에서 둥근 산 모양을 거쳐 차차 편평하게 펴지고 가운데가 낮게 돌출되기도 한다. 표면은 끈적기가 없고 암자색이며 중앙은 약간 진하고 미세한 털이 빽빽이 덮여 있지만 나중에 가는 거스름 모양의 인편으로 된다. 어릴 때는 균모와 자루 사이가 연한 보라색의 거미집막으로 연결된다. 살은 두껍고 연한 청자색이다. 주름살은 자루에 대하여 바른주름살 또는 올린주름살, 균모와 같은 암자색을 띠지만 나중에 자갈색~흑갈색으로 되며 폭이 넓고 촘촘하다. 자루의 길이는 6~12㎝, 굵기는 1~2.5㎝로 아래쪽으로 굵어져서 길이가 20~40㎝에 달하기도 한다. 표면은 균모와 같은 색인데 처음에는 비로드상이지만 나중에 섬유상으로 된 인편이 불규칙한 띠 모양으로 생긴다. 거미줄막은 청자색이지만 나중에는 포자가 낙하해서 녹슨색이 된다. 포자의 크기는 11.5~14.5×7~8.5㎛로 타원형~편도형으로 황토갈색이며, 표면에 사마귀점 같은 것으로 덮여 있다.

생태 가을 / 참나무류 등 활엽수의 땅에 난다. 식용이 가능하다.

분포 한국, 중국, 유럽, 북반구 온대 이북

여우털끈적버섯

Cortinarius vulpinus (Velen.) Rob. Henry

형태 균모의 지름은 30~70㎜로 처음 반구형에서 종 모양을 거쳐 둥근 산 모양 또는 편평하게 되며, 때때로 중앙에 볼록이 있다. 표면은 섬유상에서 여우 털상으로 되고, 중앙에 눌린 인편이 있다. 건조 시 무디고, 습할 시 약간 끈적기가 있으며, 황토갈색에서 적갈색이다. 가장자리로 갈수록 연한 색이다. 가장자리는 고르고, 어릴 때 백색의 거미집막의 섬유실에 의하여 자루와 연결된다. 살은 얇고 백색이다. 상처 시 노랑색으로 변색, 특히 자루가 강하다. 곰팡이 냄새, 발 냄새처럼 안 좋으며, 맛은 온화하나 좋지 않다. 주름살은 자루에 홈파진주름살 또는 넓은 바른주름살, 회-라일락색에서 핑크-보라색을 거쳐 갈보라색으로 되고, 폭이 넓다. 언저리는 톱니상이다. 자루의 길이 50~100㎜, 굵기 10~15㎜, 원통형으로 빳빳하고 속은 차 있다. 표면은 어릴 때 백색이고 촘촘하며, 섬유상 턱받이 지역에서 형성된 백색 표피가 피복되며, 턱받이는 연한 라일락색이며 아래쪽은 벨트 같은 황토-노랑색의 턱받이가 있다. 노쇠하거나 상처 시 노랑색에서 갈색으로 변색된다. 포자는 11~14×6.5~8㎛, 타원형에서 아몬드형, 뚜렷한 사마귀반점, 황갈색이다. 담자기는 곤봉형, 30~45×10~12㎛, 4-포자성, 기부에 꺽쇠가 있다.

생태 여름~가을 / 숲속의 땅에 단생에서 군생한다. 드문 종이다.

분포 한국, 유럽

흰반독청버섯

Hemistropharia albocrenulata (Peck) Jacobsson & E. Larss
Pholiota albocrenulata (Peck) Sacc.

형태 균모의 지름은 3~8㎝로 넓은 원추형 또는 둥근 산 모양에서 편평해진다. 표면은 점성이 있고 건조 시 광택이 나며 오렌지 황갈색에서 짙어졌다가 검은 자갈색이 된다. 표피는 갈색의 섬유 인편이 되나 퇴색한다. 가장자리는 불분명한 표피 조각으로 덮인다. 살은 두껍고 연하다. 냄새는 불분명하며 맛은 없다. 주름살은 바른주름살에서 약간 내린주름살 또는 홈파진주름살이고 내린톱니상을 가진다. 간혹 자루 근처는 둥글며 밀생하고 폭은 넓다. 언저리는 톱니상이며 백색의 방울이 맺힌다. 자루의 길이는 10~15㎝, 굵기는 0.5~1.5㎝로 원통형, 섬유상이고 단단하며 속은 차 있다가 빈다. 위는 퇴색한 색에서 회색으로, 아래쪽은 검은 갈색이고 갈색인 턱받이는 위쪽에 분포하며 꼭대기는 가루상이다. 포자는 10~15×5.5~7㎛, 방추형이며 표면은 매끈하고 투명하다. 선단은 돌기가 있다. 포자벽의 두께는 1~1.5㎛, 담자기는 좁은 곤봉형으로 30~36×7~9㎛, 4-포자성이다.
생태 여름~가을 / 활엽수, 구루터기, 고목에 단생 · 군생한다.
분포 한국, 중국, 일본, 유럽

주름균강 》 주름버섯목 》 끈적버섯과 》 끈적버섯속

자색솜털끈적버섯

Cortinarius cinnamoviloaceus Moser

형태 균모의 지름은 2~4cm로 원추형에서 둥근 산 모양을 거쳐 편평해지며 중앙은 돌출한다. 표면은 밋밋하고 방사상으로 압착된 섬유실이 있으며 흡수성이다. 습할 때 자색을 거쳐 회갈색, 건조하면 황토갈색이 된다. 가장자리는 희미한 라일락색이며 안으로 고르게 말린다. 어릴 때 백색의 섬유 털의 거미막집에 의하여 자루에 연결된다. 살은 오백색, 자루에서는 자색으로 얇고, 냄새가 나며 맛은 온화하거나 쓰다. 주름살은 올린주름살로 두껍고, 자색에서 녹슨 갈색이 된다. 언저리는 밋밋하고 백색이다. 자루의 길이는 6~8cm, 굵기는 0.8~2cm의 원통형이며 기부는 부풀고 아래가 가늘며 부서지기 쉽다. 표면은 세로줄의 섬유실이 있지만 나중에 매끈해지며 불분명한 테 무늬가 있다. 포자는 8.5~11×5~6μm로 타원형이고 표면에 희미한 사마귀반점이 있으며 황토갈색이다. 담자기는 가는 곤봉형으로 35~45×8~10μm이고 4-포자성으로 기부에 꺽쇠가 있다.
생태 여름~가을 / 관목림의 젖은 이끼류 또는 풀숲 사이에 군생한다.
분포 한국, 중국, 유럽

주름균강 》 주름버섯목 》 땀버섯과 》 귀버섯속

나뭇잎귀버섯

Crepidotus carpaticus Pilát

형태 균모의 지름은 2~8mm로 둥근 부채형, 반원형, 많은 각이 있는 조개 모양, 둥근 산 모양 등에서 편평하게 된다. 가장자리는 어릴 때 좁게 안으로 휘어지며 후에 반듯하게 된다. 흔히 엽상, 매트, 펠트상의 털, 노쇠하면 섬유상 고랑이 있다. 크림-담황갈색에서 담황갈색 또는 연한 노랑색으로 된다. 건조하면 크림색에서 황토색-담황갈색, 기주 부착면에는 털상 또는 융모상이다. 살은 얇고, 부서지기 쉽다. 건조 시 크림색이며 맛과 냄새는 없다. 주름살은 어릴 때는 내린주름살, 다음에 좁은 바른주름살, 비교적 밀생하며 아취형에서 배불뚝이형 비슷하다. 녹슨색, 밤색이다. 언저리는 솜털상, 백색이다. 포자는 5~6.5×4.5~6μm, 구형, 표면에 분명한 반점이 있으며 불분명한 사마귀점, 주변막이 있다. 담자기는 17~26×5~10μm, 4-포자성, 기부에 꺽쇠가 있다.
생태 여름~가을 / 숲속의 썩는 고목, 나무 등걸에 발생한다.
분포 한국, 유럽

평평귀버섯

Crepidotus applanatus (Pers.) Kummer

형태 균모는 지름 1~5㎝로 원형, 콩팥형, 쐐기형, 빗 모양 등 여러 가지이고 처음에 돌출된 모양에서 차차 편평하게 된다. 표면에 털이 없고 흡수성이다. 연한 계피색이지만 마르면 유백색이고, 습기가 있을 때 줄무늬홈선이 보인다. 살은 유연하고 물을 흡수하면 백색이다. 주름살은 자루에 대하여 내린주름살로 밀생하며 폭은 좁고, 백색에서 계피색으로 된다. 자루는 없고 기부에 백색의 미세한 털이 있다. 포자의 크기는 5.5~6×4.5~5㎛로 아구형, 표면에 반점이 있으며 연한 녹슨색이다. 포자문은 녹슨색이다.
생태 여름~가을 / 썩는 고목에 군생하며 중첩하여 발생한다.
분포 한국, 일본, 중국

노란털귀버섯

Crepidotus badiofloccosus Imai

형태 균모의 지름은 1~3.5㎝로 처음에는 원형에서 콩팥형 또는 반구형으로 되며 중앙은 편평하거나 오목하다. 표면은 축축하다가 마르며 처음에 갈색의 미세한 털이 밀포하다가 다소 매끈하게 되지만 퇴색되면 중앙에 백색의 미세한 털이 있다. 가장자리는 아래로 말렸다가 나중에 위로 올라가고 얇게 갈라지며 줄무늬홈선은 없다. 살은 얇고 백색이다. 주름살은 자루에 대하여 바른주름살이고 빽빽하거나 약간 성기며 백색에서 계피색으로 된다. 자루는 없다. 포자의 크기는 5.5~6×4.5~5㎛로 아구형으로 선단이 주둥이 모양이며 반점이 있다. 포자문은 계피색이다.
생태 여름 / 썩는 고목에 군생 · 산생한다.
분포 한국, 중국, 일본

솜털붉은귀버섯

Crepidotus boninensis (Hongo) E. Horak & Desjardin
C. roseus var. boninensis Hongo

형태 균모의 지름은 가로 1.8~3㎝, 세로 1.3~2.2㎝로 둥근 산 모양에서 차차 편평해지며, 윗면에서 보면 반구형 또는 심장형이다. 표면은 흡수성, 백색의 솜털로 덮이지만 기부는 털이 없고, 습기가 있을 때 긴 줄무늬의 홈선이 있다. 색깔은 노랑 핑크색이고 건조하면 줄무늬홈선은 없어지며 연한 황색으로 된다. 살은 백색이고 얇다. 주름살은 약간 성기고 폭은 0.4~0.5㎝, 핑크색이다. 가장자리는 미세한 가루가 있으며 자루는 없다. 기주에 백색의 면모상으로 덮인다. 포자의 크기는 6~7.5㎛, 또는 6~7.7×5.5~7.3㎛로 구형~류구형, 표면은 미세한 반점의 돌기가 있으며 포자벽은 얇다. 담자기는 4-포자성, 연낭상체는 22~34×10~12㎛로 넓은 막대 모양 또는 중앙이 부풀며 상하로 가늘고 세포벽은 얇다. 측낭상체는 없다. 균사에 꺽쇠가 있다.

생태 겨울 / 넘어진 활엽수에 발생한다.

분포 한국, 중국, 일본

주름균강 》 주름버섯목 》 땀버섯과 》 귀버섯속

콩팥귀버섯

Crepidotus nephrodes (Berk. & Curt.) Sacc.

형태 균모의 지름은 1.5~3.5㎝로 조개껍질형-콩팥 모양, 표면은 백색-회백색인데 기부 쪽으로 백색의 털이 피복되고 흡수성이 강하다. 습할 때는 주변부에 회갈색의 줄무늬선이 보인다. 살은 얇고, 백색이다. 주름살은 처음에 흰색이다가 점차 회갈색으로 된다. 주름살의 기부 쪽이 둥근 모양을 하고 폭이 다소 넓으며 약간 밀생한다. 자루는 없거나 또는 흔적의 형태를 보인다. 포자의 지름은 6.5~7㎛로 구형, 표면에 미세한 반점이 있다.
생태 여름 / 썩은 나무 넘어진 나무에 군생한다.
분포 한국, 일본, 중국, 유럽, 북미, 아프리카

주름균강 》 주름버섯목 》 땀버섯과 》 귀버섯속

비단귀버섯

Crepidotus caspari Velen.

형태 균모의 지름은 0.5~1.5㎝로 콩팥 모양 기질에 측심 또는 편심으로 부착한다. 표면은 밋밋하고 털상에서 솜털이 된 기질의 부착점을 제외하고는 비단결이며, 거의 변색하지 않는다. 가장자리는 안으로 말리는데 영존성이다. 자루는 없다. 주름살의 색깔은 백색에서 담황갈색으로 되었다가 후에 갈색으로 된다. 상당히 빽빽하며 기질의 부착점에 대하여 내린주름살형이다. 포자문은 갈색이다. 살은 백색이며 맛과 냄새는 불분명하다. 포자의 크기는 7~9×5~6㎛, 타원형에서 아몬드형, 표면은 매끈하다가 미세한 사마귀반점으로 덮인다.
생태 늦여름~겨울 / 썩는 나무, 나무 부스러기, 활엽수의 껍질에서 집단으로 산생한다.
분포 한국, 유럽

비단귀버섯(말검형)

Crepidotus lundellii Pilát

형태 균모의 지름은 8~25(~40)㎜로 어릴 때는 조개껍질 모양이나 후에 둥근 모양 또는 콩팥 모양이 된다. 균모의 한쪽 또는 중심부가 기질에 부착한다. 표면은 밋밋하고 둔하다. 어릴 때는 흰색-크림 황색이고 후에는 연한 회황토색이 된다. 미세하게 눌러붙은 면모가 있고 기질과 부착된 곳에는 흰색의 면모가 있다. 가장자리는 예리하고 고르다. 젖어 있을 때는 투명한 줄무늬가 희미하게 나타난다. 살은 유백색-연한 올리브갈색으로 얇다. 주름살은 어릴 때는 유백색, 오래되면 칙칙한 갈색이며 약간 성긴 편이다. 자루는 없다. 포자는 6~9×4~5.7㎛, 넓은 타원형-난형, 연한 투명한 황색, 표면은 미세하게 거칠다. 포자문은 황토갈색이다.
생태 여름~가을 / 과습한 지역 활엽수의 죽은 나무나 가지에 군생하거나 속생한다.
분포 한국, 유럽

주걱귀버섯

Crepidotus cesatii (Rabenh.) Sacc.
C. cesatii var. subsphaerosporus (J.E. Lange) Senn-Irlet.
C. subsphaerosporus (Lange) Kühner & Romagn. ex Hesler & A.H. Sm.

형태 균모의 지름은 1~3.5㎝로 배착성, 부채 모양-콩팥 모양으로 가장자리가 잘 째지고 표면은 백색인데 미세한 솜털로 덮여 있고 자루는 없다. 주름살은 처음에는 흰색이다가 점차 갈색을 띤 황토색이 된다. 약간 촘촘하다. 살은 얇고 백색이다. 포자의 크기는 6.5~8×5~6㎛, 난형, 담황토색, 표면에 미세한 반점이 있다. 포자문은 적갈색이다.
생태 여름~가을 / 활엽수의 떨어진 가지 또는 썩은 나무에 군생 · 속생한다. 매우 드문 종이다.
분포 한국, 일본, 유럽

주걱귀버섯(둥근포자형)

C. cesatii var. **subsphaerosporus** (J.E. Lange) Senn-Irlet

형태 균모의 지름은 5~30㎜로 조개껍질형에서 반원형을 거쳐 부채꼴로 되거나 원형으로 된다. 자루는 편심생 또는 중앙이 기질에 붙는다. 표면은 밋밋하고 나중에 약간 방사상의 줄무늬홈선이 있으며, 비단결 같은 상태에서 미세한 털이 된다. 색깔은 처음 백색에서 크림 백색과 연한 황토색으로 된다. 가장자리는 오랫동안 아래로 말리고 가지런하거나 물결형이며 예리하다. 살은 백색, 막질이고 맛은 온화하다. 주름살은 어릴 때 백색에서 황토색을 거쳐 적황토색, 폭은 넓으며 변두리에 미세한 백색의 섬유실이 있다. 자루는 없으나 짧은 것이 있는 것도 있으며 백색의 털이 있다. 포자의 크기는 5.5~9.0×4.5~6.5㎛로 광타원형에서 난형, 표면에 가시가 있고 밝은 노랑색이며 투명하다. 담자기는 19~28×7.5~9㎛로 곤봉형, 4-포자성, 기부에 꺽쇠가 있다. 연낭상체는 10~49×5~8㎛, 다형체로 분지한다. 측낭상체는 없다.

생태 여름~가을 / 침엽수의 고목에 군생한다.

분포 한국, 중국, 유럽, 북미, 아시아

붉은귀버섯

Crepidotus cinnabarinus Peck

형태 균모의 지름은 10~25㎜로 둥근 부채형, 콩팥형이다. 어릴 때는 주걱 모양, 둥근 산 모양 등에서 편평-둥근 산 모양으로 된다. 표면은 매트 같고, 처음에 털-융털상, 후에 펠트-털상으로 되며 적색 또는 산호 적색이다. 건조해져도 적색이 남는다. 때때로 기주에 부착한 적색 융털이 둘로 갈라진다. 어릴 때 가장자리는 안으로 말린다. 살은 얇고 백색이며 맛과 냄새는 알 수 없다. 주름살은 기주 또는 자루에 올린주름살, 배불뚝이형이다. 비교적 빽빽하고 연한 갈색에서 황갈색이다. 언저리는 톱니상으로 털이 나고, 적색이다. 자루는 아주 짧고 편심생, 털상, 적색이다. 포자문은 붉은색이다. 포자는 6~8×5~6.5㎛, 구형에서 넓은 장방형, 표면에 반점 또는 작은 사마귀반점이 있다. 담자기는 20~28×5.5~11㎛, 4-포자성, 꺽쇠는 없다.

생태 여름~가을 / 침엽수의 나무 위에 발생한다. 드문 종이다.

분포 한국, 유럽

노란잎귀버섯

Crepidotus crocophyllus (Berk.) Sacc.

형태 균모의 지름은 1~7㎝의 둥근 산 모양이며 가장자리는 안으로 말리며 이어서 부채 모양, 펴지면서 물결형으로 된다. 갈색에서 오렌지색-갈색, 퇴색하여 황토색, 크림색 또는 거의 백색이다. 어릴 때 약간 벨벳 모양의 미세한 털이 갈라지며 고르게 피복한다. 살은 얇고, 크림색에서 황토색이 된다. 냄새와 맛은 불분명하다. 주름살은 자루에 대하여 바른주름살, 때때로 포크형에서 방사상으로 된다. 크림색에서 황토색 또는 연한 오렌지색이 된다. 자루는 없거나 측생으로 기질에 부착한다. 연한 색에서 황토색으로 된다. 기주 근처에 부착하는 균사체는 황토색이 된다. 기부는 보통 백색 균사체의 돌출물로 된다. 포자문은 갈색이며 포자의 크기는 5~8×5.5~7㎛, 아구형, 표면에 미세한 가시가 있다.
생태 겨울~봄 / 썩는 고목 위에 자실체가 겹치며 단생 · 산생한다. 식용 여부는 알 수 없다.
분포 한국, 북미

껍질귀버섯

Crepidotus epibryus (Fr.) Quél.
C. herbarum (Pk) Sacc., Pleurotellus graminicola Fayod

형태 균모의 지름은 0.5~3.5㎝로 반구형 또는 조개껍질 모양에서 부채 모양이다. 가장자리는 어릴 때 안으로 말리고, 노쇠하면 물결형이다. 어릴 때 밝은 백색에서 연한 베이지색이며 기주에 부착점은 백색이다. 건조 시 물색에서 분필 같은 백색이다. 표면은 건조성, 비단결에서 미세한 솜털로 되며, 노쇠 시 밋밋하며 기주의 부착점은 솜털, 또는 백색 털의 균사 털로 덮인다. 주름살은 중앙의 나무 부착으로부터 방사상이다. 많은 짧은 주름살이 있다. 회백색에서 퇴색하며 어릴 시 연한 베이지 그을린 색에서 황갈색 또는 갈색으로 된다. 자루는 없다. 살은 매우 얇고 유연하다. 포자문은 황갈색에서 연한 갈색이다. 포자는 6~8×2.5~3.5㎛, 사과 씨 모양, 긴 타원형, 가늘거나 한쪽 끝이 뾰족하며, 표면은 매끈하고 투명하다.
생태 가을~늦봄 / 썩는 고목, 나뭇가지의 이끼류속, 나뭇가지에 군생한다.
분포 한국, 북미

껍질귀버섯(풀귀버섯형)

Cortinarius herbarum (Pk.) Sacc.

형태 균모의 지름은 0.2~2㎝로 어릴 때는 말발굽 모양이나 후에 부채꼴, 콩팥 또는 둥근 모양으로 된다. 균모의 일부분이나 중심부가 기질에 부착되어 있다. 표면은 흰색이고 미세하게 털이 나 있으며 부착된 곳은 털이 거의 없거나 희미하게 있다. 가장자리는 오랫동안 안쪽으로 굽어 있고 고르다. 살은 얇고 백색이다. 주름살은 어릴 때 백색에서 황토갈색으로 되며 기질에 좁게 붙으면서 성긴다. 자루는 없다. 포자의 크기는 6~9.3×2.4~3.6㎛로 원주형-타원형 또는 쌀알 모양으로 황색이며, 표면에 가시가 없다. 포자문은 황토색이다.

생태 여름~가을 / 흔히 활엽수의 떨어진 낙엽이나 가지에 군생하며 줄기나 초본식물 또는 이끼 사이에 군생한다.

분포 한국, 유럽

귀버섯

Crepidotus mollis (Schaeff.) Staude

형태 균모의 지름은 1~6㎝로 반원상의 조개 껍질형, 신장형, 부채형으로 선반처럼 된다. 표면은 흰색에 가까운 색이나 오래되면 연한 갈색, 황토색을 띤다. 표면은 털이 없거나 있더라도 가는 털이 산재해 있다. 살은 얇고 연하며 습기가 있을 때는 연한 갈색, 건조할 때는 유백색이다. 주름살은 어릴 때는 크림색에서 점차 베이지 회색 및 계피색으로 되며, 밀생한다. 자루는 없어서 기주에 부착되거나 극히 짧은 자루가 있다. 포자의 크기는 6.5~9.2×4.8~6.4㎛로 광타원형-난형, 표면은 밋밋하고 연한 회황색이다. 포자문은 황갈색이다.

생태 여름~가을 / 활엽수의 썩는 고목이나 가지에 다수 중첩하여 군생한다.

분포 한국, 일본, 중국, 북반구, 호주, 아프리카

주황귀버섯

Crepidotus luteolus Sacc.

형태 균모의 지름은 1~3㎝ 정도의 극소형이다. 어릴 때는 유황색의 혀 모양 또는 말발굽 모양에서 조개껍질형, 신장형 또는 둥근 산 모양으로 된다. 표면은 유백색-연한 황색에서 크림색-황토색이며 미세한 솜털이 많이 덮여 있으나 오래되면 밋밋해진다. 가장자리는 날카롭고 가루 같은 것이 있다. 주름살은 처음에는 유백색-연한 황색에서 칙칙한 자회색-황토자색이며, 성기다. 자루는 없다. 포자의 크기는 7.2~10×3.7~5.4㎛, 타원형-편도형이고 연한 회황색, 표면에 미세한 반점이 있다. 포자문은 적황토색이다.

생태 봄~여름 / 활엽수의 잔가지나 풀에 발생한다.

분포 한국, 일본, 중국, 유럽

분홍주름귀버섯

Crepidotus subverrucisporus Pilát

형태 균모의 지름은 0.4~1㎝로 어릴 때는 말발굽 모양, 후에 반원형-부채꼴 모양이 된다. 표면은 어릴 때 백색-크림백색이고 미세한 털이 밀포되어 있으며 후에 밋밋해진다. 나중에 연한 황토갈색-오렌지황토색, 기질과 부착되는 곳에 흰색의 털이 있다. 가장자리는 어릴 때 안으로 굽고, 후에는 날카로워지거나 다소 굴곡이 있다. 살은 흰색-연한 회색이며 얇다. 주름살은 기주에 대하여 바른주름살, 어릴 때는 흰색, 후에는 분홍색의 담황토색이며 성기다. 자루는 없다. 포자의 크기는 6.9~10×4.5~6㎛, 타원형-편도형이며 회분홍-회황색, 표면에 사마귀반점이 덮여 있다. 포자문은 적갈색이다.

생태 여름~가을 / 활엽수의 넘어진 나무나 입목, 낙지 등에 산생·곡생한다.

분포 한국, 유럽

노란귀버섯

Crepidotus sulphurinus Imaz. et Toki

형태 균모의 지름은 0.4~2.0㎝로 부채형, 콩팥형, 조가비형 등 다양하다. 표면은 건조하고 거친 털이 밀포하며 유황색으로 퇴색된다. 살은 얇고 균모와 동색이나 나중에 마르면 갈색이 된다. 가장자리는 아래로 말린다. 주름살은 자루에 대하여 바른주름살이고 조금 성기며 폭은 좁고 황색에서 황갈색으로 되며 가루 같은 털로 덮인다. 자루는 균모 옆에 측생하고 0.1㎝ 정도로 매우 짧고 때때로 없는 것도 있다. 포자의 크기는 7~9×5~7㎛로 아구형이며 표면에 미세한 반점이 있다. 포자문은 녹슨색이다.

생태 여름~가을 / 썩은 나무의 가지에 다수가 겹쳐서 배착하여 군생한다.

분포 한국, 일본, 중국

다색귀버섯

Crepidotus variabilis (Pers.) P. Kumm.
C. variabilis var. variabilis (Pers.) P. Kumm.

형태 균모의 지름은 1~3㎝로 배착생, 반원형, 콩팥 또는 말발굽형이다. 때때로 기질에 중심부가 배착되며 불규칙한 원형이 된다. 가장자리는 물결 모양으로 굴곡이 진다. 표면은 백색-크림색, 미세한 털이 벨벳 모양으로 피복되고, 기질과 부착된 곳은 면모상이다. 자루는 없다. 주름살은 처음에는 흰색이다가 연한 갈색-녹슨 갈색으로 된다. 폭이 넓고 성글다. 포자의 크기는 5~7.2×2.7~3.9㎛, 원주형-원주상의 타원형, 연한 황회색, 표면에 미세한 사마귀반점이 덮여 있다. 포자문은 암회갈색이다.
생태 여름~가을 / 활엽수의 잔가지에 나고 때로는 침엽수나 초본류 줄기에도 난다.
분포 한국, 일본, 아시아, 유럽, 북미, 호주, 북아프리카

흰콩팥귀버섯

Crepidotus versutus Peck

형태 균모의 지름은 5~15(25)㎜로 반원형에서 콩팥형, 아주 어릴 때 자실체는 기주에 붙는다. 측심생 또는 중심생, 표면은 백색, 노쇠하거나 습할 시 칙칙한 백색에서 회백색으로 된다. 미세한 비로드 같은 털은 면모상의 털상으로 되며, 주변부에 처음 그대로 있고, 기주가 부착하는 곳에 백색의 거친 털이 있다. 가장자리는 오랫동안 안으로 말리고 고르다가 물결형이 되며 예리하다. 살은 백색의 막질로 냄새는 안 나고, 온화하나 맛이 없다. 주름살은 백색에서 노랑-황토색이었다가 황토-갈색으로 되며 흔히 핑크색을 가진다. 폭은 넓다. 언저리는 백색의 섬모실, 자루는 없다. 포자는 8.4~12×4.4~6.7㎛, 좁은 타원형에서 가는 아몬드형, 표면은 미세한 반점이 있으나 매끈하며, 노랑색, 포자문은 갈색이다. 담자기는 곤봉형, 30~40×9~11㎛, 4-포자성, 기부에 꺽쇠는 없다.

생태 여름~가을 / 나뭇가지의 군생, 가끔 땅에 묻힌 나무에 발생하여 흙에서 나는 것 같다. 보통 종이 아니다.

분포 한국, 유럽, 북미

살색털개암버섯

Flammulaster carpophilus (Fr.) Earle ex Vellinga
F. carpophilus var. subincarnatus (Joss. & Kühn.) Vellinga

형태 균모의 지름은 0.5~1㎝로 처음은 종 모양에서 둥근 산 모양으로 되었다가 차차 편평해진다. 표면은 솜털상의 인편으로 된 표피 조각이 과립상으로 되어 가장자리에 거칠게 분포한다. 살은 황토색이고 맛은 불분명하며 냄새는 강하고 안 좋다. 주름살은 자루에 대하여 바른주름살이고 연한 황토색이며 약간 성기다. 자루의 길이는 2~4㎝이고 굵기는 1.5~3㎝로 상하가 비슷한 굵기이지만 위쪽은 가늘고, 섬유상 털이고 아래쪽은 솜털상이다. 포자문은 연한 크림색이다. 포자의 크기는 7.5~10×3.5~5.5㎛로 광타원형, 표면은 매끈하고 투명하다.
생태 봄~여름 / 낙엽, 혼효림, 활엽수림의 낙엽 등에 단생 · 군생 · 속생한다. 드문 종이다.
분포 한국, 유럽 등 전 세계적

털개암버섯

Flammulaster erinaceellus (Peck) Watl.
Phaeomarasmius erinaceellus (Peck) Sing.

형태 균모의 지름은 1~4cm로 처음 반구형에서 둥근 산 모양 또는 원추상 모양이었다가 거의 편평하게 된다. 표면은 처음 녹슨 갈색, 짙은 오렌지 갈색 또는 황토갈색 등 다양하며 침 모양 또는 입자상의 탈락하기 쉬운 인편이 피복되지만 인편이 탈락하면 연한 황색의 표피를 노출한다. 살은 두께 0.4cm에 달하고 가장자리 쪽으로 얇고 연한 황색이며 특유의 맛과 냄새는 없다. 가장자리에 피막의 잔존 파편이 부착한다. 주름살은 바른~올린주름살로 밀생하며 폭은 좁고, 처음 백색에서 칙칙한 황회색에서 황토갈색이 된다. 주름살의 변두리는 황백색으로 미세한 거치상이다. 자루의 길이는 2.5~6cm, 굵기 0.2~0.4cm로 위아래가 같은 굵기이고, 속은 차 있다가 빈다. 표면은 단단한 섬유질이고, 꼭대기는 투명한 막질 또는 분상의 턱받이가 있지만 쉽게 소실된다. 턱받이 위쪽은 황색의 미세한 분상, 아래는 균모와 동색의 탈락하기 쉬운 인편이 부착한다. 포자문은 짙은 갈색이다. 포자는 (5-)6~7×4~5μm로 타원형이나 한쪽이 패인 타원형도 있으며, 표면은 매끈하고 발아공은 없다. 연낭상체는 곤봉형~원주상의 곤봉형으로 굴곡지는 것도 있으며 꼭대기는 때때로 구상으로 부풀며 40~60×6.5~13μm이다. 측낭상체는 없다.

생태 봄~가을 / 활엽수의 고목에 군생 · 단생 · 속생한다.

분포 한국, 일본, 중국, 유럽, 북미

진흙털개암버섯

Flammulaster limulatus (Fr.) Watling

형태 균모의 지름은 2~4㎝로 처음 반구형에서 둥근 산 모양, 다음에 편평하게 되며, 인편이 있다. 가장자리는 처음에 표피 조각이 매달린다. 자루의 길이 1~4㎝, 위아래가 같은 굵기, 또는 위쪽이 약간 가늘다. 큰 턱받이 흔적 아래는 섬유상, 살은 노랑-담황갈색이고 맛은 불분명하며 냄새가 약간 난다. 주름살은 자루에 대하여 바른주름살로 적색에서 노랑색으로 되며 비교적 성기다. 포자문은 연한 크림색이다. 포자는 6.5~9×4~5㎛, 광타원형에서 콩 모양, 표면은 매끈하고 투명하다. 낭상체는 곤봉형에서 병 모양이다.

생태 늦여름~가을 / 나무 부스러기나 자작나무, 활엽수림의 땅에 단생 또는 작은 집단 또는 밀집하여 발생한다.

분포 한국, 북미

돌기땀버섯

Inocybe acutata T. Kobay. & Nagas.

형태 균모의 지름은 1~3㎝로 어릴 때는 원추형-원추상의 종 모양에서 둥근 산 모양이 되면서 중앙이 젖꼭지 모양으로 뾰족하게 돌출되지만 간혹 안 되는 것도 있다. 어릴 때 가장자리는 안쪽으로 굽지만 후에 펴진다. 표면은 겨자 갈색-황갈색 또는 회갈색 등 다양하다. 꼭대기 부분은 보통 회황색이지만 물기가 많을 때는 황백색으로 연하다. 표면은 밋밋하거나 약간 섬유상이다. 물기가 많을 때는 줄무늬선이 반투명하고 가장자리는 유백색 또는 담황갈색의 유연한 털 모양 파편이 남아 있다. 살은 얇고 담황갈색이다. 주름살은 자루에 올린주름살 또는 약간 떨어진주름살이다. 어릴 때는 오렌지회색 또는 황갈색이 된다. 폭이 좁고 빽빽하다. 자루의 길이 4.5~11㎝, 굵기 0.1~0.2㎝, 원주형이고 위아래가 같은 굵기이다. 때로는 비틀리기도 한다. 기부는 약간 구근상이거나 다소 굵어진다. 표면은 섬유상 물질이 압착되어 있고 오렌지 회색-황갈색이다. 포자는 14.9~15.8×13.5~14.9㎛, 아구형으로 황갈색이며 표면에 가시가 있다. 포자문은 암황갈색이다.
생태 여름/ 참나무류 밑의 땅 또는 풀 사이에 군생한다.
분포 한국, 일본

흑갈색땀버섯

Inocybe adaequata (Britzelm.) Sacc.

형태 균모의 지름은 40~80㎜로 원추형에서 종 모양 또는 둥근 산 모양에서 편평하게 펴지는 물결형이다. 둔한 볼록이 있다. 표면은 검은 방사상의 섬유실이 구리적색의 바탕색 위에 있다. 다소 갈라지고, 적색 솜털상이 때때로 나타나며, 중앙은 더 검고, 처음 밋밋하다가 검은 갈색 털 인편이 점점이 있고 눌린 인편이 있다. 가장자리는 물결형, 다소 갈라지고 노쇠하면 섬유상이다. 살은 백색에서 상처 시 와인-적색으로 변색하며 균모의 중앙은 두껍고 가장자리로 갈수록 얇다. 과일냄새가 나고 온화하나 맛이 없다. 주름살은 자루에 홈파진주름살 또는 좁은 바른주름살, 연한 베이지색에서 갈색을 거쳐 노쇠하면 적갈색으로 되었다가 올리브 갈색이 되며 폭은 넓다. 언저리는 백색의 솜털상이다. 자루의 길이 50~70(90)㎜, 굵기 6~10(20)㎜로 원통형, 속은 차고 단단하다. 표면은 백색에서 베이지색으로 되며 때때로 기부의 위쪽부터 와인 적색으로 변색한다. 꼭대기는 연한 색, 미세한 세로 섬유상, 살은 상처 시 기부 위쪽부터 붉게 변색한다. 포자는 9.4~13.6×6.3~8㎛, 타원형, 표면은 매끈하고 투명하며 벽은 두껍고 갈색이다. 포자문은 흑갈색이다. 담자기는 곤봉형, 29~40×9~12㎛, 4-포자성, 기부에 꺽쇠가 있다.

생태 여름~가을 / 침엽수림, 공원, 석회석 성분의 땅에 집단으로 드물게 단생한다.

분포 한국, 유럽, 북미, 북미 해안

백색판땀버섯

Inocybe albodisca Peck

형태 균모는 지름이 1.5~3.5cm로 종 모양에서 둥근 산 모양을 거쳐 편평해진다. 표면에 넓은 혹이 있고 끈적기가 있으며, 중앙부는 매끄러우나 그 외 부분은 섬유상 또는 방사상으로 갈라진다. 중앙부는 백색에서 크림색으로 되며 다른 부분은 회색이고 나중에 분홍 갈색이 된다. 주름살은 자루에 대하여 바른주름살로 밀생한다. 폭은 좁으며 백색에서 회갈색으로 된다. 가장자리는 갈라져서 너덜너덜하다. 자루는 길이가 2.5~5cm이고 굵기는 3~5mm로 하부는 부풀고 회색-분홍색이고 또는 백색 털로 덮였으며 속은 차 있다. 포자의 크기는 6~8×4.5~6μm로 다각형의 혹형, 표면에 사마귀반점이 있고 갈색이다.

생태 여름~가을 / 침엽수 낙엽수림의 땅에 난다. 독버섯이다.

분포 한국, 중국, 북미

주름균강 》 주름버섯목 》 땀버섯과 》 땀버섯속

흰둘레땀버섯

Inocybe albomarginata Velen.

형태 균모의 지름은 23~31㎜로 편평한 둥근 산 모양에서 거의 편평하게 되며 중앙이 얕은 것도 있다. 중앙은 넓은 볼록이 있고, 어릴 때 가장자리는 아래로 말린 다음에 펴지며 흑적갈색이다. 연한 살 때문에 바깥쪽으로 연한 색이 보이며 중앙은 털상, 방사상의 섬유실이 되며 방사상으로 갈라진다. 살은 백색, 냄새는 없고 맛은 있다. 주름살은 좁은 바른주름살에서 거의 끝붙은주름살로 약간 밀생, 폭은 2~7㎜이며 원통형이나 배불뚝이형인 것도 있고 황갈색이다. 주름살의 변두리는 고른 상태서 술 장식으로 되며, 백색 또는 동색이다. 자루의 길이는 31~45㎜, 굵기는 3~4㎜로 원통형, 연한 갈색에서 오렌지색으로 된다. 기부는 부풀며(지름 8㎜) 가루가 부착한다. 포자는 6.5~8×4~5㎛로 편복숭아 모양, 표면은 매끈하고 투명하다. 담자기는 24~29 × 8~10㎛이고 4-포자성이다. 측낭상체는 43~67×13~19㎛로 방추형이고 작은 주머니 모양, 벽은 두껍다.
생태 여름~가을 / 숲속의 땅에 군생한다.
분포 한국, 중국, 유럽, 북미

주름균강 》 주름버섯목 》 땀버섯과 》 땀버섯속

고깔땀버섯

Inocybe corydyalina Quél.
I. corydyalina Quél. var. corydyalina

형태 균모의 지름은 2~6㎝로 어릴 때는 원추형~종 모양에서 둥근 산 모양을 거쳐 편평형으로 되면서 중앙이 돌출된다. 표면은 방사상으로 섬유상~눌린 비늘이 있고, 중앙은 칙칙한 청록색-회색, 가장자리 쪽으로는 황토갈색~회갈색이 된다. 가장자리는 날카롭고 고르며 섬유상으로 찢지고 드러난 바탕색은 칙칙한 유백색이다. 살은 흰색이나 오래되면 황백색이 된다. 주름살은 자루에 대하여 올린주름살이며 폭이 약간 넓고 촘촘하다. 어릴 때는 크림 황토색에서 밤갈색-적갈색으로 된다. 주름살의 변두리에 흰 테가 있다. 자루의 길이는 3~6㎝, 굵기는 0.5~1㎝로 원통형, 흰색에서 갈색을 띤다. 밑동이 약간 부풀기도 하고 가끔 청록색을 띤다. 포자의 크기는 7.1~9.5×4.8~6㎛로 타원형~난형, 표면은 매끄럽고 투명하며 황갈색으로 포자벽이 두껍다. 포자문은 올리브 갈색이다.
생태 가을 / 자작나무 등 활엽수의 숲속 땅에 군생한다.
분포 한국, 중국, 유럽, 북미, 북아프리카

흰모래땀버섯

Inocybe arenicola (R. Heim) Bon

형태 균모의 지름은 2.5~7㎝로 처음엔 종 모양에서 편평한 둥근 산 모양이 되며, 중앙에 보통 넓은 볼록이 있으며 두꺼운 영존성의 백색 표피로 피복된다. 가장자리에 모래 알갱이들이 매달린다. 살은 백색에서 노랑 살색, 맛과 냄새는 불분명하다. 주름살은 자루에 대하여 바른-끝붙은주름살, 백색, 다음에 회노랑색에서 황회색으로 되며 털이 피복된다. 언저리는 백색으로 고르지 않다. 자루의 길이 3~7.5㎝, 위아래가 같은 굵기이며 아래에 영존성의 백색 섬유실이 있고, 꼭대기에 털이 있다. 기부는 약간 둥글고 흔히 땅속 깊이 파묻혀 있다. 포자문은 올리브-갈색이며 포자의 크기는 12~16.5×6~8.5㎛, 타원형 또는 강낭콩 모양, 표면은 매끈하고 투명하다. 낭상체는 다소 원통형이다.

생태 가을 / 모래땅에 단생, 또는 집단으로 발생한다. 매우 드문 종이고 독버섯이다.

분포 한국, 유럽(영국)

동화땀버섯

Inocybe assimilata Britzelm.

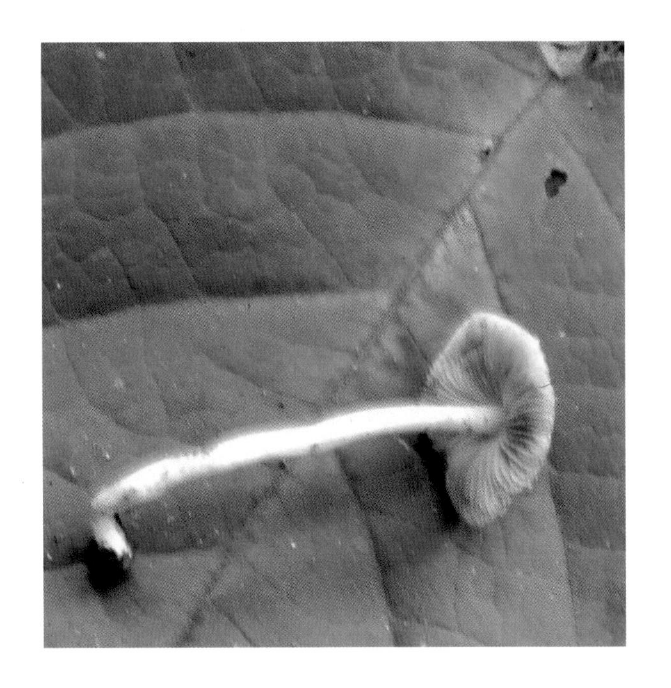

형태 균모의 지름은 15~35(50)㎜로 원추형에서 종 모양이 되었다가 둥근 산 모양으로 되며 나중에 편평해지고 분명한 볼록이 있다. 표면은 방사상의 섬유상이 방사상으로 갈라진다. 건조 시 무디고, 습할 시 약간 미끈거리며 적갈색에서 암갈색이 된다. 가장자리는 어릴 때 거미집막 탈락성의 파편이 매달리며 예리하고 갈라진다. 살은 백색에서 갈색이 되며 얇고, 냄새는 약간 나지만 분명치 않고, 맛은 온화하다. 주름살은 자루에 홈파진주름살 또는 좁은 바른주름살, 크림 베이지색에서 나중에 회갈색에서 적갈색으로 되며 폭이 넓다. 언저리는 백색의 섬모다. 자루의 길이 20~40(60)㎜, 굵기 3~5㎜로 원통형, 휘어지기 쉽고, 속은 차 있다가 빈다. 표면은 적갈색으로 밋밋하고, 꼭대기가 연하고 백색의 섬유상, 기부는 백색의 둥근 모양이다. 포자는 6.5~9.5×4.6~6.3㎛, 긴 혹형, 7~9개의 결절상이고 노랑색이며 포자문은 회갈색이다. 담자기는 곤봉형, 25~30×7~10㎛로 4-포자성, 기부에 꺽쇠가 있다.

생태 여름~가을 / 침엽수림의 젖은 땅에서 군생하며 드물게 단생한다.

분포 한국, 유럽, 북미, 아시아

삿갓땀버섯

Inocybe asterospora Quél.

형태 균모는 지름이 1.5~3㎝이고 종 모양 또는 원추형에서 차차 편평하게 되며 중앙은 배꼽 모양으로 돌출한다. 표면은 마르고, 녹슨 갈색이나 암황갈색 또는 회백색으로 중앙부는 색깔이 진하다. 꼭대기는 회백색이다. 실 모양의 섬모 또는 가는 인편으로 덮이고 방사상으로 찢어진다. 가장자리는 반반하거나 물결 모양이며 때로는 뒤집혀 감긴다. 살은 얇고 백색이다. 주름살은 자루에 대하여 홈파진주름살 또는 떨어진주름살로 밀생하며 폭은 넓고, 처음 회갈색에서 녹슨 갈색으로 된다. 가장자리는 반반하거나 톱니상이다. 자루는 높이가 2.5~4.5㎝, 굵기가 0.1~0.4㎝로 위아래의 굵기가 같고 기부는 둥글고 비단 같은 백색 또는 연한 황색이며 속이 차 있다. 포자의 크기는 10.5~12×7.5~8㎛로 혹 모양의 돌기가 있고 연한 회갈색이다. 측낭상체는 산재하고 프라스코 모양 또는 방추형이며 55~62×15.5~23.5㎛, 정단에 결정체가 있다. 연낭상체는 벽이 얇다.

생태 여름~가을 / 사스래나무 숲의 땅에 군생 · 산생한다. 독버섯이다.

분포 한국, 중국, 유럽, 북미

눌린인편땀버섯

Inocybe ayrei Furrer-Ziogas

형태 균모의 지름은 20~50㎜로 처음 반구형에서 둥근 산 모양으로 되었다가 편평하게 되며 볼록은 없다. 표면은 털-섬유상에서 갈라지는데 중심부에서 갈라져 작은 인편을 만들고, 눌린 인편이 된다. 어릴 때 크림-황토색에서 회-황토색으로 된다. 가장자리는 오랫동안 안으로 말리고, 아주 어릴 때 거미집막의 백색 파편이 부착한다. 살은 백색이며 얇고, 기름 냄새가 나며 맛은 온화하다. 주름살은 자루에 넓은 바른주름살, 회백색에서 맑은 갈색으로 폭은 넓다. 언저리는 백색의 섬모상이다. 자루의 길이 20~30(50)㎜, 굵기 5~10㎜로 원통형, 속은 차고, 부서지기 쉽다. 표면은 백색의 털이 있다가 나중에 탈락하여 매끈해지고, 백색의 섬유상이 갈색 바탕 위에 있으며 꼭대기는 털-섬유상이다. 포자는 8~11.5×4.5~6㎛, 타원형, 표면은 매끈하고 투명하며, 벽은 두껍고, 황갈색이다. 담자기는 곤봉형, 27~33×6~9㎛, (2)4-포자성, 기부에 꺽쇠가 있다.

생태 여름~가을 / 산성 땅의 숲속, 나무 부스러기가 있는 숲속의 땅에 군생한다. 드문 종이다.

분포 한국, 유럽

양포자땀버섯

Inocybe bispora Hongo

형태 균모의 지름은 1~2㎝로 처음에는 원추형-종 모양에서 거의 편평하게 펴진다. 표면은 황토갈색의 섬유상이고 중앙부는 다소 작은 인편이 있다. 살은 얇고 거의 흰색이다. 주름살은 자루에 대하여 떨어진주름살이고 포자가 성숙하면 푸르스름한 갈색으로 된다. 주름살의 폭이 넓고 약간 성기다. 자루의 길이는 1.5~2.5㎝, 굵기 0.15~0.25㎝, 섬유상의 작은 인편이 있다. 균모보다는 약간 연한 색이고 속이 차 있다. 포자의 크기는 8.5~12.5×6~8㎛, 난상의 타원형, 표면은 매끈하고 투명하며 광택이 난다. 담자기는 2-포자성이다.

생태 가을 / 소나무 숲의 모래땅에 군생한다.

분포 한국, 일본

영양땀버섯

Inocybe bongardii (Weinm.) Quél.

형태 균모의 지름은 20~50(60)㎜로 처음 반구형에서 원추형이 되며 후에 둥근 산 모양에서 편평하게 되고 볼록이 있다. 표면은 방사상의 섬유상이고, 중앙은 눌린-인편, 겹친 인편이 많다. 황토갈색에서 적갈색으로 되며 때때로 가장자리로 갈수록 연한 색이다. 가장자리는 예리하며 고르고, 어릴 시 거미집막으로부터 생긴 백색의 섬유실이 매달린다. 살은 백색이지만 상처 시 시간이 지나면 붉은색으로 변색하며 얇다. 달콤한 과일냄새이고 맛은 온화하나 좋지 않다. 주름살은 자루에 올린주름살, 홈파진주름살 또는 좁은 바른주름살, 크림-베이지색에서 회-베이지색이 되었다가 녹슨 갈색이 되며 폭은 넓다. 언저리는 백색의 섬모가 있다. 자루의 길이 50~80㎜, 굵기 4~8(10)㎜, 원통형, 기부는 부풀거나 가늘고 속은 차 있다. 표면은 어릴 시 백색의 섬유상, 후에 세로의 적갈색 섬유상이 황토색 바탕 위에 인편으로 된다. 손으로 비비면 붉은색이 되고, 살도 상처 시 붉은색이 된다. 포자는 11~14.2×6.4~7.7㎛, 타원형, 표면은 매끈하고 투명하며 벽은 두껍고 황갈색이다. 포자문은 올리브-갈색이다. 담자기는 곤봉형, 40~55×9~13㎛, 4-포자성, 기부에 꺽쇠가 있다.

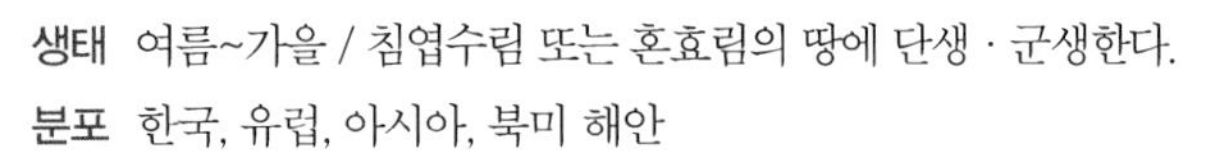

생태 여름~가을 / 침엽수림 또는 혼효림의 땅에 단생 · 군생한다.

분포 한국, 유럽, 아시아, 북미 해안

털실땀버섯

Inocybe caesariata (Fr.) P. Karst.

형태 균모의 지름은 2.5~5㎝로 처음에는 둥근 산 모양이다가 중앙이 넓은 둥근 산 모양 또는 거의 편평형으로 된다. 표면은 건조하고 황토황색 또는 그을린 황갈색이다. 빽빽하게 털 모양의 섬유가 피복되어 있고 부분적으로 인편이 있다. 어릴 때 가장자리는 안쪽으로 굽는다. 주름살은 자루에 대하여 바른주름살로 회갈색을 띤 황색이다가 녹슨 황토색으로 된다. 언저리 부분에는 흰색의 테두리가 있다. 폭은 넓고 빽빽하다. 자루의 길이는 1.5~4㎝, 굵기 0.15~0.5㎝, 황토황색, 면사상의 섬유 또는 인편이 덮여 있다. 포자의 크기는 9~12.5×5~7㎛로 타원형, 표면은 매끈하고 투명하며 갈색이다.

생태 여름~가을 / 활엽수림 부근의 길가, 풀밭 등에 군생한다.

분포 한국, 중국, 북미

큰비늘땀버섯

Inocybe calamistrata (Fr.) Gill.

형태 균모의 지름은 3~5㎝로 종 모양-둥근 산 모양으로 표면은 어릴 때 약간 알갱이가 있다가 나중에 거스름 모양의 인편이 곱슬머리처럼 된 것이 특징이며 회갈색-암갈색이다. 가장자리는 예리하고, 고르며 간혹 내피막 잔존물이 붙어 있다. 살은 백색~갈색이고 자루 하부의 살은 청록색이며 상처를 받으면 적색으로 변색한다. 주름살은 자루에 대하여 바른-올린주름살로 약간 성기고 폭이 넓으며 연한 갈색에서 진흙 갈색이 된다. 가장자리는 백색이다. 자루는 길이가 4~7㎝, 굵기는 0.3~0.5㎝로 원통형이나 휘어진다. 표면은 섬유상인데 갈라진 인편으로 덮이고 균모와 같은 색이고 기부는 청색, 속은 비었다. 포자의 크기는 9.5~12×4.5~5.5㎛로 난상의 타원형, 표면은 매끄럽고 투명하며 황갈색이고 벽이 두껍다.

생태 여름~가을 / 산악(아고산대)지대의 침엽수림(전나무) 내의 땅에 군생한다.

분포 한국, 중국, 유럽, 북미, 북반구 온대 이북

바늘땀버섯

Inocybe calospora Quél.

형태 균모의 지름은 1.5~2.5㎝로 어릴 때는 원추형에서 종 모양~둥근 산 모양으로 되며 중앙부는 약간 돌출한다. 표면은 코코아색~포도주 갈색, 섬유상이며 전체 또는 중앙 부근에 거스름 모양의 작은 인편이 밀포되어 있다. 살은 유백색이다. 주름살은 자루에 올린주름살 또는 떨어진주름살로 어릴 때는 탁한 황토색~회갈색, 폭이 넓고 성기다. 가장자리는 흰색이며 분상이다. 자루의 길이는 2.5~4㎝, 굵기는 0.2~0.3㎝로 균모와 같은 색이며 꼭대기는 연한 색이고 분상이다. 속은 차 있다가 오래되면 빈다. 포자의 크기는 7~11.6×6~9.3㎛로 아구형, 뿔 모양 돌기가 많이 돌출되며 황갈색이다. 낭상체는 25~57×8~19㎛ 또는 40~45×8.5~10.5㎛로 방추형-류곤봉형, 벽이 두껍다. 포자문은 적갈색이다.

생태 여름~가을 / 활엽수 또는 침엽수림의 땅에 단생 · 군생한다.

분포 한국, 중국, 유럽, 북미, 북반구 일대

말린머리땀버섯

Inocybe catalaunica Sing.
I. leiocephala D.E. Stuntz

형태 균모의 지름은 15~50㎜로 어릴 시 반구형에서 종 모양, 후에 편평 반구형에서 편평해지며 중앙에 볼록이 있다. 표면은 방사상으로 섬유상 실이 눌린 섬유상-인편으로 되며, 흑갈색에서 암갈색 또는 밤-갈색, 때때로 구리 적색의 색조가 있다. 가장자리는 오랫동안 안으로 말리며, 고르다가 물결형-섬유상으로 된다. 살은 백색으로 얇고, 정액 냄새가 나며 맛은 온화하나 시큼하다. 주름살은 자루에 대하여 홈파진주름살, 또는 좁은 바른주름살, 어릴 때 베이지색에서 약간 황토색으로 되며 후에 올리브-갈색으로 되고 폭은 넓다. 언저리는 백색의 섬모실이다. 자루의 길이 20~50㎜, 굵기 2~4.5㎜, 원통형, 속은 차고 부서지기 쉽고, 기부는 부푼다. 표면은 오렌지-갈색이며 꼭대기와 기부 쪽은 연한 색이다. 가루가 자루 전체를 피복한다. 포자는 8.6~11.7×5.2~6.9㎛, 타원형에서 아몬드형, 표면은 매끈하며 황갈색, 벽은 두껍다. 담자기는 원통형에서 곤봉형, 26~30×8.510㎛, (2)4-포자성, 기부에 꺽쇠가 있다.
생태 가을 / 숲속의 땅에 군생한다.
분포 한국, 유럽

곱슬머리땀버섯

Inocybe cincinnata (Fr.) Quél.
I. cincinnata (Fr.) Quél. var. cincinnata

형태 균모의 지름은 1~3.5㎝로 원추형 또는 둥근 산 모양이며 중앙에 낮은 돌기가 생긴다. 표면은 건조하고 어릴 때 보라색을 띤 회갈색~적갈색, 나중에는 황토갈색이 되고 중앙은 진하다. 어릴 때 유백색, 섬유상 막이 자루와 연결된다. 보라색을 띤 갈색의 거스름 모양 인편이 중앙부에 밀포되어 있고 가장자리는 압착된 섬유가 방사상으로 펴져 있다. 드물게 표면이 방사상으로 갈라진다. 살은 유백색 또는 연보라색이다. 주름살은 자루에 대하여 홈파진주름살의 바른주름살로 연한 회자색에서 탁한 갈색이 되고, 폭이 넓고 약간 촘촘하다. 가장자리에 테가 있다. 자루의 길이는 2.5~3.5㎝, 굵기는 0.2~0.3㎝로 위쪽이 약간 가늘고 밑동은 약간 부풀어 있으며 속은 차 있다. 표면은 연보라색이고 섬유상의 작은 인편이 있다. 포자의 크기는 8~10.4×4.8~6.6㎛로 타원형~편도형, 표면은 매끈하고 투명하며 황갈색, 벽이 두껍다. 포자문은 밤갈색이다.

생태 여름~가을 / 숲속의 땅에 군생한다.

분포 한국, 일본, 중국, 유럽, 북미, 북아프리카

단발머리땀버섯

Inocybe cookei Bres.

형태 균모의 지름은 2~5㎝로 어릴 때는 원추형~종 모양에서 둥근 산 모양을 거쳐 거의 평평하게 되며 중앙이 높게 돌출된다. 표면은 밀짚색~갈색을 띤 황토색이며 중앙은 진하다. 가장자리 쪽을 향해서 섬유상~눌린 비늘이 있고, 균열이 생겨 속살이 드러나기도 한다. 섬유상 균열은 가장자리 쪽이 약간 적다. 살은 얇고 흰색~황백색이 된다. 주름살은 자루에 대하여 올린주름살~거의 끝붙은주름살로 어릴 때는 연한 회갈색에서 갈색, 폭은 보통, 촘촘하다. 주름살의 변두리는 흰색이고 분상이다. 자루의 길이는 2~6㎝, 굵기는 0.2~0.5㎝로 밑동은 약간 둥글게 부풀고, 속이 차 있다. 표면은 섬유상, 어릴 때는 유백색에서 연한 황갈색이다. 포자의 크기는 7~9.5×4.5~5.5㎛로 타원형~강낭콩 모양, 표면은 매끈하고 투명하며 연한 갈색이고 벽이 두껍다. 포자문은 올리브 갈색이다.

생태 여름~가을 / 주로 침엽수 숲속의 땅에 군생한다. 독버섯인 솔땀버섯과 유사하나 약간 작고 밑동이 구근상으로 부풀어 있는 차이가 있다.

분포 한국, 중국, 유럽, 북미, 북반구 일대

점비늘땀버섯

Inocybe curvipes Karst.
I. lanuginella (J. Schroet.) Konr. & Maubl.

형태 균모의 지름은 1.5~3㎝로 처음에는 원추형에서 둥근 산 모양을 거쳐 편평형으로 되며 중앙이 돌출한다. 표면은 갈색, 회갈색, 황토색을 띤 탁한 갈색 등을 나타내고 가장자리는 연한 색이며 섬유상에서 오래되면 인편으로 된다. 가장자리 끝에는 가끔 피막의 찌꺼기를 부착한다. 살은 유백색-연한 갈색이다. 주름살은 자루에 대하여 바른주름살, 연한 회색~탁한 갈색, 폭이 넓고 약간 촘촘하다. 자루의 길이는 2.5~5㎝이고 굵기는 0.3~0.5㎝로 꼭대기는 거의 흰색이고 분상, 그 외는 탁한 갈색으로 간혹 보라색이 혼재되기도 한다. 섬유상의 미세한 줄무늬가 있고 밑동에는 약간의 균사가 부착하며 꼭대기는 간혹 밋밋한 것도 있다. 포자의 크기는 9.5~10.5×5.5~6.5㎛의 각이 진 모양으로 혹 같은 돌기가 있다. 포자문은 황갈색이다.

생태 여름~가을 / 활엽수 및 침엽수 아래의 땅, 묘포 등에 발생한다.

분포 한국, 일본, 중국, 유럽, 북미, 아프리카

점비늘땀버섯(돌출형)

I. lanuginella (Schroet.) Konr. & Maubl

형태 균모의 지름은 1.5~3㎝로 처음에는 원추형이다가 둥근 산 모양, 후에 편평형이 되며 중앙이 돌출한다. 표면은 갈색, 회갈색, 황토색을 띤 탁한 갈색이 나타나고 가장자리는 연한 색이 된다. 섬유상이다가 후에 다소 인편이 생긴다. 가장자리 끝에는 가끔 표피막의 파편을 부착한다. 살은 흰색이다. 주름살은 자루에 대하여 바른주름살이며 담회색-탁한 갈색이 된다. 폭이 넓고, 약간 촘촘하다. 자루의 길이 2.5~5㎝, 굵기 0.3~0.4㎝, 꼭대기는 거의 흰색이고 분상이며 이외는 탁한 갈색, 간혹 보라색 끼가 혼재되기도 한다. 섬유상의 미세한 줄무늬가 있다. 기부에는 약간의 균사체가 부착한다. 포자의 크기는 9.5~10.5×5.5~6.5㎛, 각이 진 모양에 혹 같은 돌기가 많다.

생태 여름~가을 / 활엽수 및 침엽수 아래의 땅, 묘포 등에 발생한다.

분포 한국, 일본, 유럽

향기땀버섯

Inocybe dulcamara Sacc.

형태 균모의 지름은 20~40㎜로 처음 반구형에서 둥근 산 모양이 되었다가 편평하게 되며, 노쇠하면 물결형, 보통의 둔한 볼록이 있다. 표면은 무디고, 미세한 털상이 인편으로 되고, 맑은 갈색, 황갈색에서 황토갈색으로 된다. 가장자리는 오랫동안 안으로 말리고 고르며 예리하다. 살은 백색에서 황토색이며 얇다. 곰팡이 냄새가 좋지 않으며 맛은 달콤하다가 쓰다. 주름살은 자루에 넓은 바른주름살로 황토-노랑색에서 올리브-갈색으로 되며 폭은 넓고 때때로 포크형이다. 언저리는 백색의 솜털상이다. 자루는 길이 30~50(70)㎜, 굵기 4~6(8)㎜, 원통형, 속은 차 있다가 빈다. 휘어지기 쉽고, 때때로 기부는 약간 두껍다. 표면은 백색에서 갈색이 많아진다. 세로로 섬유상이며 꼭대기에 백색의 미세한 반점이 있고 어릴 시 불분명한 섬유상 턱받이 흔적이 있다. 포자는 7.4~10.4×4.8~6.5㎛, 타원형에서 콩 모양이며 표면은 매끈하고 투명하다. 벽은 두껍고, 황갈색이다. 포자문은 황토갈색이며 담자기는 곤봉형, 20~30×7~9㎛, 4-포자성, 기부에 꺽쇠가 있다.

생태 여름~가을 / 숲속의 바깥쪽, 공원, 침엽수림, 모래땅에 군생하며, 때때로 속생한다.

분포 한국, 유럽, 북미 해안

적변땀버섯

Inocybe erubescens A. Blytt
I. patouillandii Bres.

형태 균모의 지름은 30~70㎜로 반구형에서 원추형에서 종 모양의 둥근 산 모양이 된다. 때때로 불규칙한 편평형이며 중앙에 둔한 볼록이 있다. 표면은 방사상으로 갈라지며, 중앙에 털이 있고, 가장자리는 섬유상이다. 백색에서 오황토색이 되며 전체가 벽돌색이며 크게 갈라지고 어릴 시 백색 표피 섬유실이 있고, 노쇠하면 안으로 굽는다. 살은 백색이나 상처 시, 또는 절단 시 적색으로 변색하며, 얇고, 균모의 중앙은 두껍다. 과일 냄새가 나며 맛은 온화하다. 주름살은 올린주름살, 백색에서 칙칙한 베이지색, 핑크갈색에서 올리브-갈색으로 되고, 폭이 넓다. 언저리는 백색의 섬모상이다. 자루의 길이 30~100㎜, 굵기 8~20㎜, 원통형, 때로는 기부가 부풀고 속은 차 있다가 비고, 단단하다. 표면은 세로로 미세한 섬유상, 백색에서 칙칙한 황토색이며 적색 기미가 있다. 노쇠하면 벽돌색 얼룩이 기부 위쪽부터 생긴다. 포자는 10.8~13.8×6.5~8.5㎛, 난형에서 약간 아몬드형, 표면은 매끈하고 투명하며 갈색이고 벽이 두껍다. 포자문은 황토-갈색이다. 담자기는 곤봉형, 40~55×9~11㎛, 2 또는 4-포자성, 기부에 꺽쇠가 있다.

생태 봄~가을 / 침엽수림, 공원, 비옥한 땅에 단생, 또는 집단으로 발생한다.

분포 한국, 유럽, 북미

적변땀버섯(아이보리색형)

Inocybe patouillandii Bres.

형태 균모의 지름은 2.5~8㎝로 원추형 또는 종 모양이나 중앙이 들어가며 넓은 볼록이 있다. 가장자리는 엽편 모양이거나 갈라지며, 아이보리색이 적색 또는 갈색으로 물들고 방사상의 섬유실이 뒤덮는다. 살은 백색에서 변색하지 않으며 맛은 온화하며 냄새는 어릴 때 약간 있다. 주름살은 자루에 대하여 바른주름살, 장미-핑크색에서 크림색으로 되며, 나중에 올리브-갈색으로 된다. 상처 시 적색으로 변색한다. 자루의 길이 3~10㎝, 굵기 1~2㎝, 백색이 적색으로 물들고, 때때로 부푼다. 포자의 크기는 10~13×5.5~7㎛, 강낭콩 모양, 표면은 매끈하고 투명하다. 포자문은 갈색이다. 연낭상체는 얇은 벽이다.

생태 봄~가을 / 낙엽수림의 변두리, 자작나무 숲 검은 땅에 군생한다. 맹독버섯이다.

분포 한국, 유럽, 북미

볼록땀버섯

Inocybe eutheles Sacc.

형태 균모의 지름은 3~50㎜로 원추형에서 둥근 산 모양을 거쳐 편평하게 되며 돌출된 볼록을 가진다. 표면은 방사상의 섬유상이며 인편이 중앙에 있다. 처음 회백색 또는 회갈색을 거쳐 황토갈색이 된다. 어릴 시 가장자리에 거미집막의 흰 파편이 매달리며 톱니상이다. 살은 백색에서 크림색이 되며 얇다. 주름살은 자루에 대하여 좁은 바른주름살에서 거의 끝붙은주름살로 되며, 백색에서 회갈색으로 된다. 오래되면 암갈색이 되며 폭은 넓다. 언저리는 미세한 백색의 섬모상이다. 자루의 길이 30~50㎜, 굵기 5~10㎜로 원통형, 기부는 때때로 둥글고, 속은 차 있다가 빈다. 표면은 백색의 가루가 전체를 피복하고 백색에서 황토색이 된다. 포자의 크기는 8~10×4~6㎛, 타원형, 표면은 매끈하고 투명하며, 황갈색이고 벽은 두껍다. 포자문은 회갈색이다. 담자기는 배불뚝이형에서 곤봉형, 23~30×6~10㎛, 4-포자성, 기부에 꺽쇠가 있다.

생태 여름~가을 / 침엽수림의 모래땅, 풀숲, 길가에 군생한다.

분포 한국, 유럽, 북미, 북미 해안

섬유땀버섯

Inocybe fibrosa (Sowerby) Gillet

형태 균모의 지름은 40~70(100)㎜로 처음 반구형에서 원추형, 후에 종 모양에서 편평하게 되며, 노쇠하면 넓은 볼록이 된다. 표면은 밋밋하고 무디다가 매끈해지며 습할 시 끈적기가 있어 약간 미끈거리고, 흔히 흙 같은 작은 것이 붙어 있는 미세한 섬유상이다. 백색에서 오백색 또는 크림색, 노쇠하면 황토색으로 된다. 가장자리는 오랫동안 안으로 말리고, 예리하고 고르다. 살은 백색이고 균모의 중앙은 두껍고, 가장자리는 얇다. 냄새는 시큼하고 맛은 온화하나 떫다. 주름살은 자루에 대하여 올린-좁은 바른주름살에서 거의 끝붙은주름살, 회백색이나 후에 회-황토색에서 회갈색으로 되고, 폭은 넓다. 언저리는 밋밋하다가 미세한 솜털상으로 된다. 자루의 길이 60~90㎜, 굵기 15~20㎜, 원통형, 기부가 두껍고, 속은 차며 부서지기 쉽다. 표면은 크림-백색으로 갈색의 기미가 있고 세로로 섬유상이 있다. 백색의 가루가 위쪽에 있다. 포자는 6.8~10.4×5~6.9㎛, 가늘고 긴 난형, 둔한 결절로 8~11개가 있고 황갈색이다. 포자문은 암갈색이다. 담자기는 곤봉형, 21~32×8~10㎛, 4-포자성, 기부에 꺽쇠가 있다.

생태 여름~가을 / 침엽수림, 혼효림에 단생 · 군생한다.

분포 한국, 유럽, 북미

가루땀버섯

Inocybe flocculosa (Berk.) Sacc.
I. flocculosa var. crocifolia (Herink) Kuyper

형태 균모의 지름은 1~2(~3.5)㎝로 어릴 때는 둥근 산 모양이다가 후에 편평해지며 중앙에 낮고 둔한 볼록이 돌출한다. 표면은 면모상 또는 면모상 비늘이 덮여 있다. 황토갈색-적갈색이다. 가장자리는 오랫동안 안으로 굽어 있고 약간 치아상이다. 살은 크림색이고 얇으며 자루의 꼭대기 부분은 약간 오렌지색을 띤다. 주름살은 자루에 대하여 홈파진주름살로 어릴 때는 연한 오렌지황색이나 나중에는 녹슨 갈색이 되며 폭은 좁다. 언저리는 미세한 섬모가 있다. 자루의 길이는 2~2.5(4)㎝, 굵기 0.2~0.3(0.5)㎝, 원주형, 어릴 때 표면은 크림색-담황토색에서 갈색으로 변색한다. 상단은 흰색의 분상이다. 포자의 크기는 7.6~10.8×4.6~6㎛, 타원형 또는 편도형이며 표면은 매끈하고 투명하며 광택이 난다. 연한 황색이다.

생태 여름~가을 / 활엽수나 침엽수 옆의 칼슘이 많은 땅에 군생 · 속생한다. 드문 종이다.

분포 한국, 일본, 유럽

암갈색땀버섯

Inocybe fuscidula Velen.
I. fuscidula var. fuscidula Velen.

형태 균모의 지름은 1~3㎝로 처음 원추형 다음에 둥근 산 모양으로 편평해지며 중앙에 예리한 볼록이 있다. 표면은 회백색에서 황토색으로 된다. 방사상의 털은 섬유상이 되며 노쇠하면 인편으로 되어 갈라진다. 가장자리는 영존성으로 안으로 말리며, 어릴 때 백색의 표피 파편을 가진다. 살은 백색, 균모의 표피 아래는 검다. 맛은 불분명하고 표백제 냄새가 난다. 주름살은 자루에 올린-끝붙은주름살, 연한 황토색에서 회-갈색으로 되며 촘촘하다. 언저리는 백색의 불규칙한 섬유상이다. 자루의 길이 2~6㎝, 위아래가 같은 굵기로 약간 부풀고, 가늘다. 위쪽은 가루상, 아래는 섬유상이다. 포자문은 올리브-갈색이며 포자의 크기는 8~10.5×5~6㎛, 타원형에서 아몬드 모양, 표면은 매끈하고 투명하다. 낭상체는 방추형, 꼭대기에 크리스탈을 가진다.

생태 늦여름~가을 / 숲속, 활엽수림의 땅에 여러 종이 뒤섞여 집단으로 발생한다. 독버섯이다.

분포 한국, 유럽

주름균강 》 주름버섯목 》 땀버섯과 》 땀버섯속

변색땀버섯

Inocybe fraudans (Britzelm.) Sacc.

형태 균모의 지름은 30~60(90)㎜로 반구형 또는 원추형에서 종 모양이다가 편평해지며 중앙이 볼록하다. 밋밋한 표면은 미세한 방사상의 섬유상이 있고 황토빛을 띠며 중앙은 연한 색이다. 습할 시 약간 미끈거린다. 가장자리 주위에 압착된 인편이 있다. 어릴 때 백색 표피의 섬유실이 매달린다. 살은 백색, 균모의 중앙은 두껍고 가장자리는 얇다. 상처 시 적색이 되며 냄새와 맛이 좋다. 주름살은 좁은 바른주름살, 크림색에서 갈색이 되며 폭은 넓다. 언저리는 백색-톱니상이다. 자루의 길이는 40~60(60)㎜, 굵기 5~10㎜, 원통형, 기부는 가끔 두껍고 속은 차 있지만 휘어진다. 표면은 백색에서 점차 갈색이 되며 세로로 섬유상이고 위쪽은 백색의 가루상, 기부는 흔히 적색이 된다. 포자는 9~11.3×6.2~8㎛, 아몬드형, 포자문은 올리브-갈색이다. 담자기는 곤봉형, 25~35×8~11㎛, 4-포자성, 기부에 꺽쇠가 있다.
생태 여름~가을 / 침엽수림, 혼효림의 땅, 길가, 석회석 땅에 군생 · 단생한다.
분포 한국, 유럽, 아시아, 북미, 북미 해안

주름균강 》 주름버섯목 》 땀버섯과 》 땀버섯속

산땀버섯

Inocybe montana Kobay.

형태 균모의 지름은 0.5~1.1㎝로 둥근 산 모양에서 거의 편평해지거나 가운데가 오목해지며 돌출되지 않는다. 표면은 건조하고 갈색의 바탕에 방사상으로 회색의 털이 밀포되어 있다. 오래되면 털이 없어지고 밋밋해진다. 살은 담갈색이다. 주름살은 자루에 올린주름살, 회갈색으로 폭이 넓으며 성기다. 언저리는 톱니상이다. 자루의 길이 1.2~1.5㎝, 굵기 0.08~0.12㎝, 위아래가 거의 같은 굵기이고 때때로 기부가 둥글다. 암갈색이며 흔히 굽어 있다. 포자의 크기는 6~6.5×4.5~5㎛, 타원형-난형으로 표면에 혹 모양의 돌기가 있으며 담갈색이다.
생태 여름 / 산악지대 침엽수림의 땅에 군생한다.
분포 한국, 일본

애기흰땀버섯

Inocybe geophylla (Fr.) Kummer
I. geophylla (Fr.) Kummer var. geophylla, I. geophylla var. lilacina Gill.

형태 균모의 지름은 1~2.5㎝로 종 모양에서 차차 편평하게 되며 중앙은 돌출한다. 표면은 마르고, 비단 같은 백색, 중앙부는 황색을 띠며 방사상의 섬모가 있다. 가장자리는 톱니상이다. 주름살은 자루에 대하여 바른주름살 또는 홈파진주름살, 약간 빽빽하며 회갈색이다. 자루는 높이가 3~5㎝, 굵기는 0.2~0.3㎝로 위아래의 굵기가 같으며 비단 같은 백색, 상부는 가루상, 하부는 솜털 모양이며 속은 차 있다가 나중에 빈다. 포자의 크기는 7~9×4.5~5㎛로 타원형으로 한쪽 끝이 둔하고 알갱이가 들어 있다. 연한 갈색으로 표면은 매끄럽고 투명하다. 낭상체는 중앙이 불룩하며 두껍고 정단에 장식물이 있으며 40~52×12~16㎛이다. 연-측낭상체는 많다.

생태 여름~가을 / 숲속 땅에서 군생 · 산생한다. 신갈나무와 외생균근을 형성한다. 독버섯이다.

분포 한국, 중국, 유럽, 북미, 전 세계

애기흰땀버섯(보라색형)

Inocybe geophylla var. **lilacina** Gill.

형태 균모의 지름은 1~2.5㎝의 극소형이다. 어릴 때는 원추형에서 종 모양~둥근 산 모양을 거쳐 차차 편평하게 펴지며 중앙이 돌출한다. 어릴 때는 라일락색~보라색이지만 나중에 퇴색되면서 중앙에 연한 자색~약간 갈색을 띠기도 한다. 가장자리는 다소 연한 색이다. 살은 보라색을 띤다. 주름살은 자루에 대하여 바른주름살, 어릴 때는 라일락색~보라색에서 베이지 갈색~회갈색으로 되며, 폭이 넓고 촘촘하거나 약간 성기다. 자루의 길이는 3~5㎝, 굵기는 0.2~0.4㎝로 약간 가늘고 길며 상하가 같은 굵기이나 밑동은 약간 부풀어 있다. 균모와 같은 색 또는 연한 색이고, 섬유상이며 속이 차 있다가 약간 비게 된다. 포자의 크기는 7.8~10.2×5.1~6㎛로 타원형~쌀알 모양, 표면은 매끈하고 투명하며 황갈색이고, 포자벽이 두껍다. 포자문은 황갈색이다.

생태 여름~가을 / 활엽수림 또는 소나무 등 침엽수 숲속의 땅에 군생하며 드물게 단생한다.

분포 한국, 중국, 북반구 일대, 호주

혈적색땀버섯

Inocybe godeyi Gillet

형태 균모의 지름은 20~40(50)㎜로 처음 반구형에서 원추형을 거처 종 모양이 되었다가 펴지나 중앙이 볼록하다. 표면은 방사상의 섬유상에서 섬유상-인편, 오백색에서 황토갈색으로 되고 중앙부터 오렌지색에서 혈적색으로 변색, 노쇠하면 전체가 적색으로 된다. 가장자리는 고르고, 예리하며 찢어진다. 때때로 거미집막의 파편을 가진다. 살은 백색, 표피 밑은 적색으로 얇고, 냄새는 정액 냄새가 나며 맛은 온화하다. 주름살은 자루에 좁은 바른주름살, 백색에서 회갈색을 거쳐 올리브 갈색이 되며 손으로 만지면 적색으로 되고, 폭은 넓다. 언저리는 흰색의 솜털상이다. 자루의 길이 25~60㎜, 굵기 3~8㎜, 원통형, 때로는 압착되고, 기부는 부풀며 속은 차고, 단단하다. 표면은 백색이며 후에 꼭대기도 백색, 기부는 적색으로 차차 변색하며 부푼 곳은 백색이다. 백색 가루가 자루 전체에 덮여 있다. 손으로 만지면 자실체가 적색이 된다. 포자는 8.6-12 x 5.7-6.9㎛, 타원형에서 아몬드형, 표면은 매끈하고 투명하며 황갈색, 벽은 두껍다. 포자문은 올리브-갈색이다. 담자기는 23~30×8.5~11㎛, 4-포자성, 기부에 꺽쇠가 있다.

생태 여름~가을 / 침엽수림의 땅에 군생하며 드물게 단생한다.

분포 한국, 유럽, 북미

줄무늬땀버섯

Inocybe grammata Quél.

형태 균모의 지름은 2.5~6㎝로 처음 원추형에서 종 모양 그다음 편평하게 되고, 중앙은 볼록하며 방사상의 섬유상이 있다. 가장자리는 고르고 예리하며 표피의 파편은 없다. 살은 백색, 핑크-살색이다. 맛은 불분명하고 냄새는 약간 안 좋다. 주름살은 자루에 올린주름살, 회-갈색에서 올리브-갈색으로 된다. 언저리는 백색, 고르지 않고 약간 성기다. 자루의 길이 4~7㎝, 위아래가 같은 굵기이며 기부는 움폭한 둥근형, 비교적 가늘고 약간 부푼다. 흔히 굽었으며 가루가 전체에 분포한다. 포자문은 올리브-갈색이다. 포자의 크기는 7.5~10×4.5~6㎛, 장타원형, 각이 있고 5~6개의 낮은 결절이 있다. 낭상체는 방추형 꼭대기에 크리스탈이다.
생태 여름~가을 / 활엽수림 또는 침엽수림의 땅에 보통 작은 집단으로 발생한다.
분포 한국, 유럽

회보라땀버섯

Inocybe griseolilacina Lange

형태 균모의 지름은 1.5~2.5(3)㎝로 어릴 때는 원추형~종 모양에서 둥근 산 모양을 거쳐 평형이 된다. 표면은 어릴 때 미세한 솜털상~비늘이 눌려 붙은 모양에서 비늘이 드러나면 갈라진 모양이 되고, 중앙은 약간 볼록하기도 한다. 어릴 때는 보라색을 띤 황토 갈색에서 회갈색으로 되고 중앙은 진하다. 살은 어릴 때는 보라색에서 탁한 유백색 또는 갈색을 띤다. 주름살은 자루에 대하여 바른주름살, 어릴 때는 연한 라일락색에서 갈색이 되며, 폭이 넓고 약간 촘촘하다. 자루의 길이는 3~7㎝, 굵기는 0.2~0.4㎝로 원주형, 어릴 때 연한 라일락색에서 갈색이 되며 흰색의 솜털 같은 섬유가 촘촘하게 덮여 있다. 포자의 크기는 8~10.6×4.8~6.1㎛로 타원형~약간 편도형, 표면은 매끄럽고 투명하며 회갈색이고 포자벽은 두껍다. 포자문은 회갈색이다.

생태 가을 / 길가 또는 활엽수의 숲속에 군생한다.

분포 한국, 중국, 유럽, 북미

나체땀버섯

Inocybe gymnocarpa Kühner

형태 균모의 지름은 30~60㎜로 처음 반구형에서 둥근 산 모양을 거쳐 편평하게 되며 둔한 볼록이 있다. 표면은 비로드 같은 털에서 눌린 인편이 되며, 황토 갈색에서 적갈색으로 된다. 가장자리는 오랫동안 안으로 말리고 고르고 예리하며 거미집막의 파편은 없고, 어릴 시 고르다. 살은 백색, 얇고 곰팡이 냄새가 약간 나고 맛은 온화하며 곰팡이맛이다. 주름살은 자루에 대하여 올린주름살, 다소 넓은 바른주름살, 처음 맑은 황토색에서 황토갈색으로 되며 올리브색이고 폭은 넓다. 언저리는 미세한 섬모가 있다. 자루의 길이 30~50㎜, 굵기 4~7㎜의 원통형으로 부서지기 쉽고 속은 차 있다가 빈다. 표면은 백색에서 황토색-갈색으로 되고, 세로로 미세한 섬유상, 꼭대기는 약간 가루상이다. 포자는 10~12.6×5.7~7.5㎛, 타원형에서 아몬드형, 표면은 매끈하고 투명하며 벽은 두껍고 노랑색이다. 담자기는 곤봉형, 35~50×10~12㎛, 4-포자성, 기부에 꺽쇠가 있다.

생태 여름~가을 / 높은 산악지대 모래땅, 뚝 등에 군생한다. 보통 종이 아니다.

분포 한국, 유럽

센털땀버섯

Inocybe hirtella Bres.
I. hirtella var. bisporus Kuyper, I. hirtella Bres. var. hirtella

형태 균모의 지름은 2~3.5㎝로 어릴 때는 원추형에서 종 모양-둥근 산 모양이다가 차차 편평해지며 중앙은 둔한 돌출이 있다. 표면은 물결 모양의 굴곡이 있으며 어릴 때는 밀짚색-황토황색에서 연한 갈색을 띤 황토색, 중앙 쪽으로 눌려 있는 섬유상 비늘이 있다. 살은 거의 백색이다. 주름살은 자루에 대하여 홈파진주름살 또는 올린주름살이고 변두리는 미세한 가루가 있다. 어릴 때는 황백색에서 회갈색으로 폭이 넓고 약간 성기다. 자루의 길이 2~4㎝, 굵기 0.3~0.5㎝로 표면은 섬유상의 가는 줄무늬선이 있고 균모보다 연한 색 또는 거의 백색이며 꼭대기는 가루상이다. 탈락성의 거미집막이 있다. 포자의 크기는 9~11.5×5~5.5㎛로 난형-아몬드형, 표면은 매끈하고 투명하며 황갈색이다. 포자벽이 두꺼우며 포자문은 갈색이다.
생태 여름~가을 / 숲속의 땅에 군생한다.
분포 한국, 일본, 중국, 유럽

센털땀버섯(두포자형)

Inocybe hirtella var. **bisporus** Kuyper

형태 균모의 지름은 15~45㎜로 어릴 때 원추형, 후에 종 모양에서 둥근 산 모양, 편평해지는 물결형이다. 중앙에 볼록이 있다. 표면은 건조하며 무디고 밋밋하다. 어릴 때 황토-노랑색이며 후에 맑은 갈색, 중앙 쪽으로 압착된 섬유상의 인편이 있다. 가장자리는 안으로 말리고 백색에서 후에 예리한 톱니상이다. 살은 얇고 크림색이다. 냄새는 쓴 아몬드, 온화한 허브맛이다. 주름살은 황백색에서 회백색을 거쳐 회갈색이 되며 폭은 넓다. 자루에 대하여 홈파진주름살 또는 좁은 올린주름살이다. 언저리는 백색의-솜털상이다. 자루의 길이 25~65㎜, 굵기 3~6㎜, 원통형, 속은 차고 부서지기 쉽다. 표면은 처음 백색에서 크림색, 후에 위쪽은 핑크색이며 백색의 가루가 자루 전체를 덮는다. 포자의 크기는 7.8~10.8×5~6.3㎛, 타원형에서 씨앗 모양, 표면은 매끈하고 투명하며 황갈색이다. 벽은 두껍고 포자문은 밤갈색이다. 담자기는 곤봉형, 22~30×8~10㎛, (1)2-포자성, 기부에 꺽쇠가 있다.
생태 여름~가을 / 단단한 나무숲의 땅에 군생하나 간혹 단생한다.
분포 한국, 유럽, 북미 해안

무취땀버섯

Inocybe inodora Velen.

형태 균모의 지름은 10~30㎜로 종 모양에서 둥근 산 모양을 거쳐 편평하게 되며 중앙에 둔한 볼록 또는 예리한 볼록이 있다. 표면은 방사상의 섬유상이 있으며 황토색이다. 중앙은 거미집막의 하얀 파편으로 피복된다. 가장자리는 고르다가 톱니상이고 분명한 표피 조각은 없다. 살은 백색이며 얇고, 냄새는 없으며 온화한 허브맛이다. 주름살은 자루에 좁은 바른주름살에서 거의 끝붙은 주름살, 회백색에서 회갈색을 거쳐 올리브 갈색이 되며 폭은 넓다. 언저리는 백색의 섬모상이다. 자루의 길이 15~30㎜, 굵기 3~7㎜, 원통형, 기부는 부풀고 부서지기 쉬우며 속은 차 있다가 빈다. 표면은 백색으로 영존성이고 후에 약간 갈색으로 되며 백색의 미세한 가루가 자루 전체를 덮는다. 포자는 9~13.2×5.4~7㎛, 불규칙한 원주형, 타원형, 아몬드형, 표면은 매끈하고 투명하며 황갈색이고 벽은 두껍다. 포자문은 갈색이다. 담자기는 곤봉형, 25~30×9~10㎛, 4-포자성, 기부에 꺽쇠이다.

생태 여름~가을 / 짚더미, 모래 땅, 숲속, 관목림, 석회석의 땅에 군생한다. 보통 종은 아니다.

분포 한국, 유럽

테땀버섯

Inocybe insignissima Romagn.

형태 균모의 지름은 18~40㎜로 원추형에서 둥근 산 모양이 되지만 중앙은 약간 높거나 얕다. 표면은 연한 황토색에서 갈색으로 되며, 중앙은 밋밋하고 방사상의 섬유상 테가 있다. 살은 얇고 회색이다. 주름살은 자루에 대하여 좁은 바른주름살에서 거의 끝붙은주름살로 원주형이나 배불뚝이형인 것도 있으며 폭은 넓고 (2~5㎜) 밀생한다. 어릴 때 자색이나 곧 없어지며 갈색으로 된다. 주름살의 변두리는 섬유상, 백색 또는 주름살과 동색이다. 육질은 연한 라일락색, 자루 꼭대기의 살은 라일락색이 뚜렷하고 냄새는 약하거나 강하다. 자루의 길이는 15~45㎜, 굵기 3~6㎜로 기부로 갈수록 굵고 부푼다. 표면은 자색이며 위쪽이 뚜렷하고 아래쪽은 갈색이 섞인 혼합색이다. 기부의 부푼 곳은 백색으로 꼭대기는 약간 섬유상, 아래쪽은 섬유실이다. 자루의 속은 차 있다. 포자는 8.5~10×5~6㎛로 타원형 표면은 매끈하고 투명하다. 담자기는 29~38×9~12㎛로 4-포자성이다. 연낭상체는 35~60×8~14㎛로 곤봉형이고 때때로 서양배 모양, 벽은 얇다. 측낭상체는 없다.
생태 여름 / 숲속의 땅에 발생한다.
분포 한국, 중국

광택줄기땀버섯

Inocybe kasugayamensis Hongo

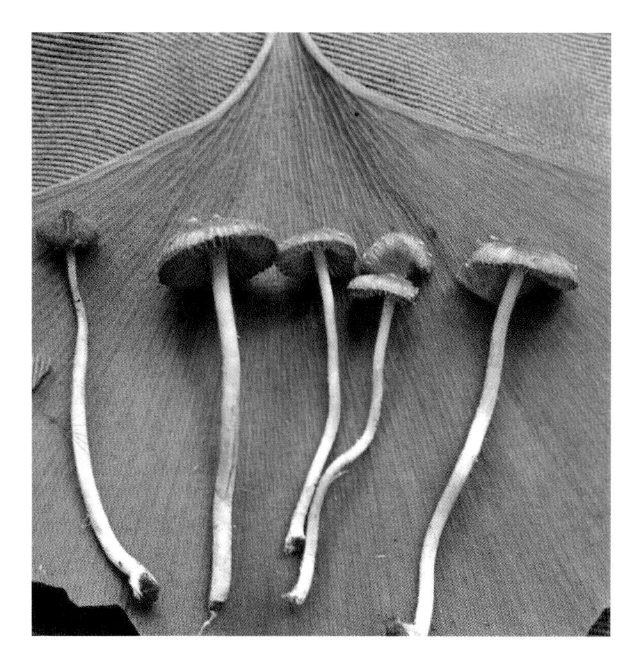

형태 균모의 지름은 1.2~2㎝로 처음 둥근 산 모양이다가 차차 편평해지며 한가운데가 약간 돌출한다. 표면은 견사상-섬유상, 연한 점토색이다가 후에 붉은색을 띤다. 살은 얇고 흰색이다. 주름살은 자루에 대하여 거의 떨어진주름살로 깊이 만입된다. 성숙하면 계피색이 된다. 주름의 폭은 넓고 약간 성기다. 자루의 길이는 4㎝ 정도, 굵기는 0.2~0.3㎝로 가늘고 길다. 표면은 미분상, 처음에는 거의 흰색이나 후에 붉은색으로 물든다. 포자의 크기는 7.5~9.5×5~6.5㎛, 류구형이면서 혹 모양의 돌기가 여러 개 있다.
생태 초여름 / 상록활엽수림의 땅에 발생한다.
분포 한국, 일본

원추땀버섯

Inocybe kobayasii Hongo

형태 균모의 지름은 2.5~4㎝로 원추형에서 차차 편평해지며 중앙이 돌출한다. 표면은 끈적기가 없고 처음에는 황토색이나 후에 약간 진한 색이 되며 섬유상이다. 중앙부는 뒤집혀서 거스름 모양의 비늘이 생기고 그물눈처럼 갈라지기도 한다. 오래되면 흔히 가장자리가 톱날 모양이 된다. 살은 백색이고 두껍다. 주름살은 자루에 홈파진주름살이거나 또는 거의 떨어진주름살, 황토색을 띤 계피색-회색이고 폭이 넓고 다소 성기다. 자루의 길이 3~5㎝, 굵기 0.4~0.7㎝, 표면은 유백색 또는 균모와 같은 동색이다. 때로는 약간 거스름 모양이다. 포자의 크기는 8.5~12.5×5.5~7㎛, 난형-타원형이며 표면은 매끈하고 투명하며 담황토색이다.
생태 여름~가을 / 숲속의 땅에 발생한다.
분포 한국, 일본

비듬땀버섯

Inocybe lacera (Fr.) Kumm.
I. lacera (Fr.) Kumm. var. lacera

형태 균모의 지름은 1~4㎝로 둥근 산 모양에서 중앙이 높은 편평형이 된다. 표면은 방사상의 섬유상-솜털상이며 암다갈색-암갈색 바탕에 작은 인편으로 덮이거나 때로는 거스름 모양을 나타내기도 하며 오래되면 갈라지기도 한다. 살은 백색, 또는 연한 갈색이다. 주름살은 자루에 대하여 바른주름살로 성기고 백색에서 황토색~회갈색으로 된다. 자루는 길이가 2~6㎝, 굵기는 0.2~0.6㎝로 섬유상, 균모와 같은 색이나 상부는 남색이고 기부는 거의 흑색이다. 표면에 세로줄의 섬유상 인편이 오래 부착한다. 속은 처음은 차 있으나 나중에 빈다. 포자의 크기는 11.5~15×5~8㎛로 원추상의 방추형, 표면은 매끈하고 투명하고 연한 황갈색이다. 포자벽은 두껍다. 낭상체는 40~60×10~13㎛로 벽은 두껍다.
생태 여름~가을 / 모래밭, 소나무 숲의 땅에 군생한다. 식용과 독성 여부는 불분명하다.
분포 한국, 일본, 중국, 유럽, 북반구 일대

시든땀버섯

Inocybe languinosa (Bull.) P. Kumm.
I. languinosa var. ovatocystis Kühner

형태 균모의 지름은 10~25㎜로 처음 반구형에서 둥근 산 모양을 거쳐 편평하게 되며 불분명한 볼록이 있다. 표면은 밀집된 털상의 인편 또는 인편이 산재하며, 암갈색에서 적갈색이 되며 중앙은 진하다. 가장자리는 안으로 말리며 후에 예리하고 고르며 약간 톱니상이다. 살은 백색이며 얇다. 냄새는 안 좋고, 맛은 온화하나 분명치 않다. 주름살은 자루에 대하여 넓은 바른주름살, 회-베이지색에서 후에 적갈색으로 되며 폭은 넓다. 언저리는 밋밋하고 백색의 솜털이 산재한다. 자루의 길이 20~40㎜, 굵기 2~4㎜, 원통형, 기부로 갈수록 부풀고 단단하다. 속은 차 있다가 빈다. 표면은 밀집된 털의 섬유상이 자루 전체를 덮으며 꼭대기는 백색, 아래는 갈색에서 암갈색으로 된다. 포자의 크기는 8~10.2×5.1~7.5㎛, 류구형, 8~14개의 결절이 있고 황갈색이다. 포자문은 암갈색이다. 담자기는 곤봉형, 20~25×8~10㎛, 4-포자성, 기부에 꺽쇠가 있다.

생태 여름~가을 / 침엽수림, 혼효림, 이끼류, 썩는 고목, 땅에 묻힌 고목 등에 군생하며 드물게 단생한다. 보통 종은 아니다.

분포 한국, 유럽

가는땀버섯

Inocybe leptophylla Akt.
I. casimiri Velen.

형태 균모의 지름은 1~3(3.5)㎝로 어릴 때는 반구형 후에 둥근 산 모양-편평한 형으로 되고 중앙이 돌출되기도 하고 때로는 오목해지기도 한다. 표면은 연한 갈색 바탕에 암갈색 비늘이 덮이고 중앙은 위로 돌출되어 있다. 가장자리는 오랫동안 안쪽으로 굽으며 날카롭다. 어릴 때는 외피막의 갈색 섬유질이 언저리에 붙기도 한다. 살은 유백색-연한 갈색이다. 주름살은 자루에 넓은 바른주름살로 약간 빽빽하며 어릴 때는 연한 베이지색, 후에는 연한 갈색-적갈색이다. 언저리는 미세하게 섬모가 있다. 자루의 길이는 2~4㎝, 굵기는 0.3~0.5㎝, 원통형, 기부는 부풀지 않는다. 어릴 때는 속이 차 있고 오래되면 속이 빈다. 표면은 다소 털 모양-섬유상 비늘이 있다. 꼭대기 부분에는 베이지 갈색이며 백색의 분말상이 있고 아래쪽은 황갈색-적갈색이다. 포자의 크기는 8.5~11.8×6.7~8.4㎛, 아구형-가늘고 긴 형이며 14~20개의 돌출된 혹이 있다. 포자문은 황갈색이다.

생태 여름~가을 / 오리나무, 너도밤나무 등의 썩은 나무, 또는 숲속의 땅이나 이끼 사이, 내다 버린 목재 등에 군생한다. 드문 종이다.

분포 한국, 유럽, 북미

노란땀버섯

Inocybe lutea Kobay. & Hongo

형태 균모의 지름은 2.5~3㎝로 둥근 산 모양에서 가운데가 높은 편평한 모양으로 된다. 표면은 황갈색이고 가운데는 진하며 섬유상이나 가장자리는 방사상으로 갈라져서 노란 바탕색을 나타낸다. 살은 황색이다. 주름살은 자루에 대하여 올린주름살로 황색에서 탁한 계피색으로 되고 약간 밀생한다. 자루의 길이는 2.5~3.5㎝, 굵기는 0.3~0.5㎝로 황색의 둥근 모양이고 아래쪽에는 약간의 갈색 세로줄무늬가 있다. 자루의 속은 살로 차 있다. 포자의 크기는 7~8×4.5~5.5㎛, 각진 모양이며 혹 모양의 돌기가 있다. 포자문은 갈색이다.
생태 여름~가을 / 활엽수의 땅에 단생 · 군생한다. 부생생활을 하며 식용과 독성 여부는 불분명하다.
분포 한국, 일본, 파푸아뉴기니

털땀버섯

Inocybe maculata Boud.

형태 균모의 지름은 2.5~5.5㎝로 원추형에서 둥근 산 모양을 거쳐 거의 편평형으로 되고 중앙이 돌출한다. 표면은 암갈색의 섬유상, 흰색의 외피막이 반점상으로 부착되었다가 나중에 표피는 방사상으로 찢어진다. 살은 유백색~연한 황갈색이다. 주름살은 자루에 대하여 올린주름살로 처음 남회색에서 회갈색이 되고, 두께는 얇은 편이며 폭은 0.3~0.5㎝로 촘촘하다. 가장자리는 유백색이다. 자루의 길이는 3~9㎝, 굵기는 0.3~0.8㎝로 상하가 같고 표면은 섬유상이며 가끔 굽은 것도 있다. 유백색으로 아래쪽부터 갈색을 띠게 된다. 포자의 크기는 8~10.5×4.4~5.8㎛로 타원형~강낭콩 모양, 표면은 매끈하고 투명하며 연한 황갈색이다. 포자문은 올리브-갈색이다.

생태 여름~가을 / 주로 활엽수 숲속의 땅에 군생한다. 독버섯이다.

분포 한국, 일본, 러시아의 극동지방, 유럽

긴포자땀버섯

Inocybe margaritispora (Berk.) Sacc.

형태 균모의 지름은 30~40(50)㎜로 원추형에서 반구형이 되고 후에 편평하게 되며 둔한 볼록이 있다. 표면은 미세한 방사상의 섬유상 후에 가장자리부터 갈라져서 안쪽으로 작은 인편이 된다. 노랑-황토색이며 중앙은 더 진하고 인편은 갈색이다. 가장자리는 어릴 시 안으로 말리며 후에 고르고 때때로 갈라진다. 살은 백색이며 얇다. 정액 냄새가 나고 상처 시 약간 시큼, 맛은 온화하다. 주름살은 자루에 대하여 좁은 바른주름살 또는 작은 톱니상의 내린주름살이다. 오랫동안 황회색 후에 회갈색의 올리브색이 있으며 폭은 넓다. 언저리는 약간 톱니상, 연한 섬모실이다. 자루의 길이 40~60(70)㎜, 굵기 5~7(10)㎜, 원통형, 밑은 둥글고 지름 15㎜, 표면은 백색 후에 크림색에서 황토색, 가루가 자루 전체를 피복한다. 포자는 8.5~11.5×6.7~9㎛의 류구형, 늘어진 형태이고 8~12개의 결절이 있으며 황갈색이다. 담자기는 곤봉형, 25~30×10~11㎛, 4-포자성, 기부에 꺽쇠가 있다.

생태 여름~가을 / 혼효림, 침엽수림의 땅, 석회석 땅에 군생한다. 드문 종이다.

분포 한국, 유럽, 북미 해안

잡색땀버섯

Inocybe mixtilis (Britz.) Sacc.

형태 균모의 지름은 15~30㎜이며 처음 원추형에서 후에 둥근 산 모양으로 편평하게 되며 중앙에 볼록이 있다. 표면은 미세하게 방사상의 섬유상, 습할 시 약간 미끈거리고 노랑-황토색에서 황갈색이다. 가장자리는 고르다가 갈라지며 미세한 솜털상이며 예리하다. 살은 백색이고 얇다. 냄새는 약간 정액 냄새나 밀가루 냄새가 나고 맛은 온화하나 분명치 않다. 주름살은 자루에 좁은 바른주름살 또는 작은 톱니상에 의해서 내린주름살, 회백색, 후에 올리브-노랑색에서 올리브-갈색으로 되며 폭은 넓다. 언저리는 백색의 섬모가 있다. 자루의 길이 30~50㎜, 굵기 3~5㎜, 원통형, 휘어지기 쉽고, 기부는 둥그랗다. 표면은 백색에서 크림색, 후에 짙색의 노랑색이 되며 미세한 백색의 가루가 전체를 피복한다. 포자는 7.5~9.6×5.5~7㎛로 길어지고, 8~12개 결절이 있다. 포자문은 검은 적갈색이다. 담자기는 곤봉형으로 22~28×9~10㎛, 4-포자성, 기부는 꺽쇠가 있다.

생태 여름~가을 / 침엽수림, 혼효림, 이끼류 속에 군생한다.

분포 한국, 유럽, 북미 해안

노란꼭지땀버섯

Inocybe multicoronata A.H. Sm.

형태 균모의 지름은 1.2~2㎝로 처음에는 원추형이다가 중앙이 젖꼭지 모양으로 돌출된 원추형-둥근 산 모양이다. 표면은 황갈색이며 가운데 뾰족한 부분은 바랜 황색이다. 살 또한 바랜 황색이며 주름살은 균모와 동색이고 폭은 0.2~0.3㎝ 정도로 빽빽하다. 자루의 길이 5~6㎝, 굵기는 0.08~0.11㎝, 원통형이고 길며, 균모와 동색이고 속이 비어 있다. 기부는 부풀어 있고 표면에 백색의 가루가 있다. 포자의 크기는 7.5~11.5㎛, 각진형이며 표면에 많은 혹을 가지고 있다.

생태 여름 / 숲속의 땅 및 모래땅 등에 군생 · 속생한다.

분포 한국, 일본, 북미

옷깃땀버섯

Inocybe napipes J.E. Lange

형태 균모의 지름은 20~35㎜로 처음 원추형에서 종 모양이 되며 후에 편평하게 되고 중앙은 다소 날카롭게 돌출된다. 표면은 밋밋하다가 방사상의 섬유상으로 갈라지며, 개암나무의 갈색을 띠고 중앙은 진하고 검다. 가장자리는 오랫동안 안으로 말리고 어릴 시 거미집막의 파편이 매달리며 고르고 예리하다. 살은 백색이며 얇고, 곰팡이 냄새가 나고 맛은 온화한 허브 맛이다. 주름살은 자루에 대하여 올린주름살 또는 좁은 바른주름살, 회-백색에서 후에 회-갈색이고 폭이 넓다. 언저리는 백색의 솜털이 있고 자루의 길이 40~60(70)㎜, 굵기 3~6㎜, 원통형, 기부는 백색이다. 무의 뿌리 모양으로 다소 부풀고 지름은 10㎜이다. 부서지기 쉽고, 속은 차 있다가 빈다. 표면은 갈색, 위쪽은 미세한 섬유상, 꼭대기는 연한 백색이다. 포자의 크기는 7.5~10.7×5.9~7.9㎛, 류구형, 둔한 결절상으로 각이 8~11개가 있고, 황갈색이다. 포자문은 회-갈색이며 담자기는 곤봉형, 30~33×7~10㎛, 4-포자성, 기부에 꺽쇠가 있다.

생태 여름~가을 / 침엽수림, 혼효림, 숲속의 이끼류, 젖은 고목, 산성 땅에 군생하며 드물게 단생한다. 보통 종이다.

분포 한국, 유럽

주름균강 》 주름버섯목 》 땀버섯과 》 땀버섯속

새소포자땀버섯

Inocybe neomicrospora Kobay.

형태 균모의 지름은 0.5~0.17㎝로 처음 둥근 산 모양이 펴져서 나중에 편평하게 되지만 중앙이 볼록하다. 표면은 미세한 인편이 중앙에 밀집한다. 건조성으로 광택이 나고 연한 황토색이며 인편은 갈색이다. 살은 치밀하고 백색이다. 가장자리는 고르거나 위로 뒤집히기도 한다. 주름살은 자루에 대하여 바른주름살 또는 올린주름살, 회갈색이며 폭은 좁고 빽빽하다. 언저리는 톱니상이고 백색이다. 자루의 길이 1.5~3㎝, 굵기 0.15~0.3㎝, 위아래가 같은 굵기이고 기부는 둥글고 털이 없으며 속은 차 있다. 포자의 크기는 5~6×3~4㎛로 매우 작으며 난형, 표면은 매끈하고 투명하다. 담자기는 4-포자성, 매우 짧고 15~17×3.5~4㎛이다.
생태 여름 / 땅에 군생한다.
분포 한국, 일본

주름균강 》 주름버섯목 》 땀버섯과 》 땀버섯속

비늘땀버섯

Inocybe squamulosa Kobay.

형태 균모의 지름은 1~2㎝로 원추형에서 차차 펴져서 편평하거나 중앙이 볼록하다. 표면은 도토리 갈색 혹은 갈색이다. 미세하게 뒤집히며, 회색의 작은 인편으로 덮인다. 가장자리는 갈라진다. 살은 얇고 연한 도토리 갈색이다. 주름살은 자루에 대하여 올린주름살, 연한 회색 혹은 황토색, 밀생하며 폭은 넓고 배불뚝이형이다. 언저리는 톱니상이다. 자루의 길이 2~3.5㎝, 굵기 0.1~0.18㎝, 위아래가 같은 굵기이며 기부는 간혹 균사 덩어리가 있고 담황토색이다. 미세한 가루상이다. 포자의 크기는 7.5~8.5×5~6㎛, 난형, 원주형 혹은 다각형이며 분명한 혹이 있고 황토색이다. 담자기는 4-포자성 혹은 2-포자성이다.
생태 여름~가을 / 숲속의 땅에 발생한다.
분포 한국, 유럽

모래땀버섯

Inocybe niigatensis Hongo

형태 균모의 지름은 2~5㎝로 원추상의 종 모양에서 차차 편평하게 펴지며 가운데가 돌출된다. 표면은 섬유상이고 후에 다소 작은 인편이 생기는 것도 있다. 색깔은 회황갈색, 회갈색, 보라색을 띤 회갈색 등이 있다. 어릴 때는 흰색의 견사상 광택이 있는 외피막에 덮여 있다. 살은 담갈색이다. 주름살은 자루에 대하여 올린주름살로 처음에는 유백색에서 후에 탁한 갈색으로 된다. 폭이 넓고 약간 성기다. 자루의 길이 2~8㎝, 굵기 0.35~0.7㎝, 위아래가 같은 굵기이고 기부는 둥글게 부풀어 있다. 표면은 균모보다 연한 색이고 세로로 줄무늬선이 있고 꼭대기는 분상이다. 포자의 크기는 7~11×4~5.5㎛, 좁은 타원형이며 다소 각이 져 있다.

생태 여름~가을 / 소나무 숲의 땅에 군생한다.

분포 한국, 일본

광택땀버섯

Inocybe nitidiuscula (Britzelm.) Lapl.

형태 균모의 지름은 10~45㎜로 원추형에서 종 모양으로 되었다가 둥근 산 모양으로 되어 결국 편평해지며 중앙에 늘 예리한 볼록이 있다. 표면은 무디고, 미세한 방사상의 섬유상이 털로 된다. 검은 개암나무 갈색에서 밤갈색이지만 가장자리로 갈수록 연한 색이다. 가장자리는 고르고, 어릴 때 거미집막의 백색 섬유실이 있다. 살은 백색, 표피 밑은 연한 핑크색이며 얇다. 시큼한 냄새가 나고 온화하지만 곰팡이맛이다. 주름살은 자루에 올린주름살 또는 바른주름살, 회백색에서 후에 황토갈색에서 담배갈색이 되고 폭은 넓다. 언저리는 백색의 섬모실로 된다. 자루의 길이 30~70㎜, 굵기 3~7㎜, 원통형, 속은 차고, 부서지기 쉽고, 기부는 약간 부풀거나 부풀지 않는다. 표면은 황토색에서, 위쪽에 핑크 붉은색, 기부는 연한 백색이다. 위쪽은 백색의 가루상이며 아래는 밋밋하다가 세로의 긴 섬유상으로 된다. 포자의 크기는 8.7~12.5×5.3~7.2㎛, 타원형에서 아몬드형, 표면은 매끈하고 투명하며 황갈색이며 벽은 두껍다. 담자기는 곤봉형으로 26~34×9~13㎛, 4-포자성, 기부에 꺽쇠가 있다.

생태 초여름~가을 / 침엽수림, 숲속, 길가, 산성 땅에 군생한다. 보통 종이다.

분포 한국, 유럽, 아시아, 북미 해안

애기비늘땀버섯(결절땀버섯)

Inocybe nodulosospora Kobay.

형태 균모의 지름은 1.5~2㎝로 종 모양에서 둥근 산 모양을 거쳐 편평하게 되지만 중앙이 돌출한다. 표면은 회녹색의 갈색-암갈색이고 중앙은 진하며 섬유상이고 이것이 나중에 가는 거스러미같이 되며 방사상으로 찢어지기도 한다. 주름살은 자루에 대하여 홈파진주름살, 올린주름살, 끝붙은주름살 등 다양하며 폭은 0.2~0.5㎝, 암갈색이고 약간 성기거나 약간 밀생한다. 자루의 길이는 4.5㎝이고 굵기는 0.2~0.25㎝로 위아래가 같은 굵기이고 밑동은 둥글다. 표면은 비단 같은 섬유가 있으며 균모와 같은 색이다. 포자의 크기는 7~11×6~8.5㎛로 타원형~구형으로 현저하게 혹이 많이 있다. 연낭상체는 34~67×13~19㎛로 약간 벽이 두껍다.

생태 가을~가을 / 숲속의 땅에 군생한다.

분포 한국, 일본, 중국

붉은반점땀버섯

Inocybe obscurobadia (J. Favre) Grund & D.E. Stuntz

형태 균모의 지름은 15~25(40)㎜로 둔한 원추형에서 둥근 산 모양이 되었다가 편평하게 되고 중앙이 약간 볼록하다. 표면은 미세한 방사상의 섬유상, 노쇠하면 중앙은 과립상에서 인편으로 되며 검은 적갈색에서 암갈색으로 된다. 가장자리는 오랫동안 안으로 말리고 어릴 때 거미집막의 흰 파편이 있다. 살은 백색, 자루에서 핑크색이고 얇다. 정액 냄새가 나며 맛은 온화하고 시큼하다. 주름살은 자루에 대하여 좁은 바른주름살, 백색에서 회-황토색, 폭은 넓다. 언저리는 흰 섬모상의 털이 있다. 자루의 길이 25~30㎜, 굵기 2~4㎜, 원통형, 속은 차고, 휘어지기 쉽다. 표면은 미세한 세로 섬유상이 있으며 백색에서 핑크-갈색, 백색이며 꼭대기에 가루상이다. 포자는 7~10.5×4.5~6㎛, 타원형에서 아몬드형, 표면은 매끈하고 투명하며 황토색이고 벽은 두껍다. 포자문은 올리브-갈색이다. 담자기는 곤봉형, 26~32×7~9㎛, 4-포자성, 기부에 꺽쇠가 있다.

생태 여름~가을 / 침엽수림에 군생한다. 보통 종이 아니다.

분포 한국, 유럽

얼룩솔땀버섯

Inocybe obsoleta (Quadr. & Lunghini) Valade
I. rimosa var. obsoleta Quadr. & Lunghini

형태 균모의 지름은 15~40㎜로 어릴 때 원추형에서 종 모양을 거쳐 넓게 펴지나 중앙은 예리하게 돌출한다. 표면은 방사상의 섬유와 줄무늬선이 있고, 크림색에서 밝은 황토색이 되며 보통 백색의 가루가 중앙에 분포한다. 가장자리는 어릴 때 고르고 예리하며, 곧 방사상으로 갈라진다. 육질은 백색, 균모의 중앙은 두껍고 가장자리는 얇다. 냄새가 거의 없고 맛은 온화하나 불분명하다. 주름살은 자루에 대하여 끝붙은주름살 또는 약간 올린주름살로 크림색에서 회갈색이며 폭이 넓다. 주름살의 변두리는 백색의 섬유가 있다. 자루의 길이는 25~40㎜, 굵기는 2.5~5㎜로 원주형, 속은 차 있다. 표면은 크림색에서 밝은 황색의 바탕에 약간 백색 세로줄의 섬유가 있으며 위쪽은 백색의 가루상이다. 포자의 크기는 8~11.7×5~6.6㎛로 타원형, 표면은 매끈하고 투명하며, 황색이고 포자벽은 두껍다. 담자기는 곤봉형으로 33~40×10~12㎛, 기부에 꺽쇠가 있다. 연낭상체는 곤봉, 원통형으로 20~55×8~18㎛, 측낭상체는 없다.

생태 여름~가을 / 이끼류가 있는 땅에 단생 · 군생한다.

분포 한국, 중국, 유럽

젖은땀버섯

Inocybe paludinella (Peck) Sacc.

형태 균모의 지름은 1.5~2.5㎝로 원추상의 둥근 산 모양으로 중앙이 돌출된 편평형이다. 표면은 연한 황색~연한 황토색, 비단 같은 모양 또는 섬유상으로 때로는 손 거스름 모양 인편이 조금 생기기도 한다. 살은 얇고 백색, 흙 냄새가 난다. 주름살은 자루에 대하여 바른주름살의 올린주름살, 간혹 끝붙은주름살이며 올리브색의 갈색으로 촘촘하며, 약간 성기고 폭은 보통이다. 자루의 길이는 2.5~5.5㎝, 굵기는 0.15~0.3㎝로 가늘고 길며 밑동이 부풀어 있다. 표면은 미세한 분상, 백색에서 연한 황색을 띤다. 포자의 크기는 8.5~9.5×5.5~6㎛로 다각형인데 혹 모양의 돌기가 있고 투명하다.

생태 여름~가을 / 침엽수 및 활엽수 숲속의 습기 있는 땅에 군생한다.

분포 한국, 중국, 유럽, 북미, 북반구 일대

담배색땀버섯

Inocybe pelargonium Kühner

형태 균모의 지름은 20~40(60)㎜로 원추형에서 종 모양으로 퍼지면서 분명한 볼록이 있고, 때때로 물결형이다. 표면은 미세한 방사상의 섬유상이고 노쇠하면 미세하고 눌린 섬유상 인편이 있고 노랑-황토색에서 황토갈색이 된다. 가장자리는 예리한 톱니상이며 노쇠 시 갈라지고 파편 조각은 없다. 살은 백색, 얇고, 싱싱할 때 제라늄 잎의 냄새가 나다가 후에 정액 냄새가 나고, 맛은 온화하다. 주름살은 자루에 약간 올린주름살에서 거의 끝붙은주름살, 백색에서 회색을 거쳐 황토갈색으로 되며 폭이 넓다. 언저리는 백색의 섬모상이다. 자루의 길이 30~50(60)㎜, 굵기 3~5(7)㎜, 원통형, 기부는 부풀고 속은 차 있다. 표면은 백색에서 노랑색을 거쳐 황토색으로 되며 아래는 가루상이다. 포자의 크기는 7.5~10×4.1~5.5㎛, 타원형에서 아몬드형, 표면은 매끈하고 투명하며 황갈색이고, 벽은 두껍다. 포자문은 담배 갈색이다. 담자기는 곤봉형, 23~33×7~10㎛, 4-포자성, 기부에 꺽쇠가 있다.
생태 여름~가을 / 침엽수림, 숲속, 길가, 석회석의 땅에 단생 · 군생한다.
분포 한국, 유럽, 아시아

짧은털땀버섯

Inocybe perbrevis (Weinm.) Gillet

형태 균모의 지름은 20~30㎜로 둔한 원추형에서 둥근 산 모양이 되었다가 편평하게 되며 때때로 중앙이 약간 볼록, 또는 톱니상이다. 표면은 미세하게 털상-미세털에서 섬유상 인편으로 되며, 노랑-황토색이다. 가장자리는 오랫동안 안으로 말리며 어릴 때 거미집막의 백색 섬유실이 매달린다. 살은 백색이며 얇고, 거의 냄새가 안 나고 맛은 쓰다. 주름살은 자루에 대하여 넓은 바른주름살, 황토색에서 올리브황토색으로 되며 폭은 넓다. 자루의 길이 15~25(30)㎜, 굵기 2~4㎜, 원통형, 보통 기부로 갈수록 가늘고, 기부는 둥글고, 속은 차고, 휘어지기 쉽다. 표면은 세로로 백색의 섬유상이 노랑색의 바탕색 위에 있고, 꼭대기는 백색이다. 포자의 크기는 7.2~10.6×4.6~6㎛, 타원형, 표면은 매끈하고 투명하며 노랑색이고, 벽은 두껍다. 담자기는 곤봉형, 25~34×8~9㎛, 4-포자성, 기부에 꺽쇠가 있다.

생태 여름~가을 / 맨땅, 풀밭에 군생 또는 속생한다. 보통 종이 아니다.

분포 한국, 유럽

밤색땀버섯

Inocybe perlata (Cooke) Sacc.
I. rimosa f. perlata (Cooke) A. Ortega & Esteve-Rav.

형태 균모의 지름은 5~10㎝로 처음 원추형에서 종 모양이 되었다가 편평해지며 중앙은 예리한 볼록이 있고 뚜렷한 방사상 섬유상이다. 가장자리는 안으로 말리는데 영존성이며, 후에 흔히 갈라진다. 살은 백색에서 연한 갈색이고 맛은 불분명하나 약간 표백제맛이다. 주름살은 자루에 대하여 바른-홈파진주름살, 백색에서 노랑색-올리브색이며 빽빽하다. 언저리는 백색이며 고르지 않다. 자루의 길이 6~12㎝, 위아래가 같은 굵기이고 섬유상의 줄무늬선이 있으며 아래는 검은 갈색으로 된다. 포자문은 올리브-갈색, 포자는 10~13×6~8㎛, 타원형에서 강낭콩 모양, 표면은 매끈하고 투명하다. 낭상체는 원통형에서 곤봉형이다.

생태 봄~늦가을

분포 한국 등 전 세계

나뭇잎땀버섯

Inocybe petiginosa (Fr.) Gill.

형태 균모의 지름은 8~15㎜로 어릴 때 원추형에서 종 모양을 거쳐 둥근 산 모양에서 편평하게 되며 오래되면 중앙이 볼록하다. 표면은 밋밋하며 미세한 백색의 털이 가장자리 쪽으로 띠를 형성한다. 색깔은 회흑색-흑갈색에서 연한 적색-또는 황갈색이 된다. 가장자리는 날카롭고 물결형이며 오랫동안 백색의 털이 매달린다. 살은 크림색 또는 적황색으로 얇고, 냄새는 약간 독특하고, 맛은 떫고 쓰다. 주름살은 좁은 올린주름살, 크림-황색에서 밀짚색의 노랑색을 거쳐 회노랑색으로 폭은 넓다. 주름살의 변두리는 톱니상, 백색이고 섬모상이다. 자루의 길이는 15~30㎜, 굵기 1~2㎜로 원통형, 휘어지기 쉽고, 속은 차 있다가 오래되면 빈다. 표면은 밋밋하고 매끄러우며 처음은 핑크 갈색에서 회색를 거쳐 적갈색으로 되며 미세한 백색의 가루가 분포하는 것도 있다. 기부는 가끔 빳빳한 백색의 털이 있다. 포자는 6~8.5×4.3~6㎛로 아구형이며 가장자리에 굴곡진 돌기가 있다. 담자기는 21~26×6~8㎛로 곤봉형, 꼭대기에 장식물이 있고 4-포자성으로 기부에 꺽쇠가 있다. 연낭상체는 36~77×11~17㎛로 방추형, 벽이 두껍다. 측낭상체는 연낭상체와 비슷하다.

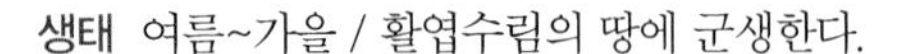

생태 여름~가을 / 활엽수림의 땅에 군생한다.

분포 한국, 중국, 유럽, 아시아, 북미

갈색볼록땀버섯

Inocybe phaeodisca Kühner

형태 균모의 지름은 8~17㎜로 반구형에서 차차 편평해지며 중앙에 둔한 볼록이 있다. 표면은 밋밋하며 중앙은 대추야자의 갈색이고 강한 방사상 섬유상이 맥상으로 된다. 가장자리 쪽은 크림색에서 백색으로 고르고 예리하다. 살은 백색으로 얇고 자루의 위쪽은 약한 적색이면서 정액냄새가 나고 맛은 온화하다. 주름살은 자루에 대하여 홈파진주름살 또는 좁은 바른주름살, 크림색에서 칙칙한 황토색으로 되며 폭은 넓다. 언저리는 백색의 솜털상이다. 자루의 길이 25~50㎜, 굵기 1~2.5㎜, 원통형, 기부는 둥글고 속은 차며 휘어지기 쉽다. 표면은 크림-백색에서 황토색으로 되며 핑크색이 산재하고 백색의 섬유 사이로 자루 전체에 피복, 꼭대기는 드물게 백색의 가루가 있다. 포자의 크기는 7.5~10×5~6.5㎛, 아몬드형, 표면은 매끈하고 투명하며, 황토-노랑색이고 벽은 두껍다. 담자기는 곤봉형에서 배불뚝이형으로 30~40×10~12㎛, 4-포자성 기부에 꺽쇠가 있다.

생태 여름~가을 / 숲 근처의 이끼류가 있는 곳에 군생한다. 드문 종이다.

분포 한국, 유럽

흑백땀버섯

Inocybe phaeoleuca Kühner
I. splendens var. phaeoleuca (Kühner) Kuyper

형태 균모의 지름은 15~35㎜로 어릴 시 원추형이나 후에 종 모양에서 둥근 산 모양이 되었다가 편평하게 되며 노쇠하면 둔한 볼록이 있다. 표면은 방사상의 섬유상, 중앙은 밋밋하나 눌린 인편이 있으며, 때때로 어릴 때 백색의 표피가 있고 노쇠하면 방사상으로 갈라지며 무디고, 검은 적갈색에 때때로 중앙은 흑갈색이다. 가장자리는 오랫동안 안으로 말리며 고르다. 살은 백색이며 균모의 중앙은 두껍고 가장자리는 얇다. 냄새는 시큼하고 맛은 온화하나 곰팡이맛이다. 주름살은 자루에 홈파진주름살 또는 좁은 바른주름살, 어릴 시 백색, 후에 회-갈색으로 폭은 넓다. 언저리는 백색의 섬모실이다. 자루의 길이 25~50㎜, 굵기 4~7㎜, 원통형, 기부는 때때로 약간 부풀고, 속은 차 있다. 표면은 백색에서 기부의 위쪽부터 약간 갈색으로 된다. 보통 백색의 가루가 자루 전체를 덮는다. 포자는 8.4~11×5.2~6.4㎛, 타원형에서 아몬드형, 표면은 매끈하고 투명하며 황갈색이다. 벽은 두껍다. 포자문은 올리브-갈색이다. 담자기는 곤봉형, 21~28×8~10㎛, 4-포자성, 기부에 꺽쇠가 있다.
생태 여름~가을 / 숲속, 침엽수림, 길가의 땅에 집단으로 군생하며 드물게 단생한다.
분포 한국, 유럽, 북미

적갈색땀버섯

Inocybe posterula (Britzelm.) Sacc.

형태 균모의 지름은 25~60㎜로 원추형에서 반구형, 후에 종 모양에서 둥근 산 모양이 되었다가 편평하게 되며 작은 볼록이 있다. 표면은 베이지-황토색으로 어릴 때 미세한 백색이며 방사상의 섬유실로 덮인다. 후에 황토-갈색에서 적갈색이 되며 더 연하고 압착된 섬유상-인편이 가장자리 쪽으로 있다. 가장자리는 고르고 예리하다. 어릴 시 거미집막의 백색 섬유실이 매달리고, 노쇠하면 갈라진다. 살은 백색에서 회-백색으로 얇고 정액 냄새가 나며 맛은 온화하고 약간 허브맛이다. 주름살은 자루에 대하여 좁은 바른주름살, 백색에서 후에 회-베이지색에서 회갈색이며 폭은 넓다. 언저리는 백색의 섬모가 있다. 자루의 길이는 40~80㎜, 굵기 5~8㎜, 원통형, 때때로 기부로 갈수록 부풀고 속은 차 있다. 표면은 백색, 세로로 백색의 섬유상이 있고 후에 약간 황토갈색으로 변색한다. 꼭대기는 백색의 가루상이다. 포자의 크기는 7.4~9.5×4.8~5.7㎛, 타원형에서 약간 아몬드형, 표면은 매끈하고 투명하며 황갈색이고 벽은 두껍다. 포자문은 암갈색이다. 담자기는 25~30×8~10㎛, 4-포자성, 기부에 꺽쇠가 있다.

생태 여름~가을 / 침엽수림의 땅에 군생하고, 드물게 단생한다. 보통 종이 아니다.

분포 한국, 유럽

땀버섯아재비

Inocybe praetervisa Quél.

형태 균모의 지름은 2~4㎝로, 원주상~종 모양에서 차차 편평하게 되며 중앙은 돌출한다. 표면은 습기가 있을 때 끈적기가 조금 있고 황토색이다. 가는 털이 있고 중앙부는 털이 없으며 잘게 터져서 갈라진다. 살은 백색이고 고약한 냄새가 난다. 주름살은 자루에 대하여 올린주름살로 밀생, 회갈색이다. 가장자리에 백색의 융털이 있다. 자루는 높이가 3.5~7㎝, 굵기는 0.2~0.5㎝로 위아래의 굵기가 같고 백색 또는 회황색이다. 상부는 백색으로 가루상, 하부는 세로줄의 줄무늬선이 있다. 자루의 속이 차 있으며 기부는 둥글다. 포자의 크기는 8~11×5~7㎛로 타원형, 혹 같은 돌기가 있다. 낭상체는 방추형이고 후막으로 38~51×16~22㎛이다.
생태 가을 / 분비나무, 가문비나무 숲의 땅에 단생 · 산생한다.
분포 한국, 중국, 북반구 일대, 파푸아뉴기니

짚색땀버섯

Inocybe queletii Konard

형태 균모의 지름은 30~50(60)㎜로 원추형에서 종 모양이 되었다가 둥근 산 모양으로 되며, 중앙에 둔한 볼록이 있다. 표면은 갈색에서 짚색이 되며 방사상의 섬유상, 중앙은 검은 갈색이다. 가장자리는 오랫동안 안으로 말리며, 어릴 시 백색의 표피솜털이 매달린다. 고르고, 노쇠하면 갈라진다. 살은 백색, 표피 밑은 갈색, 균모의 중앙은 두껍고, 가장자리로 갈수록 얇다. 정액 냄새가 나며 맛은 온화하나 분명치 않다. 주름살은 자루에 올린 주름살 또는 넓은 바른주름살, 베이지색에서 후에 갈색에서 회-황토색으로 되며 폭은 넓다. 언저리는 백색의 솜털-섬모상이다. 자루의 길이 40~80㎜, 굵기 7~9㎜, 원통형, 기부는 다소 둥글고, 속은 차 있다. 표면은 백색에서 크림색, 백색의 가루가 자루의 위쪽에 있고 세로로 백색의 섬유상이 기부 쪽에 있다. 포자는 8.4~11.5×5.6~6.8㎛, 광타원형에서 아몬드형, 표면은 매끈하고 투명하며 황갈색이고 벽은 두껍다. 포자문은 적갈색이다. 담자기는 곤봉형, 28~34×9~10㎛, 4-포자성, 기부에 꺽쇠가 있다.

생태 초여름~가을 / 숲속, 공원, 정원의 땅에 군생하며 드물게 단생한다.

분포 한국, 유럽, 북미 해안

황토색땀버섯

Inocybe quietiodor Bon

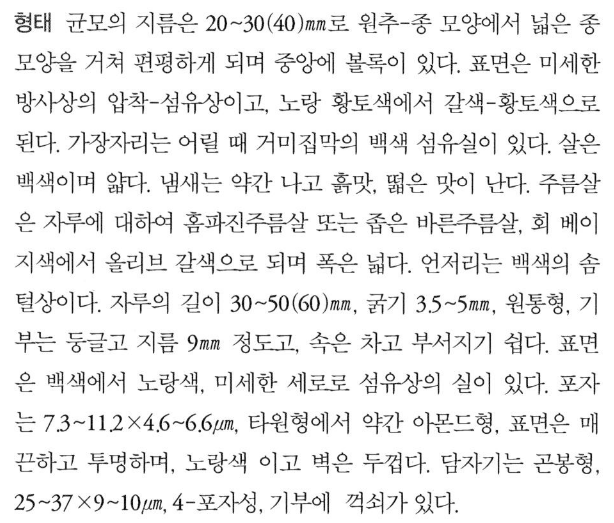

형태 균모의 지름은 20~30(40)㎜로 원추-종 모양에서 넓은 종 모양을 거쳐 편평하게 되며 중앙에 볼록이 있다. 표면은 미세한 방사상의 압착-섬유상이고, 노랑 황토색에서 갈색-황토색으로 된다. 가장자리는 어릴 때 거미집막의 백색 섬유실이 있다. 살은 백색이며 얇다. 냄새는 약간 나고 흙맛, 떫은 맛이 난다. 주름살은 자루에 대하여 홈파진주름살 또는 좁은 바른주름살, 회 베이지색에서 올리브 갈색으로 되며 폭은 넓다. 언저리는 백색의 솜털상이다. 자루의 길이 30~50(60)㎜, 굵기 3.5~5㎜, 원통형, 기부는 둥글고 지름 9㎜ 정도고, 속은 차고 부서지기 쉽다. 표면은 백색에서 노랑색, 미세한 세로로 섬유상의 실이 있다. 포자는 7.3~11.2×4.6~6.6㎛, 타원형에서 약간 아몬드형, 표면은 매끈하고 투명하며, 노랑색 이고 벽은 두껍다. 담자기는 곤봉형, 25~37×9~10㎛, 4-포자성, 기부에 꺽쇠가 있다.

생태 여름~가을 / 참나무 숲과 혼효림의 땅에 군생한다. 보통 종이 아니다.

분포 한국, 유럽

솔땀버섯

Inocybe rimosa (Bull.) P. Kummer
I. fastigiata (Schaeff.) Quél, I. fastigiata var. microsperma Bres., I. fastigiata var. umbrinella Bizio & M. Marchetti

형태 균모는 지름이 2~4㎝로, 원추형 또는 종 모양에서 편평하게 되며 중앙은 돌출한다. 표면은 마르고, 처음에 황백색에서 황갈색이 되며 실 같은 털이 있고 중앙부는 거북 등처럼 갈라져 거친 인편으로 되며 나중에는 방사상으로 갈라져서 살이 보인다. 살은 얇고 백색에서 변색되지 않는다. 주름살은 자루에 대하여 홈파진주름살 또는 떨어진주름살로 처음은 유백색에서 연한 청백색, 다시 회백색을 거쳐 갈색으로 변한다. 자루는 높이가 2.5~5㎝, 굵기는 0.5~1.0㎝로 위아래의 굵기가 같으며 기부가 부풀고 백색의 섬유상이다. 상부에 백색의 반점상 인편이 있고 하부는 탈락하고 찢어져 섬유 털로 되고 때로는 뒤집혀 감기며 미세한 인편도 있다. 포자의 크기는 11~13×5~7.5㎛로 신장형, 표면은 매끄럽고 녹슨색이다. 연낭상체는 총생하며 짧은 곤봉형이고 40~50×12~12.5㎛이다. 포자문은 녹슨색이다. 낭상체는 병 모양, 정단에 장식이 있으며 76~107×20~28㎛이다.
생태 여름~가을 / 혼효림의 땅에 단생 · 산생한다. 느릅나무, 신갈나무와 외생균근을 형성한다. 독버섯이다.
분포 한국, 중국, 일본, 유럽, 북미

솔땀버섯(황갈색형)

Inocybe fastigiata var. **umbrinella** Bizio & M. Marchetti

형태 균모의 지름은 2~4㎝로 종 모양 다음에 편평하게 펴지며, 흔히 중앙에 뾰족한 돌기가 있다. 강한 섬유상이나 찢어졌으며, 어두운 갈색, 암갈색, 중앙은 어두운 색이다. 주름살은 약간 흰색, 다음에 갈색으로 되며 배불뚝이형이다. 언저리는 날카롭고 백색이다. 살은 백색, 냄새가 약간 나고 맛은 온화하다. 자루의 길이 2~5㎝, 굵기 0.2~0.8㎝, 위아래가 같은 굵기이며 기부는 연한 갈색, 위쪽은 백색이다. 포자의 크기는 10~14×5.5~6.5㎛, 콩팥형이다. 담자기의 낭상체는 없다.
생태 여름~가을 / 혼효림의 풀밭 속에 발생한다. 식용 여부는 알 수 없다.
분포 한국, 유럽

눌린땀버섯

Inocybe senkawaensis Kobay.

형태 균모는 소형, 지름은 8~17㎜로 처음 종 모양에서 원추형 또는 편평형이 되기도 하며 중앙에 볼록이 있다. 표면은 담황색, 황토색 혹은 거의 백색이다. 건조 시 눌린 섬유상이 되며 미세한 균열이 있다. 살은 냄새가 없다. 가장자리는 처음 안으로 말리나 후에 고르다가 뒤집히기도 하며 털이 있다. 주름살은 자루에 대하여 올린주름살, 황토색에서 연한 복숭아색을 띠며 밀생한다. 폭은 좁고, 두껍고, 털이 있다. 자루의 길이 2~3.5㎝, 굵기 0.15~0.25㎝로 위아래가 같은 굵기이며 기부는 약간 굵고 크림색이다. 털이 없는 것처럼 보이나 미세한 눌린 백색의 털이 있고 속은 차 있다. 포자의 크기는 6~7×4.5~5㎛, 다각형으로 긴 혹이 있고, 담황토색이다. 담자기는 원주형에서 좁은 곤봉형, 4-포자성, 19~23×6.7~8.8㎛이다.

생태 여름 / 참나무 숲의 지상에 군생한다.

분포 한국, 일본

흰파편땀버섯

Inocybe sindonia (Fr.) Karst.

형태 균모의 지름은 20~40(50)㎜로 원추형에서 둥근 산 모양을 거쳐 편평하게 되며 돌출된 볼록을 가진다. 표면은 방사상의 섬유상에서 섬유상-인편이 중앙에 생긴다. 처음 회백색이며 후에 회갈색에서 황토 갈색으로 된다. 어릴 시 가장자리에 거미집막의 흰 파편이 매달리며 후에 톱니상, 방사상으로 갈라진다. 살은 백색에서 크림색이 되며 얇다. 약간 정액 냄새, 맛은 온화하고 곰팡이맛이다. 주름살은 자루에 대하여 좁은 바른주름살에서 거의 끝붙은주름살로 된다. 백색에서 회갈색으로, 이후 암갈색이 되며 폭이 넓다. 언저리는 미세한 백색의 섬모상이다. 자루의 길이 30~50㎜, 굵기 5~10㎜로 원통형, 기부는 때때로 둥글고, 속은 차 있다가 빈다. 표면은 백색에서 황토색으로 되며 흔히 핑크색을 가지며 특히 위쪽이 심하고, 아래는 백색의 가루상이며 자루 전체를 덮기도 한다. 포자의 크기는 6.9~10×4~5.3㎛, 타원형에서 아몬드형, 표면은 매끈하고 투명하며, 황갈색이고 벽은 두껍다. 포자문은 회갈색이다. 담자기는 배불뚝이형에서 곤봉형, 23~30×6~10㎛, 4-포자성, 기부에 꺽쇠가 있다.

생태 여름~가을 / 침엽수림의 모래땅, 풀숲, 길가, 석회석의 땅에 군생하며 드물게 단생한다.

분포 한국, 유럽, 북미, 북미 해안

팽이땀버섯

Inocybe sororia Kauff.

형태 균모의 지름은 2.5~7.5㎝로 원추형~종 모양에서 거의 편평해지지만 중앙은 돌출한다. 표면은 건조하며 방사상 섬유가 있고 크림색~볏짚 황색이나 약간 진하다. 가장자리는 약간 위로 말리고 흔히 갈라진다. 주름살은 자루에 대하여 바른주름살, 어릴 때는 유백색에서 연한 황색으로 되고, 촘촘하다. 자루의 길이는 3~10㎝, 굵기는 0.2~0.5㎝로 원주형이고 위쪽에는 미세한 털이 있으며, 밑동은 약간 굵다. 표면은 유백색에서 칙칙한 색으로 되며 섬유상이다. 자루의 속은 차 있다. 포자의 크기는 9~16×5~8㎛로 타원형, 표면은 매끈하고 투명하며 연한 갈색이다. 포자문은 갈색이다.

생태 여름~ 가을 / 혼효림 내의 활엽수 밑에 단생 · 산생한다.

분포 한국, 중국, 북미

둥근포자땀버섯

Inocybe sphaerospora Kobay.

형태 균모의 지름은 3~8㎝로 둥근 산 모양에서 거의 편평한 모양이 된다. 표면은 섬유상이며 연한 황색인데 가운데는 연한 황토 갈색이다. 방사상의 갈라진 줄무늬선이 생기며 가장자리에는 섬유상 피막의 흔적이 있다. 살은 연한 황색이고 약간 흙냄새가 난다. 주름살은 자루에 대하여 올린주름살 또는 홈파진주름살로 폭은 0.4~0.9㎝이며 밀생한다. 황색에서 탁한 갈색으로 되며 언저리에는 가루 같은 것이 있다. 자루의 길이는 3~8㎝, 굵기는 0.5~1.3㎝, 원주형 또는 곤봉형이다. 표면은 연한 황색이나 아래쪽은 황토갈색으로 섬유상이고 속은 살로 차 있다. 포자는 5.5~7.5×4.5~6㎛, 구형 또는 아구형이며 표면은 매끄럽고 투명하며 2중막인 것도 있다.

생태 여름~가을 / 활엽수의 땅에 군생하며 부생생활을 한다. 식용 여부는 불분명하다.

분포 한국, 일본, 싱가포르, 파푸아뉴기니

빛땀버섯

Inocybe splendens R. Heim
I. splendens R. Heim var. splendens

형태 균모의 지름은 25~60(70)㎜로 원추형에서 종 모양이 되었다가 둥근 산 모양으로 되며 편평해지고 노쇠하면 중앙에 볼록이 있다. 표면은 밋밋하다가 미세한 방사상의 섬유상으로 되고, 보통 눌린-인편이 중앙에 있다. 습할 시 끈적기, 흙의 미세알갱이가 부착되며 가루가 표피의 어릴 때 중앙에서 흰 파편으로부터 만들어진다. 황토색에서 적색 또는 회갈색이다. 가장자리는 고르고 예리하며, 노쇠하면 갈라진다. 살은 백색, 균모의 중앙은 두껍다. 가장자리는 얇다. 정액 냄새, 맛은 온화하고 곰팡이맛이다. 주름살은 자루에 좁은 바른주름살 또는 거의 끝붙은주름살, 회백색에서 회갈색을 거쳐 올리브 갈색으로 되며 폭은 넓다. 언저리는 백색의 섬모상이다. 자루의 길이 25~60㎜, 굵기 5~13㎜, 원통형, 기부는 둥글고, 속은 차고, 표면은 백색을 오랫동안 유지하며 후에 기부 위부터 갈색, 중앙 아래는 가루상이다. 포자의 크기는 8~12.5×4.7~6.6㎛, 타원형에서 아몬드형, 표면은 매끈하고 투명하며 황갈색이고 벽은 두껍다. 포자문은 올리브-갈색이다. 담자기는 곤봉형, 22~27×7~10㎛, 4-포자성, 기부에 꺽쇠가 있다.
생태 여름~가을 / 숲속, 공원 등의 땅에 군생하며 또는 드물게 단생한다. 보통 종이 아니다.
분포 한국, 유럽, 북미

주름균강 》 주름버섯목 》 땀버섯과 》 땀버섯속

껄끄러운땀버섯

Inocybe squarrosa Rea

형태 균모의 지름은 3~22㎜로 둥근 산 모양에서 편평하게 되며 볼록은 없고, 황갈색이다. 백색의 표피로 덮였다가 인편으로 된다. 살은 연한 황갈색, 자루 꼭대기는 희미한 라일락 또는 핑크색이다. 자르면 약간 정액 냄새, 맛은 불분명하다. 주름살은 자루에 넓은 바른주름살, 비교적 밀생하며 폭은 1~3㎜, 약간 배불뚝이형에 갈색 또는 올리브색의 갈색이다. 언저리는 솜털상에서 약간 가는 털이 있고 백색이다. 자루의 길이 15~45㎜, 굵기 1~3㎜, 위아래가 같은 굵기이거나 꼭대기가 굵다. 속은 차고 연한 황갈색, 꼭대기에 희미한 라일락 또는 핑크색, 세로줄의 백색의 섬유상이 전체를 피복하며 꼭대기는 밋밋하고 가루는 없다. 거미집막이 어린 자실체에 있다. 포자의 크기는 (7.5)8~11.5(12.5)×5~6㎛, 표면은 매끈하고 투명하며 약간 아몬드형, 꼭대기는 뾰족하다. 담자기는 23~31×7~10㎛, 4-포자성이다.
생태 봄~가을 / 습지의 엽상체식물 아래 군생한다.
분포 한국, 유럽

주름균강 》 주름버섯목 》 땀버섯과 》 땀버섯속

주머니땀버섯아재비

Inocybe subvolvata Hongo

형태 균모의 지름은 2~3㎝로 원추상 둥근 산 모양에서 약간 편평형으로 되지만 중앙이 볼록하다. 표면은 끈적기가 없고 담황토색-점토갈색이며 섬유상, 때로는 거스럼상의 인편이 있다. 살은 백색, 흙 냄새가 난다. 주름살은 자루에 대하여 홈파진주름의 올린주름살 또는 거의 끝붙은주름살이다. 주름살은 폭은 넓고 (0.25~0.45㎝) 백색에서 암올리브-갈색이 되며 약간 성기다. 자루는 2~3.5㎝, 굵기 0.4~0.5㎝, 기부는 약간 구근상으로 둥글게 된다. 표면은 균모와 동색, 속은 차고 기부에 막질의 불완전한 대주머니가 있다. 내피막은 거미집막의 실로 소실되기 쉽다. 포자의 크기는 8.5~10×7~8㎛, 광난형-아몬드형 비슷, 표면은 매끈하고 투명하다.
생태 가을 / 소나무 숲의 붉은 땅에 군생하며 소수가 속생한다. 식용과 독성 여부는 불분명하다.
분포 한국, 일본

황토땀버섯

Inocybe subochracea (Peck) Earle

형태 균모의 지름은 2.5~5cm로 원추형의 비슷한 모양에서 둥근 산 모양을 거쳐 차차 편평해진다. 표면은 노랑의 황토색이며 섬유실은 인편으로 된다. 살은 백색에서 약간 황색, 냄새는 강하다. 주름살은 자루에 대하여 바른주름살로 꿀색의 노랑색에서 황갈색으로 되며 간혹 올리브색으로 되는 것도 있다. 자루의 길이는 3~6cm, 굵기는 0.3~0.6cm로 처음 백색이나 나중에 황토색으로 되는데 방추형의 꼴이고, 오래되면 황토-황갈색으로 된다. 포자의 크기는 8.5~11×4.5~6㎛, 긴 아몬드형이고 표면은 매끈하고 투명하다. 포자문은 고동색의 갈색이다. 측낭상체는 노랑색, 벽은 두껍고, 70~90×12~17㎛이다.

생태 여름~가을 / 혼효림에 군생한다. 식용은 불가하다.

분포 한국, 중국, 북미

찢긴땀버섯

Inocybe tenebrosa Quél.

형태 균모의 지름은 20~35㎜로 어릴 때 원추형에서 종 모양, 후에 둥근 산 모양에서 편평하게 되며 둔한 볼록이 있다. 표면은 어릴 때 방사상의 섬유상 인편이 즉시 갈라져서 미세하게 찢긴 압축된 인편을 형성한다. 개암나무 갈색에서 적갈색으로 되며, 중앙은 검다. 가장자리는 고르고 예리하다. 살은 백색, 균모의 중앙은 두껍고 가장자리는 얇다. 흙 냄새가 나고 맛은 쓰다. 주름살은 자루에 좁은 바른주름살에서 거의 끝붙은주름살이나 내린주름살 비슷하기도 하며 어릴 때 백색에서 황토색, 점차 올리브-갈색이 된다. 언저리는 백색-섬모상이다. 자루의 길이 30~70㎜, 굵기 4~6㎜, 원통형, 기부가 가늘고, 때때로 곤봉형으로 두껍다. 표면은 어릴 때 백색, 후에 갈색에서 검은색으로 되어 기부로부터 위로 올라간다. 가루가 자루 전체에 피복하며 때때로 기부에 적색의 균사체가 있다. 포자는 7.6~9.8×4.8~6㎛, 타원형, 표면은 매끈하고 투명하며, 황갈색으로 벽은 두껍다. 담자기는 원통형에서 곤봉형, 25~30×9~10㎛, 4-포자성, 기부에 꺽쇠가 있다.

생태 여름~가을 / 단단한 나무숲 또는 혼효림의 참나무 숲에 군생한다. 드문 종이다.

분포 한국, 유럽, 북미

흰땀버섯

Inocybe umbratica Quél.

형태 균모의 지름은 2~3.5㎝로 처음에는 원추형-원추상의 종 모양에서 차차 편평하게 펴지며 중앙부가 돌출된다. 표면은 밋밋하고 방사상으로 쪼개지며, 흰색인데 연한 회색을 띠기도 한다. 살은 흰색이다. 주름살은 자루에 대하여 떨어진주름살, 연한 갈색에서 회갈색으로 되며 폭이 좁은 편이고 촘촘하다. 가장자리는 미세한 톱니상이고 가루상이다. 자루의 길이는 2.5~5㎝, 굵기 0.4~0.8㎝, 상하가 같은 굵기이고 밑동이 둥글게 부푼다. 표면은 백색, 연한 청색을 띠기도 하며 밋밋하다. 자루의 속은 차 있다. 포자의 크기는 7~9.5×5.2~7㎛로 다각형의 타원형, 5개의 무딘 혹을 가지며 황갈색이다. 포자문은 황갈색이다.

생태 여름~가을 / 주로 침엽수 숲속의 지상에 단생 · 산생한다.

분포 한국, 중국, 북반구 온대 일대

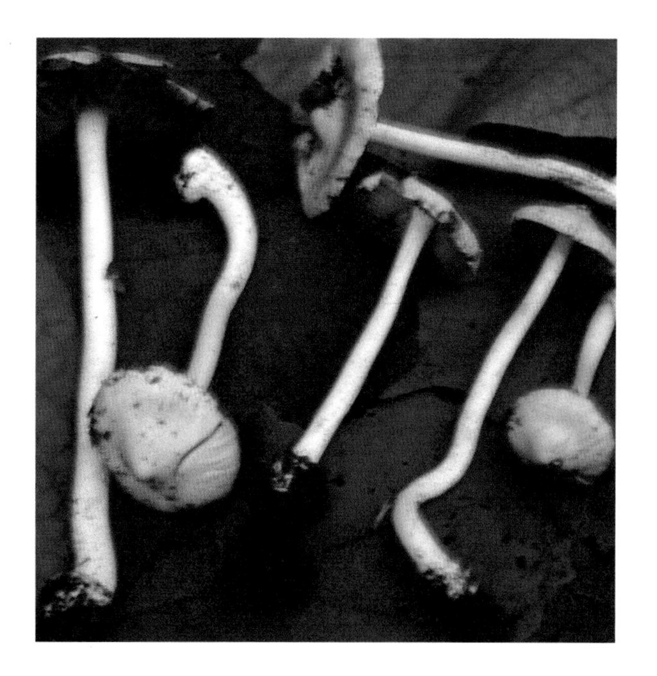

진갈색땀버섯

Inocybe vaccina Kühner

형태 균모의 지름은 15~40(50)㎜로 원추형에서 종 모양이 되었다가 둥근 산 모양으로 되며 다음에 펴져서 물결형이 된다. 노쇠하면 중앙에 볼록이 있다. 표면은 무디고, 밋밋하며 미세하게 압축된 인편이 있다. 짙은 녹슨 갈색이 오렌지 갈색으로 되며 가장자리로 갈수록 연한 색이다. 가장자리는 고르고, 미세한 털상이다. 살은 백색이며 얇다. 거의 냄새가 없으나 맛은 온화하다. 주름살은 자루에 대하여 좁은 바른주름살, 회백색에서 올리브-갈색으로 되며 폭은 넓다. 언저리는 밋밋하고 백색의 섬모가 산재한다. 자루의 길이 30~50㎜, 굵기 3~5㎜, 원통형, 때때로 기부로 갈수록 굵고, 속은 차 있다. 표면은 어릴 때 황토색 바탕 위에 백색의 섬유상이 있고 노쇠하면 검게 되고, 가루가 기부에 있다. 기부는 백색의 털상이다. 포자의 크기는 8~11.5×4.6~6.4㎛, 아몬드형에서 씨앗 모양, 한쪽 끝이 돌출하며 표면은 매끈하고 투명하며 황갈색, 벽은 두껍다. 포자문은 검은 갈색이다. 담자기는 곤봉형, 25~30×9~11㎛, 4-포자성, 기부에 꺽쇠가 있다.

생태 여름~가을 / 침엽수림, 이끼류속에 군생하거나 집단으로 발생한다. 드문 종이다.

분포 한국, 유럽

좀흰땀버섯

Inocybe whitei (Berk. & Br.) Sacc.

형태 균모의 지름은 20~30㎜로 반구형에서 원추형을 거쳐 종 모양이 되었다가 둥근 산 모양으로 된다. 결국 편평하게 되며 둔한 돌출을 가지고 있다. 표면은 밋밋하며 둔하고, 습기가 있을 때 광택이 난다. 중앙은 백색이지만 밝은 황토색을 가지며 노쇠하면 적색으로 된다. 어릴 때 백색의 섬유실 거미집막에 의하여 자루에 연결된다. 살은 백색이고 자르면 곳에 따라서 적색으로 변색하고 얇다. 냄새가 나고 맛은 온화하다. 주름살은 자루에 대하여 좁은 올린주름살, 폭이 넓고 회베이지색에서 적회색을 거쳐 적갈색으로 된다. 주름살의 가장자리는 백색의 섬유상이다. 자루의 길이는 40~60㎜, 굵기는 3.5~6㎜로 원통형, 기부는 때때로 두껍고, 부서지기 쉬우며 속은 차 있다. 표면은 백색, 세로줄의 백색-섬유실이 있으며 위쪽은 백색의 가루상, 노쇠하면 적색으로 되며 비비면 적색으로 변색한다. 포자의 크기는 7.5~10.5×4.5~6㎛로 타원형, 또는 씨앗 모양, 표면은 매끈하고 투명하며 황갈색, 벽은 두껍다. 담자기는 곤봉형으로 26~35×9~10㎛로 4-포자성, 기부에 꺽쇠가 있다. 연낭상체는 방추형에서 배불뚝이형, 벽은 두껍고 측낭상체는 연낭상체와 비슷하다.

생태 여름~가을 / 침엽수림의 숲속에 단생 · 군생한다.

분포 한국 등 전 세계

흑자색땀버섯

Inocybe tahguamenonensis D.E. Stuntz

형태 균모의 지름은 1.5~3.5㎝로 넓고 둥근 산 모양, 검은 자흑색, 검은 인편으로 덮여 있다. 주름살은 자루에 대하여 바른주름살, 처음 보라색 또는 자색에서 검은 갈색으로 된다. 자루의 길이 3~7.5㎝, 굵기 0.3~0.7㎝로 흑색, 자갈색 또는 균모처럼 흑색이다. 표면은 흑색 인편으로 덮여 있다. 살은 자색 또는 적색이지만 몇 시간 후에는 흑색으로 된다. 냄새는 무우 냄새 비슷하고 포자의 크기는 5~8×4~5.5㎛, 결절형으로 매우 길고 분명한 혹을 가진다. 포자문은 고동색의 갈색이다. 낭상체는 벽은 얇고, 원주형 또는 두부는 부풀고, 꼭대기에 장식은 없다.
생태 여름~가을 / 혼효림 또는 침엽수림에 군생한다. 식용은 불가하다.
분포 한국, 유럽, 북미

붉은끼내림살버섯

Rhodocybe roseiavellanea (Murr.) Sing.

형태 균모의 지름은 3.5~7㎝로 둥근 산 모양이다가 거의 편평하게 펴진다. 흔히 중앙부가 약간 오목해진다. 표면은 점성이 없고 거의 밋밋하거나 미세한 면모상, 홍색을 띤 연한 계피색이다. 가장자리는 안쪽으로 오랫동안 말려 있다. 살은 거의 백색이다. 주름살은 자루에 대하여 바른주름살 또는 내린주름살, 균모와 거의 같은 색이며 약간 촘촘하거나 다소 성긴 편이며 주름살의 두께가 두껍다. 자루의 길이 3~6㎝, 굵기 1~2.5㎝, 위아래가 같은 굵기이거나 기부가 다소 굵어지기도 한다. 표면은 균모와 거의 같은 색, 미세한 털이 덮여 있다. 포자의 크기는 6.5~7.5×4~5㎛, 광타원형, 표면은 미세 한 사마귀반점이 덮여 있다.
생태 여름~가을 / 숲속의 땅에 소수가 군생 또는 속생한다. 식용 여부는 알 수 없다.
분포 한국

잘린내림살버섯

Rhodocybe truncata (Schaeff.) Sing.
Hebeloma truncatum (Schaeff.) P. Kumm.

형태 균모의 지름은 40~70㎜로 원추형에서 반구형으로 되었다가 둥근 산 모양을 거쳐 편평하게 되며 흔히 물결형 또는 둔한 둥근형이다. 표면은 밋밋하며 매끄럽고, 습기가 있을 때는 끈적기가 있다. 짙은 황토색에서 적갈색으로 되며 어릴 때는 연한 색이다. 가장자리는 어릴 때는 고르고 오랫동안 아래로 말리며 노쇠하면 홈파진줄무늬선이 나타난다. 살은 백색, 얇고, 냄새는 좋으며 약간 신맛이다. 주름살은 자루에 대하여 홈파진주름살 또는 올린주름살로 핑크-베이지색이며 나중에 적갈색으로 되며 폭은 넓다. 주름살의 변두리는 솜털상, 무색의 물방울이 있다. 자루의 길이는 50~70㎜, 굵기는 8~13㎜로 원통형, 약간 막대형이며 기부는 가늘다. 자루의 속은 차고 단단하며 부서지기 쉽다. 표면은 백색이고, 백색의 섬유상이며 기부 위쪽부터 갈색이다. 세로줄의 섬유실이 있으며 갈색 바탕 위에 미세한 백색의 인편이 있다. 포자의 크기는 8~10.5×5~6㎛로 타원형, 표면에 미세한 사마귀점이 있고 밝은 황색이다. 담자기는 가는 곤봉형으로 33~39×7.5~8.5㎛, 4-포자성, 기부에 꺽쇠가 있다.
생태 여름~가을 / 숲속의 땅에 군생한다.
분포 한국, 유럽

깔때기팽이버섯

Clitocella fallax (Quél.) Kluting, T.J. Baroni & Bergeman
Rhodocybe fallax (Quél.) Sing.

형태 균모의 지름은 1~2(3)㎝로 어릴 때는 둥근 산 모양이나 곧 편평형으로 되었다가 깔대기형으로 된다. 표면은 밋밋하며 둔하고, 백색-연한 크림색이다. 가장자리는 오랫동안 안쪽으로 감긴다. 오래되면 고르게 펴지면서 날카로워진다. 살은 백색이며 얇다. 주름살은 자루에 대하여 내린주름살이다. 어릴 때는 백색에서 크림색으로 되는데 분홍색 색조가 약간 있다. 폭은 넓고 촘촘하다. 언저리는 고르다. 자루의 길이 1~3㎝, 굵기 1.5~3㎜로 원주형이며 꼭대기 쪽으로 갈수록 굵어지는 것도 있다. 어릴 때는 속이 차 있으나 오래되면 빈다. 탄력성이 있고 질기며 표면은 밋밋하다. 백색-크림색, 기부에는 흰색 섬유가 있다. 포자의 크기는 7~8.6×3.8~4.8㎛, 타원형-복숭아 모양이다. 표면은 밋밋하거나 미세한 사마귀반점이 있다. 포자문은 분홍 황색이다.

생태 여름~가을 / 숲속의 땅이나 식물의 잔존물 위에 단생 · 군생한다.

분포 한국, 유럽

통발팽이버섯

Clitocella mundula (Lasch) Kluting, T.J. Baroni & Bergemann
Rhodocybe mundula (Lasch) Singer

형태 균모의 지름은 2.5~6.5㎝로 처음에는 둔한 둥근 산 모양이다가 편평해지며, 결국 깔대기 모양으로 된다. 중앙이 들어가기도 한다. 표면은 밋밋하거나 미세한 털이 덮여 있다. 어릴 때는 유백색, 후에 점차적으로 연한 회색이 되면서 분홍빛을 띠기도 한다. 가장자리는 처음에는 안쪽으로 감기나 후에 펴지면서 물결 모양의 굴곡이 생긴다. 살은 연한 색이다가 후에 약간 검은색을 띤다. 주름살은 자루에 내린주름살이고 유백색에서 약간 살색으로 되며 폭이 좁고 빽빽하다. 자루의 길이 3~5㎝, 굵기 0.5~1.2㎝, 원주상, 간혹 기부가 굵어지며 속이 차 있다. 균모와 같은 색깔이고 특히 아래쪽에 면모상-비로드상이다. 포자의 크기는 4.5~6.2×3.5~5㎛, 광타원형-아구형, 표면에 거친 결절이 많으나 투명하다. 포자문은 분홍 황토색이다.

생태 여름~가을 / 참나무류의 숲속 낙엽 사이나 개활지에 산생 · 군생한다.

분포 한국, 일본, 유럽, 동남아, 북미

귀그늘버섯

Clitopilus crepidotoides Sing.

형태 균모의 크기는 9×7㎜로 혀 모양, 거의 원 모양이다. 표면은 비단털상 또는 미세한 털상이다. 확대경 아래서는 닭벼슬 같은 털상 또는 약간 융모상인데 특히 가장자리가 융모상이 심하다. 표면은 백색 또는 연한 회색, 또는 건조 시 갈색이다. 살은 얇고, 백색에서 변색한다. 맛은 온화하며 냄새는 없다. 주름살은 자루에 대하여 바른주름살이거나 내린주름살, 갈색이며 좁다. 폭은 비교적 넓어서 12~2.5㎜, 비교적 두껍거나 얇다. 언저리는 둔하고 백색 또는 회색이다. 자루는 아주 짧거나 거의 없다. 드물게 큰 것도 있고 흔히 기주에 압착된다. 측심생 또는 편심생, 융모상이며 기부는 백색의 가균사가 있고, 균모와 동색이다. 포자는 (5)5.5~7(8)×4~5.5㎛, 아광구형에서 광타원형 또는 다소 넓은 씨앗 모양으로 7-8개의 각이 져 있고, 표면은 강한 물결형-혹이 있다. 난아미로이드 반응을 보인다. 담자기는 18~25× 6.5-8.5㎛로 4-포자성, 기부에 꺽쇠는 없다.

생태 봄~가을 / 나무껍질, 나무 부스러기가 있는 땅에서 발생한다.

분포 한국 / 봄: 남반구, 가을: 북반구

참고 이 버섯은 남반구에는 봄, 북반구에는 가을에 발생한다.

밀랍그늘버섯

Clitopilus crispus Pat.

형태 균모의 지름은 2~7㎝로 편반구형 내지 둥근 산 모양에서 편평해지나 중앙은 들어간다. 표면은 순백색 내지 오백색이고 드물게 방사상의 주름무늬가 있다. 어릴 때는 가장자리가 아래로 말리고 털이 있다. 살은 백색이다. 주름살은 자루에 대하여 내린 주름살로 백색이고 우윳빛 또는 분홍색으로 밀생한다. 자루의 길이는 1.5~6㎝, 굵기 0.3~0.7㎝로 원주형이나 만곡지며, 백색 혹은 오백색이고 광택이 나며 밋밋하거나 혹은 가는 털이 있는 것도 있다. 포자의 크기는 5.5~8×4~5.5㎛로 타원형-난원형으로 세로의 줄무늬선이 있다.
생태 여름~가을 / 숲속의 땅에 군생한다. 식용과 독성 여부는 불분명하다.
분포 한국, 중국

쌍그늘버섯

Clitopilus geminus (Paulet) Noordel. & Co-David
Rhodocybe gemina (Paulet) Kuyper & Noodel.

형태 균모의 지름은 40~100㎜로 어릴 때 둥근 산 모양에서 편평하게 되며 때때로 중앙에 톱니상 또는 볼록이 있다. 보통 불규칙한 원형으로 흔히 물결형이다. 표면은 밋밋하며 둔하고, 어릴 때 미세한 털상-솜털상, 오렌지-황토색에서 갈색-황토색으로 된다. 가장자리는 오랫동안 아래로 말리고, 털상이다. 살은 백색에서 크림색으로 되며 균모의 중앙이 두껍고 가장자리로 갈수록 얇다. 희미한 양파 냄새가 나지만 분명치 않으며 맛은 온화하다가 쓰다. 주름살은 자루에 대하여 비교적 넓은 바른주름살에서 홈파진 주름살 또는 약간 내린주름살이며 쉽게 균모로부터 떨어진다. 어릴 때 맑은 베이지색에서 검은 핑크 갈색으로 되며 폭은 넓다. 언저리는 약간 톱니상이며 때로는 포크형이다. 자루의 길이 40~70㎜, 굵기 9~20㎜, 원통형, 때로는 기부 쪽으로 갈수록 가늘다. 속은 차 있다가 노쇠하면 수(髓)처럼 빈다. 표면은 전체가 미세한 솜털-섬유상이 백색에서 베이지색 바탕 위에 있다. 곳곳에 긴 세로줄의 홈선이 있다. 포자의 크기는 4.9~6.1×3.8~4.7㎛, 타원형에서 광타원형, 결절형, 노랑색이고 포자문은 핑크-갈색이다. 담자기는 가는 곤봉형, 22~28×6~7㎛로 4-포자성, 기부에 꺽쇠는 없다.
생태 초여름~가을 / 참나무 숲의 군생에서 집단으로 발생한다.
분포 한국, 유럽

좀그늘버섯

Clitopilus lignyotus Hongo

형태 균모의 지름은 1.5~4(5)㎝로, 펴지면 거의 편평해지거나 중앙부가 약간 오목해진다. 표면은 확대경하에서는 약간 비로드상, 흑갈색이다. 가장자리는 연한 색이다. 살은 백색이며 유연하다. 주름살은 자루에 대하여 긴 내린주름살, 주름살은 흔히 분지되며 동시에 다소간 그물눈 모양이다. 처음에 백색이다가 후에 연한 살구색이 된다. 주름살은 폭이 약간 넓고, 촘촘하다. 자루의 길이 2~4.5㎝, 굵기 0.3~0.7㎝, 균모와 같은 색-연한 색이다. 포자의 크기는 9.5~13×4.5~6㎛, 횡단면은 육각형, 측면은 타원형이면 길게 능선 모양을 이룬다.

생태 여름~가을 / 참나무류 등의 숲속의 땅에 군생한다.

분포 한국, 일본

그늘버섯

Clitopilus prunulus (Scop.) Kummer

형태 균모의 지름은 3.5~9㎝로 둥근 산 모양을 거쳐 접시 모양으로 된다. 표면은 습기가 있을 때 끈적기가 있고, 회백색이며 미세한 가루가 있다. 가장자리는 아래로 감긴다. 살은 백색, 밀가루 같은 맛과 냄새가 난다. 주름살은 자루에 대하여 내린주름살로 백색에서 연한 색으로 된다. 자루의 높이는 2~5㎝, 굵기 0.3~1.5㎝로 백색-회백색이고 속이 차 있다. 포자의 크기는 10~13×5.5~6㎛로 타원상의 방추형이며 6개의 세로줄 융기가 있고 횡단면은 육각형이다.

생태 여름~가을 / 활엽수림의 땅에서 발생한다. 식용 가능하다.

분포 한국, 중국, 일본, 유럽, 북미, 북반구 일대

컵그늘버섯

Clitopilus scyphoides (Fr.) Sing.
C. scyphoides (Fr.) Sing. var. scyphoides, C. cretatus (Berk. & Br.) Sacc.

형태 균모의 지름은 1~2.5㎝로 거꾸로 된 원추형에서 둥근 산모양을 거쳐 차차 편평하게 되며 가끔 불규칙한 물결형이 된다. 표면은 거칠고 백색으로 무디고, 백색의 가루가 있다. 가장자리는 오랫동안 아래로 말리고 약간 가루상이다. 살은 백색이고 얇다. 맛은 온화하다. 주름살은 자루에 대하여 약간 내린주름살로 백색에서 크림색 또는 핑크색으로 되며 폭은 넓다. 주름살의 변두리는 밋밋하다. 자루의 길이는 1~2㎝, 굵기는 0.2~0.4㎝로 원통형이고 꼭대기 쪽으로 갈수록 부푼다. 자루의 속은 차고, 약간 편심생이나 드물게 중심생인 것도 있다. 표면은 백색이며 밋밋하다가 백색 가루상으로 되며 밑은 투명한 백색이다. 포자의 크기는 6.5~8×3.5~5㎛로 타원형, 표면은 매끈하고 투명하며, 불분명한 세로줄의 무늬와 6-7개의 각이 있다. 담자기는 원통-곤봉형으로 21~28×8~10㎛, 4-포자성, 기부에 꺽쇠는 없다. 낭상체 없다.
생태 여름 / 숲속의 땅에 군생한다.
분포 한국, 일본, 중국, 유럽, 북미

배꼽나팔깔대기버섯

Clitopilopsis hirneola (Fr.) Kühner
Rhodocybe hirneola (Fr.) P.D. Orton

형태 균모의 지름은 1~3㎝로 둥근 산 모양에서 편평해지며, 간혹 중앙이 움푹 들어가기도 한다. 색깔은 회색에서 오회갈색이다. 주름살은 자루에 대하여 굽은 내린주름살이며 회색에서 갈색이다. 자루의 길이 2~3.5㎝, 굵기 0.1~0.3㎝, 가늘고 흠집이 있고, 기부는 하얀 털로 덮여 있다. 포자의 크기는 6.5~9×5~6.5㎛, 표면에 미세한 사마귀반점이 있다. 포자문은 회갈색이다.
생태 가을 / 낙엽수림 혼효림의 땅에 산생한다. 식용 여부는 알 수 없다.
분포 한국, 북미

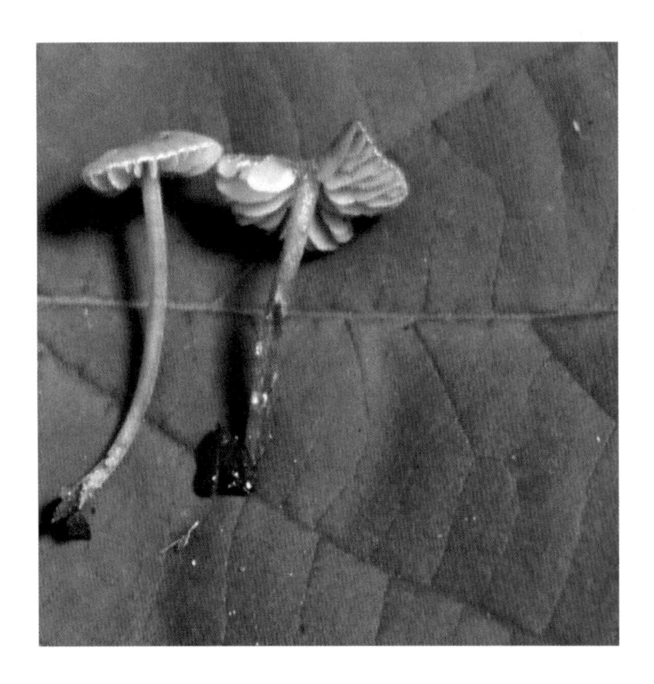

비단광택버섯

Entocybe nitida (Quél.) T.J. Baroni, Largent & V. Hofst.
Entoloma nitidum Quél.

형태 균모의 지름은 20~40㎜로 어릴 때 원추-종 모양, 후에 종 모양에서 펴지며 중앙에 볼록이 있다. 표면은 밋밋하고 견사성, 미세한 방사상의 섬유상이다. 검은 청색에서 강철의 청색으로 노쇠하면 회청색, 중앙은 흔히 더 검은 회청색이다. 가장자리는 오랫동안 안으로 말리며 때때로 물결형이다. 살은 백색, 표피 밑은 청색, 얇고, 냄새는 약간 밀가루 냄새, 맛은 온화하고 무미건조하다. 주름살은 자루에 대하여 홈파진주름살 또는 좁은 바른주름살, 어릴 때 백색에서 핑크색을 거쳐 핑크 갈색으로 된다. 폭은 넓고 언저리는 밋밋하다. 자루의 길이 30~70㎜, 굵기 2~4(6)㎜, 원통형, 때때로 비틀리고 꼭대기와 기부 쪽으로 갈수록 가늘다. 어릴 때 속은 차고 노쇠하면 빈다. 표면은 청색에서 청회색으로 되고, 때때로 세로로 백색의 섬유상이며, 기부는 백색의 털상으로 가끔 노랑색이 있다. 포자의 크기는 6.9~8.7×6.1~8㎛, 5-8개의 각이 있다. 포자문은 적갈색이다. 담자기는 원통형에서 곤봉형, 26~39×8.5~11㎛, 4-포자성, 기부에 꺽쇠가 있다.
생태 여름~가을 / 침엽수림 또는 혼효림의 땅에 단생 · 군생한다. 보통 종이 아니다.
분포 한국, 유럽, 아시아

미숙외대버섯

Entoloma abortivm (Berk. & M.A. Curtis) Donk

형태 균모의 지름은 3~10㎝로 둥근 산 모양에서 편평해지거나 또는 접시 모양으로 펴진다. 표면은 거의 밋밋하고 회백색-담회갈색이며 나중에 갈색으로 된다. 살은 두껍고 백색이다. 다소 가루 냄새가 난다. 주름살은 자루에 대하여 긴 내린주름살, 처음에 담회색에서 오담회색으로 된다. 주름살의 폭은 좁고, 밀생한다. 자루의 길이 3~9㎝, 굵기 0.4~1㎝로 거의 위아래가 같은 굵기이고 균모보다 연한 색으로 섬유상의 세로줄이 있다. 포자의 크기는 8.5~10.5×6.5~7.5㎛로 부정각형의 모양이다.
생태 가을 / 숲속의 습기 찬 고목에 군생한다. 식용 가능하다.
분포 한국, 일본, 러시아의 연해주, 북미의 동부

바른주름외대버섯

Entoloma adnatifolium (Murrill) Blanco-Dios
Alboleptonia adnatifolia (Murrill) Largent & R.G. Benedict

형태 균모의 지름은 1~6㎝로 둥근 산 모양의 가리비 모양이 펴져서 넓고 둥근 산 모양이 되며 약간 배꼽형이거나 넓은 원추형으로 작은 볼록이 있다. 백색에서 둔한 백색의 베이지색 또는 중앙은 노랑색이다. 표면은 건조성, 섬유상-비단결, 때때로 미세한 인편이 있다. 가장자리는 안으로 말리고, 어릴 때 약간 들어 올려지고 고르다. 살은 얇고 부서지기 쉽다. 백색이며 냄새와 맛은 불분명하다. 주름살은 자루에 대하여 바른주름살이며 작은 치아상의 내린주름살, 약간 성기며 처음 백색에서 크림색, 다음에 핑크색에서 성숙하면 연어색으로 된다. 언저리는 톱니상 또는 부식된 모양이다. 자루의 길이, 굵기는 원통형이나 기부로 갈수록 약간 부풀고, 백색에서 크림색 또는 기부로 갈수록 칙칙한 그을린 색이며 속은 비었다. 표면은 밋밋하지만 비단결 같고, 꼭대기는 작고 둔한 불규칙무늬가 있다. 포자문은 핑크색에서 그을린 핑크색이며 포자의 크기는 9~10×7~8㎛, 5-6개의 각을 가진다.

생태 가을~봄 / 침엽수림의 땅에 단생 · 산생하며 때로는 소집단을 이룬다.

분포 한국, 북미

하늘색외대버섯

Entoloma aeruginosum Hiroë
Rhodophyllus aeruginosus (Hiroë) Hongo

형태 균모의 지름은 2~3.5㎝로 원추형에서 둥근 산 모양을 거쳐 차차 편평한 모양으로 되고, 가운데에 젖꼭지 모양의 돌기가 있다. 전체가 청색인데 상처를 받거나 손으로 만지면 황색으로 변한다. 표면은 섬유상 인편으로 덮여 있다. 주름살은 자루에 대하여 올린주름살 또는 끝붙은주름살로 폭이 0.4~0.6㎝, 성기다. 자루의 길이는 4~7㎝, 굵기는 0.3~0.5㎝이고 속은 살이 없어서 비어 있다. 표면은 섬유상이며 약간 비틀려 있다. 포자는 대각선의 길이가 9.5~12㎛, 정사각형으로 된 주사위 모양이다.

생태 가을 / 숲속의 땅에 단생 · 군생한다. 부생생활을 하며 식용 여부는 불분명하다.

분포 한국, 일본, 중국, 뉴질랜드, 마다가스카르, 뉴기니, 동남아시아

검은비늘외대버섯

Entoloma aethiops (Scop.) G. Stev.
E. aethiops var. aethiops (Scop.) G. Stev.

형태 균모의 지름은 1~3.5㎝로 처음 반구형, 후에 둥근 산 모양이 되며 중앙이 오목해진다. 청흑색-진한 남색이며 퇴색되면 흔히 갈색을 띤다. 중앙은 진하며 가는 비늘이 덮여 있다. 가장자리는 고르고, 오래되면 드물게 줄무늬가 생기기도 한다. 살은 얇고 청색을 띠며 후에 연한 청색이 된다. 주름살은 자루에 대하여 바른주름살 또는 홈파진주름살, 흰색에서 분홍색-분홍 계피색을 띤다. 주름살의 폭이 넓고 빽빽하다. 언저리는 유연한 털이 있다. 자루의 길이 2.5~7(9)㎝, 굵기 0.1~0.3㎝, 원주형, 청흑색-진한 청색, 칙칙한 색이나 회갈색으로 퇴색된다. 꼭대기는 분말상이며 그 아래쪽은 매끄럽고 기부에는 흰색 균사가 덮여 있다. 자루의 속은 비었다. 포자의 크기는 9~13×6~8㎛, 5-7개의 각이 뿔 모양으로 돌출한다.
생태 여름~가을 / 침엽수림의 땅 또는 혼효림의 부식질이 많은 토양에 군생한다.
분포 한국, 유럽, 북미

흰배꼽외대버섯아재비

Entoloma albatum Hesler

형태 균모의 지름은 0.7~1.2㎝로 둥근 산 모양이면서 중앙이 배꼽 모양으로 들어가며 후에 오목해진다. 표면은 백색-연한 황백색이다. 표면에 미세한 견사상 인편이 있는 것도 있다. 가장자리는 고르며 살은 얇고 백색이다. 주름살은 자루에 대하여 바른주름살로 처음에는 백색에서 후에 연한 분홍색을 나타낸다. 주름살의 폭은 보통이며 다소 성긴 편이다. 언저리는 털이 있다. 자루의 길이 2.5~3.5㎝ 굵기 0.05~0.1㎝, 원주형, 속은 비어 있다. 꼭대기는 분상이고 그 밑은 밋밋하며, 기부에는 흰색의 균사가 있다. 포자의 크기는 8~10.5×6.5~7㎛, 다각형으로 5개의 각이 돌출되어 있다.

생태 여름 / 침엽수와 활엽수의 혼효림의 땅, 또는 조릿대 속의 낙엽 땅에 단생 · 군생한다.

분포 한국, 북미

흰배꼽외대버섯

Entoloma albinellum (Pk.) Hesler

형태 균모의 지름은 2~3㎝로 끝이 잘린 반구형-둥근 산 모양이다가 중앙이 배꼽형으로 된다. 어릴 때는 백색이다가 분홍색-분홍갈색으로 된다. 점성은 없고 표면에는 회남색의 융모가 있으며, 견사성의 섬유상이나 오래되면 찢어져서 가는 비늘로 덮인다. 가장자리에는 희미한 줄무늬가 있거나 때로는 없다. 살은 얇고 백색이다. 주름살은 자루에 바른주름살이지만 때로는 올린주름살이다. 처음에는 유백색이다가 붉은색의 분홍색으로 된다. 폭은 보통이며 약간 빽빽하다. 언저리는 미세한 톱니상이다. 자루의 길이 2~6㎝, 굵기 0.2~0.3㎝, 유백색, 위쪽은 분말상, 원주형이며 속은 비어 있다. 포자의 크기는 9~13×7~9㎛, 타원형-난형, 6-7개의 각이 돌출되어 있다. 연한 분홍색이다. 멜저시약으로 염색하면 포자벽이 암색으로 변한다.

생태 여름~가을 / 숲속의 부식질이 많은 토양에 군생한다.

분포 한국, 중국, 북미

흰연기외대버섯

Entoloma albofumeum Hesler

형태 균모의 지름은 3~4㎝로 처음엔 종 모양이며 중앙에 둔한 볼록이 있고 백색이다. 끈적기는 없고, 견사상으로 압착된다. 흡수성이 있다. 가장자리는 고르다. 살은 백색이며 냄새는 온화하고 맛도 온화하지만 약간 밀가루맛이 난다. 주름살은 자루에 대하여 홈파진주름살, 백색에서 핑크색으로 되며 밀생하고 주름살의 폭이 넓다. 자루의 길이 3.4~7㎝, 굵기 0.2~0.3㎝, 백색, 위아래가 같은 굵기이나 기부는 약간 곤봉형이며 속은 차고, 기부는 백색-균사체가 덮여 있다. 포자문은 갈색이며 포자의 크기는 8~10(10.5)×6~8.5㎛, 난형에서 약간 구형으로 5개의 각이 있다. 담자기는 33~38×9~10㎛, 2-4 포자성, 기부에 꺽쇠가 있다.
생태 가을 / 숲속의 땅에 발생한다.
분포 한국, 유럽

흰꼭지외대버섯

Entoloma album Hiroë
Rhodophyllus murrayi f. albus (Hiroë) Hongo

형태 균모의 지름은 1~6㎝로 원추형 또는 원추상의 종 모양이며 가운데에 연필심과 같은 돌기를 가진 것도 있다. 습기가 있으며 가장자리에 줄무늬선이 나타난다. 버섯 전체가 황백색을 띠고 살은 얇으며 맛과 냄새가 없다. 주름살은 거칠며 자루에 올린 주름살이고 균모와 같은 색에서 약간 핑크색으로 되며 밀생한다. 자루의 길이 3~10㎝, 굵기는 0.2~0.4㎝, 황백색이다. 표면은 섬유상이고 비틀린다. 자루의 속은 살이 없어서 비어 있다. 포자는 대각선의 길이가 9.2~11.7㎛, 정사각형의 주사위 모양이다.
생태 여름~가을 / 숲속의 땅에 단생 · 군생하며 부생생활을 한다. 식용 여부는 알 수 없다.
분포 한국, 일본 등

고산외대버섯

Entoloma alpicola (J. Favre) Bon & Jamoni

형태 균모의 지름은 30~45㎜로 어릴 때 원추-종 모양이며 후에 둥근 산 모양에서 둔한 볼록을 가진 편평형이 된다. 표면은 습할 시 밋밋하고 견사성이며 약간 흡수성이 있다. 검은 회-갈색 또는 흑갈색이다. 건조 시 연해지고 부분적으로 갈라져서 연한 살을 드러낸다. 가장자리는 노쇠하면 위로 올려지며 오랫동안 안으로 말리고 밋밋하다. 살은 백색, 표피 밑은 회갈색이고 얇다. 냄새는 없거나 약간 밀가루 냄새, 맛은 온화하며 밀가루맛이 난다. 주름살은 자루에 대하여 홈파진주름살, 넓은 바른주름살, 어릴 때 백색, 후에 핑크갈색이며 폭은 넓다. 언저리는 밋밋하다가 물결형이다. 자루의 길이 20~50(70)㎜, 굵기 5~10(15)㎜, 원통형, 때때로 기부와 위쪽으로 가늘다. 속은 차 있다가 빈다. 단단한 표면은 백색, 미세하고 흰세로줄의 섬유상이다. 포자는 8~11×7~9.6㎛, 불분명한 5-6개의 각이 있다. 포자문은 핑크-갈색이며 담자기는 곤봉형으로 35~50×12~13㎛, 4-포자성, 기부에 꺽쇠가 있다.
생태 여름 / 관목류의 더미 또는 숲속의 땅에 군생한다. 드문 종이다.
분포 한국, 유럽

흰갈색외대버섯

Entoloma ameides (Berk. & Br.) Sacc.

형태 균모의 지름은 2~4.5㎝로 어릴 때는 원추상의 종 모양에서 펴진 원추형이 되고 중앙은 항상 돌출된다. 표면은 흡수성, 회갈색이며 습할 때는 다소 방사상 줄무늬가 보인다. 후에 회황색이고 방사상으로 섬유상이 나타난 건조하면 은색 광택이 나고 가장자리는 연하다. 가장자리는 예리하고 오랫동안 안쪽으로 굽어 있다. 주름살은 자루에 대하여 바른주름살, 어릴 때는 회황색에서 분홍갈색으로 되며 폭은 좁다. 언저리는 무딘 톱니꼴이다. 자루의 길이 5~7㎝, 굵기 0.5~0.7㎝, 원주형이고 어릴 때는 속이 차 있으며 곧 속이 비며 부러지기 쉽다. 표면은 어릴 때 흰색에서 점차 갈색을 나타내는 섬유상으로 되며 특히 기부 쪽이 심하다. 위쪽은 흰색분상이다. 포자는 8.6~10.8×6.6~8.5㎛, 다각형으로 5-6개의 각을 가진다.

생태 봄 / 활엽수나 혼효림의 땅에 군생하거나 드물게 단생한다. 특히 느릅나무, 서어나무의 땅에 자주 난다.

분포 한국, 유럽

큰잎외대버섯

Entoloma amplifolium Hesler

형태 균모의 지름은 1.5~2.5㎝로 둥근 산 모양에서 차차 편평해지며 중앙은 약간 오목해진다. 중앙은 배꼽 모양처럼 들어간다. 끈적기는 없고 밋밋하며, 회갈색-살색이고 중앙은 진하다. 가장자리는 고르고 오래되면 위쪽으로 굽는다. 살은 매우 얇고 유백색이다. 주름살은 자루에 대하여 짧은 내린주름살이고 흰색이다가 분홍색으로 된다. 폭이 넓으며 방추상으로 가운데 폭이 넓고 양끝이 좁으며 짧은 주름살이 섞여 있다. 언저리는 고르다. 자루의 길이 2~4㎝, 굵기는 0.2~0.3㎝, 흰색-황백색이다. 표면은 매끄럽고 원주형이며 처음에는 속이 차 있으나 나중에는 빈다. 포자의 크기는 9~11×8~10㎛, 구형 또는 아구형이며 또는 난형, 7개의 각이 돌출되어 있다.

생태 여름~초가을 / 활엽수의 땅 또는 풀밭의 땅에 군생한다.

분포 한국, 북미

민꼬리외대버섯

Entoloma anatinum (Lasch) Donk

형태 균모의 지름은 폭 3~5㎝로 원추형~둥근 산 모양에서 낮은 종 모양으로 펴져서 위가 잘린 모양이 되기도 하며 균모가 펴져도 중앙이 오목해지지는 않는다. 표면은 청갈색 또는 회갈색이며 미세한 인편이 표면을 피복한다. 중앙이 진하고, 가는 비늘이 방사상으로 뻗어 있어서 줄무늬처럼 보이기도 한다. 살은 흰색이다. 주름살은 자루에 대하여 바른주름살, 유백색에서 붉은색의 분홍색으로 변하며 포크형이고 밀생한다. 자루의 길이는 7~14㎝, 굵기는 0.3~0.5㎝로 원통형, 미세한 섬유상 인편이 있으며 균모와 같은 색으로 속이 비어 있고 기부에는 흰색의 균사가 부착한다. 포자의 크기는 9~14×7~8㎛로 6~8각형으로 포자막이 두껍고 기름방울을 가진 것도 있다.

생태 여름~가을 / 초지 토양에 단생 · 산생한다.

분포 한국, 중국, 북미

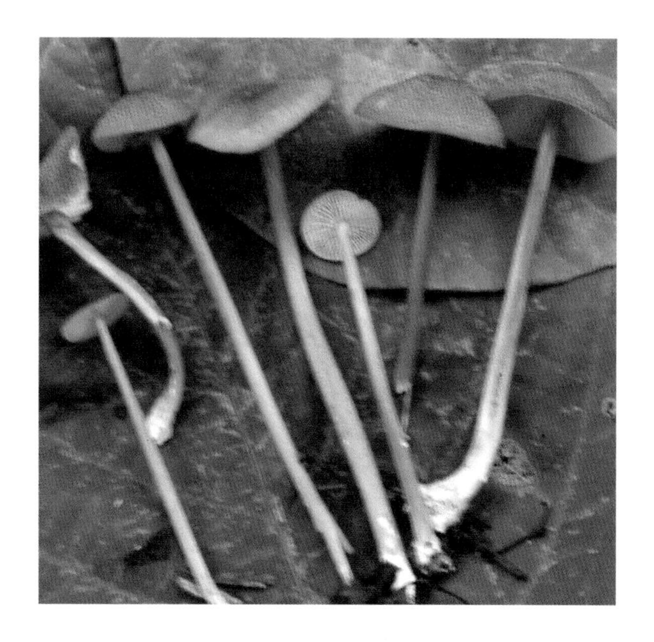

점질외대버섯

Entoloma aprile (Britzelm.) Sacc.

형태 균모의 지름은 20~60(80)㎜로 어릴 때 원추형에서 종 모양으로 되었다가 펴진다. 보통 중앙에 분명한 볼록이 있다. 표면은 밋밋하고 흡수성, 흑갈색에서 검은 회갈색이며 습할 시 광택이 나고 버터 비슷하다. 줄무늬선이 가장자리에서 중앙의 1/2까지 발달한다. 연한 갈색에서 베이지 갈색 또는 건조 시는 회-베이지색, 줄무늬선은 없어지고, 견사성이다. 가장자리는 오랫동안 안으로 말리고 예리하다. 살은 백색으로 단단하고 얇으며 냄새와 맛은 밀가루 같고 온화하다. 주름살은 자루에 홈파진주름살, 백색에서 회-핑크색을 거쳐 적갈색으로 되며 폭은 넓다. 언저리는 약간 물결형이다. 자루의 길이 50~80(100)㎜, 굵기 5~15(20)㎜, 원통형, 속은 차 있다가 비며, 부서지기 쉽다. 표면은 백색에서 점차 갈색의 섬유상으로 되고 특히 기부 쪽이 심하다. 꼭대기는 백색의 가루상이다. 포자는 8.1~11.4×7.2~10.4㎛, 5개의 각이 있다. 포자문은 핑크-갈색이다. 담자기는 곤봉형으로 40~55×10~13㎛, 4-포자성, 기부에 꺽쇠가 있다.

생태 여름 / 숲속 또는 혼효림의 땅에 단생 · 군생한다. 보통 종은 아니다.

분포 한국, 유럽, 아시아

거친외대버섯

Entoloma asprellum (Fr.) Fayod

형태 균모의 지름은 10~20㎜로 처음 반구형에서 종 모양-둥근 산 모양을 거쳐 편평한 둥근 산 모양으로 되는데, 중앙은 약간 톱니상이며 드물게 작은 돌기가 있다. 표면은 둔하고 미세하게 방사상의 섬유상, 중앙으로 인편들이 괴립상으로 되며 흡수성이다. 습할 시 줄무늬선이 중앙으로 1/3까지 발달하며, 검은 밤-갈색이나 건조 시 회갈색이고 중앙은 거의 검은색이다. 가장자리는 날카롭고 예리하다. 살은 회갈색이며 얇다. 양파 냄새가 좋고, 맛은 온화하며 꾀꼬리버섯맛 비슷하다. 주름살은 자루에 올린주름살 또는 넓은 바른주름살, 백색, 칙칙한 핑크색이며 폭은 넓다. 언저리는 밋밋하다. 자루의 길이 35~65㎜, 굵기 2~3㎜, 원통형, 어릴 때 속은 차 있다가 노쇠하면 빈다. 탄력성이 있다. 표면은 밋밋하며 둔하고 회-녹색에서 갈색으로 되는데, 포도주색이 있다. 기부는 백색의 털이 있다. 포자는 7.9~13×5.9~8.7㎛로 5-8각이 있다. 포자문은 핑크-갈색이다. 담자기는 곤봉형 28~45×9.5~14㎛, 4-포자성, 기부에 꺽쇠는 없다.

생태 여름~늦여름 / 과수원 등에 군생하며 드물게 단생한다. 드문 종이다.

분포 한국, 유럽

검은외대버섯

Entoloma atrum (Hongo) Hongo
E. ater (Hongo) Hongo & Izawa, Rhodophyllus ater Hongo

형태 균모의 지름은 1~4㎝로 둥근 산 모양에서 거의 편평하게 펴지며 중앙은 흔히 배꼽 모양으로 오목하게 들어간다. 표면은 가는 털 또는 미세한 인편이 덮여 있으며 처음에는 거의 흑색이지만 후에 암자갈색이 된다. 습기가 있을 때는 가장자리에 다소 줄무늬가 나타난다. 가장자리는 처음에 안쪽으로 말린다. 살은 얇고 표면과 거의 같은 색이고 건조하면 희어진다. 주름살은 자루에 대하여 바른-약간 내린주름살로 처음에는 연한 회색에서 살구색으로 되며 폭이 넓고, 약간 성기다. 자루의 길이는 2~5㎝, 굵기는 0.15~0.4㎝로 회갈색으로 상하가 같은 굵기이고 속은 비어 있으며 균모와 동색이다. 기부는 백색의 균사가 부착한다. 포자의 크기는 10.3~11.5×7.5~8㎛로 타원상의 다각형이다.
생태 초여름 / 잔디밭에 군생하며 간혹 속생한다.
분포 한국, 일본, 중국

쌍색외대버섯

Entoloma bicolor Murrill

형태 균모의 지름은 8~17㎜로 둥근 산 모양에서 차차 편평하게 펴진다. 표면은 밋밋하고 살색-담오렌지 황갈색으로 중앙부는 갈색이다. 습기가 있을 때 방사상의 줄무늬선이 나타난다. 주름살은 자루에 대하여 바른-올린주름살, 유백색에서 살색으로 되며, 폭은 1~2㎜, 성기다. 자루의 길이는 15~20(35)㎜, 굵기 1~2㎜로 표면은 밋밋하고 꼭대기는 미세한 가루가 있다. 균모보다 연한 색이며 기부는 백색의 균사로 피복된다. 포자의 크기는 9~10.5×6.5~7.5㎛, 난상의 다각형이다. 담자기는 2-포자성이다.
생태 봄~가을 / 숲속의 낙엽이 많은 땅 또는 고목에 군생하며 간혹 단생한다.
분포 한국, 일본

목편외대버섯

Entoloma bisporum (Hongo) Hongo
Rhodophyllus bisporus Hongo

형태 균모의 지름은 8~20㎜로 둥근 산 모양이다가 거의 편평하게 펴진다. 표면은 밋밋하다. 살갗색은 연한 오렌지 황갈색이고 중앙부는 갈색을 띤다. 습기가 있을 때는 방사상의 줄무늬가 나타난다. 주름살은 자루에 대하여 바른주름살-올린주름살로 유백색에서 살색으로 된다. 폭은 1~2㎜로 보통이고 성기다. 자루의 길이 1.5~2㎝, 굵기 1~2㎜, 꼭대기는 미세한 가루가 있고 균모보다 연한 색이다. 기부는 백색의 균사가 덮여 있다. 포자의 크기는 9~10.5×6.5~7.5㎛, 계란 모양의 다각형이다.
생태 봄~가을 / 나무조각을 버린 곳, 부후목 위 또는 숲속의 낙엽이 많은 땅에 군생 · 단생한다. 드문 종이다.
분포 한국, 일본

갈색둘레외대버섯

Entoloma bruneomarginatum Hesler

형태 균모의 지름은 1~2㎝로 둥근 산 모양-거의 반구형, 균모는 완전히 펴지지 않고 중앙은 배꼽 모양으로 쏙 들어간다. 흡수성이며 광택이 난다. 건조할 때는 회갈색, 중앙이 진하다. 습기가 있을 때는 암회갈색이다. 표면에는 비늘이 덮여 있고 가장자리는 줄무늬가 있다. 살은 얇고 칙칙한 갈색이다. 주름살은 자루에 대하여 올린주름살, 처음에는 칙칙한 유백색에서 칙칙한 살색으로 된다. 폭이 넓고 방추형이며 다소 성기다. 짧은 주름살이 섞여 있고 언저리는 갈색, 유연한 털이 있다. 자루의 길이는 3~4㎝, 굵기 0.1~0.4㎝, 위아래가 같은 굵기, 회갈색, 광택이 나고, 꼭대기는 분상이지만 기부 쪽은 매끈하다. 자루의 속은 차 있다. 포자의 크기는 8.5~10×5.5~7㎛, 5-6개의 각을 가지고 있다.

생태 여름 / 침엽수와 활엽수의 혼효림의 땅의 이끼 많은 곳에 산생한다.

분포 한국, 북미

주름균강 》 주름버섯목 》 외대버섯과 》 외대버섯속

잔디밭외대버섯

Entoloma carneogriseum (Berk. & Br.) Noordel.

형태 균모의 지름은 10~20㎜로 산 모양에서 편평하게 되며, 중앙은 톱니상에서 배꼽형이 된다. 표면은 미세한 방사상으로 섬유상, 중앙은 인편상, 흡수성이 있다. 습할 시 투명한 줄무늬선이 중앙까지 발달한다. 라일락-핑크 갈색으로 가장자리는 청색이다. 가장자리는 안으로 감기며 밋밋하다가 톱니상이 된다. 살은 백색, 표피 밑은 청색으로 얇고, 냄새와 맛은 불분명하다. 주름살은 넓은 바른주름살에서 내린주름살로 되며 어릴 때 백색, 때때로 청색이 있고 후에 회-핑크색으로 되며 폭은 넓다. 언저리는 물결형, 검은 청-색의 섬유털이 있다. 자루의 길이 25~50㎜, 굵기 1~2.5㎜, 원통형, 속은 비고, 부서지기 쉽다. 표면은 밋밋하며 견사성이다. 포자는 8.5~11.9×6.2~8㎛, 5-7개의 각을 가진다. 포자문은 핑크-갈색이며 담자기는 원통형에서 곤봉형, 27~32×9~10㎛, 4-포자성, 기부에 꺽쇠가 있다.

생태 여름 / 풀밭, 풀밭 가에 단생 · 군생한다. 드문 종이다.

분포 한국, 유럽, 북미

주름균강 》 주름버섯목 》 외대버섯과 》 외대버섯속

좀깔대기외대버섯

Entoloma cephalotrichum (Orton) Noordel.

형태 균모의 지름은 5~10㎜로 어릴 때는 둥근 산 모양이나 차차 편평해지고 중앙이 약간 오목하게 들어간다. 표면은 밋밋하고 약간 흡수성이며 크림백색 바탕에 미세한 백색의 솜털이 있다. 습기가 있을 때는 가장자리에 줄무늬선이 나타난다. 가장자리는 오래되면 갈색으로 변색한다. 주름살은 자루에 대하여 내린주름살이고 백색에서 분홍색으로 되고, 폭은 좁고 성기다. 가장자리는 고르다. 자루의 길이는 2~3㎝, 굵기 0.05~0.15㎝로 원주상이며 속은 차 있거나 비어 있으며 부러지기 쉽고 유백색으로 반투명하다. 표면은 밋밋하지만 미세한 백색의 털이 있다. 포자의 크기는 8~11×6~8㎛, 다각형으로 5-7개의 각을 가진다. 포자문은 분홍색이다.

생태 여름~가을 / 숲속의 땅, 공원의 부식질이 많은 땅에 단생 · 산생한다.

분포 한국, 중국, 유럽

요외대버섯

Entoloma cavipes Horak

형태 균모의 지름은 10~25㎜로 둥근 산 모양에서 방석 모양으로 되며 처음 중앙은 편평하다가 들어가서 약간 배꼽 모양이 되고 갈색이다. 건조 시 베이지색, 매끈하고 건조성, 줄무늬선이 있거나 없다. 표피 껍질은 끈적기가 있다. 주름살은 자루에 대하여 바른주름살 또는 약간 내린주름살, 어릴 때 백색에서 핑크색으로 된다. 언저리는 동색이며 솜털은 없다. 자루의 길이 15~20㎜, 굵기 2~5㎜, 원통형, 단단하며 회색에서 베이지색, 기부는 균사체로부터 백색의 씨줄을 가진다. 건조성이고 매끈하며 보통 비틀리고 속은 비었다. 살은 갈색, 끈적거리며 냄새와 맛은 시다. 포자의 크기는 8~9×5.5~6.5㎛, 5-6개의 각이 있다. 담자기는 35~40×8㎛, 4-포자성이다.

생태 여름 / 숲속의 땅에 단생한다.

분포 한국, 뉴질랜드

흑청색외대버섯

Entoloma chalybeum (Pers.) Noordel.
E. chalybeum var. lazulinum (Fr.) Noordel., E. lazulinum (Fr.) Noordel.

형태 균모의 지름은 10~30㎜로 반구형-둥근 산 모양에서 편평한 모양으로 되며 중앙이 약간 볼록하고 한가운데는 배꼽형이다. 표면은 무디고 가는 방사상의 섬유실이다. 중앙은 인편이 있고 약간 흡수성이며 줄무늬선이 발달한다. 검은 청자색이나 중앙은 거의 흑색이다. 가장자리는 밋밋하고 예리하다. 살은 얇고, 맛은 온화하며 불분명한 밀가루 냄새가 난다. 주름살은 자루에 대하여 홈파진주름살로 밝은 청색에서 회베이지색을 거쳐 핑크베이지색으로 되며 폭은 넓다. 주름살의 변두리는 밋밋하다. 자루의 길이는 20~50㎜, 굵기는 1.5~4㎜로 원통형에서 눌린 상태이고 세로줄의 홈선이 있으며 때때로(기부와 위쪽으로) 부풀고 속은 비어 부서지기 쉽다. 표면은 흑청색에서 청자색, 어릴 때 전체가 세로줄의 백색 섬유실이 있고, 꼭대기는 백색의 가루가 있다. 오래되면 표면은 매끈하고 청색의 인편이 꼭대기 쪽에 있다. 기부에 백색의 털이 있다. 포자의 크기는 8.2~11.9×5.7~8.3㎛로 5-8개의 각을 가진다. 담자기는 원통형에서 곤봉형으로 25~35×8~11㎛. 연낭상체는 원통형에서 곤봉형으로 30~65×5~13㎛. 측낭상체는 관찰이 안 된다.

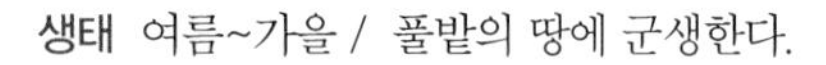

생태 여름~가을 / 풀밭의 땅에 군생한다.

분포 한국, 중국, 유럽, 아시아

삼나무외대버섯

Entoloma chamaecyparidis (Hongo) Hongo
Rhodophyllus chamaecyparidis Hongo

형태 균모의 지름은 3~9㎜로 둥근 산 모양에서 거의 편평하게 펴지고 중앙부는 약간 오목해진다. 특히 표면의 중앙부는 미세한 가루가 있고 거의 흰색이지만 나중에 약간 핑크색을 띤다. 가장자리는 줄무늬가 나타나고 언저리는 불규칙하게 굴곡한다. 살은 흰색이고 얇으며 대단히 연약하다. 주름살은 자루에 대하여 바른주름살이고 포자가 성숙하면 살색으로 된다. 주름살의 폭은 좁고 성기다. 자루의 길이 3~8㎜, 굵기 1㎜ 정도, 흰색이며 위쪽은 가루상이다. 포자의 크기는 8.5~10.5×6~6.5㎛, 타원상의 다각형이다.
생태 여름~가을 / 편백나무 숲의 고목에 군생한다. 오래된 편백나무 수간의 껍질에도 난다.
분포 한국, 일본

사초외대버섯

Entoloma cinchonense (Murr.) Hesler

형태 균모의 지름은 2~2.5㎝로 처음 둥근 산 모양이며 중앙이 배꼽 모양으로 쏙 들어간다. 표면은 거무칙칙한 색이며, 가장자리는 줄무늬가 있고 고르지만 얕게 째진다. 살은 얇다. 주름살은 자루에 대하여 바른주름살이며 연한 적갈색이고 주름살의 폭은 넓은 편이며 성기다. 자루의 길이 1~3㎝, 굵기 0.2~0.3㎝, 원통형이며 위쪽이 약간 가늘고 회색이다. 포자의 크기는 10~13×7.5~9㎛, 5~6개의 각이 돌출한다.

생태 여름 / 사초풀속의 땅에 단생한다.

분포 한국, 북미, 자메이카

재외대버섯

Entoloma cinerascens Hesler

형태 균모의 지름은 3~6㎝로 둥근 산 모양에서 편평해지며 중앙이 약간 오목해지기도 한다. 표면은 밋밋하고 광택이 나며 흡수성이 있고 백색이나 물기에 젖으면 회색을 띤다. 오래되거나 건조하면 연한 회색으로 퇴색된다. 가장자리는 고르고 약간 안쪽으로 굽는다. 습기가 있을 때는 줄무늬가 나타나기도 한다. 살은 백색이다. 주름살은 자루에 대하여 바른주름살이거나 약간 홈파진주름살이다. 처음에는 백색이나 연한 분홍색으로 변색한다. 폭은 약간 좁은 편이며 약간 빽빽하고 언저리는 고르다. 자루의 길이 0.5~0.9㎝, 굵기 0.6~1㎝로 흰색-유백색, 위아래가 같은 굵기이거나 위쪽이 약간 가늘다. 꼭대기는 가루상, 그 아래는 섬유상, 기부는 약간 굽어 있다. 어릴 때는 속이 차 있으나 나중에 빈다. 포자의 크기는 8.5~10.5×7~8㎛로 구형-아구형 또는 타원형, 5-6개의 각이 있다. 포자문은 오렌지 계피색이다.

생태 여름~가을 / 혼효림의 비옥한 땅에 산생 · 군생한다.

분포 한국, 북미

방패외대버섯

Entoloma clypeatum (L.) P. Kummer
E. clypeatum (L.) Kummer f. clypeatum

형태 균모는 지름이 3~9㎝로 종 모양에서 편평하게 되며 중앙부는 돌출한다. 표면은 습기가 있을 때 끈적기가 있고, 물을 흡수하면 털이 없고 탁한 황갈색 또는 암갈색으로 된다. 가장자리에 가끔 가는 회색의 줄무늬선이 있거나 중앙부에 일정하지 않은 회색 무늬 또는 반점이 있다. 가장자리는 물결 모양이다. 살은 얇고 부서지기 쉬우며 백색이다. 주름살은 처음에 자루에 대하여 홈파진주름살이나 나중에 떨어진주름살로 되며 약간 성기고 폭은 넓다. 색깔은 백색 내지 회백색에서 분홍색으로 된다. 주름살의 변두리는 톱니상 또는 물결형이다. 자루는 높이가 4~10㎝, 굵기는 0.6~1.5㎝로 원주형, 상부는 가루상이며 백색 또는 회백색이고 부서지기 쉽고 기부가 약간 굵다. 자루의 속은 차 있다가 나중에 빈다. 포자의 크기는 9~10×7~8㎛로 아구형이다. 포자문은 분홍색이다.

생태 여름 / 숲속의 땅에 군생 · 속생한다. 사과나무, 자두나무 또는 산사나무와 외생균근을 형성한다. 식용이 가능하다.

분포 한국, 중국, 유럽, 북미

군청색외대버섯

Entoloma coelestinum (Fr.) Hesler
Rhodophyllus coelestinus (Fr.) Quél.

형태 균모의 지름은 0.5~1㎝로 원추형-원추상의 둥근 산 모양에서 거의 편평하게 된다. 표면은 건조하고 내생 견사상 섬유가 있다. 오래되면 중앙이 다소 불명료한 망목-인편 비슷한 것이 생긴다. 암청자색이며 거의 퇴색하지 않는다. 살은 얇고 표면보다 연한 색이며 매우 연약하다. 주름살은 자루에 대하여 바른주름살-올린주름살, 연한 황갈색에서 연한 살색으로 된다. 폭이 좁거나 보통이고 성기다. 자루의 길이 2~3㎝, 굵기 0.07~0.1㎝, 위아래가 같은 굵기이고 암청자색, 속은 차 있다. 포자의 크기는 8.5~10×6.5~7.5㎛, 난형 또는 타원형인데 각이 돌출되어 있다. 포자문은 분홍색이다.
생태 봄~초여름 / 편백림 또는 침엽수림 땅의 이끼 사이 또는 부식토에 산생 · 군생한다.
분포 한국, 일본, 유럽

보통외대버섯

Entoloma commune Murr.

형태 균모의 지름은 2.7~5(6)㎝로 둥근 산 모양에서 차차 편평해지며 오래되면 오목해진다. 간혹 중앙이 약간 돌출되기도 한다. 표면은 밋밋하고 건조하며 거무칙칙한 색, 흔히 중앙이 진하다. 가장자리는 고르다가 얕게 또는 길게 째지기도 한다. 살은 얇고 백색이다. 주름살은 자루에 대하여 바른주름살에서 홈파진주름살이 된다. 처음에는 백색이다가 곧 분홍색으로 된다. 폭은 좁고 촘촘하며 긴 주름살과 짧은 주름살이 섞여 있다. 자루의 길이 4~5(7)㎝, 굵기 0.3~0.6㎝, 원주형이며 흰색-연한 회색, 위쪽은 가루상이고 보통 휘어 있고 속이 비어 있다. 포자의 크기는 8~9(10~11)×6~7.5㎛, 5~6개의 각이 돌출된다.
생태 여름~가을 / 활엽수의 숲속의 땅 또는 혼효림의 숲속의 부식질이 많은 땅에 산생 또는 군생한다.
분포 한국, 북미

카멜레온외대버섯

Entoloma conferendum (Britz.) Noordel.
E. staurosporum (Bres.) Horak

형태 균모의 지름은 15~30(50)㎜로 어릴 때 원추-종 모양에서 둥근 산 모양-종 모양으로 되며 중앙이 볼록하다. 표면은 밋밋하고 미세하게 방사상의 섬유상, 견사성이다. 흡수성이며 습할 시 검은 갈색 투명한 줄무늬선이 거의 중앙까지 발달한다. 중앙에 인편이 있고 건조 시 회-베이지색이다. 가장자리는 예리하다. 살은 백색에서 회갈색, 얇고 밀가루 냄새가 나지만 때때로 냄새가 없기도 하며 맛은 온화하고 밀가루맛이다. 주름살은 자루에 대하여 올린-바른주름살에서 거의 끝붙은주름살이다. 어릴 때 밝은 베이지색, 후에 핑크색에서 핑크 갈색이 되며 폭이 넓다. 언저리는 물결형에서 약간 톱니상이다. 자루의 길이 30~70㎜, 굵기 2~5㎜, 원통형, 흔히 기부로 약간 부푼다. 자루 속은 비고 부서지기 쉽다. 표면은 어릴 때 베이지지색에서 회-갈색으로 되며 세로로 섬유상이 줄무늬선으로 된다. 꼭대기는 가끔 백색의 가루상이고 기부는 백색의 털상이다. 포자는 7.9~11.6×7.1~10.1㎛, 보통 십자 모양이나 4-5개의 각이 있다. 포자문은 적갈색이다. 담자기는 23~35×10~14㎛, 원통-배불뚝이형에서 곤봉형, (2)4-포자성, 기부에 꺽쇠는 없다.

생태 여름~가을 / 숲속의 땅에 단생 · 군생한다. 침엽수잎 또는 쓰레기 등 이끼류 속에 발생한다. 보통 종이다.

분포 한국, 유럽, 북미, 아시아 북미 해안

카멜레온외대버섯(별꼴포자형)

Entoloma staurosporum (Bres.) Horak

형태 균모의 지름은 1~3㎝로 둥근 산 모양이며 중앙에 불분명한 볼록이 있다. 검은 갈색, 적갈색 또는 회색, 흡수성이 있다. 건조 시 색은 바래고, 습할 시 줄무늬선이 나타난다. 자루의 길이 2~6㎝, 0.1~0.3㎝, 균모보다 연한 색, 긴 비단의 백색의 섬유실이 피복된다. 살은 균모와 동색, 밀가루 냄새가 나고, 주름살은 처음에 백색에서 핑크색이다. 포자문은 핑크색이다. 포자는 네모 모양에서 별꼴 모양이며 9~10×7~9㎛이다.
생태 가을 / 풀숲의 땅, 개괄지의 땅에 군생한다. 보통 종이다. 식용이 불가능하다.
분포 한국, 유럽, 영국

원추외대버섯

Entoloma convexum G. Stev.

형태 균모의 지름은 4~5㎝로 원추형이다가 둥근 산 모양이 되며 중앙부는 젖꼭지 모양이다. 가장자리에서 중앙부까지 줄무늬가 있으며 황갈색이다. 가장자리는 드물게 안으로 굽는다. 살은 표면과 같은 색이다. 주름살의 색깔은 처음에는 흰색이다가 분홍색을 띤 황갈색으로 되며 폭이 넓다. 언저리는 황갈색이다. 자루의 길이 4~5㎝, 굵기 0.2~0.3㎝, 원주형이며 백황색, 속이 차 있다. 포자의 크기는 (8.5)11.5~13×(6)9~10(12)㎛, 다각형으로 5개의 각이 있으며 각은 둔하다.

생태 여름 / 풀밭의 땅에 단생 · 산생한다.

분포 한국, 북미

주름균강 》 주름버섯목 》 외대버섯과 》 외대버섯속

흑빛외대버섯

Entoloma corvinum (Kühn.) Noodel.

형태 균모의 지름은 10~40㎜로 반구형에서 둥근 산 모양이 되었다가 편평하게 되며 중앙이 배꼽 모양, 노쇠하면 물결형이다. 표면은 압착되고 방사상의 털상-인편, 중앙은 뚜렷한 인편상, 노쇠하면 갈라지고 연한 살이 드러난다. 어릴 때 검은 흑청색이지만 퇴색하면서 자색끼가 있다. 가장자리는 안으로 말리고 오래되면 갈라지고 물결형이다. 살은 얇으며 회백색, 표피 밑은 흑청색이다. 곰팡이 냄새가 나며 맛은 좋지 않다. 주름살은 올린주름살로 넓은 바른주름살, 어릴 때 백색에서 핑크색이 되며 폭은 넓다. 언저리는 톱니상이다. 자루의 길이 30~70㎜, 굵기 2.5~6㎜, 원통형, 흔히 비틀리고 띠가 있다. 속은 비고 부서지기 쉽다. 표면은 세로 섬유상에서 연한 회청색 바탕 위에 홈선이 있다. 꼭대기는 연한 색, 기부도 연한 색이다. 기부는 백색의 털상이다. 포자는 9~11×6.2~8㎛, 5-7개의 각이 있다. 포자문은 적-황토색, 담자기는 곤봉형, 33~42×9.5~12㎛, 4-포자성, 기부에 꺽쇠는 없다.
생태 여름~가을 / 거친 풀밭 산 위의 목장, 풀속과 이끼류 속에 단생 · 군생한다. 드문 종이다.
분포 한국, 유럽

주름균강 》 주름버섯목 》 외대버섯과 》 외대버섯속

회청색외대버섯

Entoloma cyanulum (Lasch) Noordel.

형태 균모의 지름은 3~4㎝이며 육질이다. 초기 중앙부가 돌출된 모양에서 차차 편평하게 된다. 표면은 처음 청색이다가 마르면 갈색이고 다갈색 인편이 밀포한다. 가장자리는 초기에 안으로 감긴다. 살은 얇고 희다. 주름살은 자루에 대하여 바른주름살이고 다소 성기며 나비는 넓은 편이고 백색에서 분홍색으로 된다. 자루는 높이 4~5㎝, 굵기 0.1~0.2㎝이며 상하의 굵기가 같고 상부는 가루상이며 하부는 섬모가 있고 청색으로 속이 차 있다. 포자의 크기는 9~11×7㎛로 타원형으로 각이 있다. 포자문은 분홍색이며 낭상체는 없다.
생태 여름 / 소나무 숲의 땅에서 난다.
분포 한국, 중국

네모외대버섯

Entoloma cuboideum Hesler

형태 균모의 지름은 4~6㎝로 낮고 둥근 산 모양에서 차차 편평해진다. 드물게 중앙이 돌출되면서 약간 오목해진다. 표면에 섬유상 또는 비늘 모양의 인편이 있고, 백황색 또는 바랜 황색이다. 가장자리는 고르고 줄무늬선 또는 얕은 홈선이 있다. 살은 흰색이다. 주름살은 자루에 대하여 내린주름살, 처음에는 흰색 또는 백황색이다가 분홍색을 띠며 폭이 넓고 긴 주름살과 짧은 주름살이 섞여 있으며 촘촘하다. 자루의 길이 7~9㎝, 굵기는 0.5~0.7㎝, 원주상으로 매끈하고 흔히 납작하며 비틀려져 있다. 갈색 또는 황백색이고 드물게 아래쪽이 가늘다. 자루의 속은 차 있다가 빈다. 기부에는 흑색의 균사가 있다. 포자의 크기는 7~10×7~10㎛, 사각형의 주사위 모양이다.

생태 가을 / 활엽수림이나 혼효림 토양의 부식질이 많은 곳에 산생 · 군생한다.

분포 한국, 북미

고깔외대버섯

Entoloma cuspidiferum (Kühner & Romagn.) Noordel.

형태 균모의 지름은 20~40㎜로 어릴 때 원추형, 후에 종 모양이나 드물게 둥근 산 모양이며 예리한 원추형 또는 분명한 볼록이 있다. 노쇠하면 물결형이다. 표면은 흡수성이며 밋밋하다. 미세하게 압착된 방사상의 섬유실, 습할 시 검은 회-갈색에서 밤갈색이 되며 중앙은 진한 색으로 검다. 투명한 줄무늬선이 중앙까지 발달했고 건조 시 갈색-베이지색이다. 가장자리는 예리하고 안으로 말린다. 살은 갈색으로 얇고 버섯 냄새가 나며 맛은 고약하고 약간 쓰다. 주름살은 자루에 대하여 약간 올린주름살, 어릴 때 회색에서 핑크-갈색이며 폭은 넓다. 언저리는 동색이며 다소 밋밋하다. 자루의 길이 8~100(120)㎜, 굵기 2~4㎜, 원통형, 때때로 비틀린다. 속은 비고, 부서지기 쉽다. 표면은 연한 회-갈색, 미세한 백색의 세로로 섬유실이 있고 꼭대기는 약간 백색의 가루상이고 기부는 백색의 털이 있다. 포자는 10.2~12.6×8.5~10.4㎛, 5-6개의 각이 있다. 포자문은 핑크-갈색이다. 담자기는 곤봉형, 25~32×8.5~11㎛, 2-포자성, 기부는 꺽쇠가 있다.
생태 여름~가을 / 황무지의 땅, 젖은 풀밭, 이끼류 속에 단생 · 군생한다. 보통 종은 아니다.
분포 한국, 유럽, 북미

가지외대버섯

Entoloma cyanonigrum (Hongo) Hongo
Rhodophyllus subnitidus f. cyanoniger (Hongo) Hongo

형태 균모의 지름은 3~7㎝로 처음에는 둥근 원추형이다가 편평형이 된다. 표면에는 흔히 얕은 홈파진주름 무늬가 있으며 청흑색이다. 살은 흰색이고 표피 밑은 청색을 띤다. 주름살은 자루에 대하여 올린주름살 또는 홈파진주름살 또는 거의 끝붙은주름살로 백색에서 살색이다. 자루는 길이 4~10㎝, 굵기 0.4~1.2㎝로 위아래가 같은 굵기이거나 또는 기부가 약간 굵어진다. 자루의 속은 차 있거나 약간 비기도 한다. 표면은 섬유상의 세로줄무늬가 있으며 균모와 동색이다. 포자의 크기는 10.4~11.7×6.5~9.1㎛, 5-6개의 각이 있는 다각형이다.
생태 여름~가을 / 소나무 숲의 혼효림의 땅에 단생 · 군생한다.
분포 한국, 일본

평원외대버섯

Entoloma depluens (Batsch) Hesler
Rhodophyllus depluens (Batsch) Quél.

형태 균모의 지름은 1~5㎝로 처음에는 숲속의 부후목이나 부식물에 자루가 없이 붙는다. 처음 둥근 모양이거나 콩팥형, 조개껍질형 등 모양에 차이와 변화가 있다. 표면은 흰색이다. 솜찌거기 모양이며 후에 홍색을 띠거나 혹은 회색을 띠게 된다. 살은 매우 얇고 막질이다. 주름살은 자루에서 방사상으로 퍼져 있다. 오래되면 복숭아색이 된다. 폭이 넓으며 약간 성기다. 자루는 없거나 매우 짧고 흰색, 표면은 융털 모양이다. 포자의 크기는 7~10×6~7.5㎛, 구형의 각형이며 기름방울을 하나 함유하기도 한다.
생태 여름~가을 / 숲속의 부후목이나 톱밥, 부식토 등의 위에 군생한다.
분포 한국, 일본, 유럽, 북미

여우외대버섯

Entoloma dolosum Corner & Horak

형태 균모의 지름은 7㎝ 정도의 원추형-둥근 산 모양이다가 나중에 돌출된 방패형으로 된다. 붉은색 또는 적황색으로 중앙이 좀 더 진한 색이며 섬유상 인편은 적갈색으로 중앙에 밀집되어 있다. 흔히 작은 주름이 생긴다. 흡수성이 있고 가장자리는 고르고 미세한 줄무늬가 있다. 살은 얇고 백황색이다. 주름살은 자루에 대하여 올린주름살이거나 약간 떨어진주름살이고 처음에는 흰색이나 나중에 적갈색-분홍색으로 된다. 폭은 0.4~0.5㎝ 정도로 넓다. 칼날형, 가장자리 쪽이 좁고 안쪽이 넓다. 약간 성기거나 촘촘하고 언저리는 고르다. 포자는 10~12×6~8㎛, 타원형으로 5-6개의 각이 있고 드물게 한 개의 기름방울을 함유한 것도 있다. 자루의 길이 5.5㎝, 굵기 0.7㎝, 위아래가 같은 굵기이며 약간 비틀려 있고, 적갈색이다. 위쪽은 가루상, 속이 비어 있다. 유백색의 섬유상 인편이 있다. 포자의 크기는 10~12×6~8㎛, 타원형의 모양이며 5-6개의 각이 있고 드물게 한 개의 기름방울을 함유한다.

생태 여름 / 혼효림의 숲속의 토양에 단생한다.

분포 한국, 북미

모래외대버섯

Entoloma dunense Horak

형태 균모의 지름은 1~2.5㎝로 어릴 때는 둥근 산 모양이나 곧 넓게 펴진 둥근 산 모양-편평형이 되면서 중앙이 오목하게 들어간다. 가장자리는 안쪽으로 오래 굽어 있다. 표면은 황색-그을린 황갈색, 견사상-미세한 섬유상의 털이 덮여 있다. 가장자리에는 미세한 줄무늬선이 있다. 살은 연한 황색이다. 주름살은 자루에 대하여 넓은 바른주름살이면서 약간 내린주름살, 자루의 길이 1.5~3㎝, 굵기 0.15㎝, 원주형, 위아래가 같은 굵기이다. 연한 황색-그을은 황갈색, 세로로 섬유상이 있고, 기부에는 털이 있고 자루의 속은 비어 있다. 포자의 크기는 9~11×6~8㎛이며 5-8각형의 다각형이다.

생태 여름 / 해안지대 사구 토양의 풀 사이에 난다.

분포 한국, 뉴기니

무색외대버섯

Entoloma exalbidum (Largent) Noodel. & Co-David
Leptonia exalbida Largent

형태 균모의 지름은 1~4㎝로 둥근 모양에서 넓은 둥근 산 모양이다. 어릴 때는 약간 가장자리는 안으로 말리고, 후에 펴져서 거의 편평하게 되며 때때로 가장자리는 물결형이다. 그을린 황갈색에서 약간 갈색으로 되며 보통 중앙은 검은 갈색, 가장자리는 투명한 줄무늬선의 나타난다. 표면은 건조성, 작은 인편이 섬유실의 편평한 덩어리로 되고, 가장자리는 밋밋해진다. 살은 얇고 부서지기 쉽고 냄새는 불분명하다. 주름살은 자루에 대하여 바른주름살 또는 떨어진주름살이다. 어릴 때 백색, 맑은 회크림색에서 핑크색으로 된다. 언저리는 고르다. 자루의 길이 2~6.5㎝, 굵기 0.2~0.4㎝, 원통형이지만 기부는 약간 부푼다. 백색에서 회-크림색으로 되며 꼭대기는 때때로 맑은 회색이다. 자루 속은 비고, 백색이다. 표면은 밋밋하고 기부에 백색의 솜털-균사체가 있다. 포자문은 핑크색에서 연어색이 되며 포자의 크기는 8~12×6~8㎛, 5-6개의 각이 있는 다각형, 꺽쇠는 없다.

생태 봄~가을 / 기름진 이끼류의 나뭇가지, 침엽수에 단생하며 2개씩 군생 · 산생한다. 작은 집단으로 발생하기도 한다. 식용 여부는 알 수 없다.

분포 한국, 북미

편심외대버섯

Entoloma excentricum Bres.

형태 균모의 지름은 23~57㎜로 둥근 산 모양, 다음에 편평-둥근 산 모양에서 편평해지며 드물게 중앙에 볼록이 있다. 가장자리가 안으로 말린다. 흡수성이 아니고 투명한 줄무늬선은 없으며, 매우 연한 갈색 또는 가죽 같은 갈색, 매끈하고 약간 털상이며 빛나는 반점이 있다. 살은 백색, 때때로 갈색 끼가 있고, 밀가루 냄새가 약간 있고 맛은 안 좋으며 밀가루맛이다. 주름살은 자루에 대하여 바른-홈파진주름살, 분절형, 드물게 배불뚝이형이며 빽빽하다. 연한 핑크색이며 노쇠하면 갈색 기가 있다. 불규칙한 솜털상이며 언저리는 갈색이다. 자루의 길이 30~80㎜, 굵기 4~8㎜, 원통형, 또는 기부로 갈수록 가늘고 때때로 비틀린다. 백색으로 갈색 또는 황색 끼가 있고, 섬유상의 세로줄이 있다. 기부는 털상, 속은 차 있다. 포자의 크기는 (10)11~12.5(14)×7~8.5(9.5)㎛, 불규칙한 5-7개의 각이 있다. 담자기는 35~60×11~18㎛, 4-포자성, 꺽쇠가 있다.

생태 여름~가을 / 풀밭의 땅, 단생 또는 작은 집단으로 발생한다.

분포 한국, 유럽

가는대외대버섯

Entoloma exile (Fr.) Hesl.

형태 균모의 지름은 0.6~1.6㎝로 둥근 산 모양이며 불분명하게 중앙이 돌출한다. 중앙은 회흑색, 그 외는 포도주색을 띤 황갈색이다. 표면은 미세한 가루상이며 가장자리부터 중간까지 줄무늬선이 있다. 주름살은 자루에 홈파진주름살, 백색에서 곧 분홍색으로 되며 약간 성긴 편이다. 언저리는 분홍색, 자루의 길이 1.5~3㎝, 굵기 0.1~0.3㎝의 원주상으로 밋밋하고 암포도주 갈색이다. 기부는 연한 색, 꼭대기는 약간 가루상이고 자루의 속은 비어 있다. 포자는 10~13×6~9㎛, (5)6-7개의 다각형이다.
생태 여름 / 소나무 숲 또는 활엽수림의 땅에 난다.
분포 한국, 유럽, 북미

가루외대버섯

Entoloma farinaceum Hesler

형태 균모의 지름은 1~2㎝로 둥근 산 모양이며 중앙에 깊게 배꼽 모양으로 된다. 표면은 쥐색, 흡수성이며 다소 밋밋한 편이다. 가장자리는 고르고 어릴 때는 안쪽으로 감긴다. 살은 얇고 유백색이다. 주름살은 자루에 대하여 내린주름살이며 성기고 삼각형 모양이며 짧은 주름살이 섞여 있다. 주름살의 색깔은 유백색에서 탁한 분홍색으로 된다. 자루의 길이 1㎝ 내외 굵기 0.1㎝ 내외로 원주형, 유백색, 다소 섬유상이다. 포자의 크기는 8.5~10×6~7㎛, 5-6개의 각를 가진 다각형이다.

생태 여름 / 숲속의 땅에 난다.

분포 한국, 미국

녹슨갈변외대버섯

Entoloma ferruginans Peck

형태 균모의 지름은 5~12㎝로 둥근 산 모양에서 펴져서 넓은 둥근 산 모양, 때로는 거의 편평해지며 때때로 물결형이다. 색깔은 다양하고 검은 흑갈색에서 회갈색이 되며 올리브색 흔적이 있다. 습할 시 회색의 그을린 황갈색, 흡수성, 퇴색하여 베이지색으로 되며 흔히 건조 시 광택이 난다. 균모의 중앙은 백색, 광택이 나고 가늘고 긴 섬유실이 있다. 표면은 끈적기, 건조해지며 약간 주름지다가 밋밋하게 된다. 강한 표백제, 맛은 온화하거나 표백제 맛이다. 가장자리는 안으로 말린다. 주름살은 자루에 대하여 바른주름살에서 홈파진주름살로 연한 회-그을린 황갈색, 후에 핑크색에서 연어색으로 되며 보통 회-갈색이다. 언저리는 고르지만 약간 톱니상, 또는 부식된 형이다. 자루의 길이 6~14㎝, 굵기 1~4㎝, 원통형이지만 기부는 부풀고, 갈수록 가늘어진다. 연한 백색에서 맑은 베이지색 또는 그을린 황갈색, 건조 시 세로로 줄무늬선이 있으며 속은 비고 섬유상에서 밋밋하게 된다. 포자문은 크림색에서 연어의 색이다. 포자는 7~9×6.5~8㎛, 5-6개의 각을 가진 다각형이다.

생태 여름~가을 / 기름진 땅에 단생 · 산생 · 군생한다. 식용과 독성 여부는 불분명하다.

분포 한국, 북미

황노랑외대버섯

Entoloma flavocerinum E. Horak

형태 균모의 지름은 1.5~4㎝로 자실체는 소형이며 편평하거나 중앙부가 약간 볼록하고 회-오렌지색 또는 오렌지 갈색이다. 표면에 섬유상 털이 있다. 가장자리에 줄무늬선이 있다. 살은 황색이며 맛은 없다. 주름살은 자루에 대하여 홈파진주름살로 오렌지 황색 또는 옅은 오렌지 갈색이다. 언저리는 밋밋하다. 자루의 길이 4.5~6㎝, 굵기 0.2~0.3㎝, 원통형, 백색 또는 오백색, 털 같은 인편이 있으며, 기부는 백색 털의 섬유상이다. 자루의 속은 비었다. 포자문은 분홍색이며 포자의 크기는 8~11×5.5~7㎛, 6개의 각을 갖고 있다.

생태 여름~가을 / 숲속의 땅에 산생 · 군생한다.

분포 한국, 중국

주름균강 》 주름버섯목 》 외대버섯과 》 외대버섯속

악취외대버섯

Entoloma foetidum Hesler

형태 균모의 지름은 2~5㎝이며 넓고 둥근 산 모양으로 중앙은 들어가고 가장자리는 안으로 굽었으며 오래되면 편평해진다. 아치형 또는 물결형이며 흔히 한쪽이 만곡된다. 습할 시 연기 같은 회색, 퇴색하여 담황색으로 되며 미세한 섬유상이고 광택이 있다. 때때로 테 무늬는 있으나 줄무늬는 없다. 살은 물색의 회색이며 얇고 부서지기 쉽다. 냄새는 딱총나무의 열매 같고 맛은 강하다. 주름살은 넓은 바른주름살에서 약간 내린주름살, 연한 회색에서 핑크색, 밀생에서 약간 성기고 폭은 좁다. 자루의 길이 2~5㎝, 굵기 0.2~0.3(0.5)㎝, 원통형 또는 압착되며 위아래가 같은 굵기이고, 속은 비고 기부는 때로 부풀고 연한 재-회색에서 백색이 된다. 처음 미세한 섬유상에서 거의 매끈해진다. 포자의 크기는 8~11×7~8㎛, 5-6개의 각이 있지만 때로는 둔한 5-7개의 각이 있으며 황토-적색에서 갈색으로 된다. 담자기는 30~46×9~12㎛, 2-4포자성, 꺽쇠는 없다.
생태 여름~가을 / 기름진 땅, 활엽수의 밑의 땅에 발생한다.
분포 한국, 북미

주름균강 》 주름버섯목 》 외대버섯과 》 외대버섯속

회갈색외대버섯

Entoloma griseobrunneum Hesler

형태 균모의 지름은 1.5~3㎝로 둥근 산 모양이다가 물결 모양으로 굴곡되어 펴진다. 중앙이 배꼽 모양으로 오목하다. 회갈색-암갈색이며 중앙은 진하다. 표면은 섬유상 비늘이 덮여 있고, 비늘은 올리브-갈색이다. 흡수성, 건조할 때는 광택이 있다. 오래되면 거의 중앙까지 깊게 줄무늬-주름이 잡힌다. 살은 연하고 유백색, 주름살은 자루에 대하여 내린주름살-바른 내린주름살, 처음에는 유백색-회백색 후에 회분홍-분홍색이 된다. 폭은 보통이며 방추상으로 가운데 폭이 넓으며 다소 성긴 편이다. 언저리는 같은 색이고 유연한 털이 있다. 자루의 길이 4~6.5(8)㎝, 굵기 0.2~0.3㎝, 균모와 같은 색이거나 연한 색이며 꼭대기는 가루상, 그 아래는 밋밋하고 가늘다. 때때로 눌려 있고, 속이 비어 있다. 기부에는 백색 균사가 있다. 포자의 크기는 9~12×6.3~8㎛, 5-6개의 각이 있으며 각은 날카롭고, 각의 돌출이 비스듬히 있다.
생태 가을 / 숲속의 부식질이 많은 땅에 난다.
분포 한국, 북미

고운외대버섯사촌

Entoloma formosoides E. Horak

형태 균모의 지름은 1.2~1.8㎝로 둥근 산 모양에서 거의 편평하게 되며, 배꼽형으로 섬유상이다. 때때로 중앙에 인편이 분포하며 검은 황갈색이다. 주름살은 자루에 대하여 바른주름살 또는 톱니상의 내린주름살을 가진다. 비교적 빽빽하고 퇴색된 핑크색의 그을린 담황갈색으로 된다. 자루의 길이 2.5㎝, 원통형, 담황색, 가늘고 매끈하며 부서지기 쉽다. 자루 속은 균모의 색과 비슷하지만 균모의 색보다 퇴색한 느낌이다. 포자의 크기는 10~12×6~7.5㎛, 6-8개의 각을 가지며 각은 무디다. 담자기는 30~36×11~12㎛, 4-포자성이다.

생태 여름 / 모래땅 또는 짚더미에 군생한다.

분포 한국, 남미

고운외대버섯

Entoloma formosum (Fr.) Noordel.

형태 균모의 지름은 10~30(50)㎜로 어릴 때 원추-종 모양, 후에 종 모양에서 펴지고, 중앙이 약간 배꼽 모양이다. 표면은 습할 시 투명한 줄무늬선이 중앙의 2/3까지 발달하며, 오렌지 황색에서 황갈색이고 중앙은 비듬-인편이 있다. 건조 시 칙칙한 크림-베이지색으로 중앙은 진하고, 방사상의 섬유상이 있다. 가장자리는 홈선이 있다. 살은 백색이며 얇다. 냄새는 없고 맛은 온화하다. 주름살은 자루에 대하여 올린 좁은 바른주름살, 어릴 때 백색에서 베이지색으로 되며 핑크색이 있고 폭이 넓다. 언저리는 밋밋하고 동색이다. 자루의 길이 20~40(60)㎜, 11-3(4)㎜, 원통형, 때로는 꼭대기 쪽이 부풀고, 속은 비고, 탄력적이다. 표면은 밋밋하고 둔하며 칙칙한 노랑색, 기부로 올리브색이 있다. 자루 전체가 백색의 섬유상, 꼭대기는 백색의 가루상이며 기부는 백색의 털상, 비비면 약간 적갈색으로 변색한다. 포자의 크기는 8.6~12×6.8~8.7㎛, 포자문은 핑크-갈색이다. 담자기는 곤봉상으로 38~56×11~14㎛, 4-포자성, 기부에 꺽쇠는 없다.

생태 여름~가을 / 척박, 풀밭, 목장, 길가 등에 단생하나 소수가 집단 발생한다.

분포 한국, 유럽, 북미

파열외대버섯

Entoloma fracturans Horak

형태 균모의 지름은 3.8~4.3㎝로 둥근 산 모양에서 차차 편평해지며 가운데가 오목해지고, 중앙에 배꼽 모양으로 오목하게 들어간다. 황갈색 또는 연한 갈색, 중앙은 암갈색이다. 표면은 미세한 가루상, 다소 진한 색의 가는 인편이 덮여 있고 중앙이 진하다. 흡수성이 있고 방사상으로 뚜렷한 줄무늬가 있거나 미세한 홈선이 있다. 살은 표면과 같은 색이다. 주름살은 자루에 대하여 올린주름살이거나 바른주름살로 흰색에서 분홍색으로 된다. 빽빽하거나 방추상이다. 언저리는 같은 색이고 고르다. 자루의 길이는 4.4~5.2㎝, 굵기 0.35~0.5㎝, 원주형, 가늘고 길며 기부에는 미세한 주름이 있다. 아래쪽은 미세한 가루상이며 벌꿀의 갈색-황갈색이다. 자루의 속이 비어 있고 부러지기 쉽다. 기부에는 유백색의 거친 섬유가 세로로 붙어 있다. 포자의 크기는 9.2~11×6.2~7.2㎛, 타원형, 6-7개의 각이 있고 드물게 5개의 각이 있는 것도 있다. 드물게 1-3개의 기름방울을 함유한다.

생태 여름 / 활엽수림의 땅에 단생한다.

분포 한국, 북미

향외대버섯

Entoloma fragrans Hesler

형태 균모의 지름은 2~7(8)㎝로 반구형-둥근 산 모양에서 중앙이 넓게 쏙 들어간다. 시간이 지나도 펴지지 않고 편평해지지 않으며 흔히 가장자리가 위쪽으로 굽는다. 흡수성, 어릴 때는 연한 갈색을 띤 올리브색, 방사상으로 섬유상 무늬가 있으며 분홍 황갈색이다. 오래되면 연한 분홍 갈색이며 중앙은 갈색 또는 암갈색 비늘이 밀집되어 있어서 진하다. 가장자리에는 짧은 줄무늬선이 있다. 살은 얇고 백색이다. 주름살은 자루에 대하여 바른주름살이나 후에 떨어진주름살로 된다. 처음에는 유백색이다가 연한 분홍색으로 된다. 긴 주름살과 짧은 주름살이 혼합되어 있으며 폭은 넓고 촘촘하다. 자루의 길이 5~10㎝, 굵기 0.3~0.6㎝, 황백색이며, 원주형이나 위쪽은 가루상, 그 아래는 매끈하지만 드물게 연한 갈색의 비늘이 있다. 가끔 위쪽으로 비틀어져 있으며, 기부는 부풀어 있고, 흰색의 균사가 있다. 포자의 크기는 9~11×6.5~8㎛, 5-6개의 각이 있는 다각형이다. 포자문은 연한 계피-핑크색이다.

생태 여름 / 혼효림의 비옥한 땅 또는 풀밭의 땅에 군생한다.

분포 한국, 북미

그을린흰외대버섯

Entoloma fumosialbum Murr.

형태 균모의 지름은 2~5㎝로 둥근 산 모양에서 차차 편평해지며 매우 낮게 가운데가 오목해지기도 한다. 중앙이 돌출된 것은 없다. 전체적으로 회백색-회갈색, 표면은 밋밋하며 매끄러운 느낌이 있다. 가장자리는 처음에는 안으로 말리고 고르지만 성숙한 후에는 위로 굽는다. 살은 얇고 흰색, 자루의 살은 흰색-회백색이다. 주름살은 자루에 대하여 내린톱니상의 홈파진주름살이다. 처음 흰색이다가 분홍색를 띤다. 다소 빽빽하며 폭은 0.2~0.4㎝ 정도로 넓고, 방추상으로 가운데가 배불뚝이형이다. 자루의 길이 4~5(8)㎝, 굵기 0.4~0.5㎝, 원주상으로 가늘고 길며 광택이 있는 흰색이다. 표면은 매끄러우며 드물게 위쪽에 섬유상 인편이 있다. 세로로 줄무늬선이 있고 비틀려져 있으며 속은 비었다. 포자의 크기는 8~10(11)×6~7.5㎛, 5-7개의 각를 가진 다각형이다.
생태 여름 / 활엽수 숲의 땅에 산생 · 군생한다.
분포 한국, 북미

검댕이외대버섯

Entoloma fuscodiscum Hesler

형태 균모의 지름은 지름 1~2.5㎝로 반구형 또는 둥근 산 모양에서 편평해지며 가운데가 젖꼭지 모양이다. 회갈색 또는 칙칙한 검은색이고 중앙부가 진하다. 흡수성이며 가장자리에 줄무늬가 있다. 살은 얇고 백갈색 또는 유백색이다. 주름살은 자루에 대하여 홈파진주름살이거나 바른주름살, 흰색에서 암분홍색으로 된다. 다소 성긴 편이며 폭은 보통이다. 언저리는 고르지 않고 다소 톱니상이다. 자루의 길이 3~5㎝, 굵기 0.2~0.3㎝, 원주형 때로는 위쪽이 굵다. 표면은 밋밋하고 광택이 있다. 회갈색, 속은 비었다. 포자의 크기는 8.5~10.5×7.5~8.5㎛, 난형 또는 아구형, 4-5개의 각을 가지며 분홍색이다.

생태 여름 / 풀밭의 흙 또는 활엽수림의 자갈 많은 곳에 단생 · 군생한다.

분포 한국, 북미

회색외대버섯아재비

Entoloma grayanum (Peck) Sacc.
E. grayanum var. grayanum (Peck) Sacc.

형태 균모의 지름은 3~5㎝로 처음에는 반구형-둥근 산 모양이다가 약간 중앙이 돌출된 방패형으로 된다. 표면은 밋밋하며 광택이 나고 회갈색이다. 흰색 또는 강한 회갈색이 섞이기도 한다. 흡수성, 가장자리는 줄무늬선이 없고 고르다. 살은 백색이며 두껍고 스펀지 모양이다. 주름살은 자루에 대하여 올린주름살, 폭은 0.4~0.5㎝, 넓다. 백색 또는 백회색이다가 분홍색을 띠며 후에 연한 분홍색이 된다. 빽빽하거나 촘촘한 편이다. 언저리는 고르지 않고, 같은 색이다. 자루의 길이는 5.5~8㎝, 굵기 0.7~1㎝, 백색 또는 유백색, 약간 뒤틀려 있고 백색 섬유상이며 위쪽에 흰색의 가루상, 원주형이나 아래쪽으로 약간 가늘어지기도 하며 기부는 부풀어 있다. 처음에는 속이 차 있으나 후에 빈다. 포자의 크기는 9~11×6~7㎛, 타원형-아구형이며 6개의 각이 있고 드물게 5개의 각이 있는 것도 있다.

생태 가을 / 전나무, 소나무 등 침엽수의 숲속의 땅에 군생 · 속생한다.

분포 한국, 북미

오회갈색외대버섯

Entoloma griseoluridum (Kühner) M.M. Moser

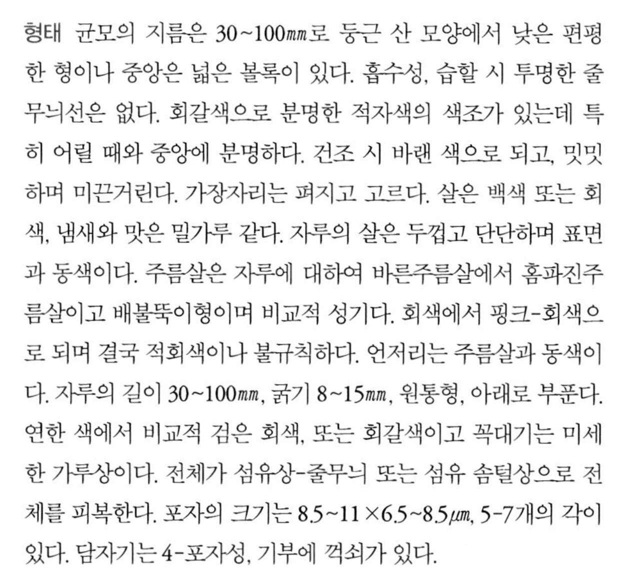

형태 균모의 지름은 30~100㎜로 둥근 산 모양에서 낮은 편평한 형이나 중앙은 넓은 볼록이 있다. 흡수성, 습할 시 투명한 줄무늬선은 없다. 회갈색으로 분명한 적자색의 색조가 있는데 특히 어릴 때와 중앙에 분명하다. 건조 시 바랜 색으로 되고, 밋밋하며 미끈거린다. 가장자리는 펴지고 고르다. 살은 백색 또는 회색, 냄새와 맛은 밀가루 같다. 자루의 살은 두껍고 단단하며 표면과 동색이다. 주름살은 자루에 대하여 바른주름살에서 홈파진주름살이고 배불뚝이형이며 비교적 성기다. 회색에서 핑크-회색으로 되며 결국 적회색이나 불규칙하다. 언저리는 주름살과 동색이다. 자루의 길이 30~100㎜, 굵기 8~15㎜, 원통형, 아래로 부푼다. 연한 색에서 비교적 검은 회색, 또는 회갈색이고 꼭대기는 미세한 가루상이다. 전체가 섬유상-줄무늬 또는 섬유 솜털상으로 전체를 피복한다. 포자의 크기는 8.5~11×6.5~8.5㎛, 5-7개의 각이 있다. 담자기는 4-포자성, 기부에 꺽쇠가 있다.

생태 여름~가을 / 낙엽수림의 석회 땅에 집단으로 발생한다.

분포 한국, 유럽

회색외대버섯

Entoloma griseum Peck

형태 균모의 지름은 4~5㎝로 둥근 산 모양이나 중앙은 볼록하다가 편평하게 되며 가끔 들어가는 것도 있다. 표면은 암갈색, 회색, 엷은 황갈색 등이며 습기가 있을 때 흡수성이다. 가장자리에 줄무늬가 있고, 미세한 인편이 덮여 있으며 위로 뒤집히는 것도 있다. 살은 얇고 흑색이며 냄새는 온화하고 밀가루맛이다. 주름살은 자루에 대하여 올린주름살로 밀생한다. 폭은 보통이고 회백색에서 갈색으로 된다. 자루의 길이는 6~10㎝, 굵기는 0.3~0.4㎝로 위쪽으로 비틀리며 부서지기 쉽고 속은 비었다. 표면은 비단결이며 백색으로 칙칙한 갈색의 색을 가진다. 포자의 크기는 9~12×7~9㎛로 5-6개의 각을 가진다. 포자문은 적색이며 낭상체는 없다.
생태 여름~가을 / 숲속의 젖은 땅에 군생한다. 식용은 불가하다.
분포 한국, 중국, 북미

주름균강 》 주름버섯목 》 외대버섯과 》 외대버섯속

무딘외대버섯

Entoloma hebes (Romagn.) Trimbach

형태 균모의 지름은 7~20(30)㎜로 원추형-종 모양에서 노쇠하면 거의 편평하게 된다. 중앙은 젖꼭지 모양이다. 표면은 밋밋하고 둔하다가 매끈해진다. 검은 갈색에서 적갈색이 되며 중앙은 진하다. 가장자리는 안으로 말리고 습할 시 투명한 줄무늬선이 있다. 살은 백색, 표피 아래는 갈색이며 얇다. 냄새는 분명치 않으며 맛은 온화하다. 주름살은 올린주름살 또는 넓은 바른주름살, 백색이지만 점차 핑크빛을 띠며 폭은 넓다. 언저리는 밋밋하다. 자루의 길이 35~60㎜, 굵기 2~6㎜, 원통형, 꼭대기 쪽이 가늘고 때때로 세로줄의 긴 홈선이 있다. 압착되고 부서지기 쉬우며 속은 비었다. 표면은 회색 바탕 위에 백색의 섬유상으로 덮이고, 꼭대기는 백색-가루가 피복하며 기부는 약간 백색의 털상이다. 포자는 8.7~11.6×5.8~7.5㎛, 5-8개의 각이 있다. 포자문은 갈색-핑크색이다. 담자기는 원통형, 28~33×8.5~11㎛, 4-포자성, 기부에 꺽쇠가 있다.
생태 여름~가을 / 숲속의 내외, 습한 곳, 풀밭, 이끼류 속에 단생에서 군생한다. 보통 종이 아니다.
분포 한국, 유럽

주름균강 》 주름버섯목 》 외대버섯과 》 외대버섯속

줄무늬외대버섯

Entoloma huijsmanii Noordel.

형태 균모의 지름은 10~25(35)㎜로 반구형에서 둥근 산 모양, 후에 편평한 둥근 산 모양에서 펴지며 중앙은 톱니상이다. 표면은 투명한 줄무늬선이 중앙까지 발달하며 밝은 적갈색에서 회갈색이다. 중앙은 검은 갈색, 미세한 방사상의 섬유상이 있고, 압착된 인편이 있다. 가장자리는 예리하다. 살은 밝은 회-갈색이며 얇다. 냄새는 없고 맛은 온화하며 무미건조하다. 주름살은 넓은 바른주름살, 어릴 때 백색에서 회-핑크색으로 폭이 넓다. 언저리는 밋밋하다. 자루의 길이 30~60(80)㎜, 굵기1~3㎜, 원통형, 속은 어릴 때 차 있다가 노쇠하면 빈다. 탄력성이 있다. 표면은 밋밋한 회-자색, 백색의 가루가 위로 분포하며 기부는 백색-털상이다. 포자의 크기는 8.5~13.9×5.9~7.9㎛, 6-9개의 각이 있다. 포자문은 적황토색, 담자기는 곤봉형으로 26~30×9~12㎛, 2-포자성 또는 4-포자성, 기부에 꺽쇠는 없다.
생태 여름~가을 / 풀밭, 활엽수림, 과수원 등에 단생에서 속생한다.
분포 한국, 유럽

흰색외대버섯

Entoloma hesleri Morgan-Jones
E. albidum Hesler, Leptoniella albida Murr.

형태 균모의 지름은 9~30㎜로 둥근 산 모양이지만 중앙은 들어가며 한가운데에 조그만 볼록이 있다. 백색이며 견사성의 섬유상이다. 가장자리는 고르다. 살은 얇고 냄새는 온화하며 맛은 약간 쓰다. 주름살은 자루에 대하여 홈파진주름살이면서 내린주름살의 톱니상으로 살색, 폭은 넓고 밀생한다. 언저리는 살색이다. 자루의 길이 3~5㎝, 굵기 0.1~0.15㎝, 표면은 매끈하고 꼭대기는 가루상이며 백색이다. 질기고 속은 비었다. 포자의 크기는 8~10×6~7.5㎛이며 5~6개의 각이 있으나 간혹 불분명한 6각도 있다. 담자기는 28~33×7~9㎛로 4-포자성, 낭상체는 없다. 기부에 꺽쇠는 없다.

생태 여름~가을 / 낙엽수림의 땅에 단생 · 군생한다.

분포 한국, 북미

잘린외대버섯

Entoloma heterocutis Corner & E. Horak

형태 균모의 지름은 30~80㎜로 둥근 산 모양에서 편편하게 펴지고 중앙에 볼록이 있지만 나중에 편평하게 된다. 연한 회-노랑색 또는 황토색, 그을린 황갈색이다. 표면은 밋밋하다가 미세한 털상으로 되며 때때로 가장자리로 갈라지며 건조성이나 분명치 않다. 살은 백색이며 부서지기 쉽고 냄새는 분명치 않다. 주름살은 자루에 대하여 홈파진, 짧은 톱니상의 내린주름살이다. 폭은 11㎜로 약간 배불뚝이형, 백색에서 핑크색으로 된다. 언저리는 같은 색이며 고르다. 자루의 길이 40~75㎜, 굵기 4~7㎜, 원통형으로 같은 굵기, 균모와 동색이거나 약간 연한 색이다. 기부에 백색의 털이 있고, 건조성, 밋밋하고 속은 차 있다. 포자의 크기는 9~11×6.5~9㎛, 5(6)개의 각을 가지고 있다. 담자기는 28~34×8~10㎛로 4-포자성, 낭상체는 없다.

생태 여름 / 숲속의 땅에 단생하며 간혹 집단으로 발생한다.

분포 한국, 말레이시아

털외대버섯

Entoloma hirtipes (Schumach.) M.M. Moser

형태 균모의 지름은 30~100㎜로 처음 예리한 원추형이 펴져서 원추-종 모양을 거쳐 반구형 또는 원추-둥근 산 모양으로 된다. 중앙에 작은 볼록이 있는 것도 있고 없는 것도 있다. 둔하고 투명한 줄무늬선이 있으며 가장자리는 처음에 안으로 말리며 고르다. 흡수성, 습할 시 검은 흑색의 갈색, 올리브-갈색, 검은색, 황색-갈색 또는 적갈색 등 다양하다. 가장자리는 약간 연한 색이다. 건조하면 회갈색으로 바래며 밋밋하다. 섬유상이고 미끈거리며 광택이 난다. 냄새와 맛은 강한 밀가루맛이다. 주름살은 자루에 바른주름살, 보통 홈파진주름살이나 때때로 끝붙은주름살로 분절형에서 넓은 배불뚝이형으로 된다. 색깔은 연하다가 핑크-갈색으로 되며, 톱니상으로 된다. 언저리는 동색이다. 자루의 길이 70~160㎜, 굵기 3~10㎜, 원통형, 보통 기부로 넓다. 황갈색에서 검은색으로 꼭대기는 더 연한 색이고 미세한 가루상이며, 비단 같은 줄무늬선이 있으며 흔히 아래로 비틀린다. 기부는 털상이다. 포자의 크기는 10~14(15.2)×8~9.5㎛, 5-7개의 다른 각을 가진 다각형이다. 담자기는 4-포자성, 꺽쇠가 있다.
생태 봄~초겨울 / 낙엽수림의 땅에 군생한다.
분포 한국, 유럽

주름균강 》 주름버섯목 》 외대버섯과 》 외대버섯속

보라배꼽외대버섯

Entoloma ianthinum (Romagn. & J. Favre) Noodel.

형태 균모의 지름은 30㎜ 정도며, 반구형에서 종 모양-원추형으로 되지만 가운데가 약간 들어간 것도 있다. 흡수성, 습할 시 투명한 줄무늬선이 중앙까지 발달하며 라일락 살색, 중앙은 갈색이다. 방사상으로 주름지며 중앙의 미세한 털-인편을 제외하고 매끈하다. 주름살은 자루에 대하여 바른주름살 또는 홈파진주름살로 톱니상의 내린주름살인 것도 있으며 얇고, 비교적 넓은 배불뚝이형의 핑크색이다. 언저리는 갈색이다. 자루의 길이 40~55㎜, 굵기 3㎜, 원통형, 꼭대기는 라일락색이고 아래는 핑크색이다. 표면은 매끈하고 기부는 백색의 털상이다. 살은 표면과 동색, 균모의 중앙은 약간 청색이다. 냄새는 없고 맛은 약간 있다. 포자의 크기는 9.5~11.5×6~7㎛, 6-8개의 각이 있다. 담자기는 4-포자성, 기부에 꺽쇠는 없다. 낭상체는 없다.
생태 여름~가을 / 습지, 토탄의 땅, 이끼류속에 군생한다. 매우 드문 종이다.
분포 한국, 유럽

주름균강 》 주름버섯목 》 외대버섯과 》 외대버섯속

살색외대버섯

Entoloma incarnatofuscescens (Britzelm.) Noordel.

형태 균모의 지름은 8~22(35)㎜로 편평하고, 후에 중앙이 들어간다. 오래되면 배꼽 모양이다. 표면은 밋밋하다. 방사상의 섬유상이며 투명한 줄무늬선이 중앙으로 있다. 흡수성, 습할 시 검은 회갈색에서 핑크 갈색으로 된다. 건조 시 밝은 살색-갈색으로 중앙은 진하고 라일락색이 있으며 약간 인편도 있다. 가장자리는 예리하다. 살은 백색에서 밝은 갈색이며 얇다. 냄새는 약간 양파-버섯이며 밀가루맛이고 온화하다. 주름살은 내린주름살, 어릴 때 백색에서 회-백색, 후에 적갈색이며 폭은 넓다. 언저리는 밋밋하다. 자루의 길이 20~40(60)㎜, 굵기 1~2㎜, 원통형, 표면은 밋밋하고 둔하며 어릴 때 강한 회청색에서 퇴색하여 베이지 회색으로 되며 희미한 백색의 세로로 된 섬유실이 있다. 기부는 백색의 털상이다. 포자의 크기는 8.4~10.6×5.9~8.1㎛, 5-7개의 각이 있다. 포자문은 핑크-갈색이다. 담자기는 곤봉-배불뚝이형으로 28~38×8~12㎛, 4-포자성, 기부에 꺽쇠는 없다.
생태 여름~가을 / 숲속, 정원, 공원, 길가, 기름진 땅에 단생한다.
분포 한국, 유럽

녹색외대버섯

Entoloma incanum (Fr.) Hesler
E. incanum (Fr.) Hesler var. incanum

형태 균모의 지름은 1.5~4㎝로 어릴 때는 반구형-둥근 산 모양에서 얕은 둥근 산 모양-원추형으로 되지만 가운데가 오목하게 들어간다. 나중에 균모의 가장자리가 들어 올려지기도 한다. 표면은 밋밋하며 다소 윤이 나고, 황록색-올리브녹색-연두갈색이고 중앙 쪽 황록색이 진해지고, 가장자리 쪽은 황록색이 연해진다. 중앙에는 초록색의 가는 비늘이 덮여 있지만 오래되면 매끄럽게 되며 칙칙한 녹갈색으로 된다. 살은 얇고 녹색-연한 녹색이다. 주름살은 자루에 대하여 바른주름살의 올린주름살로 어릴 때는 연한 황색에서 연한 분홍-분홍색이며 폭은 넓고 성긴 편이다. 언저리는 고르다. 자루의 길이 3~6㎝, 굵기 0.15~0.4㎝의 원주형으로 속이 비었고 부러지기 쉽다. 표면은 밋밋하며 광택이 나고, 흔히 밝은 황록색이나 아래쪽으로 갈수록 점차 녹갈색이 진해진다. 부러지거나 문지르면 청록색으로 변색한다. 포자의 크기는 8.5~11×7~8㎛, 6개의 각이 대부분이지만 드물게 5개의 각을 가진 것도 있다.

생태 여름 / 풀밭, 목장 등에 발생한다.

분포 한국, 일본, 유럽, 북미

헛외대버섯

Entoloma intutum Corner & Horak

형태 균모의 지름은 1.5~3cm로 위가 잘린 둥근 산 모양이다가 중앙이 넓게 오목해지거나 배꼽형으로 들어간다. 회갈색을 띤 청색이다. 암회색의 비늘이 있거나 미세한 분상이고 중앙이 진하다. 흡수성, 가장자리는 고르다. 살은 얇고 청색을 띤 백색이며 자루의 살은 흰색이다. 주름살은 자루에 대하여 바른주름살이거나 내린주름살로 백색 또는 황백색이다가 분홍색을 띤다. 언저리는 고르지 않고 톱니꼴 모양이며 갈색을 띤다. 자루의 길이 3~8cm, 굵기 0.2~0.4cm, 가늘고 길다. 위아래가 같은 굵기이며 때로는 눌려져 있다. 회청색을 띤 유백색이다. 회갈색의 섬유상 인편이 있고 기부는 흰색, 융털이 있으며, 속은 비었다. 포자의 크기는 8~10×6~7㎛로 타원형으로 대부분은 5-6개의 각이 있다.

발생 여름 / 조릿대 숲의 땅에 단생한다.

분포 한국, 북미

주름균강 》 주름버섯목 》 외대버섯과 》 외대버섯속

애기털외대버섯

Entoloma japonicum (Hongo) Hongo

형태 균모의 지름은 0.8~2㎝로 처음 종 모양-둥근 산 모양에서 편평하게 펴진다. 표면은 회갈색의 솜털상의 섬유로 밀집하게 피복되며 중앙부는 때때로 거스럼상의 인편으로 된다. 가장자리는 처음부터 안으로 말린다. 살은 얇고 부서지기 쉬우며 회갈색이다. 주름살은 자루에 대하여 바른주름살 또는 약간 내린주름살로 회갈색이며 다소 두껍고 폭은 0.2~0.5㎝, 성기다. 언저리는 미분상이다. 자루의 길이 1.5~4㎝, 굵기 0.1~0.3㎝, 원통형, 표면은 균모와 같은 섬유로 덮여 있다. 기부에는 갈색의 털이 방사상으로 된다. 어릴 때 자루의 위쪽과 균모 가장자리 사이에 거미집막이 있지만 쉽게 소실된다. 포자의 크기는 15~18.5×9~10.5㎛, 포자문은 칙칙한 오렌지색이며 연낭상체는 35~65×17.5~27㎛, 주머니 모양이다.

생태 봄~가을 / 숲속, 정원의 나무 아래에 군생 또는 소수가 속생한다.

분포 한국, 일본

주름균강 》 주름버섯목 》 외대버섯과 》 외대버섯속

군청색외대버섯붙이

Entoloma kauffmanii Malloch
Rhodophyllus coelestinus var. violaceus (Kauffman) A.H. Sm.

형태 균모의 지름은 0.5~1.3㎝로 원추형-원추상에서 둥근 산 모양이 되었다가 후에 거의 편평해진다. 표면은 건조하고 견사상 섬유가 있다. 오래된 것은 중앙에 다소 불명료한 망목 또는 인편 비슷한 것이 생긴다. 암청자색이며 거의 퇴색하지 않는다. 살은 얇고 표면보다 연하며 매우 연약하다. 주름살은 자루에 대하여 바른주름살-올린주름살이고 연한 황갈색에서 연한 살구색으로 된다. 주름살의 폭이 좁거나 보통이다. 자루의 길이 2~3㎝, 굵기 0.07~0.15㎝, 위아래가 같은 굵기이고 암청자색으로 속은 차 있다. 포자의 크기는 8.5~10×6.5~7.5㎛, 난형 또는 타원형이며 각이 돌출되어 있다. 포자문은 분홍색이다.

생태 봄~초여름 / 편백림 또는 침엽수 숲속의 땅과 이끼 사이 또는 부식토에 산생 · 군생한다.

분포 한국, 일본, 유럽

우산외대버섯

Entoloma juncinum (Kühner & Romagn.) Noordel.

형태 균모의 지름은 (10)20~35㎜로 원추형-둥근 산 모양에서 편평한 둥근 산 모양이 되고 가끔 중앙에 둔한 볼록 또는 젖꼭지 모양을 가진다. 노쇠하면 톱니상이다. 표면은 밋밋하고 무디다가 매끈해지며 흡수성이 있다. 미세한 방사상의 섬유상이고 검은 회-갈색이다. 습할 시 투명한 줄무늬선이 중앙까지 발달하며 베이지색이다. 건조 시 줄무늬선은 거의 없다. 가장자리는 불규칙한 톱니상이고 예리하다. 살은 회-백색, 얇고, 냄새는 밀가루, 온화하고 밀가루맛이다. 주름살은 자루에 대하여 홈파진주름살, 어릴 때 오백색에서 회-적색이며 폭은 넓다. 언저리는 밋밋하다. 자루의 길이 (40)50~75(90)㎜, 굵기 2~3.5㎜, 원통형, 가늘고 부서지기 쉬우며 속은 비었다. 표면은 가는 세로의 홈선이 있고, 회갈색 바탕색 위에 백색의 긴 섬유실이 있고, 기부는 백색의 털이 있다. 포자의 크기는 7.9~9.9×6.6~8㎛로 5-6개의 각이 있는 아구형이다. 포자문은 적-황토색이다. 담자기는 배불뚝이형에서 곤봉형, 30~40×11~13㎛로 4-포자성, 기부에 꺽쇠가 있다.

생태 여름~가을 / 풀밭, 단단한 나무숲, 숲가의 가장자리, 단단한 나무숲의 젖은 풀밭에 단생 · 군생한다.

분포 한국, 유럽

방사외대버섯

Entoloma kansaiensis (Hongo) Noordel. & Co-David

형태 균모의 지름은 5~6.5㎝로 처음 방추-둥근 산 모양에서 차차 가운데가 높은 편평형으로 된다. 표면에 다소 방사상의 주름이 있다. 때로는 중앙부에 미세한 인편이 덮여 있어서 비로드상을 나타낸다. 주변부는 회황-담올리브황색이며 중앙부는 암올리브-흑색에 비슷하다. 살은 얇고 백색이며 밀가루 냄새가 난다. 주름살은 자루에 대하여 홈파진주름살 또는 거의 끝붙은주름살로 약간 성기거나 또는 약간 밀생한다. 주름살의 폭은 0.6~0.8㎝, 황색에서 살색으로 된다. 자루의 길이 6~11㎝, 굵기 0.6~1.2㎝, 아래는 약간 부풀고 기부는 때때로 뿌리상으로 된다. 표면은 세로로의 섬유상 줄무늬가 있고 담자회색이며 꼭대기는 황색, 자루의 속은 수(髓)처럼 된다. 포자의 크기는 7.5~8.5×6.5~7.5㎛, 5-7개의 각을 가진 다각형이다. 균사에 꺽쇠가 있다.
생태 여름~가을 / 적송림 등의 땅에 발생한다.
분포 한국, 일본

눌린비듬외대버섯

Entoloma kervernii (Guern.) Moser

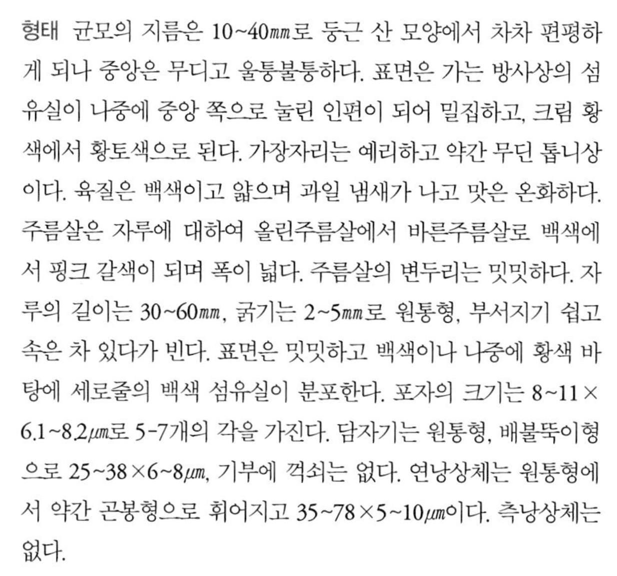

형태 균모의 지름은 10~40㎜로 둥근 산 모양에서 차차 편평하게 되나 중앙은 무디고 울퉁불퉁하다. 표면은 가는 방사상의 섬유실이 나중에 중앙 쪽으로 눌린 인편이 되어 밀집하고, 크림 황색에서 황토색으로 된다. 가장자리는 예리하고 약간 무딘 톱니상이다. 육질은 백색이고 얇으며 과일 냄새가 나고 맛은 온화하다. 주름살은 자루에 대하여 올린주름살에서 바른주름살로 백색에서 핑크 갈색이 되며 폭이 넓다. 주름살의 변두리는 밋밋하다. 자루의 길이는 30~60㎜, 굵기는 2~5㎜로 원통형, 부서지기 쉽고 속은 차 있다가 빈다. 표면은 밋밋하고 백색이나 나중에 황색 바탕에 세로줄의 백색 섬유실이 분포한다. 포자의 크기는 8~11×6.1~8.2㎛로 5-7개의 각을 가진다. 담자기는 원통형, 배불뚝이형으로 25~38×6~8㎛, 기부에 꺽쇠는 없다. 연낭상체는 원통형에서 약간 곤봉형으로 휘어지고 35~78×5~10㎛이다. 측낭상체는 없다.

생태 여름 / 숲속의 땅에 군생한다.

분포 한국, 중국, 북미

주름균강 》 주름버섯목 》 외대버섯과 》 외대버섯속

흑갈회색외대버섯

Entoloma kujuense (Hongo) Hongo
Rhodophyllus kujuensis Hongo

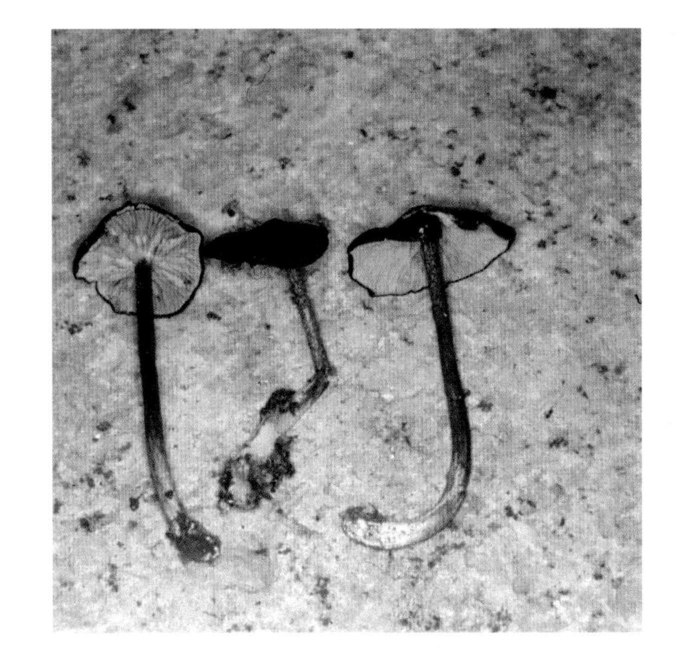

형태 균모의 지름은 3.5~5㎝로 둥근 산 모양에서 약간 중앙이 볼록한 편편형으로 된다. 표면에 끈적기는 없고 미세한 인편이 밀집되어 피복되며 암자색이다. 가장자리는 어릴 때 안쪽으로 말린다. 살의 백색 표피 아래는 자색이며 비교적 두껍다. 주름살은 자루에 대하여 홈파진주름살 또는 거의 끝붙은주름살, 약간 성기며 백색에서 살색으로 된다. 자루의 길이 4㎝, 굵기 0.5㎝, 아래쪽으로 갈수록 굵다. 표면은 균모와 동색으로 인편으로 덮여 있고, 기부는 백색의 균사가 둘러싼다. 포자의 크기는 8.5~13×6~8㎛로 가늘고 길며 6-7개의 각이 있다. 균사에 꺽쇠가 있다.
생태 여름~가을 / 활엽수림 또는 적송림 등 숲속의 땅에 발생한다.
분포 한국, 일본

주름균강 》 주름버섯목 》 외대버섯과 》 외대버섯속

양모외대버섯

Entoloma lanicum (Romagn.) Noordel.

형태 균모의 지름은 5~20(30)㎜로 둥근 산 모양에서 편평-둥근 산 모양이 되며 중앙이 약간 들어간다. 가장자리는 안으로 말리고 뒤집힌다. 약간 흡수성이거나 투명한 줄무늬선은 없고, 연한 핑크 갈색에서 갈색으로 되며, 건조 시 약간 퇴색한다. 미세한 펠트상, 방사상으로 섬유실이 집중하며 띠는 없다. 밀가루 냄새, 맛도 밀가루맛이다. 주름살은 자루에 바른-내린주름살로 아치형에서 약간 배불뚝이형이며 핑크 갈색에서 핑크회색이고 비교적 성기다. 언저리는 고르다. 자루의 길이 10~20㎜, 굵기 1~2㎜, 중심생 또는 약간 편심생이며, 원통형 또는 기부로 갈수록 가늘고, 갈색으로 핑크색 기가 있다. 위쪽에 백색의 분상, 아래는 매끈하며 기부에 백색의 균사가 있다. 포자의 크기는 7~9×5.5~7㎛로 5-9개의 다른 각을 가진다. 담자기는 4-포자성, 기부에 꺽쇠가 있다.
생태 여름~가을 / 개괄지, 길가, 풀밭, 풀밭 등에 소집단으로 땅에 발생한다.
분포 한국, 유럽

빛외대버섯

Entoloma lampropus (Fr.) Hesler

형태 균모의 지름은 1~3cm로 처음에는 종 모양-둥근 산 모양에서 편평해진다. 중앙이 종지 모양이거나 접시 모양으로 오목해진다. 표면은 흑청색 또는 쥐색이다가 후에 연기 회색으로 된다. 견사상이다가 후에 암갈색의 가는 인편이 덮이고 인편은 중앙에 밀집된다. 가장자리는 안쪽으로 감기나 후에 펴지고 가끔 찢어진다. 살은 처음에는 청흑색을 띠다가 담회색-백색으로 된다. 주름살은 자루에 대하여 바른주름살이나 쉽게 자루에서 이탈되어 떨어진주름살로 된다. 처음에는 흰색에서 복숭아색이 된다. 폭이 넓고 약간 성기다. 자루의 길이 2.5~5cm, 굵기 2~4mm로 가늘고 길다. 위아래가 같은 굵기이거나 또는 위쪽으로 약간 가늘다. 처음에는 하늘색인데 흑청색, 암갈색으로 된다. 표면은 밋밋하고 기부는 솜찌꺼기 모양이며 속이 차 있다. 포자의 크기는 9~11×6.2~8㎛, 5-7개의 각이 있다. 적황토색이다.

생태 여름~가을 / 풀밭, 목장, 활엽수림의 땅에 군생한다.

분포 한국, 일본, 유럽, 북미, 호주

검정외대버섯

Entoloma lepidissimum (Svrček) Noordel.

형태 균모의 지름은 10~30㎜로 다소 둥근 산 모양, 때때로 중앙이 톱니상이다. 표면은 둔하고, 미세한 방사상으로 압착된 털이 있다. 검은 청-흑색에서 검은 보라색이다. 가장자리는 물결형으로 예리하고 와인-적색이다. 살은 회백색, 때때로 청색을 가지며 얇다. 허브 냄새, 맛은 온화하나 분명치 않다. 주름살은 자루에 대하여 바른주름살에서 홈파진주름살, 연한 청색, 다음에 백색에서 청백색이며 후에 칙칙한 핑크색에서 회-핑크색이다. 폭은 넓고 포크형이며 길고 짧은 것이 섞여 있다. 언저리는 밋밋하고 결코 청색으로 변색하지 않는다. 자루의 길이 30~40㎜, 굵기 4~7㎜, 보통 압착되고 한 개의 긴 세로 홈선이 있다. 표면은 밋밋하다가 약간 털상, 청-흑색이며 희미한 백색의 섬유상이다. 기부는 오백색의 털상이다. 포자의 크기는 8.6~11×5.7~6.5㎛, 6-8개의 각이 있다. 포자문은 적-황토색이며 담자기는 곤봉형, 40~50×10~12㎛로 4-포자성, 기부에 꺽쇠가 있다.

생태 여름~가을 / 젖은 풀밭, 숲지, 이끼류속, 톱밥, 침엽수의 쓰레기, 혼효림의 땅에 단생에서 군생한다. 드문 종이다.

분포 한국, 유럽

갓외대버섯

Entoloma lepiotosum (Romagn.) Noordel.

형태 균모의 지름은 10~30㎜로 원추형 또는 종 모양, 약간 펴져서 둥근 산 모양으로 된다. 중앙에 조그만 젖꼭지가 있다. 투명한 줄무늬선은 없고, 검은 회-갈색에서 거의 검게 된다. 털은 작은 인편으로 되어 전체를 덮으며 섬유상이다. 가장자리와 중앙의 인편은 광택이 난다. 가장자리는 고르고 안으로 말리며 다음에 펴지지 않는다. 살은 얇고 부서지기 쉬우며 표면과 동색이다. 색깔은 백색에서 연한 회색이다. 냄새는 강하고 다소 정액 냄새, 맛은 강하지만 좋지 않다. 주름살은 자루에 대하여 끝붙은주름살 또는 좁은올린주름살로 분절형에서 배불뚝이형, 오회-갈색에서 핑크-갈색으로 되며 회색 끼가 있으며 연한 색이고 비교적 성기다. 언저리는 부식되었다. 자루의 길이 30~60㎜, 굵기 1~3㎜, 원통형으로 기부가 부풀거나 부풀지 않는다. 짙은 청색, 다음에 회-청색, 오래되면 색깔은 기부부터 위로 바래며 없어지거나 약간 남아 있다. 압착된 섬유상, 기부에 백색의 털상이다. 포자는(8.5)9~12×(6)6.5~8㎛, 6-8개의 각을 가진다. 담자기는 4-포자성, 꺽쇠는 없다.

생태 여름~가을 / 혼효림의 숲, 이끼류의 땅에 발생한다. 드문 종이다.

분포 한국, 유럽

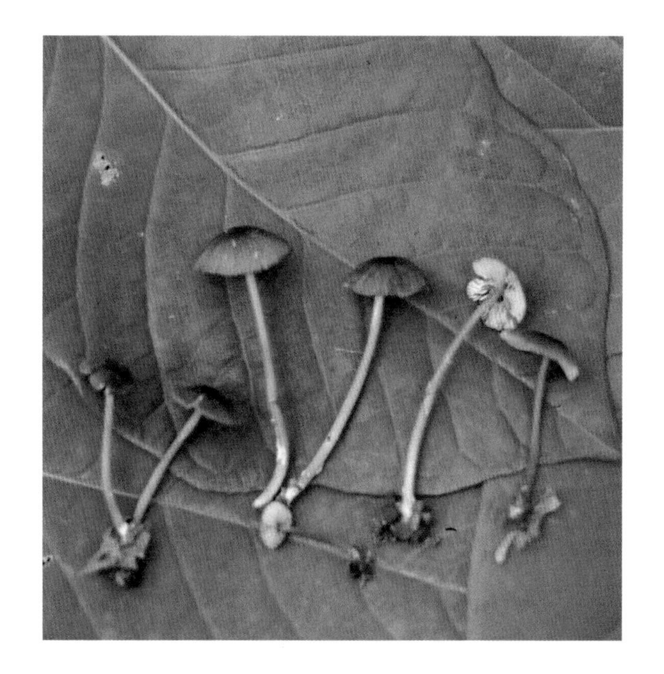

하늘백색외대버섯

Entoloma lividoalbum (Kühn. & Romagn.) Kubicka

형태 균모의 지름은 3~10㎝로 원추형에서 둥근 산 모양을 거쳐 편평하게 되며 중앙은 볼록하거나 울퉁불퉁 불규칙한 물결형이다. 표면은 밋밋하고 비단결이며 가장자리로 갈수록 반점이나 띠를 형성한다. 흡수성으로 습할 시 검은 회갈색, 건조 시 연한 회갈색에서 노란 갈색이 된다. 살은 백색이며 표피 아래는 갈색이고 얇으나 자루의 중앙은 두껍다. 가장자리는 얇고, 밀가루 냄새가 나고 맛은 온화하다. 주름살은 홈파진 주름살, 백색에서 크림색을 거쳐 검은 핑크색으로 되고 폭은 넓다. 주름살의 변두리는 무딘 톱니상이다. 자루의 길이는 4~10㎝, 굵기는 0.7~2㎝로 원통형, 기부가 굽거나 부풀며 빳빳하고 부러지기 쉽다. 속은 차 있다가 빈다. 표면은 전체에 세로줄의 백색 섬유실이 있으며 오래되면 바랜 황갈색이 된다. 위쪽은 백색 섬유실의 솜털상이 분포한다. 포자는 8.1~10.4×7.5~9.3㎛로 5-7개의 각이 있다. 담자기는 가는 곤봉형, 35~43×8~13㎛로 기부에 꺽쇠가 있다.
생태 활엽수림 속의 풀밭 흙에 군생, 간혹 속생한다.
분포 한국, 중국, 북미

청갈색외대버섯

Entoloma lividocyanulum (Kühn.) Moser

형태 균모의 지름은 15~40㎜로 어릴 때 반구형-둥근 산 모양, 중앙은 톱니상, 노쇠하면 편평해지고 둥근 산 모양으로 된다. 표면은 밋밋하고 후에 미세한 솜털상에서 약간 인편상으로 되며 특히 중앙이 뚜렷하다. 약간 흡수성, 회갈색에서 황갈색, 때때로 청색 색조, 중앙은 흑갈색이다. 가장자리는 밋밋하고 예리하다. 습할 시 투명한 줄무늬선이 있다. 살은 회백색이며 얇다. 곰팡이 냄새, 맛은 온화하나 분명치 않다. 주름살은 넓은 바른주름살이었다가 톱니꼴의 내린주름살이다. 크림색, 핑크색으로 되며 폭은 넓다. 언저리는 밋밋하다. 자루의 길이 35~50㎜, 굵기 1.5~4㎜, 원통형, 때때로 압착되며 빳빳하고 부서지기 쉽다. 속은 차 있다가 빈다. 표면은 밋밋하며 매끄럽고, 연한 청색에서 회청색 또는 갈색이 되고 노쇠하면 올리브 색조를 가진다. 꼭대기는 약간 가루상, 기부는 부풀고 백색의 털이 있으며 탄력적이다. 포자는 7.9~10.5×6~7.5㎛, 5-7개의 각이 있다. 포자문은 핑크 갈색. 담자기는 곤봉상, 30~40×8~10㎛로 4-포자성, 기부에 꺽쇠는 없다.

생태 여름~가을 / 풀밭 소 농장의 검은 땅에 보통 군생하며 드물게 단생한다.

분포 한국, 유럽

긴줄외대버섯

Entoloma longistriatum (Peck) Noordel.
E. longistriatum var. sarcitulum (P.D. Orton) Noordel.

형태 균모의 지름은 15~50㎜로 원추형 또는 잘린 종 모양에서 반구형으로 펴진다. 중앙은 배꼽형, 가장자리는 안으로 감기고 다음에 뒤집히거나 곧다. 흡수성, 습할 시 투명한 줄무늬선이 반 이상까지 발달되며 검은 오황갈색이지만 중앙은 회갈색이다. 건조 시 퇴색, 미세한 인편 또는 중앙에 주름이 있다. 방사상의 섬유상이 가장자리로 있다. 살은 얇고, 표면과 동색, 냄새는 없거나 약간 향 냄새가 나고, 맛은 온화하나 좋지 않다. 약간 밀가루맛이다. 주름살은 자루에 바른-홈파진주름살 또는 톱니상의 바른 주름살, 분절형에서 배불뚝이형, 비교적 촘촘하고 갈색, 핑크 갈색이다. 고르거나 또는 부식한다. 언저리는 갈색이다. 자루의 길이 20~80㎜, 굵기 2~5㎜, 원통형 또는 압착된 세로의 홈선, 기부로 갈수록 폭은 가늘고, 꼭대기는 황갈색이다. 기부는 회갈색, 밋밋하고 매끈하며 백색의 털상이다. 포자는 (9)10~14.5(15)×6~9(10), 불규칙한 6-9개의 각, 담자기는 4-포자성, 기부에 꺽쇠는 없다.

생태 여름~가을 / 풀 속, 풀숲의 이끼류, 때때로 낙엽수림의 땅에 군생한다. 희귀 종이다.

분포 한국, 유럽

긴줄외대버섯(육질형)

Entoloma longistriatum var. **sarcitulum** (P.D. Orton) Noordel.

형태 균모의 지름은 1.5~3㎝의 소형으로 어릴 때는 반구형에서 편평해지며 중앙이 배꼽처럼 움푹 들어간다. 표면은 약간 흡수성이며 습기가 있을 때는 반투명의 줄무늬가 중앙까지 나타난다. 중앙에 털 모양의 비늘이 있고 적갈색-황토갈색이며 가운데는 암갈색이다. 가장자리는 어릴 때 아래로 말리며 오래되면 가장자리가 무딘 톱니꼴로 된다. 주름살은 자루에 대하여 바른주름살 또는 올린주름살로 유백색에서 크림색이 된다. 나중에 분홍 갈색이 되며 폭이 매우 넓다. 주름살의 변두리는 톱니상이다. 자루의 길이는 3~5㎝, 굵기는 0.1~0.4㎝로 원주형, 부러지기 쉽고 속은 빈다. 표면은 밋밋하고 황갈색-회갈색으로 기부에는 백색의 솜털이 있다. 포자의 크기는 7.9~10.5×6~7.5㎛로 5-8각형의 타원형, 포자문은 분홍 갈색이다.

생태 여름~가을 / 풀밭 지대의 습한 토양에 단생 · 산생한다.

분포 한국, 중국, 북미, 유럽

주름균강 》 주름버섯목 》 외대버섯과 》 외대버섯속

검은광택외대버섯

Entoloma lucidum (P.D. Orton) M.M. Moser
Nolanea lucida P.D. Orton

형태 균모의 지름은 10~50㎜로 처음 원추-둥근 산 모양, 둥근 산 모양에서 펴지면 편평-둥근 산 모양으로 된다. 가장자리는 어릴 때 안으로 말렸다가 곧게 되며 중앙에 작은 굴곡이 있거나 없다. 때때로 중앙이 약간 들어간다. 강한 흡수성, 습할 시 투명한 줄무늬선이 발달하며 갈색, 회갈색, 검은 갈색 또는 적갈색이다. 가장자리는 연하다. 건조 시 퇴색하며 밋밋하고 미끈한 강한 섬유상-광택이 난다. 주름살은 자루에 바른-홈파진주름살에서 거의 끝붙은주름살, 촘촘, 분절형에서 배불뚝이형, 처음 연한 갈색 다음에 오핑크색, 회핑크색 또는 핑크갈색이며 부식되고 언저리는 동색이다. 자루의 길이 30~80㎜, 굵기 1~5㎜, 원통형, 보통 기부로 약간 굵다. 갈색, 회갈색 또는 황갈색, 꼭대기는 미세한 가루상, 아래로 은색의 줄무늬, 기부는 털상이다. 부서지기 쉽고 냄새와 맛은 밀가루 비슷하다. 포자는 8~10.5×6.5~9㎛이고, 5-7개의 각이 있다. 담자기는 4-포자성, 기부에 꺽쇠가 있다.
생태 여름~가을 / 수풀, 낙엽수림의 개괄지에 군생한다.
분포 한국, 유럽

주름균강 》 주름버섯목 》 외대버섯과 》 외대버섯속

꿀외대버섯

Entoloma melleipes (Murr.) Hesler
Leptoniella melleipes Murr.

형태 균모의 지름은 1.5~2.2㎝로 작은 젖꼭지를 가진 원추형이며 흑갈색-회흑색에서 회갈색으로 된다. 중앙이 진하다. 중앙부까지 줄무늬선이 있고 가장자리는 안쪽으로 굽는다. 살은 막질이고 연한 회흑색이며 자루의 살은 표면과 같은 색이다. 주름살은 자루에 대하여 바른주름살로 연한 꿀색이다가 연한 분홍색으로 된다. 주름살의 폭은 0.2㎝ 정도로 성기며, 방추상이다. 자루의 길이 3~5㎝, 굵기 0.3~0.4㎝, 위아래가 같은 굵기이고 부러지기 쉬우며 세로로 줄무늬선이 있다. 회백색 또는 연한 회흑색이며 꼭대기는 비듬 모양이며 아래쪽은 매끈하다. 자루의 속은 차 있으나 나중에 빈다. 포자의 크기는 9~11×6~7.5㎛, 타원형-난형으로 5-6개의 각이 있다.
생태 여름 / 숲속의 낙엽이 쌓인 땅에 군생한다.
분포 한국, 북미

큰렌즈외대버섯

Entoloma maleolens Horak

형태 균모의 지름은 1.4~4㎝로 위가 잘린 둥근 산 모양-배꼽을 가진 넓은 종 모양이 된다. 백색-황색 끼를 가진 유백색에서 황토색으로 되며 중앙이 갈색이다. 오래되면 약간 오목형이 된다. 표면에 처음엔 미세한 섬유가 있으나 차차 밋밋해진다. 가장자리에 뚜렷한 줄무늬선이 있다. 흡수성, 살은 흰색, 주름살은 자루에 대하여 약간 내린주름살-홈파진주름살이다. 흰색-연한 분홍색에서 분홍색으로 되며 다소 빽빽한 편이다. 언저리는 고르고 같은 색이다. 자루의 길이는 2.5~5.3㎝, 굵기 0.1~0.2㎝, 원주상, 위아래가 같은 굵기, 백색이며 부서지기 쉽고 속이 비었다. 표면은 밋밋하나 때로는 기부에 털이 나 있는 것도 있다. 포자의 크기는 9.9~11.6×6~6.9㎛, 타원형, 6-7개의 각이 있다. 드물게 1개의 기름방울이 있는 것도 있다.

생태 여름 / 숲속의 땅에 군생 · 속생한다.

분포 한국, 유럽

유방꼭지외대버섯

Entoloma mammillatum (Murr.) Hesler
Nolanea mammillata Murr.

형태 균모의 지름은 3cm로 뚜렷한 젖꼭지 모양의 돌출을 가지며 원추형-종 모양이다. 연한 쥐색이고 돌출부는 연한 색이다. 표면은 광택이 있고 가장자리는 줄무늬선이 있다. 살은 매우 얇고 부드럽다. 주름살은 자루에 대하여 올린주름살이며 흰색이다가 칙칙한 분홍색으로 된다. 주름살의 폭은 넓고 촘촘하다. 언저리는 고르지 않고 다소 퇴색이 된다. 자루의 길이 5cm, 굵기 0.3~0.4cm로 유백색, 원주형으로 흔히 꾸불꾸불하게 비틀린다. 표면은 밋밋하고 세로로 줄무늬선이 있다. 기부에는 흰색 균사가 있다. 포자의 크기는 10~12×6~8㎛, 5각형의 타원형이다.
생태 여름~가을 / 낮은 잡관목이의 혼효림 내 토양에 난다.
분포 한국, 북미

흑갈색외대버섯

Entoloma melanochroum Noordel.

형태 균모의 지름은 5~25㎜로 원추형 또는 반구형에서 둥근 산모양, 중앙은 들어가서 배꼽 모양이다. 흡수성이 아니고 투명한 줄무늬선도 없고, 흑청색에서 흑갈색이 되며 밀집된 방사상의 섬유상이 털상으로 된다. 중앙에 작은 인편들이 있으며 노쇠하면 작은 인편들이 선명하게 생긴다. 가장자리는 안으로 말린다. 살은 얇고 질기며, 연하고 표면과 동색이다. 냄새와 맛은 분명치 않다. 주름살은 자루에 대하여 바른주름살에서 올린주름살, 성기고, 폭은 좁고, 분절형에서 약간 배불뚝이형, 오회색에서 핑크색이다. 언저리는 고르거나 부식되고 약간 연한 색이다. 자루의 길이 25~50㎜, 굵기 1~3㎜, 원통형 또는 압착되고, 회청색에서 강철색-회색, 꼭대기는 가루상이다. 아래로 미끈거리고 매끈거리며, 기부는 백색의 털상이다. 포자의 크기는 9~11×6~7㎛, 5-8개의 각이 있다. 담자기는 4-포자성, 꺽쇠는 없다.

생태 여름~가을 / 습기 찬 풀밭, 늪지대, 비옥한 땅에 발생한다.

분포 한국, 유럽

애백색외대버섯

Entoloma minutoalbum Horak

형태 균모의 지름은 4.2~4.8㎝로 중앙이 돌출된 펴진 둥근 산 모양이거나 중앙이 오목해지며 때로는 중앙이 약간 배꼽형으로 들어간다. 황백색, 중앙 돌출부는 연한 황색, 방사상으로 섬유상 또는 벨벳 모양이다. 흡수성이지만 건조할 때는 막질이다. 가장자리에는 줄무늬선이 있다. 살은 백색, 얇으며 자루의 살도 백색이다. 주름살은 자루에 대하여 바른주름살-약간 내린주름살이며 처음에는 흰색이다가 연한 분홍색이 된다. 주름살은 성기고 폭이 넓다. 자루의 길이 10~11㎝, 굵기 0.1㎝ 내외, 원주상이다. 황색을 띤 백색으로 드물게 베이지갈색이다. 자루는 약간 비틀리고, 속은 비었으며 표면은 매끄럽다. 기부는 약간 가늘고, 백색의 균사가 붙어 있다. 포자의 크기는 9.5~11.5×9.5~11㎛로 사각형으로 4개의 무딘 각이 있다. 드물게 1-2개의 기름방울을 함유하기도 한다.

생태 여름 / 숲속의 낙엽이 많은 땅에 군생한다.

분포 한국, 북미

꼬마외대버섯

Entoloma minutum (P. Karst.) Noordel.

형태 균모의 지름은 5~30㎜로 원추형에서 펴져서 둥근 산 모양이 되며, 마침내 편평하게 되지만 중앙에 작은 젖꼭지가 있거나 없다. 흔히 중앙이 들어가기도 한다. 가장자리는 고르다. 흡수성이며 습할 시 투명한 줄무늬선이 중앙까지 발달한다. 퇴색한 갈색, 핑크-갈색 또는 황갈색이다. 가장자리로 갈수록 연하다. 건조 시 연한 크림색, 연한 갈색 또는 거의 백색이고 밋밋하다. 견사성의 광택이 나고 확대경 아래서는 때때로 방사상의 섬유상이다. 살은 매우 얇으며 부서지기 쉽고, 냄새는 약하고 맛은 온화하다. 주름살은 자루에 끝붙은주름살, 홈파진주름살에서 바른주름살 또는 약간 내린주름살 등으로 다양하며, 백색에서 연한 핑크색으로 동색이며 성기다. 언저리는 고르다. 자루의 길이 20~70㎜, 굵기 0.5~2㎜, 원통형, 때때로 약간 기부가 넓고 투명한 노랑색 또는 갈색이며 균모의 중앙보다 연하다. 표면은 매끈, 또는 섬유실이 산재하며 줄무늬선은 없다. 꼭대기에 미세한 가루상, 기부에 백색의 털상이다. 포자는 8~11(11.5)×6.5~8.5(9)㎛. 다각형, 5-7개의 각이 있다. 담자기는 4-포자성, 기부에 꺽쇠가 있다.

생태 여름~가을 / 낙엽수림, 숲속의 젖은 땅에 군생한다. 비교적 흔한 종이다.

분포 한국, 유럽

황변외대버섯

Entoloma moseriannum Noordel.

형태 균모의 지름은 20~12㎜로 원추-둥근 산 모양 또는 반구형에서 차차 펴지며 낮은 볼록이 있거나 없으며, 볼록은 넓다. 가장자리는 처음 안으로 말렸다가 곧게 된다. 흡수성은 아니며 투명한 줄무늬선은 없고, 백색에서 크림색, 흔히 중앙에 약간 황토색이 있다. 상처 시 또는 노쇠하면 노랑색으로 되는 곳도 있다. 습할 시 약간 끈적기가 있고 건조 시 매끈하다가 약간 펠트상으로 된다. 주름살은 자루에 바른-홈파진주름살, 약간 성기고 두껍다. 넓은 배불뚝이형이며 백색에서 연한 핑크색이다. 상처 시 또는 노쇠하면 밝은 노랑반점이 있다. 언저리는 톱니상이며 동색이다. 자루의 길이 40~12㎜, 굵기 5~14㎜, 기부 쪽은 가늘고 균모와 동색이다. 상처 시 밝은 노랑 반점이 생긴다. 기부에서는 가루에서 비듬상으로 되며, 아래로 섬유상-늑골상이다. 살은 단단하고 백색, 때로는 상처 시 오렌지-노랑색으로 변색하며 신냄새 또는 비누 냄새가 난다. 맛은 밀가루 같다. 포자는 9~11.5(12)×8~9.5㎛, 5-6개의 각이 있다. 담자기는 4-포자성, 기부에 꺽쇠가 있다.
생태 여름~가을 / 낙엽수림, 개괄지의 땅에 군생한다.
분포 한국, 유럽

자회색외대버섯

Entoloma mougeotii (Fr.) Hesler

형태 균모의 지름은 20~60㎜로 어릴 때 편평하고 둥근 산 모양, 중앙은 배꼽 모양, 후에 펴진다. 노쇠하면 불규칙한 물결형, 중앙은 들어간다. 표면은 미세한 방사상의 섬유상-털이 약간 인편으로 되며 보통 중앙에 있다. 회-자색에서 자갈색으로 되며 때때로 어릴 때 흑청색이 되지만 노쇠하면 갈색이 된다. 때로는 희미한 테가 있다. 가장자리는 오랫동안 안으로 말린다. 살은 회색인데 청색 끼가 있으며 얇고, 냄새는 약간 달콤하며 맛은 온화하나 분명치 않지만 약간 불쾌하다. 주름살은 넓은 바른주름살, 때때로 홈파진주름살과 약간 내린주름살로 된다. 어릴 때 백황색에서 핑크 갈색으로 되며 폭은 넓다. 언저리는 약간 톱니상이다. 자루의 길이 50~100㎜, 굵기 2~5㎜, 원통형, 흔히 꼭대기와 기부는 비틀린다. 속은 비었고 부서지기 쉽다. 표면은 세로로 섬유상, 흔히 꼭대기에 분명한 테가 있다. 아래는 회-청색에서 회갈색, 기부에 백색의 털상이다. 포자는 9.1~11.6×6.5~8㎛로 5-9개의 각이 있다. 포자문은 오렌지-갈색, 담자기는 곤봉상 35~40×10~12㎛, 4-포자성, 기부에 꺽쇠는 없다.

생태 여름~가을 / 풀밭, 풀밭속, 이끼류속의 땅에 군생한다.

분포 한국, 유럽, 북미

바랜외대버섯

Entoloma murinipes (Murril) Hesler

형태 균모의 지름은 3㎝로 넓고 둥근 산 모양이며 완전히 펴지지 않는다. 표면은 회색, 중앙은 검고 매끈하며 줄무늬선이 있다. 가장자리는 고르다. 살은 매우 얇고 백색이며 변색하지 않고 냄새는 없다. 주름살은 자루에 대하여 올린주름살, 퇴색한 색에서 핑크색으로 되며 밀생한다. 주름살의 폭은 좁고, 길고 짧은 것이 혼재한다. 언저리는 고르지 않다. 자루의 길이 4㎝, 굵기 0.2~0.3㎝, 회색이고 밋밋하고 매끈하며 아래로 가늘다. 포자의 크기는 8~9(10)×5.5~6(7)㎛로 7-9개의 각이 있고 각은 날카롭지 않으며 다소 결절형이다. 담자기는 29~34×9~10㎛, 2-4포자성이다. 낭상체는 없다.

생태 여름 / 나뭇잎 등에 단생한다.

분포 한국, 북미

노란꼭지외대버섯

Entoloma murrayi (Berk. & M.A. Curtis) Sacc.
Inocephalus murrayi (Berk. & Curt.) Rutter & Watl., Rhodophyllus murrayi (Berk. & Curt.) Sing.

형태 균모의 지름은 1.5~5(6)㎝로 원추형 또는 원추상의 종 모양으로 된다. 중앙에는 긴 젖꼭지 모양의 돌기가 있다. 황색이고 습할 때는 가장자리에 줄무늬선이 나타난다. 살은 매우 얇고 주름살은 처음 담황색이나 후에 살색을 띤다. 폭이 넓고 약간 성기다. 주름살은 자루에 대하여 바른주름살-올린주름살이다. 자루의 길이 4~12㎝, 굵기 0.2~0.4㎝로 가늘고 길다. 위아래가 같은 굵기이고 담황색이다. 밋밋하거나 미세한 섬유가 있다. 자루의 속은 비었다. 포자의 크기는 10~12.5㎛, 4각형의 주사위 모양이다.
생태 여름~가을 / 숲속의 땅, 습한 곳, 이끼류 사이에 산생 · 군생한다. 드문 종이다.
분포 한국, 일본, 북미, 보르네오, 러시아 극동 지방

다변외대버섯

Entoloma mutabilipes Noordel. & Liiv

형태 균모의 지름은 10~25㎜로 둥근 산 모양에서 중앙은 배꼽 모양이 되며 불규칙한 물결형인데, 노쇠하면 가장자리가 올려진다. 표면은 흡수성, 투명한 줄무늬선이 거의 중앙까지 발달한다. 습할 시 베이지-갈색으로 핑크색이 있고, 퇴색하여 건조 시 회-베이지색으로 되며 중앙은 언제나 검은 갈색의 압착된 인편이 있다. 가장자리는 오랫동안 안으로 말리며 예리하다. 살은 회-백색이며 얇다. 냄새는 약간 정자 냄새, 맛은 온화하고 안 좋다. 주름살은 자루에 대하여 약간 올린주름살에서 거의 끝붙은주름살로 작은 내린주름살의 톱니꼴을 가진다. 어릴 때 백색, 후에 갈-핑크색이며 폭은 넓다. 언저리는 밋밋하며 갈색을 띤다. 자루의 길이 30~50㎜, 굵기 1~1.5㎜, 원통형, 기부는 약간 부풀고 백색의 털상, 빳빳하고 부서지기 쉽고 속은 차 있다. 표면은 밋밋하고 매끄러우며 어릴 때 청색, 후에 청-회색에서 칙칙한 회색으로 된다. 포자의 크기는 9.9~12.6×7~9㎛, 5-8개의 각이 있다. 포자문은 적갈색, 담자기는 원통형에서 곤봉형으로 20~38×11~13㎛, 4-포자성, 기부에 꺽쇠는 없다.

생태 여름~가을 / 숲속, 침엽수림, 풀밭, 젖은 땅에 단생에서 군생한다.

분포 한국, 유럽

주름균강 》 주름버섯목 》 외대버섯과 》 외대버섯속

젖꼭지외대버섯

Entoloma mycenoides (Hongo) Hongo
Rhodophyllus mycenoides Hongo

형태 균모의 지름은 0.6~1.5㎝로 원추형-고깔형이다. 표면은 밋밋하고 습할 때는 중앙부가 암갈색이며 가장자리는 연한 색이고 줄무늬선이 나타난다. 건조할 때는 줄무늬선이 사라지고 연한 쥐색으로 된다. 주름살은 자루에 대하여 회색-적갈색, 폭이 넓고 성기다. 자루의 길이 2~4㎝, 굵기 0.08~0.2㎝, 속이 비었다. 표면은 약간 섬유상인데 흔히 굽어 있으며 균모와 동색이다. 포자의 크기는 10~12×7~8㎛, 난상의 다각형이다.
생태 가을 / 숲속의 이끼 사이에 군생한다.
분포 한국, 일본

주름균강 》 주름버섯목 》 외대버섯과 》 외대버섯속

젖꼭지외대버섯사촌

Entoloma myceniforme (Murrill) Hesler

형태 균모의 지름은 1.3㎝로 원추형에서 종 모양이며 검은 볼록이 있고 연한-회갈색이며 표면은 매끈하고 건조하다. 가장자리는 고르고 찢어진다. 살은 막질, 백색이며 변색하지 않는다. 냄새는 없다. 주름살은 자루에 대하여 홈파진주름살이며 핑크색으로 되고, 약간 밀생하며 폭은 넓다. 자루의 길이 4㎝, 굵기 0.1~0.2㎝, 연한 꿀색, 표면은 매끈하고 아래로 부푼다. 포자의 크기는 11~14×7~9㎛, 5-6개의 각을 갖는다. 담자기는 27~35×10~13㎛, 2-4포자성이다. 측낭상체는 없고, 연낭상체는 28~33×5.5~7㎛, 원통형, 때로는 머리 모양이지만 드물다. 기부에 꺽쇠는 없다.
생태 가을~겨울 / 나뭇잎에 군생한다.
분포 한국, 북미

탄냄새외대버섯

Entoloma nausiosme Noordel.

형태 균모의 지름은 10~40㎜로 둥근 산 모양이나 중앙에 깊은 배꼽 모양이 있고 약간 흡수성이다. 습할 시 검은 회색에서 흑색이며 드물게 매끈하고 투명한 줄무늬선은 없다. 건조하면 약간 퇴색한 색에서 회갈색, 보통 강한 방사상의 섬유상 펠트상, 때때로 약간 띠가 있다. 가장자리는 안으로 말린다. 살은 얇고 표면과 같은 동색이다. 강한 탄 고기 냄새로 안 좋고 맛도 별로다. 주름살은 자루에 활 모양의 내린주름살, 검은 회색에서 핑크-갈색이다. 언저리는 고르고, 동색이다. 자루의 길이 20~70㎜, 굵기 2~7㎜, 원통형이지만 아래쪽이 가늘고, 균모와 동색 또는 균모보다 약간 연한 색이다. 표면은 밋밋하고 꼭대기는 분상이다. 아래는 매끈하며 기부는 백색의 털상이다. 포자의 크기는 9~11.5×7~9㎛, 5-7개의 서로 다른 각이다. 담자기는 4-포자성, 기부에 꺽쇠가 있다.

생태 여름~가을 / 낙엽수림의 습기 찬 땅에 군생한다.

분포 한국, 유럽

무시외대버섯

Entoloma neglectum (Lasch) Arnolds

형태 균모의 지름은 5~40mm로 편평하며 중앙이 들어가서 깊은 배꼽형이 된다. 가장자리는 안으로 말리고, 노쇠하면 불규칙한 엽편 모양이다. 흡수성은 아니고 투명한 줄무늬선도 없다. 연한 크림색, 살색, 연한 갈색이며 털상이고 때때로 띠를 형성하며 둔하다. 살은 얇고 투명하며 강한 밀가루 냄새, 밀가루맛이다. 주름살은 자루에 대하여 넓은 바른주름살에서 내린주름살이고 때때로 포크형, 아치형에서 분절형, 때때로 두껍다. 비교적 성기고 백색에서 핑크색이 된다. 언저리는 동색이다. 자루의 길이 10~25mm, 굵기 2~2.5mm, 원통형 또는 압착하며, 백색이고 때때로 회색 또는 노랑색 끼가 있고 보통 백색의 섬유상으로 덮이거나 백색의 털상으로 덮인다. 기부는 청색이다. 포자의 크기는 9~12.5×6~9(10)㎛, 불규칙한 결절의 각이 있다. 담자기는 4-포자성, 기부에 꺽쇠가 있다.

생태 여름~가을 / 이끼류의 풀밭, 도로가 등에 군생한다.

분포 한국, 유럽

흑자색외대버섯

Entoloma nigroviolaceum (Orton) Hesl.
E. nigroviolaceum (Orton) var. nigroviolaceum Hesl., E. nigroviolaceum var. striatulum Hesl.

형태 균모의 지름은 1~2(5.5)cm로 둥근 산 모양에서 펴지면 중앙이 돌출되는 방패형이 된다. 드물게 중앙이 배꼽 모양으로 쏙 들어간다. 흑청색-암자색, 흑청색의 비늘이 전체 또는 중앙부에 산재한다. 균모 표면이 터지며 살이 드러나기도한다. 가장자리에는 줄무니선이 있고 고르지 않다. 살은 얇고 백청색, 자루의 살은 흰색이다. 주름살은 자루에 대하여 바른주름살 또는 약간 올린주름살이다. 처음에는 흰색 또는 유백색이다가 연한 분홍색을 띤 황갈색이 된다. 폭이 넓고 촘촘하다. 자루의 길이 3~4cm, 굵기 0.15~0.3cm, 원주상이고 위쪽이 약간 가늘며 균모와 같은 색이다. 자루의 표면에는 비늘 모양이고 위쪽이 심하다. 기부에는 흰색 균사가 있다. 속은 비었다. 포자의 크기는 10~13×6~8(9)μm, 다각형, (5)6-7개의 각이 있다. 포자문은 연한 분홍갈색이다.
생태 여름 / 이끼가 많은 땅에 군생 · 속생한다.
분포 한국, 북미

주름균강 》 주름버섯목 》 외대버섯과 》 외대버섯속

흑자색외대버섯(흑보라줄형)

Entoloma nigroviolaceum var. **striatulum** Hesl.

형태 균모의 지름은 1.2~2㎝로 반구상의 둥근 산 모양이다가 둥근 산 모양이 되며 중앙에 배꼽 모양처럼 들어간다. 흡수성으로 처음에는 황갈색을 띤 진한 청색이나 성숙하면 다소 연한 색이 된다. 미세한 가루상, 전면에 미세한 비늘이 덮이지만 후에는 중앙에만 남는다. 섬유상, 가장자리에서 중앙까지 줄무늬선이 있다. 살은 얇고 건조할 때는 청회색, 습할 때는 암청색이다. 주름살은 자루에 대하여 홈파진주름살이며 흰색에서 분홍 살색이 된다. 주름살의 간격은 보통, 폭은 약간 넓은 편이다. 언저리는 고르고 같은 색이다. 자루의 길이 3~4.5㎝, 굵기 0.15~0.2㎝, 원주형, 위아래가 같은 굵기, 회색이다가 연한 회색이 된다. 위쪽은 약간 흰색의 가루상이고 그 외는 밋밋하다. 기부는 유백색의 균사가 붙어 있다. 속은 비었다. 포자의 크기는 9~11×7~8㎛, 아구형, 5-6개의 각이 있다.
생태 여름 / 숲 부근의 길가에 산생한다.
분포 한국, 북미

주름균강 》 주름버섯목 》 외대버섯과 》 외대버섯속

흰배꼽외대버섯

Entoloma peralbidum Horak

형태 균모의 지름은 1.5~3㎝로 다소 옆으로 퍼진 둥근 산 모양-편평형에서 중앙이 오목해진다. 중앙에 배꼽 모양으로 쏙 들어가 배꼽형이 된다. 어릴 때는 순백색에서 분홍색을 띤 회백색으로 된다. 표면은 건조하고 섬유상, 중앙이 진하고 면모가 있으며 가장자리까지 줄무늬선이 있다. 살은 백색이고 얇다. 주름살은 자루에 대하여 내린주름살 또는 바른주름살로 흰색이다가 연한 분홍색이 된다. 주름살은 약간 촘촘하거나 성기다. 언저리는 털이 있고 같은 색이다. 자루의 길이 2.5~4㎝, 굵기 0.1~0.3㎝, 원주형, 위아래가 같은 굵기이며 오백색 또는 연한 백색으로 부서지기 쉽고, 밋밋하다. 기부에는 백색 균사가 붙어 있다. 자루의 속은 비었다. 포자의 크기는 8~10×6~8.8㎛, 타원형-광타원형, 5-6개의 각이 있다. 드물게 기름방울을 함유하는 것도 있다.
생태 여름 / 활엽수림의 낙엽이 쌓인 땅에 군생한다.
분포 한국, 북미

순백외대버섯

Entolpma niphoides Romagn. ex Noordel.

형태 균모의 지름은 20~145㎜로 어릴 때 원추형, 빨리 펴져서 원추-둥근 산 모양 또는 둥근 산 모양으로 되며 마침내 편평하게 된다. 분명한 흡수성은 아니고, 습할 시 순수한 백색, 건조 시 광택이 난다. 어릴 때 가장자리는 안으로 말리며 바로 곧게 되고 가장자리에 투명한 줄무늬선이 있다. 살은 백색이며 밀가루 냄새와 맛이 난다. 주름살은 자루에 대하여 바른주름살에서 홈파진주름살, 때때로 짧은 치아상의 내린주름살이며 비교적 촘촘하다. 분절형에서 배불뚝이형, 백색에서 핑크색으로 톱니상이고 언저리는 같은 색이다. 자루의 길이 40~120㎜, 굵기 5~15(20)㎜, 원통형, 곧거나 휘어지며 때때로 기부는 분명히 폭이 넓다. 백색, 꼭대기는 분상, 아래로 섬유상의 줄무늬선이 있으며, 속은 차고, 단단하다. 포자의 크기는 8~10(11.5)×7.5~10(11)㎛, 5-8개의 각이 있다. 담자기는 4-포자성, 기부에 꺽쇠가 있다.

생태 봄~여름 / 숲속의 땅, 낙엽수림의 가장자리에 군생한다.

분포 한국, 유럽

광택외대버섯

Entoloma nitens (Velen.) Noordel.

형태 균모의 지름은 10~20㎜로 어릴 때 반구형-둥근 산 모양, 후에 둥근 산 모양에서 편평, 때때로 약간 볼록이 있다. 표면은 밋밋하며 강한 흡수성의 회-갈색, 습할 시 투명한 줄무늬선이 중앙의 근처까지 발달한다. 건조 시 퇴색하여 회-베이지색으로 되며, 섬유상-가루가 있고, 비단 같은 광택이 나고 줄무늬선은 없어진다. 가장자리는 예리하며 약간 물결형이다. 살은 베이지색에서 흑갈색이 되며 얇다. 약간 허브 냄새가 나고 맛은 온화하며 약간 허브맛이다. 주름살은 자루에 대하여 올린주름살 또는 좁은 바른주름살, 어릴 때 백색, 후에 칙칙한 핑크-갈색으로 되며 폭은 넓다. 언저리는 밋밋하다. 자루의 길이 30~45(60)㎜, 굵기 1.5~2(3)㎜, 원통형, 기부로 갈수록 약간 부풀고, 속은 차 있다가 비며 부서지기 쉽다. 표면은 밋밋하며 둔하고, 검은 회-갈색이다. 자루의 전체가 불분명하고 드물게 백색의 섬유상으로 피복되며 기부는 백색의 털상이다. 포자의 크기는 7.7~10×7.5~9.8㎛, 5-6개의 각이 있다. 포자문은 오렌지-갈색이며 담자기는 곤봉-배불뚝이형, 29~38×10~15㎛로 4-포자성, 기부에 꺽쇠가 있다.

생태 여름~가을 / 단단한 나무, 단단한 나무와 참나무류 혼효림의 땅에 단생에서 군생한다. 드문 종이다.

분포 한국, 유럽

투명색소외대버섯

Entoloma occultipigmentatum Arnolds. & Noordel.

형태 균모의 지름은 15~40㎜로 어릴 때 반구형-종 모양에서 둥근 산 모양이 되었다가 후에 편평해지며, 노쇠하면 중앙이 들어가고 보통 중앙에 작은 젖꼭지가 있다. 표면은 흡수성이 있으며 밋밋하고, 견사성이다. 습할 시 광택이 나고 흑갈색에서 검은 회갈색으로 되며, 줄무늬선이 중앙까지 발달한다. 건조 시 황토-회색에서 황토갈색으로 된다. 가장자리는 다소 안으로 말리고 때로는 물결형이며, 예리하다. 살은 검은 갈색, 건조 시 황토색이며 얇다. 강한 밀가루 냄새와 맛이 나며 맛은 온화하다. 주름살은 자루에 대하여 홈파진주름살, 넓은 바른주름살 또는 내린톱니상의 주름살이다. 회베이지색에서 황토갈색을 거쳤다가 핑크색으로 되며 폭은 넓다. 언저리는 물결형이며 밋밋하다. 자루의 길이 40~90㎜, 굵기 3~7㎜, 원통형, 찢어지고 세로의 섬유실로 된다. 기부로 약간 부풀며 속은 비고 부서지기 쉽다. 표면은 황토 갈색에서 회갈색, 세로로 섬유상 줄무늬선이 있고, 기부로 백색의 털상이다. 포자는 7.2~9.8×6~8.2㎛로 4-6개의 각이 있다. 포자문은 적갈색, 담자기는 배불뚝이형에서 곤봉형, 23~35×10~13㎛로 4(5)-포자성, 기부에 꺽쇠가 있다.

생태 늦여름~가을 / 젖은 숲속의 땅에 단생에서 군생한다. 드문 종이다.

분포 한국, 유럽

방사섬유외대버섯

Entoloma ochromicaceum Noodel. & Liiv

형태 균모의 지름은 15~35mm로 어릴 때 둥근 산 모양에서 편평한 둥근 산 모양이 되며 때때로 종 모양-둥근 산 모양, 중앙은 분명한 톱니상이다. 표면은 방사상의 섬유상, 노쇠하면 방사상으로 홈선이 있으며 중앙으로 인편-과립이 있다. 흡수성, 습할 시 갈색-베이지색이며, 건조 시 밝은 회-베이지색이다. 가장자리에 줄무늬선이 있으며 예리하고 오래되면 물결형이다. 살은 백색이며 얇고, 냄새는 거의 없고 맛은 온화하나 고약하다. 주름살은 자루에 대하여 올린주름살 또는 넓은 바른주름살, 어릴 때 백색에서 회-핑크색이며 폭은 넓다. 언저리는 밋밋하고 노쇠하면 갈색의 섬모상이다. 자루의 길이 30~45mm, 굵기 1~5mm, 원통형, 때때로 압착되며 세로로 홈선이 있다. 부서지기 쉬우며 속은 비었다. 표면은 밋밋하며 둔하고 크림-베이지색에서 밝은 올리브-베이지색, 기부는 백색의 털상이다. 포자의 크기는 8.2~11.7×6.8~8.5㎛로 5개의 각이 있다. 포자문은 핑크-갈색이다. 담자기는 곤봉상에서 배불뚝이형, 31~43×12~14㎛로 4-포자성, 기부에 꺽쇠는 없다.

생태 여름~가을 / 보통 풀밭, 길가에 군생한다. 드문 종이다.

분포 한국, 유럽

민꼭지외대버섯

Entoloma omiense (Hongo) Horak
Rhodophyllus omiensis Hongo

형태 균모의 지름은 2~7㎝로 원추상의 둥근 산 모양이다가 거의 편평하게 펴진다. 표면은 섬유상인데 회색을 띤 연한 벌꿀색이며 중앙부는 진한 색이다. 흔히 방사상 줄무늬선이 나타난다. 주름살은 자루에 대하여 끝붙은주름살, 흰색이다가 담홍색이 된다. 폭이 넓고 약간 빽빽하거나 간혹 약간 성기다. 언저리는 가루상을 나타낸다. 자루의 길이 5~10㎝, 굵기 0.3~0.6㎝, 위아래가 같은 굵기이고 속은 비었다. 표면은 균모보다 다소 연한 색이다. 섬유상의 세로로의 줄무늬선이 있다. 흔히 자루가 굽어 있다. 포자의 크기는 11~13×9~11㎛, 아구상의 다각형이다.
생태 가을 / 활엽수림 또는 대나무밭 속의 낙엽이 많은 땅에 단생 · 군생한다.
분포 한국, 일본

퇴색노랑외대버섯

Entoloma pallido-olivaceum Hesler

형태 균모의 지름은 1~4㎝로 위끝이 절단된 종 모양에서 오목해지며 중앙 한가운데에 갈색을 띤 방패 모양의 돌출부가 생긴다. 황색이며 가장자리에서 중앙의 절단부까지 줄무늬선이 있다. 견사상, 광택이 있으며 중앙은 섬유상이다. 가장자리는 고르다. 살은 얇고 유백색이나 절단하면 회색을 띤 올리브색으로 변한다. 주름살은 자루에 대하여 바른주름살로 흰색이다가 후에 연한 분홍색을 띤다. 폭이 넓고 촘촘하며 긴 주름살과 짧은 주름살이 섞여 있다. 자루의 길이 2.5~6㎝, 굵기 0.15~0.3㎝, 원주형, 드물게 굽어 있다. 백색-연한 백황 백색, 위쪽은 가루상이고 그 외는 밋밋하고, 기부는 흰색의 균사가 있다. 자루의 속은 비었다. 포자의 크기는 10~13×6~8㎛, 타원형, 대부분 7개의 각이 있다. 각은 약간 돌출되어 있다.

생태 여름~가을 / 혼효림 숲속의 땅에 군생한다.

분포 한국, 북미

파진젖꼭지외대버섯

Entoloma papillatum (Bres.) Dennis

형태 균모의 지름은 10~20(30)㎜로 원추-종 모양에서 변하지 않으며 중앙에 분명한 젖꼭지가 있다. 표면은 밋밋하며 둔하고, 흡수성이다. 습할 시 투명한 줄무늬선이 중앙의 반 정도까지 발달한다. 검은 올리브-갈색으로 자색이 있으며 건조 시 베이지-갈색에서 밝은 회-갈색이다. 가장자리는 예리하고 밋밋하다. 살은 백색에서 갈색이며 얇다. 냄새는 약간 허브 비슷하며 맛은 온화하나 분명치 않다. 때때로 약간 밀가루 냄새가 난다. 주름살은 자루에 대하여 올린주름살 또는 좁은 바른주름살, 어릴 때 칙칙한 백색에서 핑크-갈색으로 되며 폭은 넓다. 언저리는 밋밋하다. 자루의 길이 30~50㎜, 원통형, 기부는 부풀고 속은 비었으며 탄력성이 있다. 표면은 밋밋하고 매끄러우며 회-갈색이다. 기부는 백색의 털상이고, 꼭대기는 때때로 백색이고 가루가 있다. 포자의 크기는 7.5~12.7×5.7~9㎛, 6-7개의 각을 가진다. 포자문은 핑크-갈색이다. 담자기는 32~43×10~12㎛로 곤봉형에서 배불뚝이형으로 4-포자성, 기부에 꺽쇠가 있다.

생태 여름~가을 / 풀밭, 길가, 숲, 관목류 숲의 땅에 군생한다. 보통 종은 아니다.

분포 한국, 유럽, 북미

기생외대버섯

Entoloma parasiticum (Quél.) Kreisel

형태 균모의 지름은 0.3~0.9㎝로 원형, 난형, 또는 콩팥형이다. 표면은 미세한 솜털상이며 습할 시 줄무늬선은 없다. 가장자리는 처음부터 약간 아래로 굽었고 다음에 차차 편평하게 된다. 살은 얇고, 백색, 맛과 냄새는 불분명하다. 주름살은 자루에 대하여 바른주름살, 백색에서 핑크색으로 되며 성기다. 언저리는 백색이다. 자루의 길이 0.2~0.3㎝, 중심생 또는 편심생, 백색의 솜털상이다. 때때로 자루가 없는 것도 있다. 포자의 크기는 9.5~12×6.5~8㎛, 아구형이지만 각이 있다. 포자문은 핑크색, 낭상체는 없다.
생태 여름~가을 / 썩는 고목, 풀잎에 단생, 또는 소집단으로 발생한다.
분포 한국, 유럽

흡집외대버섯

Entoloma peckianum Burt

형태 균모의 지름은 1.5~3㎝로 둥근 산 모양 또는 약간 종 모양이면서 중앙이 뾰족하거나 또는 다소 젖꼭지 모양으로 돌출된다. 표면은 흡수성이다. 암갈색-흑청색, 중앙은 거의 흑색이며 암천색의 미세한 인편이 덮여 있다. 습할 때는 광택이 있고, 건조할 때는 다소 색이 연해지며 방사상으로 줄무늬가 나타난다. 가장자리는 고르다. 살은 청색-갈색를 띤 유백색이며 주름살은 자루에 대하여 올린주름살로 처음에는 흰색이다가 분홍색 색조를 띤다. 폭이 넓고 촘촘하다. 자루의 길이 5~10㎝, 굵기 0.2~0.4㎝, 원주상으로 가늘고 길며 연한 갈색-흑청색이다. 표면에 미세한 털이 있고 세로로 줄무늬가 있고 속은 비었다. 기부는 유백색이며 흰색의 균사가 있다. 포자의 크기는 9~14×78.5㎛, 각형으로 5-7개의 각을 가진다.

발생 여름~가을 / 침엽수 또는 활엽수림의 땅 및 풀밭의 땅에 단생 · 군생한다.

분포 한국, 북미

흰색변외대버섯

Entoloma percandidum Noordel.

형태 균모의 지름은 4~10㎜로 처음 둥근 산 모양이며 중앙은 잘린형, 다음에 펴지지만 편평하게 되지는 않는다. 흔히 가장자리는 불규칙한 물결형이고 흡수성이다. 습할 시 깊고 투명한 줄무늬선이 있다. 백색이나 건조 시 불분명하고 오래되면 때때로 약간 노랑색이며 매끈하다. 건조 시 매끈한 섬유상이다. 살은 매우 얇고 부서지기 쉬우며 냄새와 맛은 없다. 주름살은 자루에 대하여 바른주름살 간혹 홈파진주름살 또는 약간 내린주름살이고 분절형 또는 약간 배불뚝이형, 백색에서 핑크색으로 성기고, 두껍다. 언저리는 동색이며 자루의 길이 (13)24~45㎜, 굵기 0.5~2㎜, 원통형, 곧바르거나 휘어지며 백색이다. 광택이 나고 투명하다. 오래되면 노란 끼가 있다. 포자는 7~10(11)×5.5~7(8)㎛로 6-10개의 각이 있다. 담자기는 4-포자성, 기부에 꺽쇠가 있다.

생태 여름~가을 / 그늘진 땅, 습기 찬 곳 또는 낙엽수림, 풀밭에 군생한다. 드문 종이다.

분포 한국, 유럽

솔외대버섯

Entoloma pinusm D.H. Cho & J.Y. Lee

형태 균모의 지름은 2~2.5㎝로 둥근 산 모양이다가 편평해지며 가운데가 볼록하나 꼭대기는 오목한 배꼽형이 된다. 검은 오렌지 황색, 짙은 오렌지황색 또는 회색으로 건조하면 유백색을 띤다. 가장자리에는 줄무늬가 있으나 고르지 않으며 잘 찢어지고 간혹 안으로 말린다. 살은 얇고 백황색, 주름살은 자루에 올린주름살, 어두운 분홍색, 촘촘하거나 성기며 폭은 0.3~0.5㎝이다. 주름살은 자루에 올린주름살, 길이 2~3㎝, 굵기 0.15~0.2㎝, 원주형이고 위와 아래의 굵기가 같으며 색깔은 균모보다 약간 연하다. 기부에는 백색의 균사가 있다. 속은 차 있다가 비게 되며 살은 표면과 같은색이다. 포자는 10~13×7.5~9㎛, 아구형, 오각형, 드물게 기름방울 함유, 벽이 두껍다. 담자기는 31~40×6.3~10㎛, 곤봉형, 경자는 높이 3.8~6.3㎛, 2-포자성, 꺽쇠는 없다. 측낭상체와 연낭상체는 없다. 균모의 균사는 43.8~175×12.5~15㎛, 원통형, 균모의 균사는 45~95×10~12.5㎛, 원통형이다. 자루 균사의 부푼 곳은 132.5~177×23.8(11.3)~27.5㎛, 필라멘트 모양은 60~85×50~11.3㎛이다.

생태 초여름 / 소나무 숲(적송)의 소나무 잎이 떨어진 흙에서 무리를 지어 발생한다.

분포 한국(만덕산: 전주시 교외)

털흑갈색외대버섯

Entoloma plebeioides (Schulzer) Noordel.

형태 균모의 지름은 20~80㎜로 원추형, 종 모양 또는 반구형에서 펴져서 둥근 산 모양 또는 편평형으로 되며 중앙에 볼록이 있다. 약간 흡수성이거나 아니고, 투명한 줄무늬선은 없다. 매우 검은 회갈색 또는 흑갈색이다. 어릴 때 고른 털상, 다음에 갈라지고, 또는 미세한 인편이 있다. 건조 시 약간 퇴색하기도 하고 안 하기도 한다. 살의 표피는 검은 회갈색, 자루는 부분적으로 회색, 밀가루 냄새는 없고 맛은 안 좋다. 가장자리는 뒤집히고 다음에 곧게 되며 띠가 있는데, 오래되면 물결형이다. 주름살은 자루에 대하여 넓은 바른-홈파진줄주름살, 비교적 촘촘하고 분절형에서 배불뚝이형이며 크림 회색에서 불규칙한 오회핑크색이다. 언저리는 동색이다. 자루의 길이 20~70㎜, 굵기 3~10㎜, 원통형, 흔히 기부는 굽었고 연한 색에서 검은 갈색이 된다. 섬유상-줄무늬선이 있으며 꼭대기는 가끔 분상에서 솜털상이다. 포자는 8~12×7~9㎛, 5-7개의 각이 있다. 담자기는 4-포자성, 기부에 꺽쇠가 있고 낭상체는 없다.

생태 여름~가을 / 풀밭, 낙엽수림 속의 젖은 땅에 발생한다. 매우 드문 종이다.

분포 한국, 유럽

검은돌기외대버섯

Entoloma plebejum (Kalchbr.) Noordel.

형태 균모의 지름은 15~45㎜로 어릴 때 원추-종 모양에서 둥근 산 모양을 거쳐 편평하게 되며, 중앙은 예리한 젖꼭지가 있다. 표면은 둔하고 미세한 방사상의 압착된 섬유상-털상이 있다. 노쇠하면 방사상으로 갈라지며 회색에서 회갈색, 습할 시 검은 숯-갈색이다. 가장자리가 위로 올려지고 습할 시 희미한 줄무늬선이 나타난다. 살은 칙칙한 회-갈색이며 얇고 냄새가 없지만 나중에 약간 밀가루 냄새가 난다. 맛은 온화하고 밀가루맛이다. 주름살은 자루에 끝붙은주름살에서 약간 올린주름살, 회백색에서 칙칙한 회색을 거쳐 핑크-회색이 되며 폭은 넓다. 언저리는 톱니상이다. 자루의 길이 40~85㎜, 굵기 3~7㎜, 원통형, 속은 비고 가끔 비틀리거나 부서지기 쉽다. 표면은 밋밋하며 둔하고, 백색이다. 세로로 백색의 섬유상이며 기부는 백색의 털상이다. 포자는 9.5~15×6.8~10.9㎛로 다각형에서 결절형이다. 포자문은 핑크색이며 담자기는 원통형에서 곤봉형, 35~38×12~15㎛로 4-포자성, 기부에 꺽쇠가 있다.

생태 봄~초여름 / 활엽수림, 침엽수림, 비옥한 땅, 습한 땅 등에 단생 · 군생한다. 드문 종이다.

분포 한국, 유럽

톱니외대버섯

Entoloma pleopodium (Bull.) Noordel.

형태 균모의 지름은 10~20(30)㎜로 어릴 때 종 모양에서 둥근 산 모양을 거쳐 편평하게 되며 때때로 물결형, 흔히 중앙은 톱니상이다. 표면은 밋밋하며 둔하고 약간 흡수성이다. 미세한 방사상의 섬유상-줄무늬선이 있으며 올리브-노랑색에서 황녹색이 된다. 중앙은 더 진한 색이다. 가장자리는 오랫동안 안으로 말린다. 살은 올리브-갈색으로 얇고 분명하며 좋은 향료 냄새가 난다. 맛은 좋지 않지만 온화하다. 주름살은 자루에 대하여 넓은 바른주름살에서 약간 내린주름살이다. 언저리는 밋밋하고 톱니상이다. 자루의 길이는 20~50(50)㎜, 굵기 1.5~3(5)㎜의 원통형이다. 기부는 때로는 부풀고 속은 차 있다가 빈다. 끈적기가 있고 부서지기 쉽다. 표면은 밋밋하며 둔하고, 올리브-갈색, 세로로 흰 섬유상이다. 위쪽은 백색-가루상으로 기부는 백색의 털상이다. 포자의 크기는 8~11.9×6.1~8.7㎛로 5-6개의 각이 있다. 담자기는 곤봉형으로 36~50×10~13㎛, 4-포자성, 기부에 꺽쇠가 있다.
생태 여름~가을 / 숲속의 바깥쪽, 정원, 공원, 비옥한 땅, 젖은 땅에 단생에서 군생한다. 드문 종이다.
분포 한국, 유럽, 북미

청회색외대버섯

Entoloma poliopus (Romagn.) Noordel.

형태 균모의 지름은 15~30(40)㎜로 어릴 때 원추형에서 반구형, 다음에 둥근 산 모양에서 편평하게 되며 중앙은 들어가고, 물결형이다. 표면은 둔하고 약간 흡수성이다. 방사상으로 압착된 인편이 검은 회갈색으로 연한 바탕색 위에 있다. 건조 시 가장자리부터 안쪽으로 퇴색한다. 가장자리는 약간 물결형이고 예리하다. 살은 백색이며 얇다. 냄새는 없으며 맛은 온화한 밀가루맛이다. 주름살은 자루에 대하여 넓은 바른주름살, 어릴 때 백색, 후에 핑크색에서 핑크 갈색으로 되며 폭은 넓고 언저리는 밋밋하다. 자루의 길이 30~50㎜, 굵기 2~3㎜, 원통형, 속은 비고 부서지기 쉽다. 표면은 밋밋하고 매끈하며 어릴 때 회청색, 노쇠하면 연한 회-갈색이다. 기부는 백색의 털상이다. 포자의 크기는 8.3~11.3×5.9~7.7㎛, 5-7개의 각이 있고 적-황토색이다. 담자기는 원통형에서 곤봉형, 28~35×9~11㎛. 담자기는 (2)4-포자성, 기부에 꺽쇠는 없다.

생태 여름~가을 / 풀밭, 풀숲 이끼류 등에 단생에서 군생한다. 드문 종이다.

분포 한국, 유럽

주름균강 》 주름버섯목 》 외대버섯과 》 외대버섯속

황회색외대버섯

Entoloma politoflavipes Noordel. & Liiv

형태 균모의 지름은 10~20㎜로 종 모양-둥근 산 모양에서 편평하게 되며 중앙은 늘 톱니상이다. 표면은 무디다가 매끈하며 미세한 방사상의 섬유상이고 미세하게 중앙에 과립-인편이 있다. 흡수성, 습할 시 검은 황갈색이고 투명한 줄무늬가 중앙의 2/3까지 발달, 건조 시 베이지-갈색이며 중앙은 항상 검은 갈색이다. 가장자리는 예리하고 안으로 말린다. 살은 백색으로 얇고, 양파 냄새가 난다. 맛은 온화하나 떫고 허브맛이다. 주름살은 넓은 바른주름살, 약간 내린주름살로 어릴 때 백색에서 핑크색이며 폭은 넓다. 언저리는 밋밋하며 자루의 길이 30~45㎜, 굵기 1~2㎜, 원통형, 기부는 부풀고 부서지기 쉽고 속은 비었다. 표면은 밋밋하다가 매끈해진다. 연한 노랑색이 올리브-노랑색으로 되며 기부 쪽으로 갈수록 더 연한 색, 백색의 털상이다. 포자는 6.8~9.4×5~7.4㎛, 5-7개의 각이 있다. 포자문은 핑크-갈색이며 담자기는 곤봉형, 25~35×8~11㎛로 담자기는 4-포자성, 기부에 꺽쇠가 있다.

생태 여름~가을 / 풀밭, 검은 땅에 군생한다. 드문 종이다.

분포 한국, 유럽

주름균강 》 주름버섯목 》 외대버섯과 》 외대버섯속

군청외대버섯사촌

Entoloma pseudocolestinum Arnolds

형태 균모의 지름은 13~26㎜로 반구형 또는 둔한 원추형에서 편평하게 되며, 흔히 중앙은 들어간다. 약간 흡수성, 습할 시 투명한 줄무늬선이 방사상으로 반절까지 있다. 검은 자갈색에서 연한 자갈색 또는 회갈색으로 중앙에 자색 끼가 있고, 늘 검은 갈색 또는 중앙이 흑갈색이며 중앙은 압착되었다. 가장자리로 인편이 산재하고 건조 시 약간 연하고 둔하다. 살은 매우 얇고 비교적 치밀하다. 자루의 살은 약간 끈적기가 있으며 냄새와 맛이 불분명하다. 주름살은 자루에 대하여 바른-홈파진주름살 또는 약간 내린주름살, 폭은 6㎜ 정도, 빽빽하고 백색에서 연어 핑크색이다. 언저리는 고르고 동색이다. 자루의 길이 20~40㎜, 굵기 1.5~2.5㎜, 원통형, 연한 청회색이며 맨 꼭대기는 미세한 백색 가루상, 기부는 백색 털상, 매끈하고 광택이 난다. 포자의 크기는 8~10×6.5~8㎛, 5-7개의 각이 있다. 담자기는 24~36×8.5~12㎛, (2)4-포자성, 꺽쇠는 없다.

생태 가을 / 풀속의 비옥한 땅에 군생한다. 매우 드문 종이다.

분포 한국, 유럽

무늬외대버섯

Entoloma prunuloides (Fr.) Quél.

형태 균모의 지름은 20~70㎜로 둥근 산 모양 또는 편평형이며 중앙에 보통 낮은 볼록이 있다. 표면의 흡수성은 분명치 않고, 회-황토색 또는 회-노랑색으로 매끄럽고 방사상의 섬유상이 있다. 주름살은 자루에 대하여 홈파진주름살로 배불뚝이형이며 백색에서 순수한 핑크색, 톱니상이고 두꺼우며 비교적 성기다. 언저리는 동색이다. 살은 백색이며 단단하고 밀가루 같은 냄새와 맛이다. 자루의 길이 30~80㎜, 굵기 3~12㎜, 원통형, 백색, 납작하며 기부 근처는 노랑색이다. 섬유상의 줄무늬선이고 매끄럽다. 포자의 크기는 6.5~8(9)×6.5~8㎛, 불규칙한 5-7개의 각이 있다. 담자기는 4-포자성, 기부에 꺽쇠가 있다.
생태 여름~가을 / 풀밭 등에 군생한다.
분포 한국, 유럽

편심외대버섯아재비

Entoloma pseudoexcentricum (Romagn.) Zchiesch

형태 균모의 지름은 20~100㎜로 원추형으로 중앙에 분명한 볼록이 있으며 다음에 약간 펴져서 둥근 산 모양이나 중앙은 여전히 볼록하다. 강한 흡수성, 연한 갈색 또는 중앙에 황갈색으로 검다. 매끈하고 투명한 줄무늬선이 반절까지 방사상으로 발달한다. 건조 시 심하게 퇴색하여 거의 백색, 심하게 방사상의 섬유상으로 된다. 살은 비교적 얇고 부서지기 쉽다. 백색, 밀가루 냄새와 맛이다. 주름살은 자루에 대하여 홈파진주름살 또는 바른주름살, 때때로 톱니상의 내린주름살이며 분절형, 또는 좁은 배불뚝이형이다. 백색에서 불규칙한 핑크색으로 되며 빽빽하다. 언저리는 동색이며 자루의 길이 30~120㎜, 원통형으로 휘어지고, 백색, 견사성의 섬유상이다. 포자의 크기는 9~12.5×7~8.5㎛, 5-7개의 각이 있다. 담자기는 4-포자성, 기부에 꺽쇠가 있다. 낭상체는 없다.
생태 여름~늦가을 / 낙엽활엽수림의 젖은 땅에 군생한다.
분포 한국, 유럽

예쁜외대버섯

Entoloma pulchellum (Hongo) Hongo
Rhodophyllus pulchellus Hongo

형태 균모의 지름은 0.7~2㎝로 둥근 산 모양이다가 거의 편평하게 펴지지만 중앙부는 배꼽 모양으로 오목하게 들어간다. 표면은 칙칙하고 연한 오렌지 황색이고 약간 살색을 띤다. 중앙부는 갈색을 띠고 미세한 인편이 덮여 있다. 습할 때는 가장자리에 줄무늬가 나타난다. 건조하면 줄무늬가 사라지고 전면이 연한 색으로 되며 견사상의 광택이 있다. 살은 얇고 균모와 동색이다. 주름살은 자루에 대하여 바른주름살-약간 내린주름살로 흰색이다가 살색이 된다. 폭이 넓고 약간 성기다. 자루의 길이 2~3㎝, 굵기 0.15~0.25㎝로 위아래가 같은 굵기이고 표면은 밋밋하며 거의 흰색, 속은 비었다. 포자의 크기는 10~12.5×7~9㎛, 타원상의 다각형이다.

생태 초여름 / 잔디밭에 군생한다.

분포 한국, 일본

막질외대버섯

Entoloma puroides E. Horak

형태 균모의 지름은 15~40㎜로 어릴 때 둥근 산 모양에서 중앙이 들어가서 약간 배꼽 모양으로 된다. 적갈색으로 자색이 있고, 오래되면 퇴색한다. 건조성, 밋밋하다가 약간 과립성이며 강한 줄무늬선이 있고 흡수성이고 막질이다. 살은 습할 시 동색, 냄새는 불분명하다. 가장자리는 안으로 말린다. 주름살은 자루에 대하여 바른주름살에서 홈파진주름살 또는 짧은 톱니상의 내린주름살로 매우 빽빽하고 폭은 좁다. 배불뚝이형은 아니다. 핑크색에서 적색으로 적갈색이 있다. 언저리는 솜털상이다. 자루의 길이 25~45㎜, 굵기 1.5~2㎜로 원통형, 위아래가 같은 굵기로 가늘고, 적자색에서 연한 적포도주색이다. 기부는 융모 털이 있으며 백색이고, 건조 시 밋밋하며 속은 비어 부서지기 쉽다. 포자의 크기는 9.5~11×7~9㎛, 5-6개의 각이 있다. 담자기는 30~40×10~12㎛이고 4-포자성이다.

생태 숲속의 땅에 단생 · 집단으로 발생한다.

분포 한국, 파푸아뉴기니

냄새외대버섯

Entoloma putidum Hesler

형태 균모의 지름은 1.5~2.5cm로 둥근 산 모양에서 거의 편평형으로 되며 중앙부는 오목하게 들어간다. 표면은 연한 회색이며 흡수성이고 광택이 있다. 견사상 섬유가 눌려 붙어 있고 중앙부는 인편상이다. 가장자리에 줄무늬선이 있다. 주름살은 자루에 올린주름살, 유백색이다가 분홍갈색으로 된다. 폭은 보통, 작은 주름살이 빽빽하고 많이 섞여 있다. 언저리는 같은 색이다. 자루의 길이 4~6cm, 굵기 0.1~0.2cm, 원주형, 위아래가 같은 굵기이거나 위쪽이 약간 가늘다. 쥐색이나 꼭대기 부분은 연한 쥐색이다. 표면은 밋밋하고 광택이 있으며 기부에는 흰색 균사가 있다. 포자의 크기는 9~12×6~7.5㎛, 다각형으로 6-7개의 각이 있으며 때로는 5개의 각, 8개의 각이 있는 것도 있다.

생태 여름 / 참나무류 숲의 썩은 그루터기에 난다.

분포 한국, 북미

돌외대버섯

Entoloma pyrinum (Berkrk. & Curtis) Hesler

형태 균모의 지름은 1~4㎝로 종 모양에서 펴져서 약간 오목해지며 가운데가 약간 돌출된다. 회백색-연한 갈색, 중앙이 진하고 섬유상이다. 가장자리에 반투명한 줄무늬선이 있다. 가장자리는 회색 또는 유백색이며 고르지 않고 어릴 때는 안쪽으로 굽는다. 살은 얇다. 주름살은 자루에 대하여 내린주름살이고, 흰색이다가 분홍색으로 된다. 촘촘하거나 약간 밀생하며 폭은 보통-넓은 편이다. 자루의 길이는 4~6㎝, 굵기 0.2~0.5㎝로 칙칙한 갈색, 원주형이며 밋밋하고 약간 눌려 있거나 꼬여 있다. 연약하며 세로로 줄무늬선이 있다. 기부에는 흰색의 균사가 있다. 포자의 크기는 8.5~11×5.5~8㎛, 5-8개의 각이 있다.
생태 여름 / 숲속의 땅 또는 활엽수의 습한 땅에 군생 · 속생한다.
분포 한국, 북미

붉은꼭지외대버섯

Entoloma quadratum (Berk. & Curt.) Horak

형태 균모의 지름은 1~5㎝로 원추형 또는 종 모양이며 가운데에 연필심과 같은 돌기가 있다. 습기가 있을 때 가장자리에 줄무늬선이 나타난다. 표면은 주황색 또는 진한 살색을 띤다. 살은 얇고 맛과 향기가 온화하다. 주름살은 자루에 대하여 바른주름살 또는 올린주름살로 조금 거칠며 균모와 같은 색이고 갈라져 있다. 자루의 길이는 5~11㎝, 굵기는 0.2~0.4㎝이고 균모와 같은 색깔이며 속은 살이 없어서 비어 있다. 포자는 대각선 길이가 10~12.5㎛로 네모꼴이고 주사위 모양이다.
생태 여름~가을 / 숲속의 땅에 군생, 부생생활을 한다. 식용 여부는 불분명하다.
분포 한국, 일본, 북미, 중국, 러시아, 동남아시아, 뉴기니, 마다카스카르

압착비늘외대버섯

Entoloma queletii (Boud.) Noordel.

형태 균모의 지름은 10~25(35)㎜로 어릴 때 반구형-둥근 산 모양, 후에 편평하게 되며 중앙은 톱니상이다. 표면은 미세하게 압착된 섬유상 인편이 크림색으로 황토색 바탕 위에 있다. 바탕색은 때때로 적갈색 또는 핑크-갈색이다. 어릴 때 중앙은 더 진하고, 인편은 밝은 노랑색에서 밝은 갈색으로 된다. 가장자리는 예리하다. 살은 황토색에서 밝은 갈색, 얇고, 냄새는 거의 없고 맛은 온화하나 약간 곰팡이맛이다. 주름살은 자루에 대하여 올린주름살, 어릴 때 백색, 후에 밝은 황토색이나 핑크색 끼가 있다. 노쇠하면 핑크색이며 폭은 넓다. 언저리는 불규칙하고 약간 묵렬형, 백색-솜털상이다. 자루의 길이 25~45(60)㎜, 굵기 1~4㎜, 원통형, 때때로 비틀리고 속은 비고 부서지기 쉽다. 표면은 백색에서 크림-백색으로 되며, 미세한 세로로 섬유상이며 꼭대기는 약간 백색-솜털상이다. 기부는 백색이며 털상이다. 포자의 크기는 9.3~13.1×6.8~9.4㎛, 5-7개의 각이 있다. 포자문은 적갈색이다. 담자기는 곤봉형, 35~50×10~13㎛, 4-포자성, 기부에 꺽쇠는 없다.
생태 여름~가을 / 숲속의 땅, 숲속의 가장자리 땅, 습기가 있는 이끼류 속의 땅에 단생에서 군생한다. 드문 종이다.
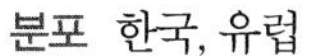
분포 한국, 유럽

덧외대버섯

Entoloma readiae G. Stev.

형태 균모의 지름은 2.2~3.5㎝로 다소 낮고 둥근 산 모양에서 편평해지며 중앙은 약간 오목해진다. 색깔은 회황색-담갈색, 중앙은 암갈색이다. 중앙에서 가장자리까지 줄무늬선이 있다. 살은 얇고 흰색이다. 주름살은 자루에 대하여 떨어진주름살이며 흰색이다가 연한 분홍색이 된다. 빽빽한 편이고 긴 주름살과 짧은 주름살이 섞여 있다. 언저리는 고르고 주름살과 동색이다. 자루의 길이 5.2~6.5㎝, 굵기 0.2~0.5㎝의 원주형으로 굽어 있고 부러지기 쉬우며 백회색 또는 회색이며 기부는 흰색이다. 자루의 속은 비어 있다. 포자의 크기는 (7.5)8~9×6~7㎛, 아구형-타원형이고 흔히 5개의 각이 있으나 드물게 6개의 각을 가진 것도 있으며 각은 둔하다.

생태 여름~가을 / 숲속의 땅에 군생 · 산생한다.

분포 한국, 뉴질랜드

붉은원통외대버섯

Entoloma rhodocylix (Lasch) M.M. Moser

형태 균모의 지름은 3~10㎜로 둥근 산 모양, 중앙이 약간 들어가서 분명한 배꼽형이나 결국 움푹 패여서 깔대기형이 된다. 흡수성이며 습할 시 투명한 줄무늬선이 중앙까지 발달한다. 핑크-갈색 또는 황갈색이며 약간 중앙은 검고 진하다. 건조할 때 퇴색하면 매우 연한 갈색이며 매끈해지거나 방사상의 섬유실이 분포한다. 살은 매우 얇다. 가장자리는 불규칙한 물결형이다. 주름살은 자루에 대하여 내린주름살, 삼각형 또는 아치형, 백색에서 전체가 핑크색으로 되며 성기다. 언저리는 동색이다. 자루의 길이 15~40㎜, 굵기 0.1㎜, 원통형으로 노랑색, 미끄럽고 투명하며 비단결의 섬유실이 산재하며 표면과 동색이다. 냄새와 맛은 불분명하다. 포자의 크기는 8~10×7~9㎛, 불규칙한 5-6개의 각이 있다. 담자기는 4-포자성, 기부에 꺽쇠가 있다.

생태 여름~가을 / 이끼류, 낙엽수림의 이끼류에 군생한다.

분포 한국, 유럽

삿갓외대버섯

Entoloma rhodopoilum (Fr.) Kummer
E. rhodopoilum f. nidrosum (Fr.) Noordel.

형태 균모는 지름이 4~9㎝이며 종 모양에서 차차 편평하게 되고 중앙은 조금 돌출한다. 표면은 물을 흡수하며 투명한 줄무늬선이 나타나고 회갈색이지만 마르면 갈색이 되며 비단 같은 광택이 난다. 가장자리는 처음에 아래로 감기며 오래되면 물결 모양이 되고 때로는 갈라진다. 살은 얇고 부서지기 쉬우며, 백색이나 표피 아래는 회색을 띤다. 주름살은 자루에 대하여 바른주름살에서 홈파진주름살로 약간 빽빽하며 백색에서 분홍색으로 된다. 자루의 길이는 5~11㎝, 굵기는 0.7~1.5㎝이고 원주형, 아래로 갈수록 가늘어지며 표면에 습기가 있고, 상부는 가루 모양이며 섬유상의 세로 줄무늬선이 있고 부서지기 쉽다. 회백색에서 황색을 띠며 속이 비어 있다. 포자는 8~11×(6)7~9.5㎛로 아구형으로 각이 있고, 포자문은 분홍색이다.

생태 여름~가을 / 활엽수림, 혼효림과 황철나무, 자작나무 숲의 땅에 단생 · 군생한다. 독버섯이다. 소나무와 외생균근을 형성한다.

분포 한국, 일본, 중국, 일본, 유럽, 북미

주름외대버섯

Entoloma rugosum (Malençon) Bon

형태 균모의 지름은 0.7~2㎝로 넓은 둥근 산 모양에서 편평형으로 펴지며 중앙이 오목하게 들어간다. 표면은 백색, 미세한 인편이 있다. 주름살은 자루에 대하여 내린주름살이며 분홍색, 성기다. 자루는 길이 0.8~2㎝, 굵기 0.1~0.15㎝, 백색이며 흔히 아래쪽이 굽으며 미세한 털이 있다. 포자의 크기는 10~11.5×7~8㎛, 광타원형, 6-7개의 각이 있으며 각은 둔하다.
생태 여름 / 소나무림의 토양, 잔디밭에 난다.
분포 한국, 유럽

짚외대버섯

Entoloma sarcitum (Fr.) Noordel.

형태 균모의 지름은 1.4~1.8㎝로 위가 잘린 둥근 산 모양이며, 중앙은 배꼽 모양이나 넓게 들어간다. 표면은 회황색에서 짙은 갈색으로 드물게 약간 섬유상이거나 운모상이다. 가장자리는 습할 때 약간 반투명의 줄무늬선이 있다. 살은 표면과 같은 색이나 자루의 살은 다소 연한 색이다. 주름살은 자루에 대하여 바른주름살이거나 약간 내린주름살로 백색이다가 후에 회갈색에서 갈색으로 변색한다. 촘촘하거나 다소 빽빽하다. 자루의 길이 5.5~6.5㎝, 굵기 0.2~0.3㎝, 원주상이며 비틀려져 있다. 표면은 매끄럽고 연한 갈색 또는 살색이며 속이 차 있다. 포자의 크기는 10~123×6.5~8.5㎛, 타원형-류타원형, 6-7개의 무딘 각이 있으며 드물게 1개의 기름방울을 함유하는 것도 있다.
생태 여름 / 혼효림 숲속의 땅에 단생 · 군생한다.
분포 한국, 북미

육질외대버섯

Entoloma sarcopum Nagas. & Hongo
E. crassipes Imz. & Toki, Rhodophyllus crassipes Imazeki & Hongo

형태 균모의 지름은 7~12㎝로 처음에는 둥근 원추형이다가 편평형하게 되며 가운데가 돌출한다. 표면은 밋밋하고 갈색을 띤 쥐색이지만 흰색의 견사상 섬유가 얇게 덮여 있다가 후에 미세하게 남는다. 흔히 표면에 진한 색의 반점이 생긴다. 살은 두껍고 흰색이다. 주름살은 자루에 대하여 바른주름살의 홈파진주름살로 탁한 흰색에서 살색으로 된다. 주름살의 폭이 넓고 촘촘하다. 자루의 길이는 10~18㎝, 굵기 1.5~2㎝, 아래쪽으로 갈수록 굵어지는 것도 있고 가늘어지는 것도 있으며, 흰색이고 밋밋하며 속은 차 있다. 포자의 크기는 9.5~12.5×7~9.5㎛, 광타원상의 다각형이다.

생태 가을 / 참나무 등 주로 활엽수의 숲속에 군생 · 단생한다. 비슷한 독버섯이 있으므로 식용하지 않는 것이 좋다. 맛도 나쁘다.

분포 한국, 일본

끝말림외대버섯

Entoloma saundersii (Fr.) Sacc.

형태 균모의 지름은 3.5~8㎝로 반구형~둥근 산 모양에서 차차 편평하게 되지만 가끔 가운데는 울퉁불퉁하고 둔한 볼록형이다. 표면은 무디고 밋밋하며 백색에서 크림색을 거쳐 회베이지색, 또는 은회색으로 되며 흑색의 얼룩이 있고 가끔 거미집막 같은 표피의 섬유실이 있다. 가장자리는 아래로 강하게 말리나 오래되면 물결형이며 예리하다. 살은 백색에서 밝은 갈색이 된다. 두껍고 밀가루 냄새, 밀가루맛이 나며 온화하다. 주름살은 자루에 대하여 홈파진주름살, 백색에서 회핑크색을 거쳐 핑크갈색으로 되며, 폭이 넓고 변두리는 밋밋하다. 자루의 길이는 4~10㎝, 굵기 0.7~2㎝로 원통형, 기부로 부풀고, 속은 차 있고, 꼭대기는 백색의 가루상이다. 표면은 칙칙한 백색에서 갈색으로 되고, 세로줄의 백색 섬유가 분포하며 상처를 받아도 변색하지 않는다. 포자의 크기는 9.7~12.4×9.32~10.9㎛로 불분명한 다각형이다. 담자기는 곤봉형으로 50~60×13~17㎛, 기부에 꺽쇠가 있다.

생태 봄 / 숲속의 땅에 단생 · 군생한다. 드문 종이다.

분포 한국, 중국, 유럽

주름균강 》 주름버섯목 》 외대버섯과 》 외대버섯속

곰보외대버섯

Entoloma scabiosum (Fr.) Quél.

형태 균모의 지름은 15~30(40)㎜로 어릴 때 원추-둥근 산 모양, 후에 편평하게 되며 중앙은 약간 볼록하다. 표면은 미세한 흑갈색 인편으로 크림색의 살색이다. 중앙은 인편이 밀집하며 흑갈색의 인편-강모다. 가장자리는 예리하다. 살은 백색에서 크림-갈색으로 얇고, 냄새는 나나 분명치 않고 맛은 온화하나 분명치 않다. 주름살은 올린주름살 좁은-바른주름살, 어릴 때 회백색에서 노쇠하면 핑크-갈색이며 폭은 넓다. 언저리는 약간 톱니상이며 자루의 길이는 25~45(60)㎜, 굵기 2~5(7)㎜, 원통형 또는 압착되었고 기부는 부푼다. 속은 비고 부서지기 쉽다. 표면은 밋밋하고 미세한 갈색의 세로 섬유실이 회갈색 바탕 위에 있다. 기부는 백색의 털상이다. 포자는 6.4~9.1×5.3~7.2㎛, 5-7개의 각이 있다. 포자문은 핑크-갈색이고 담자기는 원통형-곤봉형, 28~32×9~10㎛, 4-포자성, 기부에 꺽쇠는 없다.

생태 여름~가을 / 침엽수림의 낙엽 또는 침엽수림의 쓰레기 더미에 단생 · 군생한다. 드문 종이다.

분포 한국, 유럽

주름균강 》 주름버섯목 》 외대버섯과 》 외대버섯속

꽃송이외대버섯

Entoloma subfloridanum (Murr.) Hesler

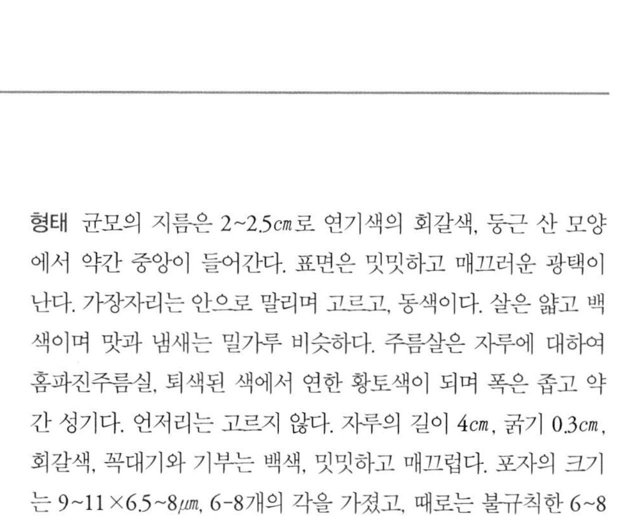

형태 균모의 지름은 2~2.5㎝로 연기색의 회갈색, 둥근 산 모양에서 약간 중앙이 들어간다. 표면은 밋밋하고 매끄러운 광택이 난다. 가장자리는 안으로 말리며 고르고, 동색이다. 살은 얇고 백색이며 맛과 냄새는 밀가루 비슷하다. 주름살은 자루에 대하여 홈파진주름실, 퇴색된 색에서 연한 황토색이 되며 폭은 좁고 약간 성기다. 언저리는 고르지 않다. 자루의 길이 4㎝, 굵기 0.3㎝, 회갈색, 꼭대기와 기부는 백색, 밋밋하고 매끄럽다. 포자의 크기는 9~11×6.5~8㎛, 6-8개의 각을 가졌고, 때로는 불규칙한 6~8개의 각을 가지고 있다.

생태 여름 / 땅에 군생한다.

분포 한국, 북미

껄껄이외대버섯

Entoloma scabrosum (Fr.) Noordel.

형태 균모의 지름은 1.7~3.7㎝로 넓게 펴진 둥근 산 모양이다가 중앙이 오목해지며 드물게 중앙에 작은 돌출이 있다. 색깔은 백회색-연한 분홍색, 습할 때는 암갈색이다. 중앙부는 섬유상 비늘이 밀집되어 거의 흑색이다. 다른 부분은 연한 분홍색의 미세한 섬유상 비늘이 덮여 있다. 가장자리는 고르고 어릴 때는 안으로 굽어 있다. 때때로 반투명 줄무늬가 있다. 살은 얇고 살색이다. 주름살은 자루에 바른주름살이면서 홈파진주름살로 처음에는 백색이다가 분홍색이 된다. 긴 주름살과 짧은 주름살이 섞여 있고 촘촘하거나 약간 촘촘한 편이다. 자루의 길이 3.7~5.8㎝, 굵기 0.15~0.4㎝, 원주형, 부러지기 쉽고 유백색이며 손으로 만지면 회색이 된다. 드물게 연한 회분홍색, 광택이 나며 밋밋하고 어떤 것은 세로로 은색 섬유가 있으며 속은 차 있다. 포자의 크기는 10~13×6~8㎛, 아구형이며 6-7개의 약간 돌출된 각이 있다. 드물게 1-2개의 기름방울을 함유한다.
생태 여름~가을 / 풀밭의 땅에 군생한다.
분포 한국

갈색외대버섯

Entoloma sepium (Noulet & Dass.) Richon & Roze

형태 균모의 지름은 25~125㎜로 원추-둥근 산 모양 또는 둥근 산 모양이 펴져서 편평한 둥근 산 모양이 되며 낮은 볼록과 넓은 볼록이 있거나 없다. 흡수성은 아니고, 투명한 줄무늬선도 없고, 연한 크림-갈색이다. 때때로 노랑 또는 회갈색이며, 일반적으로 연한 색이다. 습할 시 약간 끈적기가 있으며 건조 시 강한 비단 광택이 있고 때때로 방사상으로 균열 또는 갈라진다. 살은 단단하고 백색이며 상처 시 오렌지-갈색으로 변색, 밀가루 냄새와 맛이다. 가장자리는 곧게 안으로 말린다. 주름살은 자루에 홈파진주름살 또는 바른주름살, 때로는 톱니상의 내린주름살이며 백색에서 핑크색이지만 톱니상이다. 비교적 촘촘하며 언저리는 동색이다. 자루의 길이 30~12㎜, 굵기 5~22㎜, 원통형, 기부는 넓고, 휘어지기 쉽다. 백색, 상처 시 기부 근처는 노랑-적색의 섬유실과 반점이 나타나며, 섬유상이 전체를 피복한다. 포자의 크기는 (7.5)8~11(12)×(6.5)7~10(11)㎛, 5-7개의 각이 있다. 담자기는 4-포자성, 기부에 꺽쇠가 있다.

생태 여름~봄 / 숲속, 정원 과수원에 군생한다.

분포 한국, 유럽

섬유비단외대버섯

Entoloma sericatum (Brizelm.) Sacc.

형태 균모의 지름은 2~4(6)㎝로 어릴 때는 원추형, 곧 펴져서 편평한-오목한 형이 되며 중앙부가 쏙 들어간다. 표면은 밋밋하며 광택이 있고 흡수성, 회갈색-적갈색, 습할 때는 약간 줄무늬선이 있다. 건조할 때는 연한 갈색이고 광택은 없다. 가장자리는 오랫동안 안으로 감겨 있고 고르다. 주름살은 자루에 바른주름살, 어릴 때는 흰색, 후에 갈분홍색이 되며 폭이 넓고, 다소 성기다. 자루의 길이 4~7㎝, 굵기 0.4~0.8(1.2)㎝, 원주상이고 가끔 기부 쪽이 굵어진다. 자루의 속은 비었고 부러지기 쉽다. 꼭대기는 백색의 가루상, 표면은 어릴 때 거의 백색, 후에 칙칙한 회색-회갈색이 된다. 세로줄의 백색 섬유상이고, 기부는 때때로 백색 털이 있다. 포자의 크기는 8.1~11×6.6~8.5㎛, 5-7개의 각을 가진다. 포자문은 분홍갈색이다.

생태 여름~가을 / 자작나무, 버드나무, 오리나무, 물푸레나무 등 활엽수의 숲속 땅이나 저습한 목초지, 습원지, 조릿대 숲 등에 단생 · 군생한다.

분포 한국, 유럽

비단외대버섯

Entoloma sericellum (Fr.) P. Kumm.
Alboleptonia sericella (Fr.) Largent & R.G. Benedict, E. sericellum (Fr.) P. Kumm.

형태 균모의 지름은 1~2.5㎝로 처음에는 반구형-둥근 산 모양이다가 편평해지며 때로는 중앙부가 약간 들어간다. 표면은 흰색, 비단결 같은 미세한 인편이 있고 후에는 약간 살색을 띤다. 주름살은 자루에 대하여 바른주름살 또는 약간 내린주름살이고, 흰색에서 나중에 분홍색으로 된다. 주름살의 폭이 넓고 약간 성기다. 자루의 길이 2~4.5㎝, 굵기 0.1~0.2㎝, 가늘고 길며 흰색 또는 약간 황색을 띠며 속은 차 있거나 때로는 비어 있다. 포자의 크기는 9.1~11×16.3~8.7㎛, 5-8개의 각이 있다. 포자문은 분홍황토색이다.

생태 여름~가을 / 숲속 땅 위의 낙엽부식토 또는 풀밭에 군생 · 단생한다.

분포 한국, 일본, 유럽, 북미, 러시아의 극동 지방, 뉴기니

가는톱니외대버섯

Entoloma serrulatum (Fr.) Hesler

형태 균모의 지름은 1~3㎝이며 반구형이다가 둥근 산 모양이 되고 중앙은 오목해진다. 표면은 청흑색에서 연한 자회색으로 퇴색된다. 표면은 약간 광택이 나고, 암갈색의 인편이 피복된다. 가장자리에는 미약한 줄무늬가 나타난다. 살은 얇고 유백색, 주름살은 자루에 대하여 바른주름살, 처음에는 회색이다가 후에 회색을 띤 살구색-회청색이 된다. 폭이 약간 넓고 성기다. 자루의 길이 3~6㎝, 굵기 0.2~0.3㎝로 다소 가늘고 길며 위아래가 같은 굵기이고 청회색이며 균모의 색보다 약한 색이다. 꼭대기는 흰색의 반점과 줄무늬선이 있다. 기부는 백색의 균사가 있다. 자루의 속은 비었다. 포자의 크기는 8.5~12.3×6.3~8.4㎛, 5-7개의 다각형이며 분홍갈색이다.

생태 여름~가을 / 숲속의 부식질 토양 또는 이끼류에 피복된 고목에 단생 · 산생한다.

분포 한국, 일본, 유럽, 북미

외대버섯

Entoloma siunatum (Bull.) Kummer

형태 균모는 지름이 6~8㎝로 둥근 산 모양에서 차차 편평하게 되며 중앙은 조금 돌출한다. 표면은 비단 광택이 있고 백색, 황백색 또는 연한 회색이다. 가장자리는 보통 물결 모양으로 갈라진다. 살은 중앙이 두꺼우며 부서지기 쉽고, 백색이나 표피 아래는 회갈색이다. 주름살은 자루에 대하여 홈파진주름살이고 조금 성기며 폭은 넓고 백색에서 분홍색으로 된다. 자루는 높이가 6~9㎝, 굵기는 0.5~1.0㎝이고 원주형이며 백색이고 상부는 가루상으로 광택이 나고 만곡면서 가루는 탈락하기도 한다. 포자의 크기는 8.5~11×7~9.5㎛ 아구형으로 각이 있다. 포자문은 분홍색이다.
생태 여름~가을 / 분비나무, 가문비나무 숲 또는 잣나무 등 활엽수 혼효림의 땅에 산생 · 군생한다. 맹독버섯이다. 신갈나무와 외생균근을 형성한다.
분포 한국, 일본, 중국, 유럽

석회외대버섯

Entoloma sodale Kühner & Romagn. ex Noordel.

형태 균모의 지름은 10~(40)㎜로 어릴 때 반구형에서 종 모양-둥근 산 모양이며 중앙은 보통 들어간다. 표면은 방사상의 섬유상, 자색 또는 갈색 끼가 있고, 어릴 때는 자색 또는 흑색이 중앙에 있다. 후에 회-갈색으로 중앙에 예리하게 작은 인편이 밀집되며 검은 갈색이 중앙에 분포한다. 가장자리는 예리하고 갈라진다. 살은 회갈색이며 얇고 냄새는 없고, 맛은 온화, 무미건조하다. 주름살은 자루에 대하여 올린-바른주름살이지만 약간 톱니상의 내린주름살을 가진다. 어릴 때 회백색에서 핑크갈색이 되며 폭은 넓다. 언저리는 밋밋하다. 자루의 길이 15~30(50)㎜, 굵기 1~2(3)㎜, 원통형, 어릴 때 속은 차고 노쇠하면 비며 탄력성이 있다. 표면은 밋밋하고 견사성이다. 어릴 때 맑은 청색에서 회청색으로 변하고 자루 전체가 약간 백색-섬유상으로 덮인다. 기부는 때때로 백색-털상이다. 포자의 크기는 11.5~14.4×7.2~9.9㎛, 5-7개의 각이 있다. 포자문은 핑크-갈색이며 담자기는 원통형에서 배불뚝이형, 33~40×12~15㎛로 4-포자성, 기부에 꺽쇠는 없다.

생태 여름~가을 / 풀밭, 과수원, 관목류, 산성 땅에 단생 · 군생한다.

분포 한국, 유럽

이삭외대버섯

Entoloma spadix Hesler

형태 균모의 지름은 2~5㎝로 위가 잘린 원추형-둥근 산 모양이다가 편평해지거나 가운데가 돌출된 방패형이 된다. 갈색 또는 적갈색이며 중앙은 진한 색으로 거의 흑색이다. 흡수성은 아니고, 섬유상 인편이 덮이며, 방사상으로 약하게 찢어지기도 한다. 가장자리에는 줄무늬가 있고 고르다. 살은 얇고 유백색-황갈색, 주름살은 자루에 대하여 올린주름살이다가 떨어진주름살로 된다. 처음에는 흰색이다가 홍갈색 또는 적홍색으로 된다. 폭은 0.2~0.3㎝, 촘촘하다. 언저리는 쉽게 퇴색된다. 자루의 길이 6~9(10)㎝, 굵기 0.2~0.4㎝, 원주상으로 가늘고 길며 위쪽이 약간 가늘다. 균모와 같은 색이지만 연한 색이고 적갈색의 섬유상 줄무늬가 있으며 약간 비틀려져 있다. 속은 비었고 기부에는 흰색의 균사가 있다. 포자의 크기는 10~14×10~13㎛, 사각형의 주사위 모양이다.
생태 여름 / 활엽수림의 토양 또는 조릿대 속의 토양에 산생한다.
분포 한국, 북미

이끼외대버섯

Entoloma sphagnorum (Romagn. & J. Favre) Bon & Courtec.

형태 균모의 지름은 10~20㎜로 어릴 때 종 모양-둥근 산 모양에서 편진다. 중앙은 톱니상에서 배꼽형으로 된다. 표면은 매끈하고 방사상의 섬유상이 줄무늬로 되며, 오래되면 약간 흡수성이 되며 구리-갈색으로 된다. 가장자리는 안으로 말린다. 살은 백색에서 맑은 갈색으로 얇고, 냄새는 없고 맛은 쓰다. 주름살은 자루에 대하여 올린주름살, 약간 톱니상의 내린주름살로 어릴 때 백색, 후에 회색에서 핑크-회색으로 되며 폭이 넓다. 언저리는 밋밋하고 갈색이다. 자루의 길이 40~100㎜, 굵기 2~4㎜, 원통형, 어릴 때 속은 차고, 노쇠하면 비며 부서지기 쉽다. 표면은 밋밋하고 매끈하며 회갈색에서 적갈색으로 된다. 기부에 백색의 섬유상이며 털로 싸여 있다. 포자의 크기는 9.2~13.7×6.6~9.2㎛로 6-8개의 각이 있다. 포자문은 핑크색이다. 담자기는 배불뚝이형에서 곤봉상, 25~35×11~14㎛, (2)4-포자성, 기부에 꺽쇠는 없다.

생태 여름~가을 / 숲속의 이끼류가 자라는 가장자리에 단생 · 군생한다. 드문 종이다.

분포 한국, 유럽

비늘외대버섯

Entoloma squamiferum Horak

형태 균모의 지름은 1~2.5㎝로 펴진 종 모양이면서 위가 잘린 배꼽형이다. 표면은 흡수성, 적갈색이나 중앙은 암적갈색, 적갈색의 가는 인편이 밀집해서 피복되어 있다. 중앙에서 가장자리까지 줄무늬선이 있다. 살은 얇고 백색-연한 갈색, 자루의 살은 백색이다. 주름살은 자루의 색깔은 백황색이다가 분홍색을 띤다. 폭은 0.2~0.3㎝이며 방추상이다. 언저리는 톱니꼴이고 같은 색이다. 자루의 길이는 5~9㎝, 굵기 0.2~0.4㎝, 원주상이거나 또는 납작한 모양으로 백황색이다. 위쪽에 적갈색의 미세한 가루상이며 질기고 속은 비어 있다. 포자의 크기는 9.5~11×9~10㎛, 사각형의 주사위 모양으로 4개의 각이 있으나 드물게 5개의 각이 있는 것도 있다. 각은 둔하다.

생태 여름 / 조릿대 속의 토양에 산생한다.

분포 한국, 북미

비듬외대버섯

Entoloma squamodiscum Hesler

형태 균모의 지름은 1.5~3㎝로 처음에는 종 모양-둥근 산 모양이나 편평하게 펴지지 않는다. 가운데가 오목해지거나 배꼽 모양으로 쏙 들어간다. 표면은 흡수성이고 백황색, 황갈색 또는 회갈색이다. 방사상으로 섬유상 인편이 있으며 중앙에 밀집된다. 인편은 올리브색이며 가장자리에서 거의 중앙까지 줄무늬선이 있다. 살은 유백색이며 얇다. 주름살은 자루에 대하여 바른주름살 또는 올린주름살이다가 후에 떨어진주름살로 된다. 처음에는 흰색에서 연한 분홍색으로 된다. 폭은 보통 크기로 촘촘하며 긴 주름살과 짧은 주름살이 섞여 있다. 자루의 길이 2~4㎝, 굵기 0.1~0.4㎝, 원주상이고 아래쪽이 휘어 있다. 처음에는 흰색에서 백회색 또는 백황색으로 된다. 위쪽은 부드러운 털이 있고 아래쪽은 밋밋하다. 기부에는 백색균사가 있다. 속이 차 있다가 후에는 빈다. 포자의 크기는 8~11×6~7.5 (8)㎛, 각형으로 5-6개의 각이 있다.

생태 여름~가을 / 활엽수 숲속의 땅 또는 사초과 식물이나 토양에 산생한다.

분포 한국, 북미

큰비늘외대버섯

Entoloma squamulosum Hesler

형태 균모의 지름은 3~5㎝로 둥근 산 모양이다가 편평해지면서 가운데가 약간 배꼽형으로 된다. 표면은 회갈색, 황갈색 또는 연한 갈색을 띤 올리브색이며 중앙이 진하다. 습할 때는 암갈색이다. 전면에 미세한 인편상-비듬 모양이 있다. 가장자리는 고르거나 미세하게 주름이 있다. 살은 얇고 유백색이며 부서지기 쉽다. 주름살은 자루에 대하여 올린주름살, 처음에는 흰색에서 연한 분홍색으로 된다. 폭은 0.3~0.8㎝ 정도로 넓고 촘촘한 편이다. 언저리는 같은 색이며 거칠다. 자루의 길이 5~8㎝, 굵기 0.3~0.7㎝, 원주상 또는 위쪽이 다소 가늘다. 균모와 같은 색이며 견사상으로 기부가 약간 굽어 있고 속이 비었다. 포자의 크기는 8~11×7~9㎛, 다각형이며 대부분 5개의 각을 가지나 4개인 것도 있다.

생태 여름 / 숲속의 부식질이 많은 토양 또는 썩은 목재 등에 단생한다.

분포 한국, 북미

직립외대버섯

Entoloma strictius (Peck) Sacc.
E. strictius var. strictius (Pk.) Sacc.

형태 균모의 지름은 5~6(7)㎝로 둥근 산 모양-종 모양으로 중앙이 뾰족하게 돌출되면서 펴진다. 중앙 돌출부는 작지만 뚜렷하고 뾰족하다. 표면은 밋밋하고 흡수성이다. 습할 때는 회갈색으로 줄무늬선이 나타나고 살은 유백색으로 갈색 끼가 있으며 부서지기 쉽다. 건조하면 다소 연한 색이 된다. 주름살은 자루에 대하여 올린주름살이거나 약간 떨어진주름살이다. 처음에는 유백색에서 분홍색을 띤다. 폭은 보통이며 촘촘한 편이다. 자루의 길이 5~10(11)㎝, 굵기 0.2~0.4㎝, 원주상으로 가늘고 길며 균모와 같은 색이거나 다소 연한 색이다. 곧은 편이지만 때때로 약간 굽어 있고 때로는 비틀린다. 섬유상이거나 밋밋하다. 위아래가 같은 굵기이거나 때로는 위쪽이 가늘다. 속이 비어 있고 세로로 쉽게 쪼개진다. 포자의 크기는 9.5~13×7.5~9㎛, 타원상의 다각형으로 5-6개의 각이 있다.

생태 여름 / 숲속의 부식질의 땅, 드물게 썩은 나무 또는 조릿대의 속에 군생한다.

분포 한국, 북미

가루외대버섯아재비

Entoloma subfarinaceum Hesler

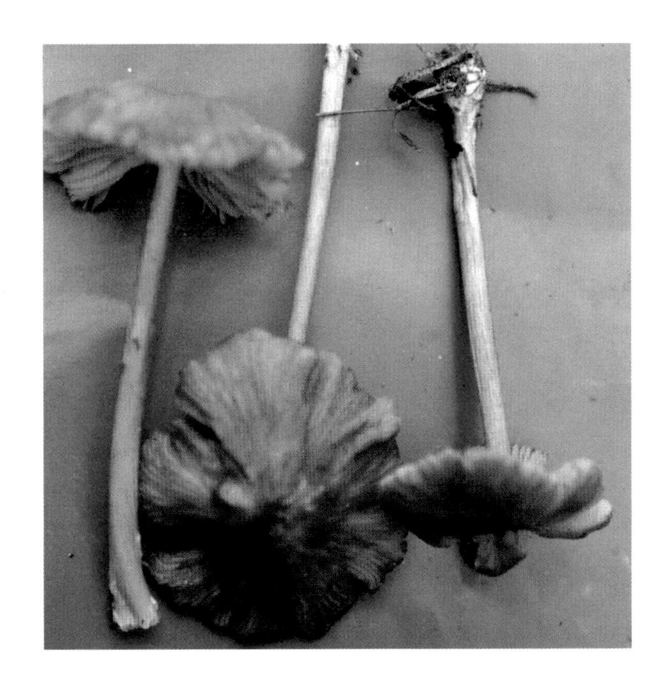

형태 균모의 지름은 2~5.5㎝로 둥근 산 모양-위쪽이 약간 잘린 둥근 산 모양이며 중앙이 방패형이나 배꼽형이 되기도 한다. 회갈색이며 중앙이 진하고 중앙에 편평하거나 치솟은 올리브-갈색 비늘이 있다. 가운데에서 가장자리까지 줄무늬선이 있다. 가장자리는 고르지 않다. 살은 유백색이며 매우 얇다. 주름살은 자루에 대하여 올린주름살이거나 약한 바른주름살, 흰색이다가 연한 분홍계피색을 띤다. 폭은 넓거나 보통이며 촘촘하다. 언저리는 고르지 않고 같은 색이다. 자루의 길이는 3~5(9)㎝, 굵기 0.15~0.35㎝, 원주상, 청색을 띤 회갈색 또는 칙칙한 회갈색이다. 표면은 밋밋하고, 가늘고 길며 때때로 눌려 있거나 뒤틀리며 드물게 아래쪽이 가늘다. 꼭대기는 흰색의 가는 비늘이 덮여 있다. 기부는 약간 흰색을 띠고 흰색의 균사가 붙는다. 속은 비었다. 포자의 크기는 8.5~11×6~7.5㎛, 다각형으로 5개의 각을 가지며, 때로는 불분명하게 6-7개의 각이 있다.

생태 여름 / 활엽수 또는 혼효림 내 토양에 산생 · 군생한다.

분포 한국, 북미

겨외대버섯아재비

Entoloma subfurfuraceum Hesler
E. earlei (Murr.) Hesler

형태 균모의 지름은 2~3㎝ 정도로 둥근 산 모양이며 중앙은 배꼽 모양이며 연하게 그을린 황갈색이다. 약간 비듬성이며 중앙은 인편이 있다. 가장자리에 줄무늬선은 없다. 살은 얇고 주름살은 자루에 대하여 올린주름살, 오핑크색이며 성기고 폭은 넓다. 자루의 길이 4~4.5㎝, 굵기 0.2~0.25㎝, 원통형, 색은 균모보다 연한 색, 위쪽은 약간 가루상이나 후에 매끈해지고 속은 비었다. 포자의 크기는 11~15×7.5~9㎛, 6-7개의 각이 있으며 각은 무디다. 담자기는 28~37×7~9㎛, 2-4포자성이다.
생태 여름~가을 / 숲속의 땅, 풀밭의 땅에 단생 · 군생한다.
분포 한국, 쿠바, 북미

잿빛외대버섯

Entoloma subgriseum Hesler

형태 균모의 지름은 2~4㎝로 둥근 산 모양에서 넓은 둥근 산 모양으로 되며, 나중에는 중앙이 약간 배꼽형으로 오목해진다. 표면은 밋밋하며 흡수성이다. 암회갈색이며 중앙이 진하다. 건조하면 색이 연해진다. 중앙에서 가장자리로 줄무늬가 있다. 살은 얇고, 유백색이며 부서지기 쉽다. 주름살은 자루에 대하여 바른주름살이나 약간 내린주름살, 유백색이다가 나중에는 분홍색 기를 띤다. 방추상 모양이고 폭이 넓고 촘촘하다. 언저리는 고르지 않다. 자루의 길이 4~7㎝, 굵기 0.2~0.4㎝, 원주상이나 흔히 눌려 있다. 회백색, 위쪽은 연한 회색, 부서지기 쉽고 기부는 약간 굵어지며 구근상으로 흰색의 균사가 붙어 있다. 포자의 크기는 7.5~9×7~8㎛, 구형, 난형의 각형으로 5-6개의 각이 있으나 각의 면이나 각이 뚜렷하지 않다.

생태 여름 / 소나무 숲의 땅 또는 혼효림의 부식질 토양에 산생 · 군생한다.

분포 한국, 북미

평평외대버섯아재비

Entoloma subplanum (Pk.) Hesler

형태 균모의 지름은 2~3㎝로 원추형 또는 둥근 산 모양이다가 편평해지며 중앙부가 약간 오목해지기도 한다. 표면은 흰색-백황색, 중앙은 황갈색, 광택이 나며 중앙 쪽으로 가루상 또는 섬유상 인편이 있거나 또는 밋밋하다. 가장자리는 어릴 때 안쪽으로 굽었다가 물결 모양으로 굴곡된다. 살은 얇고 흰색이며 주름살은자루에 대하여 바른주름살이거나 약간 내린주름살 또는 약간 홈파진주름살이 되기도 한다. 약간 성기다. 긴 주름살과 짧은 주름살이 섞여 있고, 폭은 보통이다. 자루의 길이 4~6(9)㎝, 굵기 0.2~0.3㎝, 흰색, 원주상이고 위아래가 같은 굵기이며 드물게 위쪽이 가늘다. 꼭대기는 가루상이며 기부는 흰색 균사가 부착한다. 부러지기 쉽고 속은 차 있다. 포자의 크기는 9~12×6~8㎛, 다각형으로 5~6개의 각을 가진다.
생태 여름 / 숲속 길가의 토양이나 썩은 그루터기에 군생한다.
분포 한국, 북미

네모외대버섯아재비

Entoloma subqudratum Hesler

형태 균모의 지름은 1.3~4(5)㎝로 다소 넓은 원추형이거나 원추상 종 모양이며, 젖꼭지 모양으로 돌출이 된다. 표면은 둔한 오렌지 황색-포도주색을 띤 황갈색, 중앙 돌출부는 유백색이거나 암색을 띠면서 진하다. 표면은 견사상이며 때로는 미세한 갈색 비늘이 있다. 가장자리는 약간 거치상이거나 고르고, 습할 때는 줄무늬선이 나타난다. 살은 흰색이며 얇고 질긴 편이다. 주름살은 자루에 대하여 바른주름살 또는 올린주름살, 처음에는 흰색이다가 분홍색 끼를 띠거나 계피색이 된다. 폭이 약간 넓거나 보통이고 촘촘하거나 빽빽한 편이다. 자루의 길이는 4~9㎝, 굵기 0.2~0.4㎜, 원주상, 황갈색-올리브, 갈색이며 갈색 털이 있다. 꼭대기는 흰색 가루상, 기부는 팽대되어 있다. 처음에는 속이 차 있지만 후에는 빈다. 포자의 크기는 (7)8~10(11)×6.5~7.5(8)㎛, 4각 모양의 십자형, 포자문은 분홍계피색이다.

생태 여름~가을 / 혼효림의 부식질 많은 토양에 속생한다.

분포 한국, 북미

연포자외대버섯

Entoloma subrhombisporum Hesler

형태 균모의 지름은 1.5~2.4㎝로 둥근 산 모양-편평한 모양이지만 중앙은 오목하다. 흡수성, 중앙부는 섬유상-인편상이며 다른 부분은 밋밋하다. 표면은 회갈색, 중앙은 진하다. 가장자리는 안쪽으로 감기고 습할 때는 줄무늬선이 보인다. 살은 연한 회색이며 얇다. 주름살은 자루에 대하여 바른주름살이거나 약간 올린주름살이다. 처음에는 흰색 또는 회갈색이나 후에 연한 분홍색이 된다. 폭이 넓고 약간 촘촘하다. 자루의 길이 3~6㎝ 굵기 0.1~0.4㎝, 원주상이고 위아래가 같은 굵기이거나 위쪽이 약간 가늘다. 칙칙한 회갈색-회청색, 세로로 줄무늬가 있고 기부에는 섬유상의 솜털 같은 것이 있다. 속은 차 있거나 또는 비어 있다. 포자의 크기는 8.5~11×7~9㎛로 5개의 각이 있다.

생태 여름~가을 / 썩은 나무 그루터기의 이끼류 사이에 난다.

분포 한국, 북미

배꼽외대버섯아재비

Entoloma subumbilicatum Hesler

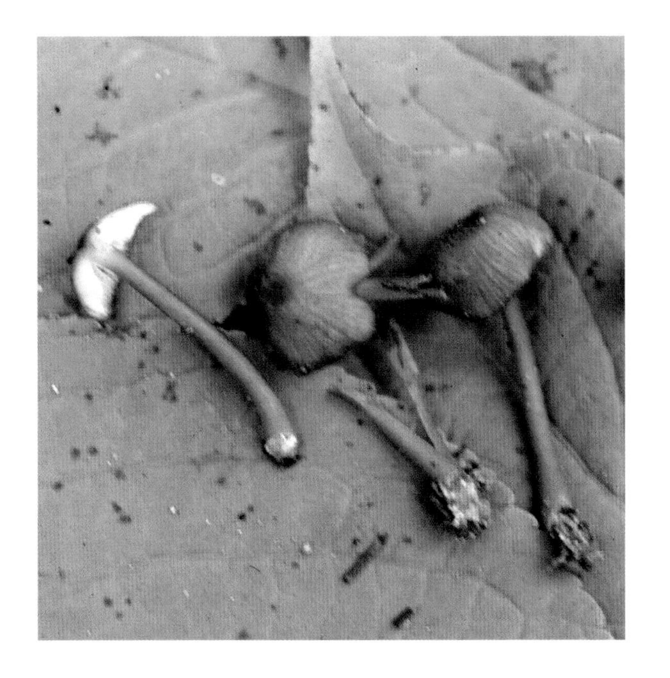

형태 균모의 지름은 2~4.5㎝로 둥근 산 모양이다가 편평해지며 약간 중앙이 배꼽 모양으로 들어간다. 드물게 젖꼭지 모양으로 돌출되는 것도 있다. 표면은 흡수성, 연한 회갈색-쥐색, 중앙은 약간 진하다. 전면에 미세한 운모 모양 입자가 덮여 있다. 건조할 때는 광택이 나고 때로는 희미하게 테무늬가 나타나기도 한다. 가장자리는 습기가 있을 때 뚜렷한 줄무늬선이 나타나거나 찢어지기도 한다. 살은 유백색이며 얇다. 주름살은 자루에 대하여 올린주름살로 처음에는 유백색이나 후에 분홍색이 된다. 폭은 보통이며 촘촘하거나 다소 성기다. 언저리는 같은 색이다. 자루의 길이 3~6.5㎝, 굵기 0.2~0.4㎝, 칙칙한 회갈색, 세로로 줄무늬선이 있다. 간혹 자루가 눌려 있고 꾸불꾸불하다. 처음에는 속이 차 있으나 후에 속이 빈다. 기부에는 흰색 균사가 있다. 포자의 크기는 9~11×7.5~9㎛, 아구상-난상의 다각형으로 5개의 각이 있다. 포자문은 연한 계피색-분홍갈색이다.

생태 여름 / 혼효림의 땅에 군생한다.

분포 한국

안장외대버섯아재비

Entoloma subvile (Pk.) Hesler

형태 균모의 지름은 1.5~3㎝로 둥근 산 모양이다가 중앙이 오목해지기도 하고 때때로 배꼽 모양으로 쏙 들어가기도 한다. 표면은 흡수성, 젖어 있을 때는 암갈색, 건조할 때는 회갈색이고 견사상 광택이 있다. 가장자리는 위로 굽으며 습기가 있을 때는 줄무늬가 나타난다. 주름살은 자루에 대하여 바른주름살 또는 약간 내린주름살이다. 처음에는 유백색이나 후에 연한 분홍색이 된다. 폭은 보통이며 촘촘하고 언저리는 같은 색이다. 자루의 길이 3~8㎝ 굵기 0.2~0.4㎝, 원주상이고 위아래가 같은 굵기다. 균모와 같은 색이거나 다소 연한 색이고 밋밋하며, 속이 차 있거나 비어 있다. 포자의 크기는 8~10×7~8.5㎛, 아구형의 각형으로 5~6개의 각이 있다.

생태 여름 / 숲속의 습한 땅에 군생한다.

분포 한국, 북미

순노랑외대버섯

Entoloma sulphurinum D.H. Cho

형태 균모의 지름은 5.5~6.5㎝로 둥근 산 모양에서 차차 편평하게 되지만 중앙에 황갈색의 볼록이 있다. 표면은 순노랑색으로 산재하며 줄무늬선이 가장자리부터 거의 중앙까지 발달한다. 살은 얇고 노랑색이다. 가장자리는 약간 톱니상, 물결형이다. 주름살은 자루에 대하여 떨어진주름살로 약간 촘촘하거나 성기며, 상처 시 붉은빛의 노랑색으로 된다. 언저리는 톱니상, 자루의 길이 5.5㎝, 굵기 0.6~0.8㎝, 표면은 희미한 세로줄의 줄무늬선이 있으며 부서지기 쉽고 백황색이며 속은 비었다. 포자의 크기는 6~8×6~7㎛, 류구형으로 6-7개의 각이 있고 기름방울이 한 개 있으며 벽은 두껍다. 담자기는 곤봉형으로 25~37.5×8.8~10㎛, 4-포자성이다. 주름살조직의 균사는 50~145×10~22.5㎛, 원통형, 표면은 매끈하고 투명하며 물결형이다. 균사의 폭은 4~5㎛, 자루의 균사는 80~125×15~22.5㎛, 원통형이다.

생태 여름 / 절개지의 맨땅에 단생한다.

분포 한국

가는외대버섯

Entoloma tenellum (J. Favre) Noordel.

형태 균모의 지름은 0.5~1.5㎝로 둥근 산 모양이며 중앙에 젖꼭지가 있다. 습할 시 줄무늬선이 중앙까지 발달하며 건조 시 견사성, 광택이 난다. 자루의 길이 2~4㎝, 위아래가 같은 굵기며 꼭대기는 벨벳 모양이고 아래는 밋밋하다. 살은 갈색이고 맛과 냄새는 불분명하다. 주름살은 자루에 대하여 홈파진주름살-끝붙은주름살로 연한 핑크색에서 핑크갈색이며 성기다. 포자문은 핑크색이다. 포자의 크기는 8.5~11×6~8㎛, 긴 타원형의 각이 있는 다각형이다. 연낭상체는 원통형에서 병모양이다.

생태 가을 / 활엽수림과 혼효림의 축축한 땅, 늪지대, 물가에 소집단으로 발생한다.

분포 한국, 유럽

벽돌색외대버섯

Entoloma testaceum (Bres.) Noordel.

형태 균모의 지름은 20~60㎜로 원추형에서 원추-둥근 산 모양으로 되며 분명한 젖꼭지가 있다. 강한 흡수성, 습할 시 짙고 투명한 줄무늬선이 있고 중앙은 적갈색이며 가장자리로 갈수록 황갈색이다. 건조 시 강한 광택이 나고 퇴색하여 황갈색으로 되며, 밋밋하고 매끈하다. 가장자리는 고르다. 살은 매우 부서지기 쉽고 표면과 동색이며 밀가루 냄새 또는 불쾌한 냄새가 나고 맛은 좋지 않다. 주름살은 자루에 대하여 홈파진주름살에서 거의 끝붙은주름살, 좁은 배불뚝이형, 촘촘하며 폭은 3~5㎜, 연한 황갈색에서 핑크갈색으로 전체가 솜털상이다. 언저리는 동색 또는 갈색이다. 자루의 길이 65~110㎜, 굵기 3~7㎜, 원통형 또는 눌린형, 기부의 폭이 넓다. 황갈색 균모보다 연한 색, 강한 섬유상의 줄무늬선이 있고, 비단 같은 백색의 섬유실이 있다. 꼭대기는 미세한 가루상이고 기부는 백색의 털상이다. 포자의 크기는 9~11.5(12)×7~8.5㎛, 둔한 5-7개의 각이 있다. 담자기는 4-포자성, 기부에 꺽쇠가 있다.

생태 여름~가을 / 숲속의 땅에 발생하며 드문 종이다.

분포 한국, 유럽

경골외대버섯

Entoloma tibiicystidiatum Arnolds & Noordel.

형태 균모의 지름은 6~10(20)㎜로 어릴 때 둥근 산 모양에서 차차 펴지며 때때로 중앙은 톱니상이다. 표면은 흡수성, 미세하게 방사상의 섬유상이며 습할 시 황토갈색에서 회갈색이 되며 중앙은 더 진하다. 투명한 줄무늬선이 거의 중앙까지 발달하고 크림-베이지색이다. 건조하면 줄무늬선은 없다. 가장자리는 예리하다. 살은 맑은 갈색에서 베이지색으로 얇고, 냄새는 곰팡이 또는 밀가루 냄새, 맛은 온화하나 약간 밀가루맛이다. 주름살은 자루에 대하여 올린-바른주름살이면서 톱니상의 내린주름살이다. 어릴 때 백색, 노쇠하면 핑크-갈색, 폭은 넓다. 언저리는 밋밋하다. 자루의 길이 20~40㎜, 굵기 1~1.5㎜ 원통형이며 속은 차고 탄력적이며 부서지기 쉽다. 표면은 밋밋하고 둔하다. 맑은 회갈색에서 황갈색, 전체가 희미한 세로로 백색-섬유상이 있다. 포자의 크기는 8~10.3×6.7~8.9㎛, 5-7개의 각을 가진다. 포자문은 적갈색, 담자기는 곤봉상으로 23~30×11~13㎛, (1-3)4-포자성, 기부에 꺽쇠가 있다.

생태 여름~가을 / 숲속의 변두리 땅, 습기 찬 숲속의 땅, 풀밭 등에 단생 · 군생한다. 드문 종이다.

분포 한국, 유럽

굴곡외대버섯

Entoloma tortuosum Hesler

형태 균모의 지름은 5~8㎝로 둥근 산 모양-원추형이다가 편평해지며 가운데가 튀어나온 방패형이 되기도 한다. 표면은 흡수성이며 색깔은 황갈색, 흑갈색, 적갈색 또는 연한 갈색 등 다양하고 중앙이 진하다. 물기가 있으면 진해지고 건조하면 광택이 난다. 가장자리는 미세한 줄무늬선이 있으나 나중에는 위쪽으로 말리며 갈라지기도 한다. 살은 얇고 흰색이다. 주름살은 자루에 대하여 올린주름살, 유백색-쥐색에서 분홍적색으로 된다. 폭은 보통이거나 넓은 편이고 방추형이고 촘촘하다. 언저리는 미세하게 거칠다. 자루의 길이 5~12㎝ 굵기 0.5~1㎝, 원주상, 간혹 기부 쪽이 약간 굵어지기도 한다. 칙칙한 황갈색, 섬유상 줄무늬가 있다. 꼭대기는 가루상으로 눌려져 있고 꾸불꾸불하며 속이 비었다. 포자의 크기는 8.5~11×7~9㎛, 아구형-타원형의 오각형이다.

생태 여름 / 침엽수와 활엽수의 혼효림의 토양에 단생 · 군생한다.

분포 한국, 북미

배꼽외대버섯

Entoloma umbilicatum Dennis

형태 균모의 지름은 1~4㎝로 둥근 산 모양, 중앙에 깊게 배꼽 모양으로 쏙 들어간다. 색깔은 황갈색-회갈색이며 건조하면 깊은 암색을 띤다. 암회색 또는 암갈색의 섬유상 인편이 중앙부에 있다. 가장자리는 미세한 줄무늬가 있다. 살은 얇고 균모보다는 다소 연한 색이다. 주름살은 자루에 대하여 올린주름살 또는 약간 바른주름살로 유백색이다가 분홍색이 된다. 폭은 보통 좁으며 다소 성기다. 언저리는 고르고 같은 색이다. 자루의 길이 3~6㎝, 굵기 0.2~0.3㎝, 회갈색-백회색, 꼭대기는 백색으로 밋밋하며, 위 아래가 같은 굵기 또는 아래쪽이 약간 부풀어 있고 속이 차 있다. 기부에는 흰색 균사가 있다. 포자의 크기는 9~11×6.5~8㎛, 5개의 5각이 있으며 드물게 6개의 각을 가진 것도 있다.

생태 여름 / 혼효림 숲속의 부식질 토양에 단생한다.

분포 한국, 북미

황보라외대버섯

Entoloma violaceobrunneum Hesler

형태 균모의 지름은 1.5㎝로 약간 오목한 모양, 표면은 자갈색 또는 청백색이며 건조하고 밋밋하며 광택이 있다. 렌즈로 확대해 보면 표면에 밀모가 있다. 가장자리는 같은 색이고 안쪽으로 굽으며 고르다. 오래되면 물결 모양으로 굴곡되기도 한다. 살은 백색이고 매우 얇다. 주름살은 자루에 대하여 바른주름살이면서 약간 홈파진주름살로 흰색이다가 연한 분홍색이 된다. 폭이 넓고 다소 성기며 작은 주름살이 섞여 있다. 언저리는 같은 색이며 다소 고르지 않다. 자루의 길이 3.5~4㎝, 굵기 0.3~0.5㎝, 꼭대기는 가루상이며 위쪽으로 갈수록 다소 가늘며 보라색이고 아래쪽은 연한 유백색이다. 속은 비었다. 포자의 크기는 8.5~12×6~8, 5-6개의 각이 흔하며 불분명하게 7-8개의 각인 것도 있으며 분홍색이다.

생태 여름 / 참나무 등 활엽수 숲속의 땅에 난다.

분포 한국, 북미

보라꽃외대버섯

Entoloma violaceum Murr.

형태 균모의 지름은 2.5~8㎝로 처음에는 원추상 둥근 산 모양이다가 편평형으로 되며 중앙이 돌출한다. 표면은 섬유상이고 후에 가는 거스름 모양의 인편이 생긴다. 색깔은 암자갈색, 회자색 또는 흑자색이다. 가장자리는 처음에 안쪽으로 말린다. 살은 얇고 담회색-다갈색을 띤다. 주름살은 자루에 대하여 바른주름살이다가 후에 떨어진주름살로 된다. 처음에는 회백색이다가 살색이 된다. 폭은 약간 넓고 촘촘하다. 자루의 길이 4~15㎝, 굵기 0.4~1㎝, 위아래가 같은 굵기 또는 아래쪽이 약간 굵다. 속은 차 있거나 때로는 비어 있다. 표면은 균모보다 연한 색이고 꼭대기는 가루상이며 기부에는 흰색의 균사가 싸고 있다. 표면에 세로로 달리는 섬유상 무늬가 있고 자루가 굽기도 한다. 포자의 크기는 8~11×6.5~7.5㎛로 광타원상의 다각형이다.

생태 봄~가을 / 활엽수림의 땅, 침엽수림의 땅 또는 대밭 등의 땅에 단생 · 산생한다.

분포 한국, 일본, 북미

처녀외대버섯

Entoloma virginicum Hesler

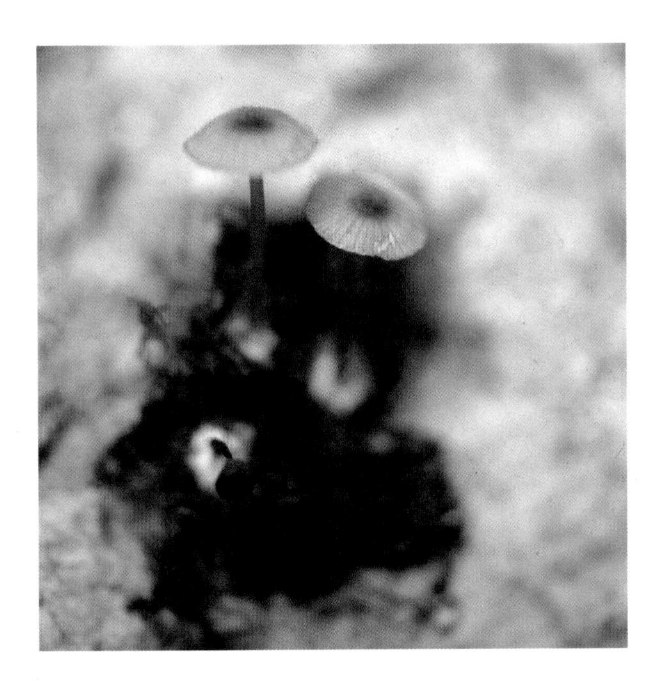

형태 균모의 지름은 4~20㎜로 둥근 산 모양이다가 편평형이 되며, 중앙은 배꼽 모양으로 쏙 들어간다. 표면은 회갈색 또는 암회색이고 전체가 같은 색이거나 때때로 중앙이 진하다. 미세하고 거칠거칠한 것이 드물게 있다. 가장자리에서 안쪽으로 줄무늬선이 있다. 살은 얇고 흰색, 주름살은 자루에 대하여 떨어진주름살이며 처음에는 흰색이나 분홍색으로 된다. 폭은 2㎜, 보통이고 방추상이며 다소 촘촘하다. 언저리는 고르다. 자루의 길이 1.7~2㎝, 굵기 0.1~0.15㎝, 원주형이며 유백색-연한 회청색 또는 청색이다. 기부는 유백색이고 속이 차 있다. 포자의 크기는 8~10×5.5~7㎛, 육각형의 다각형이지만 드물게 오각형인 것도 있다.
생태 여름 / 활엽수의 부후목 또는 이끼가 많은 토양에 군생한다.
분포 한국, 북미

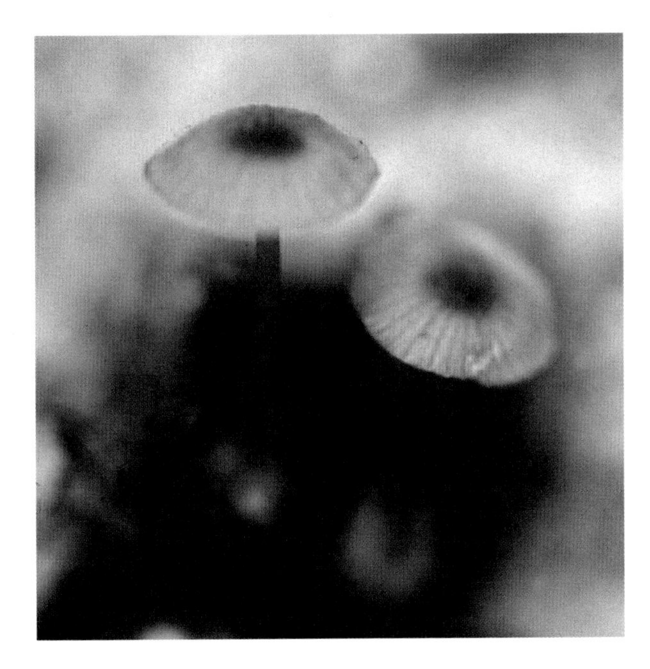

거미외대버섯

Entoloma weberi Murr.

형태 균모의 지름은 7㎝ 내외로 둥근 산 모양-편평한 모양으로 되며 중앙에 원추형 돌출이 있다. 표면은 쥐색-거무칙칙한 색이며 밋밋하다. 가장자리는 같은 색이며 얇고 줄무늬가 있다. 오래되면 가장자리가 다소 찢어진다. 살은 백색이며 얇다. 주름살은 자루에 홈파진주름살, 처음에는 흰색이나 분홍색으로 된다. 다소 촘촘한 편이며 후에는 안쪽 폭이 0.8㎝ 정도로 넓어지고 가장자리 쪽은 다소 좁다. 언저리는 고르지 않다. 자루의 길이 9㎝ 내외, 굵기 0.7~0.9㎝, 연한 회색이며 밋밋하다. 위아래가 굵기는 비슷한 편이나 굽어 있으며 기부는 백색이다. 포자의 크기는 9~11×6~7.5㎛, 5개의 각이 있는 다각형이지만 때로는 불분명한 육각형의 것도 있다.

생태 여름~가을 / 숲속의 토양에 발생한다.

분포 한국, 북미

과립외대버섯

Entoloma weholtii Noordel.

형태 균모의 지름은 10~25㎜로 둥근 산 모양에서 또는 종 모양, 중앙은 배꼽형이다. 강한 흡수성, 습할 시 투명한 줄무늬선이 중앙까지 발달한다. 색깔은 갈색, 황갈색 또는 약간 회색이고, 중앙은 진하며 검다. 표면은 과립상에서 중앙의 인편을 제외하고는 매끈하다. 냄새와 맛은 불분명하다. 가장자리는 안으로 말렸다가 풀려지고 주름살은 자루에 대하여 바른주름살에서 약간 내린주름살, 분절형에서 배불뚝이형이며 백색으로 핑크색 또는 핑크갈색이고 성기다. 언저리는 동색. 자루의 길이 30~50㎜, 굵기 1~3㎜, 원통형, 연한 갈색, 투명하고 매끄럽다. 포자의 크기는 7~9(10)×5.5~7㎛, 5-7개의 각이 있다. 담자기는 4-포자성, 기부에 꺽쇠가 있다.

생태 여름~가을 / 풀 속, 혼효림의 땅, 석회석, 낙엽수림의 땅에 발생한다.

분포 한국, 북유럽

주름균강 》 주름버섯목 》 외대버섯과 》 외대버섯속

파상외대버섯

Entoloma undatum (Gillet) M.M. Moser

형태 균모의 지름은 8~25(30)㎜로 중앙이 들어간 배꼽 모양이다. 표면은 회색에서 회갈색, 방사상으로 압착된 섬유상으로 광택이 나고, 회색-은색의 섬유실이 있다. 가장자리는 하나에서 여러 개의 검은 테를 가지며 안으로 말리고 후에 밋밋하고 예리하며 줄무늬선은 거의 없다. 살은 회백색에서 회갈색, 얇고, 양파 냄새 또는 밀가루 냄새이며 맛은 온화하고 밀가루맛이다. 주름살은 예리한 내린주름살로 폭은 넓고 회-베이지색에서 점차 핑크색이 된다. 언저리는 고르고 약간 물결형이며 색은 진하다. 자루의 길이 20~30㎜, 굵기 2~3(5)㎜, 원통형에서 압착형, 기부는 부풀고, 중심생에서 편심생, 속은 차고 부서지기 쉽다. 표면은 회-백색에서 회-갈색으로 되며 불분명한 세로 섬유실이 꼭대기 쪽에 있다. 포자의 크기는 8.2~10.4×5.7~7.1㎛, 6-8개의 둥근 각이 있다. 포자문은 적갈색이다. 담자기는 곤봉형에서 원통-곤봉상, 25~50×8~12㎛로 4-포자성, 기부에 꺽쇠가 있다.
생태 여름~가을 / 숲속의 땅, 가장자리, 길가, 풀숲에 단생 · 군생하며 드물게 속생한다. 보통 종은 아니다.
분포 한국, 유럽, 북미 해안

주름균강 》 주름버섯목 》 깃싸리버섯과 》 깃싸리버섯속

바늘깃싸리버섯

Pterula subulata Fr.

형태 자실체는 높이 2.0~6.0㎝이고 기부에서 나온 많은 가지가 차츰 가늘게 분지를 반복하여, 빗자루 모양으로 가느다란 가지를 빽빽하게 형성한다. 가지는 가늘고 끝이 뾰족하며, 표면은 처음에는 백색~연한 황갈색에서 황갈색으로 된다. 자루와 가지는 가늘다. 가지의 끝은 뾰족하고 건조하면 털처럼 가늘게 된다. 조직은 약간 질기고 연골질이다. 포자는 5~7×2.5~4㎛로 타원형이며, 표면은 밋밋하고 무색이다. 비아밀로이드 반응이 있다.
생태 여름~가을 / 숲속의 고목 또는 낙엽에 군생한다. 식용과 독성 여부는 불분명하다.
분포 한국, 일본, 유럽, 러시아, 북미

밀생깃싸리버섯

Pterula densissima Bk. & Cooke

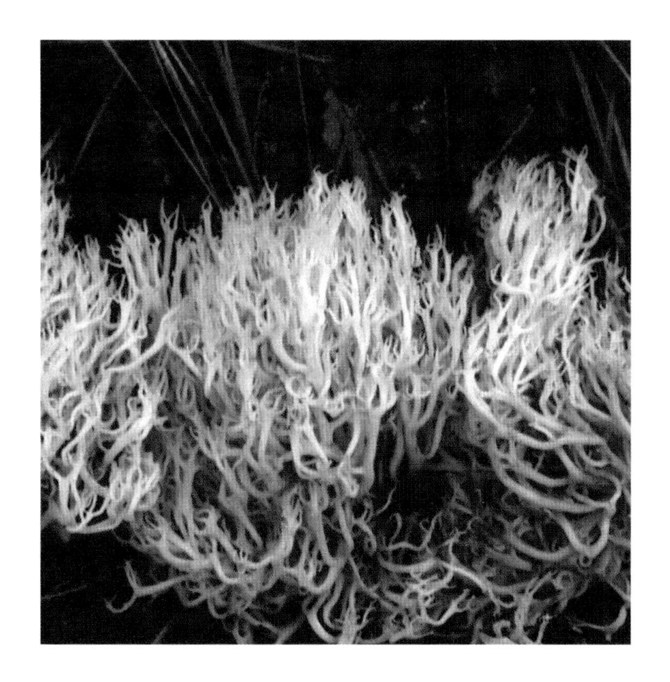

형태 자실체의 높이는 1~5㎝로 폭도 높이와 비슷하며 모양은 깃싸리버섯과 매우 닮았다. 뭉친형에서 포크 모양으로 분지하며 색깔은 변색하기 쉽다. 백색에서 회백색을 거쳐 갈색으로 된다. 살은 식용이 불가하며 냄새는 명확한 잉크 냄새가 난다. 포자는 깃싸리버섯과 크기, 모양 등이 비슷하다.

생태 단단한 나무의 썩는 나뭇잎에 다수가 집단으로 발생한다. 경제적 가치는 없다.

분포 한국, 유럽

큰깃싸리버섯

Pterula grandis Syd. & P. Syd.

형태 자실체는 비교적 소형이며 높이 5~7cm, 폭은 2~4.5cm, 여러 개로 분지하며 위쪽 부분은 회백색 내지 회황갈색, 아래쪽의 색은 진한 색이거나 또는 진한 갈색이다. 자루의 길이는 0.5~1.8cm, 굵기는 0.7~2cm로 다수가 중첩하여 중복된 분지, 부분적으로 3분지 또는 여러 갈래로 분지한다. 자루의 기부는 만곡하며 기주쪽에 부착한다. 분지는 직립 또는 만곡되며, 표면은 편평하고, 꼭대기는 가늘다. 포자의 크기는 4~6×3.5~4㎛로 아구형이고 무색, 표면은 거칠다.

생태 여름~가을 / 활엽수림의 고목에 군생한다.

분포 한국, 중국

깃싸리버섯

Pterula multifida (Chevall.) Fr.

형태 자실체의 높이는 2~6㎝로 굵기 0.03~0.1㎝정도의 머리카락 또는 강모 모양의 자실체가 수십 개씩 다발로 함께 난다. 개별 자실체는 가는 밑동에서 가늘고, 긴 침 사이로 가지가 촘촘하게 분지되고 때로는 반복 분지되며 선단은 바늘같이 뾰족하다. 표면은 흰색~회백색에서 황갈색~갈색으로 되며 마르면 검은색이 된다. 살은 질기고 연골질, 마르면 반투명의 털과 같이 된다. 포자의 크기는 5~6×2.5~3.5㎛로 난형~타원형, 표면은 매끈하고 투명하며 기름방울이 들어 있다.

생태 여름 / 떨어진 가지나 낙엽에 단생 · 속생한다. 때때로 일렬로 나란히 나기도 한다.

분포 한국, 일본, 중국, 유럽, 북미, 모로코 등

붓버섯

Deflexula fascicularis (Bres. & Pat.) Corner

형태 자실체의 길이 1~2㎝의 유연한 침 모양 가지가 사방으로 뻗쳐 나와서 일부는 아래쪽으로 굽어진다. 굵기는 기물에 부착된 부위가 0.05~0.1㎝로 가늘다. 침 모양은 한 가지이거나 때로는 끝 부분이 갈라진다. 처음에는 흰색에서 연한 황토색을 띠고 나중에는 탁한 황토갈색이 된다. 살은 약간 단단하고 휘어지기 쉽다. 포자의 크기는 9~10.5×9~10㎛로 구형 또는 아구형, 표면은 매끈하고 투명하다.

생태 여름 / 쓰러진 나무에 군생하며 드물게 단생한다.

분포 한국, 일본, 중국, 필리핀

이빨버섯

Radulomyces confluens (Fr.) Christ.

형태 자실체 전체가 배착생이다. 어릴 때는 작고 둥근 점 또는 여러 개의 둥근 점이 모인 모양을 형성하며 이것이 후에 서로 유합되기도 하며 수십 센티미터까지 퍼진다. 어릴 때는 기주에 단단히 부착해 있으나 오래되고 건조하면 자실체가 막처럼 되어 기주에서 분리되기도 한다. 표면은 알갱이 또는 사마귀 모양의 많은 결절이 있다. 습기가 있을 때는 크림-회색을 띤 연한 황토색이고 흡수성이며 약간 푸른색을 띠기도 한다. 건조할 때는 황토색을 띠며 때때로 표면이 갈라지기도 한다. 가장자리는 기질과 분명히 구분되거나 때로는 미세한 섬유상 균사가 펴져나가기도 한다. 유연하고 밀납질이다. 포자는 7.5~9×5~7.5㎛로 타원형-아구형이며 표면은 매끈하고 투명하며 과립이 들어 있다.
생태 연중 / 활엽수의 그루터기나 줄기, 가지 절단면 등에 발생한다. 특히 습한 철에 발생한다.
분포 한국, 일본, 유럽

점후막포자버섯

Granulobasidium vellereum (Ellis & Cragin) Jül.
Hypochnicium vellereum (Ellis & Cragin) Parm.

형태 자실체는 기주에 배착생으로 넓게 퍼지며 막질, 자실층탁은 밋밋하고 붉은색으로 되며 오래되면 연한 황토색이 된다. 균사조직은 1균사형, 꺽쇠가 있으며 폭은 3~4㎛, 벽은 얇고 가끔 두꺼운 벽도 있다. 낭상체는 없다. 담자기는 결절상에서 좁은 곤봉형으로 50~60×5~6㎛, 4-포자성, 기부에 꺽쇠가 있다. 담자포자는 구형, 지름 6~8㎛, 표면은 구불거리고, 벽은 두껍다. 후막포자는 다소 난형, 8~10×6~8㎛의 매우 두꺼운 벽으로 말단 중간 사이에는 얇은 벽 균사가 있다.
생태 여름 / 숲속의 떨어진 나뭇가지에 배착하여 발생한다.
분포 한국, 프랑스, 독일, 유럽

자색꽃구름버섯

Chondrostereum purpureum (Pers.) Pouz.
Stereum purpureum Pers.

형태 자실체는 반배착생, 일부 뒤집혀서 반원형 모양의 균모가 얇게 펴져나간다. 균모의 위는 밀모가 덮여 있으며 회백색이다. 살은 연한 가죽질이며 단면을 보면 밀모층과 살 사이에 색의 농도가 경계층을 만든다. 자실층 면은 거의 밋밋하고 자색-암자색이며 약간 끈적기가 있다. 균사는 1균사형, 꺽쇠가 있다. 자실층에 가는 담자기에 가지런한 소수의 낭상체가 있고 박막, 20~50㎛ 정도 돌출한다. 그 외에 류자실층에는 많은 낭상세포가 있고 15~30×12~25㎛다. 포자의 크기는 5~8×3㎛, 원통형, 무색이고 난아미로이드 반응이 있다.

생태 봄~겨울 / 나무에 침입하여 백색부후병을 일으킨다.

분포 한국, 일본, 북반구 온대 이북

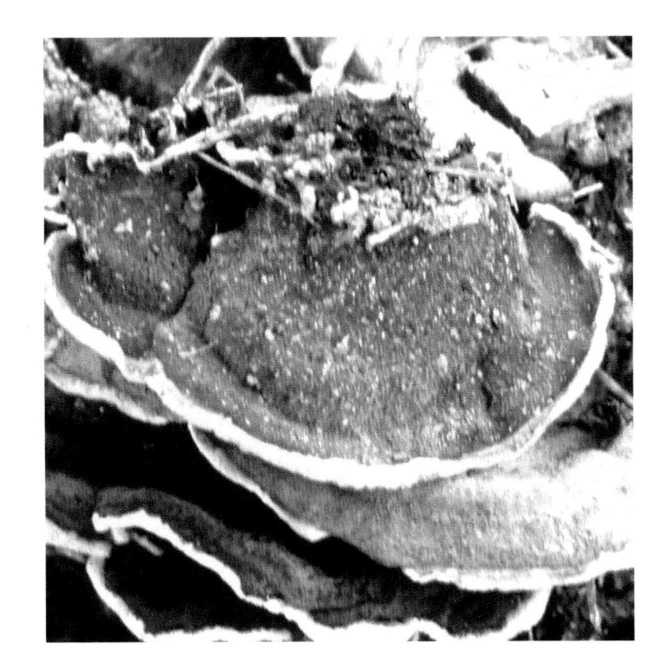

유연밀고약버섯

Amylocorticiellum molle (Fr.) Spirin & Zmitr.
Hypochniciellum molle (Fr.) Hjortstam

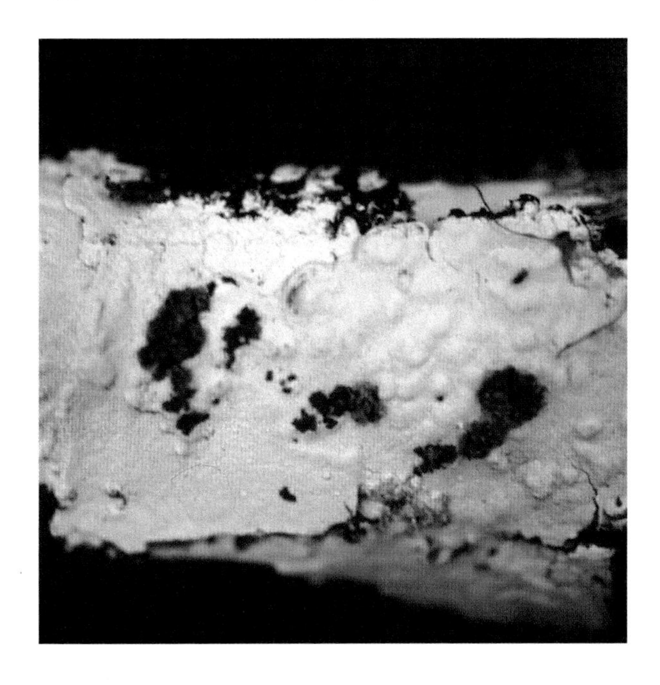

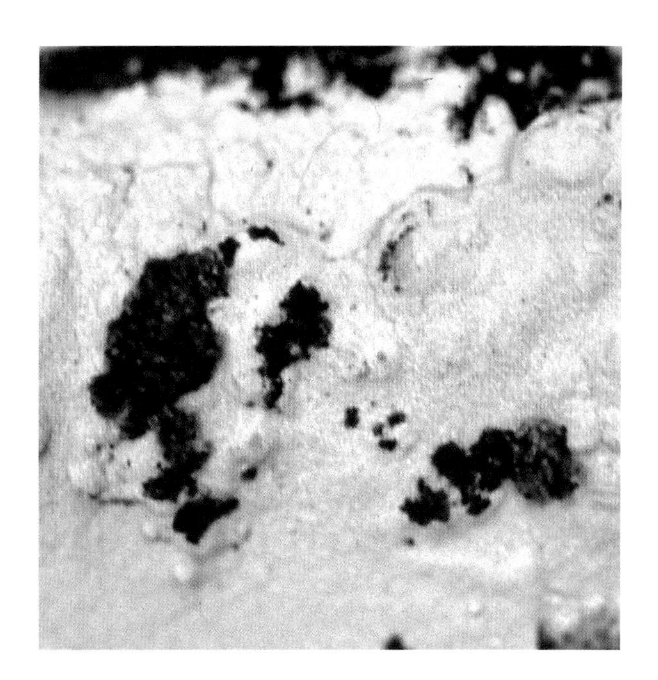

형태 자실체는 배착생이며 얇게 기주에 펴져나간다. 자실층은 밋밋하며 노랑색에서 연한 크림색이고 가장자리는 아취형이다. 균사조직은 1균사형, 균사에 분명한 꺽쇠가 있다. 균사의 폭은 3~6㎛, 벽은 처음 얇으나 차차 두꺼워지며, 기름방울을 함유한다. 낭상체는 원통형이고 꼭대기는 무디고, 80~120(150)×6~10㎛, 세포벽이 약간 두껍고, 기부에 꺽쇠가 있다. 담자기는 류곤봉형, 약간 응축되며 20~30×5~6㎛로 4-포자성이며 벽은 얇다. 기부에 꺽쇠가 있다. 담자포자는 6~7×2.5~3.5㎛, 좁은 타원형으로 옆면은 곧추서고, 표면은 매끈하고 투명하며, 벽은 분명히 두껍다. KOH 용액에서 노랑색으로 물들고, 멜저액에서는 회색으로 된다.

생태 봄~겨울 / 고목의 표면에 발생한다.

분포 한국, 유럽

포복고약버섯

Ceraceomyces serpens (Tode) Ginns

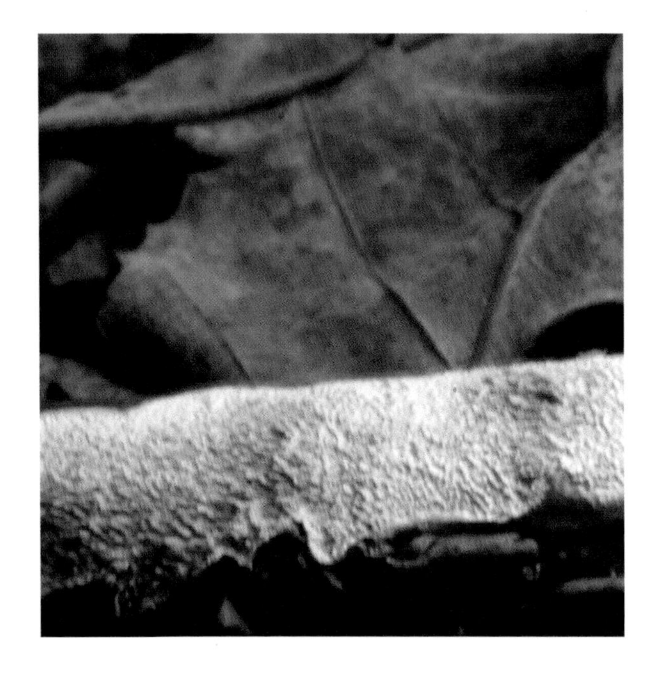

형태 자실체의 껍질은 백색에서 노랑색, 균사 다발은 없다. 균사 구조는 1균사형, 균사의 폭은 2.5~3.5㎛, 꺽쇠가 있고 외피층은 있지만 식별은 어렵다. 기저 균사는 특별히 다르지 않다. 낭상체는 없다. 담자기는 좁은 곤봉형으로 15~25×3~5㎛, 4-포자성, 몇 개의 외피층이 있으며 밀집하여 가지런히 배열한다. 기부에 꺽쇠가 있다. 포자의 크기는 좁은 타원형으로 4~5×2~2.5㎛, 표면은 매끈하고, 벽은 얇다. 난아미로이드 반응이 있다.
생태 여름 / 떨어진 나뭇가지에 배착하여 발생한다.
분포 한국, 유럽

소혀버섯

Fistulina hepatica (Schaeff.) With.

형태 균모는 부채꼴-소 혀 모양 또는 난형, 기주에 부착한 부분은 좁아져서 짧은 모양이 되거나 자루가 없다. 지름 7~20㎝, 또는 그 이상에 달하고 두께 2~5㎝로 표면은 진한 적홍색-진한 적갈색이다. 처음에는 미세한 입자 모양의 돌기가 있어 거친 면을 이루나 후에는 밋밋해진다. 살은 혈홍색인데 살코기와 비슷한 적백색의 근(筋)이 있다. 다습하며 적색의 액체가 들어 있다. 관공은 처음에 미세한 젖꼭지 모양이나 신장하여 원통형이 된다. 황백-담홍색, 오래된 것은 암적색이다. 관공층은 황백색이다. 문지르면 적갈색이 된다. 길이 0.5~1㎝, 3~5개/㎜, 자루는 없으며 있으면 아주 짧다. 포자의 크기는 5~6×3.5~4.5㎛, 난형이며 표면은 매끈하고 투명, 1개의 기름방울을 함유한다.
생태 연중 / 참나무류나 너도밤나무 등의 수간 사이에 발생한다. 심재에 갈색부후를 일으킨다.
분포 한국, 일본 등 전 세계적

그물코버섯

Porodisculus pendulus (Fr.) Murrill

형태 자실체 균모의 지름은 2~5㎜로 전체의 높이가 5~10㎜ 정도며 사람의 코 모양으로 버섯이 생기고 위쪽 끝에 짧은 자루가 기주에 부착하며 밑쪽에 관공이 형성된다. 균모와 자루는 담배색-다갈색이지만 오래된 것은 회갈색-회백색이 된다. 전면에 가는 가루 모양의 털이 덮여 있다. 관공은 접시를 엎어 놓은 것처럼 오목하다. 회백색이며 가장자리는 안쪽으로 말린다. 관공은 길이 1㎜, 구멍은 작고 5-6개/㎜ 정도다. 자루의 위쪽에 짧게 자루 모양이 형성된다. 살은 거의 흰색, 유연한 가죽질이다. 포자의 크기는 3~4×1㎛로 소시지 모양, 표면은 매끈하고 투명하다.

생태 연중 / 활엽수의 죽은 가지나 낙지에 군생한다. 표고 원목에 발생하는 일도 있다.

분포 한국, 일본, 북미, 호주, 뉴질랜드

뿌리관상버섯

Pseudofistulina radicata (Schwein.) Burds.

형태 자실체는 둥근 모양에서 신장 모양의 균모이며 보통 긴 방사상의 측생 자루가 있다. 균모는 3~7.5㎝, 둥근형에서 신장 모양 또는 불규칙한 엽편이다. 표면은 밀집된 털상, 테는 없고, 황갈색이며 오래되면 흑색으로 된다. 가장자리는 예리하다. 살은 두께 0.7㎝, 섬유상-질기고, 싱싱할 때 백색에서 건조하면 연한 담황갈색으로 된다. 냄새와 맛은 불분명하다. 구멍의 표면은 처음에 백색에서 크림색이나 후에 핑크 담황 갈색에서 황토색으로 된다. 구멍의 수는 5-7개/㎜다. 자루의 길이 4~10㎝, 굵기 1㎝로 보통 아래로 가늘고, 측심생이며 전형적으로 방사상이다. 색깔은 균모색 또는 검은색, 표면은 위에 털상이며, 때때로 기부로 백색이다. 포자문은 백색, 포자의 크기는 3~4×2~3㎛, 난형, 표면은 매끈하고 투명하다.

생태 여름~겨울 / 땅 위, 전형적으로 땅에 묻힌 나무에 단생 · 산생한다. 식용은 불가하다.

분포 한국, 북미

꼬마편모버섯

Flagelloschypha minutissima (Burt) Donk

형태 자실체는 전형적인 컵 모양이다가 불규칙한 컵 모양 또는 꽃병 모양으로 된다. 자루는 없거나 있어도 아주 짧고, 매우 작아서 지름이 0.3~1㎜다. 바깥 면은 털이 밀생하여 덮인다. 싱싱하고 습할 시, 자실체의 입구가 열리고, 회-황토색의 자실층이 나타난다. 건조 시 가장자리는 다소 안으로 말리고, 완전히 자실층을 피복한다. 연약하고 유연하다. 군집 · 밀집되며 촘촘하다. 포자의 크기는 7~10×3.5~4.5㎛, 레몬형에서 보우트(배) 모양, 표면은 매끈하고 투명, 기름방울을 함유한다. 담자기는 가는 곤봉형으로 22~30×5~6㎛, 2-세포성, 기부에 꺽쇠가 있다. 낭상체는 없다.

생태 여름~가을 / 죽은 나뭇가지, 단단한 나무, 참나무류, 식물의 줄기 등에 군생에서 밀집하여 촘촘하게 발생한다.

분포 한국, 유럽

치마버섯

Schizophyllum commune Fr.

형태 균모는 지름이 2~4㎝이며 반구형에서 차차 편평해지고 중앙부는 둔하거나 조금 돌출한다. 표면은 처음에 흑갈색에서 밤갈색 또는 암갈색이고 비로드 모양 또는 가루 모양의 인편으로 덮이고 중앙에 방사상의 주름무늬가 있다. 가장자리는 반반하고 살은 얇으며 백색이다. 주름살은 자루에 대하여 떨어진주름살로 밀생하며 백색에서 살색으로 된다. 주름살의 가장자리에 백색의 가는 융털이 있다. 자루는 높이 2~5㎝, 굵기는 0.2~0.4㎝이고 백색이며 털이 없고 가는 세로줄의 홈선이 있으며, 가끔 구부정하고 속이 차 있다. 포자는 5~6×4~5㎛로 아구형, 표면이 매끄럽고 연한 색이다. 포자문은 살색, 낭상체는 방추형이고 꼭대기에 뿔이 없으며 길이 60~80㎛이다.

생태 연중 / 숲속의 활엽수 썩는 고목, 가로수의 살아 있는 나무 껍질에 군생한다.

분포 한국, 일본, 중국 등 전세계

주름버짐버섯

Pseudomerulius aureus (Fr.) Jul.
Merulius aureus Fr.

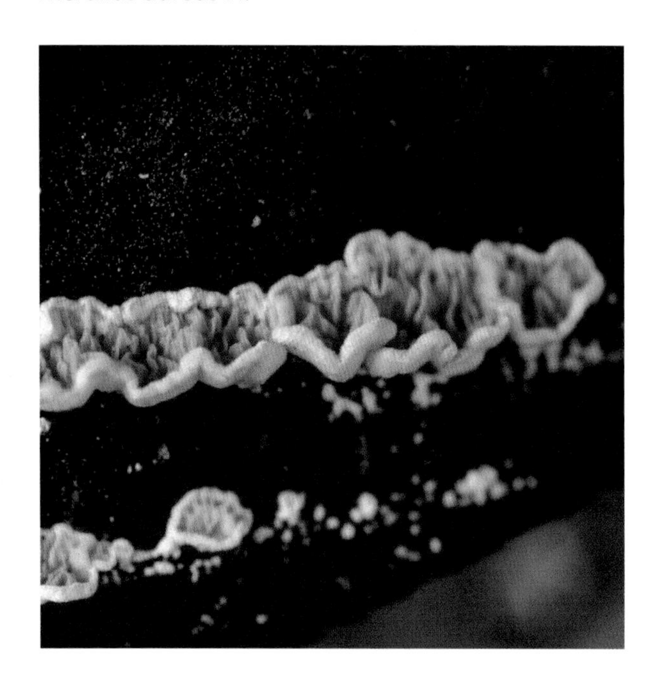

형태 자실체는 일년생으로 배착생-반배착생이다. 기주에 1㎜ 정도의 두께로 얇게 펴지며 가장자리 끝은 얕게 반전된다. 기주에 부착되어 있으며 건조할 때는 떼어낼 수가 있다. 부근의 자실체와 서로 융합하기도 한다. 자실층 표면은 선황색-오렌지 황색 또는 오렌지-갈색이고 손으로 만지거나 오래되면 암색이 된다. 자실층의 표면은 1~2㎜ 정도의 사마귀 모양 또는 이빨 모양으로 많은 돌출이 있고 때로는 균모 부근에 얕은 주름살이 불규칙하게 방사상으로 생기기도 한다. 포자의 크기는 3.5~4.5×1.3~1.8㎛, 원주형이며 표면은 매끈하고 투명하며 연한 황색이다.
생태 연중 / 소나무 등의 침엽수의 껍질이 없는 목재 아래쪽이나 떨어진 나뭇가지에 난다.
분포 한국, 일본 등 전 세계에 분포한다.

꽃잎주름버짐버섯

Pseudomerulius curtisii (Berk.) Redh. & Ginns
Paxillus curtisii Berk.

형태 균모의 지름은 2~5㎝로 더 큰 것도 있다. 콩팥형, 또는 부채형인데 자루가 없다. 가장자리는 강하게 안쪽으로 말린다. 표면은 황색, 거의 털이 없거나 다소 비로드상이다. 살은 담황색이며 특유의 불쾌한 냄새가 나는 것도 있다. 주름살은 균모보다 진한 황색이거나 오렌지 황색, 오래되면 약간 올리브색을 띤다. 폭이 좁고 촘촘하며 방사상으로 배열되어 있고 불규칙하게 여러 번 분지한다. 주름살이 현저히 우글쭈글하다. 자루는 없다. 포자의 크기는 3~4×1.5~2㎛, 타원형-약간 원주형, 표면은 매끈하고 투명하며 흔히 한쪽이 만곡되어 있다. 난아미로이드 반응이 있으며 포자문은 올리브황색이다.

생태 여름~가을 / 소나무 목재 위에 단생 또는 중첩하여 군생한다. 갈색부후균이다.

분포 한국, 일본, 중국, 러시아 극동, 북미

좀원반버섯

Tapinella atromentosa (Batsch) Sutara
Paxillus atromentosus var. bambusinus R.E.D. Baker & W.T. Dale, P. atromentosus (Batsch) Fr.

형태 균모의 지름은 5~20㎝이고 둥근 산 모양에서 차차 편평한 모양으로 오목해지나 한가운데는 젖꼭지 모양으로 돌출한다. 표면은 비로드 같은 털로 덮여 있고 오래되면 없어진다. 적갈색 또는 어두운 갈색이다. 가장자리는 아래로 말린다. 살은 백색 또는 연한 황색이며 두껍다. 주름살은 자루에 대하여 내린주름살로 적갈색 또는 검은 갈색이며, 밀생하고 때때로 분지하여 그물 모양을 이룬다. 자루의 길이는 3~12㎝, 굵기는 1~3㎝이고 편심성, 또는 측생이며 단단하다. 표면에는 흑갈색의 연한 털과 헛뿌리가 있다. 포자의 크기는 5~6×3~4㎛, 난형 또는 타원형이다. 표면은 매끄럽고 투명하며 황색이다. 거짓 아미로이드 반응, 포자문은 연한 황토색이다.

생태 여름~가을 / 썩은 나무 또는 나무 근처의 땅에 군생하며 부생생활을 한다. 독버섯이다. 목재부후균이다.

분포 한국, 일본, 유럽, 북미

좀원반버섯(대나무형)

Paxillus atromentosus var. **bambusinus** R.E.D. Baker & W.T. Dale

형태 균모의 지름은 3~9.5㎝로 편평 또는 중앙이 들어간 부채 모양이다. 매끄럽고 연한 노랑색인데 밝은 갈색이 섞여 있고, 노쇠하면 주름진다. 살은 회색이고 질기며, 필라멘토스, 가장자리는 안으로 말린다. 주름살은 자루에 내린주름살로 폭은 0.4㎝이며 곱슬-모양이고 성기다. 무딘 오렌지색에서 청회색 또는 연한 황갈색으로 된다. 가루상이고, 어릴 때 노랑색, 노쇠하면 검은색이다. 자루의 길이 4~6㎝, 굵기 0.8~2㎝, 편심생, 원통형이 아니고 불규칙하게 갈색 털이 피복한다. 속은 약간 푸석푸석하게 비고 질기다. 포자는 4.3~5.8×3.6~4.3㎛, 타원형이며 황색이다. 거짓 아미로이드, 담자기는 27.2~32.9×5.7~7.2㎛, 4-포자성, 기부에 꺽쇠가 있다.

생태 여름~가을 / 죽림의 썩는 대나무에 단생 · 군생한다. 사람에 따라서는 독성이 나타난다. 식용은 불가하다.

분포 한국, 일본, 중국 등, 북반구 온대 이북, 서인도제도

주름원반버섯

Tapinella corrugata (G.F. Atk.) E.-J. Gilbert
Paxillus corrugatus G. F. Atk.

형태 균모의 지름은 2.5~6㎝로 콩팥형, 또는 부채형이고 자루가 없이 기주에 부착한다. 가장자리는 강하게 안쪽으로 말리거나 늘어진다. 표면은 편평하고 황색이며 거의 털이 없거나 또는 다소 비로드상이다. 살은 담황색, 해면질이고 황색 내지 갈색이다. 약간 향기롭고 쓴맛이 난다. 주름살은 홈파진주름살로 황오렌지색이며 두껍다. 분지하며 맥상으로 연결된다. 언저리는 밋밋하고 자루는 없다. 포자의 크기는 3~3.5×1.7~2㎛, 타원형, 표면은 매끈하고 투명하며 담황색이다. 난아미로이드 반응이 있다. 담자기는 막대형으로 12.8~16×3.5~5㎛, 무색이나 약간 황색, 2-포자성, 낭상체는 없다.

생태 여름~가을 / 소나무 목재 위에 단생 또는 중첩하여 군생한다. 갈색부후균이다.

분포 한국, 일본, 중국, 러시아 극동, 북미

은행잎원반버섯

Tapinella panuoides (Fr.) E.-J. Gillbert
Paxillus panuoides (Fr.) Fr.

형태 균모의 크기는 가로 2~10㎝, 세로 1~7㎝이고 거꾸로 된 난형이나 밑쪽을 향해 V자 모양으로 좁아진다. 탁한 황토색이며 어릴 때는 가는 털이 있으나 오래되면 없어져서 매끄럽다. 살은 크림색 같은 백색이고 얇다. 주름살의 폭은 좁고 연한 황색에서 탁한 황색 또는 황토색으로 되며 밀생한다. 주름살은 가지를 쳐서 곱슬머리 모양이고 주름살끼리 맥상으로 연결되며 그물 모양을 나타낸다. 자루는 없으며 포자의 크기는 4~6×3~4㎛, 짧은 타원형이며 표면은 매끄럽고 투명하다. 포자문은 황토색이다.
생태 여름~가을 / 소나무의 그루터기 또는 목조건물의 기둥 등에 군생하며 부생생활을 한다. 독버섯, 갈색부후균이다.
분포 한국, 일본, 중국, 러시아, 유럽, 오스트레일리아, 아프리카

겨나팔버섯

Tubaria furfuracea (Pers.) Gill.
T. hiemalis Romagn. ex Bon

형태 균모의 지름은 1~3(4)cm로 처음에는 둥근 산 모양이다가 편평해지며 가운데가 오목하게 들어가기도 한다. 흡수성, 계피색-그을린 황갈색이고 습할 때는 가장자리에서 안쪽으로 거의 중간까지 줄무늬가 나타난다. 마르면 연한 가죽색-베이지색이 되고 약간 비듬이 있다. 어릴 때 가장자리에 유백색의 내피막 잔존물이 부착하기도 한다. 주름살은 자루에 대하여 바른주름살 또는 내린주름살이며 계피색이고 약간 빽빽하다. 자루의 길이 2~5cm, 굵기 0.2~0.4cm, 균모의 색과 비슷하거나 다소 연하다. 기부에 솜털이 덮여 있으며 중심생, 살은 자루와 같은 색이다. 포자의 크기는 6.5~9.3×4~5.5㎛, 타원형, 원주상의 타원형이며 표면은 매끈하고 투명하며 연한 황색이다. 포자문은 황토색이다.
생태 봄~가을 / 나뭇가지나 목재가 버려진 곳에 난다. 흔치 않은 종이다.
분포 한국, 일본, 전 세계

겨나팔버섯(겨울형)

Tubaria hiemalis Romagn. ex Bon

형태 균모의 지름은 10~40㎜로 어릴 시 둥근 산 모양에서 반구형을 거쳐 편평해지고 노쇠하면 가장자리가 위로 올려진다. 표면은 밋밋하며 무디고, 흡수성이다. 습할 시 적갈색, 가장자리는 황토색이며 투명한 줄무늬선이 발달한다. 건조 시 갈색-베이지색에서 황토색으로 되며 가장자리에 줄무늬선은 없으나 어릴 시 백색의 표피섬유가 있다. 살은 적갈색, 얇고, 곰팡이 냄새가 나고 맛은 온화한 곰팡이 맛이다. 주름살은 자루에 넓은 바른주름살, 어릴 시 황토색, 노쇠하면 갈황토색에서 적갈색, 폭은 넓고 언저리는 밋밋하다. 자루의 길이 20~40㎜, 굵기 2~4㎜, 원통형, 속은 차고 표면은 세로줄의 백색 섬유상이 황토갈색 바탕색 위에 있다. 아주 어릴 시 세로줄의 백색섬유상이 있고, 때때로 희미한 턱받이 흔적이 있다. 포자는 6.5~10×4.5~5.3㎛, 타원형에서 원통-타원형, 표면은 매끈하며 황노랑색이다. 포자문은 황토갈색, 담자기는 곤봉형, 25~28×7~8.5㎛, 4-포자성, 기부에 꺽쇠가 있다.
생태 겨울철 / 숲속, 정원, 공원, 식물더미 또는 썩는 나무에 군생 또는 집단으로 발생한다.
분포 한국, 유럽

부들머위국수버섯

Pistillaria petasitis S. Imai

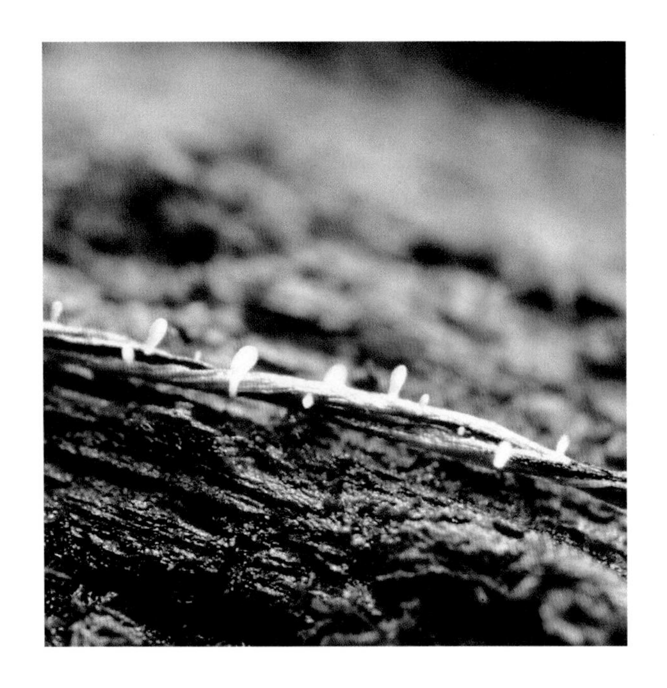

형태 자실체의 높이 2~8㎜의 매우 작은 버섯이다. 자실체는 원통형-곤봉형, 전체가 맑은 백색, 표면은 밋밋하고 털이 없다. 매우 투명한 무성의 백색기부가 있다.
생태 여름 / 썩는 고목에 군생한다.
분포 한국, 일본

굵은부들국수버섯

Typhula crassipes Fuckel

형태 자실체는 곤봉형, 0.2~0.5㎝로 분지하지 않으며, 원통형에서 곤봉 모양이다. 자르면 단면은 보통 원형이고 단단하며, 끝은 뭉턱하고 다소 밋밋하다. 자루는 미발달이며 가늘고 밋밋하다. 흔히 연한 갈색의 0.1~0.2㎝의 균핵으로부터 나오거나 또는 기질에 파묻힌 것에서 발달한다. 때때로 이런 것이 없는 수도 있다. 포자문은 백색, 살은 백색에서 무색으로 되며 매우 부드럽고 부서지기 쉽다. 냄새와 맛은 불분명하며 포자의 크기는 8~10×4~5.5㎛, 타원형, 표면은 매끈하고 투명하다. 난아미로이드 반응이 있다.

생태 가을 / 죽은 나무, 쓰러진 썩는 나뭇잎, 줄기에 집단으로 뭉쳐 각각의 균핵으로부터 하나의 자실체가 발생한다. 아주 드문 종이다.

분포 한국, 유럽

선녀부들국수버섯

Typhula erythropus (Pers.) Fr.

형태 자실체는 자실층이 있는 원통형-곤봉상의 머리 부분과 섬유상의 자루로 구분된다. 높이는 1~3㎝, 머리 부분은 전체 길이의 1/4~1/2 정도이고 굵기는 0.05~0.1㎝이다. 머리는 흰색, 밋밋하고 연하며 끝부분은 둥글다. 살은 자실체 표면과 같은 색이다. 자루는 길이가 0.01~0.03㎝, 매우 가늘고 연골질이며 적갈색이다. 포자의 크기는 5~7×2.5~3㎛, 타원형, 표면은 매끈하고 투명하다.

생태 가을 / 단풍나무, 오리나무, 미루나무 등 활엽수의 엽병이나 엽맥 또는 밀짚 등에 난다.

분포 한국, 북반구 온대 지방

원통부들국수버섯

Typhula fistulosa (Holmask.) Olariaga
Macrotyphula fistulosa (Holmask.) R.H. Petersen

형태 자실체는 직립상, 가는 곤봉형, 빳빳하고 끝은 뭉턱하며 불규칙한 결절상으로 30~200×5~10㎜로 외표피는 밋밋하며 무디다. 기부는 가늘고 때때로 미세한 가루가 있다. 황토-노랑색에서 적색-황초-갈색이 된다. 자실체의 길이의 2/3 위쪽은 임성부, 자실체 속은 비었고 살은 탄력성이며 질기다. 노랑색이며 냄새와 맛은 없다. 포자의 크기는 10~15×5.5~8㎛ 타원형, 표면은 매끈하고 투명하다. 담자기는 50~60×6~11㎛, 4-포자성, 기부에 꺽쇠가 있다. 낭상체는 관찰되지 않는다.

생태 여름~가을 / 죽은 고목의 껍질에 있거나 껍질이 없어도 나며, 침엽수림의 고목에 난다. 보통 종이 아니다. 단생에서 군생하며 때때로 집단으로 발생한다.

분포 한국, 유럽, 아시아, 북미

실부들국수버섯

Typhula juncea (Alb. & Schwein.) P. Karst.
Macrotyphula juncea (Alb. & Schwein.) Berthier

형태 자실체는 직립하며 원통형이다. 가늘고 실 모양으로 휘었고, 끝은 뭉턱하게 된다. 크기는 30~70×0.5~1.5㎜, 높이는 150㎜가 되는 것도 있다. 임성부는 높이 10~25㎜, 때때로 편심생의 뿔처럼 자란다. 미세한 융합이 있는데, 미세한 두께의 임성부가 있다. 황토색에서 오렌지 갈색이며 밋밋하다. 자루는 더 검고, 기부는 백색, 눌린 균사로 된다. 어릴 시 자실체의 속은 차 있다가 빈다. 살은 단단하며 질기고 냄새와 맛은 시큼하다. 포자의 크기는 7~10×3.5~4㎛, 아몬드형 표면은 매끈하고 투명하다. 담자기는 곤봉형 30~35×7~9㎛, (1)4-포자성, 기부에 꺽쇠가 있다.
생태 가을 / 식물의 썩는 줄기, 눈의 비늘, 낙엽과 나뭇가지가 있는 곳에 군생한다. 드문 종이다.
분포 한국, 유럽, 북미, 아시아, 아프리카, 호주

부들국수버섯

Typhula phacorrhiza (Reich.) Fr.

형태 자실체는 자실층이 있는 미세하게 굵은 머리 부분과 긴 섬유상의 자루로 구분된다. 높이는 2.5~6(10)㎝, 굵기는 0.05~0.1㎝, 처음에는 크림색이다가 후에 벌꿀황색-갈색을 띤다. 머리 부분은 전체 길이의 2/3 정도로, 밋밋하고 가는 원통형이다. 살은 다소 연골질이다. 자루는 전체의 1/3 정도이고 다소 가늘고 암색을 띤다. 자루 쪽은 미세한 털이 약간 있다. 포자의 크기는 11~15×4.5~5.5㎛, 원주상의 타원형, 표면은 매끈하고 투명하다.
생태 가을 / 각종 활엽수의 낙엽이 퇴적된 곳에 발생한다.
분포 한국, 일본, 유럽, 북미

독립부들국수버섯

Typhula quisquiliaris (Fr.) Henn.

형태 자실체는 무성부의 자루와 임성부의 두부로 구성되며, 곤봉형에서 두상 또는 거의 원통형이 된다. 높이는 8㎜ 정도, 자실체는 자루의 속에 있는 균핵에서 올라온다. 두부는 백색으로 밋밋한 곤봉형이다. 두부는 길이가 5㎜ 정도, 지름 3㎜ 정도이다. 자루는 원통형의 투명한 백색이며 미세한 가루가 있고 길이 3㎜, 굵기 1.5㎜ 정도로 예리하고 부드럽다. 균핵은 노랑색으로 끈적기는 없고, 길이 2~3㎜, 두께 0.5㎜, 포자의 크기는 9~11.5×3.5~5㎛, 원통형-타원형, 때때로 렌즈형, 표면은 매끈하고 투명하다. 담자기는 가는 곤봉형, 40~50×6~8㎛, 4-포자성 기부에 꺽쇠가 있다.

생태 가을 / 죽은 나무 줄기, 넘어진 고목에 세로줄로 열을 지어 산생한다.

분포 한국, 유럽

균핵부들국수버섯

Typhula sclerotioides (Pers.) Fr.

형태 자실체는 불임의 줄기와 임성의 머리로 되고 가는 막대형에서 거의 원통형으로 된다. 자실체 높이 7㎜, 두께 0.8㎜로 기질 꼭대기의 단단한 부분부터 올라오고 두부(머리)가 1/3~1/2을 차지한다. 표면은 밋밋하고 무디며, 백색으로 약간 투명하다. 자루는 두께 0.4㎜로 원통형, 백색이고 미세한 가루가 분포한다. 연골질이고 끈적기가 있으며 건조 시 각질화되며 단단하다. 딱딱한 불임 줄기는 길이 1~2㎜로 불규칙한 등근형의 렌즈형이 되고 갈색에서 흑갈색으로 되며 속은 끈적기가 있다. 포자의 크기는 8.5~11×3.5~4㎛로 원통형 또는 소세지형, 표면은 매끈하고 투명하다. 담자기는 곤봉형으로 25~30×5~6.5㎛, 4-포자성, 기부에 꺽쇠가 있다.

생태 여름~가을 / 죽은 나뭇가지에 줄지어 자란다.

분포 한국, 아시아, 유럽, 북미

절반부들국수버섯

Typhula setipes (Grev.) Berthier

형태 자실체는 자실층이 있는 머리 부분과 자루로 구분된다. 자루가 가늘고 머리가 뭉뚝하여 다소 곤봉형이다. 전체 높이는 2~3㎜, 머리는 유백색-크림색이다. 밋밋하며 다소 투명하고 길이 0.5~1㎜, 폭은 0.2~0.4㎜ 정도다. 자루는 원통형이고 머리보다 다소 길며 약간 진한 색이고 기부 쪽으로 갈수록 갈색을 나타낸다. 포자의 크기는 7~8×3~3.5㎛, 타원형이며 표면은 매끈하고 투명하다.
생태 가을~겨울 / 각종 활엽수의 떨어진 낙엽에 난다.
분포 한국, 유럽

주걱부들국수버섯

Typhula spathulata (Corner) Berthier

형태 이 주걱부들국수는 선녀부들국수버섯(Typhula erythropus)과 비슷하다. 버섯은 자실층이 있는 둥근 원통형-곤봉상의 머리 부분과 섬유상의 자루로 구분된다. 자실체의 머리 부분은 전체 길이의 4/5 정도이고 굵기는 0.5~1㎜이다. 머리는 흰색으로 밋밋하고 연하며 끝부분은 둥글다. 살은 자실체 표면과 같은 색이다. 자루는 길이가 머리 부분에 비하여 매우 가늘고 연골질이며 백색이다. 포자는 매우 크며 타원형, 표면은 매끈하고 투명하다.
생태 여름 / 균핵에 속생, 또는 나무 줄기에 군생한다.
분포 한국 등 북반구 온대지방

뾰족국수버섯

Clavaria acuta Sowerby
C. asterospora Pat.

형태 자실체의 높이는 1~6㎝, 굵기는 0.1~0.3(0.5)㎝로 지렁이 모양 또는 가는 곤봉형으로 곧게 자라기도 하지만 흔히 굽는다. 끝부분은 둔하거나 또는 다소 뾰족하며, 가지는 생기지 않는다. 표면은 밋밋하고 둔하며, 어릴 때는 백색에서 황토색이나 회색을 띠기도 한다. 자루의 속은 처음에 차 있으나 나중에 빈다. 기부 쪽은 약간 반투명한 색을 띠기도 하며 가늘어진다. 살은 백색이며 부서지기 쉽다. 포자의 크기는 7~10×5.5~7㎛로 난형이며 표면은 매끈하고 투명하거나 또는 가시가 돌출되는 경우도 있다. 담자기는 45~55×8~10㎛로 곤봉형이며 4-포자성이고 간혹 기부에 연결 꺽쇠가 있다. 낭상체는 없다. 1균사형으로 균사는 가는 것과 굵은 것이 함께 있으며 굵기 4~22㎛로 격막은 연결 꺽쇠가 없다.

생태 가을 / 숲속의 땅에 단생 · 산생한다.

분포 한국, 일본, 유럽, 북미

국수버섯

Clavaria fragilis Holmsk.
C. vermicularis Sw.

형태 자실체는 높이 5~12㎝, 굵기 0.2~0.4㎝로 조금 구부러진 막대 모양의 버섯이며, 둥글거나 약간 압착되지만 끝은 뭉턱하다. 표면은 밋밋하거나 또는 세로로 파진꼴, 끝은 약간 포크형으로 10여 개가 다발로 되어 난다. 전체가 백색이나 간혹 끝은 황색인 것도 있으며 오래되면 퇴색한 황색으로 된다. 살은 백색, 부서지거나 부러지기 쉬우며 냄새가 약간 나고 맛은 온화하다. 포자는 5~7×3~4㎛로 타원형~종자형이며 표면은 매끈하고 작은 기름방울 또는 과립이 있다. 담자기는 45~50×6~8㎛로 가는 곤봉형이며 4-포자성, 기부에 꺽쇠는 없다. 측낭상체는 없다. 포자문은 백색이다.

생태 가을 / 숲속의 땅에 군생한다. 식용 가능하다.

분포 한국, 중국, 일본, 유럽, 전 세계의 온대 지방

연기색국수버섯

Clavaria fumosa Pers.

형태 자실체는 높이 2~8㎝, 굵기 0.2~0.5㎝로 가는 막대형에서 긴 방망이 모양, 방추형이고 압축된 등근형이며 가끔 세로줄의 홈선이 있다. 표면은 밋밋하고 광택이 나며 백색 또는 연기 회색에서 황토갈색으로 끝은 뾰족형에서 약간 둔한 형이다. 오래되면 갈색으로 되며 속은 비었다. 살은 백색이고 부서지기 쉬우며, 냄새는 없으나 맛은 온화하다. 포자의 크기는 5~6.5×3.5~3.8㎛로 타원형, 표면은 매끈하고 투명하며 기름방울과 과립이 있다. 담자기는 가는 곤봉형으로 35~45×7~9㎛이고 4-포자성이다. 낭상체는 관찰이 안 된다.

생태 여름~가을 / 풀밭 등에 군생한다. 드문 종이다.

분포 한국, 중국, 유럽, 북미, 아시아

자주싸리국수버섯

Clavaria zollingeri Lév.

형태 자실체는 높이 2~7㎝이며 흔히 기부에서 다발로 속생한다. 여러 개의 가지가 1~4회 가늘게 분지되어 나뭇가지 모양을 이루며 선단은 넓게 U자형 또는 V자형을 이룬다. 전체가 연한 보라색-적자색, 보라색, 포도주색 등 변화가 많다. 기부는 굵기 0.3~0.5㎝, 가지의 폭은 0.1~0.3㎝ 정도이다. 살은 자루와 같은 색이며 연약하고 부서지기 쉽다. 포자의 크기는 5.5~7×4.5~5.5㎛로 광타원형 또는 아구형으로 뚜렷한 돌기가 있으며 표면은 매끈하고 투명하다.
생태 여름 · 가을 / 활엽수의 숲속 또는 개활지의 풀이나 이끼 사이에 군생 · 속생한다. 식용 가능하다.
분포 한국, 일본 등 전 세계

황금붉은창싸리버섯

Clavulinopsis aurantio-cinnabarina (Schwein.) Corner

형태 자실체의 높이는 15.5㎝, 두께는 0.15~1㎝ 정도로 방추형에서 벌레 모양이다. 보통 편평하고, 세로의 긴 통 모양을 가지며, 속은 비었고 꼭대기는 점상이다. 표면은 밋밋하고 오렌지적색에서 연한 오렌지색으로 된다. 기부는 노랑색에서 거의 백색에 가깝다. 살은 얇고 부서지기 쉬우며 오렌지 적색이다. 냄새는 좋지 않거나 분명치 않고 맛도 분명치 않다. 포자의 크기는 4.5~6×5~6.5㎛로 아구형이며 표면은 매끈하고 투명하다. 포자문은 백색에서 연한 노랑색이다.

생태 여름~가을 / 숲속과 풀밭의 땅에 단생하며 흔히 집단으로 속생한다. 식용 가능하다.

분포 한국, 북미

노란가지창싸리버섯

Clavulinopsis corniculata (Schaeff.) Corner

형태 자실체의 높이는 2~8㎝로 처음엔 노랑색에서 노랑황토색으로 되며 기부 근처에 백색의 털이 부착한다. 끝은 2분지하며 포크형이고 드물게 말린다. 표면은 밋밋하다. 자루는 속은 차 있고 부서지기 쉽다. 살은 거칠고 단단하며 맛은 쓰고 밀가루 냄새가 난다. 포자의 지름은 4.5~7㎛로 아구형이며 표면은 매끈하고 투명하며 기름방울을 1개 가진 것도 있다. 담자기는 40~60×6~8㎛로 4-포자성이고 가는 곤봉형이며 기부에 꺽쇠가 있다. 낭상체는 없다.

생태 초여름~늦가을 / 숲속의 땅, 초원, 풀밭, 잔디에 단생 · 군생하며 속생도 한다. 식용 가능하다.

분포 한국, 중국

노란창싸리버섯

Clavulinopsis fusiformis (Sow.) Corner

형태 자실체는 50~100×2~6㎜이나 높이는 10㎝에 달하는 것도 있으며 위아래로 가늘고 편평한 막대형 또는 긴 방추형인데 수십 개가 다발로 난다. 표면 전체가 선황색~황갈색이고 밋밋하며 오래되면 끝이 말라붙고 암갈색으로 된다. 자실체의 속은 비었다. 살은 육질이나 부서지기 쉬운 섬유질이며 냄새가 약간 나고 맛은 쓰다. 포자의 크기는 5~9×4.5~8㎛로 아구형~광타원형이고 끝은 큰 침으로 되며, 표면은 매끈하고 투명하다. 담자기는 40~60×6~8㎛로 가는 곤봉형이며 4-포자성이고 기부에 꺽쇠가 있다. 자실체 균사에 꺽쇠가 있다. 포자문은 백색~황색이다.

생태 여름~가을 / 혼효림의 땅에 다발로 군생한다.

분포 한국, 일본, 중국, 유럽, 북반구 온대 이북.

좀노란창싸리버섯

Clavulinopsis helvola (Pers.) Corner

형태 자실체는 1~6×0.15~0.4㎝로 높이는 3~7㎝에 달하는 것도 있다. 분지하지 않으며 위아래로 가늘고 편평한 막대형 또는 긴 방추형이다. 표면은 밋밋하고 오렌지황색이나 끝이 뾰족하지 않으며 드물게 포크형인 것도 있다. 속은 차 있다. 자실층은 자루의 좁은 데까지다. 살은 연한 황색, 섬유질로 단단하며 냄새가 있고 맛은 쓰다. 근부는 색이 연하고 원주형이며 보통 한 개씩 나지만 여러 개가 다발로 나는 경우도 있다. 포자의 크기는 4~7×3.5~6㎛로 아구형이며 표면은 투명하고 거친 사마귀점과 결절이 있으며 1개의 기름방울을 가진 것도 있다. 담자기는 45~55×7~9㎛로 가는 곤봉형, 2-4 포자성이며 기부에 꺽쇠가 있다. 낭상체는 없다.

생태 여름~가을 / 숲속의 땅에 군한다.

분포 한국, 일본, 중국, 유럽, 온대 지방

주걱창싸리버섯

Clavulinopsis laeticolor (Berk. & Curt.) Petersen
C. pulchra (Peck) Corner

형태 자실체는 2~4×0.15~0.4㎝로 높이 3~10㎝에 달하는 것도 있으며 분지하지 않는다. 표면은 밋밋하고 황금색 또는 오렌-노란색이며, 끝은 뭉턱하고 납작하거나 주름진다. 자실층은 자루의 좁은 데까지 펴진다. 살은 밝은 노랑색이고 부드러우며 냄새는 불분명하며 맛은 온화하다. 근부는 가늘고 흰 자루 모양을 하고 있다. 포자의 크기는 5~7.5×3.5~6㎛의 아구형 또는 광타원으로 표면은 매끄럽고 투명하며 노랑색이다. 기름방울을 함유하며 긴 침 같은 돌기가 있다. 담자기는 35~50×6~8㎛로 곱었고, 가는 곤봉형이며 4-포자성이고 기부에 꺽쇠가 있다.
생태 여름~가을 / 숲속의 땅에 단생 · 군생한다.
분포 한국, 일본, 중국, 유럽, 북미

붉은창싸리버섯

Clavulinopsis miyabeana (S. Ito) S. Ito

형태 자실체는 높이 5~14㎝, 굵기 0.3~1㎝ 정도이고 원통형이면서 선단이 가늘어지고 뾰족하다. 표면은 오렌지색, 오렌지적색, 홍적색 또는 붉은 적색(朱赤色) 등 색깔 변화가 다양하다. 흔히 자루가 굽어 있고 오래되면 대가 납작해지면서 세로로 홈선이 생기기도 한다. 살은 자실체 표면의 색과 동색이고 다소 치밀하다. 속이 차 있거나 때때로 비어 있다. 포자의 지름은 6~8㎛로 구형이고 표면은 매끈하고 투명하며 작은 돌기가 있고, 1개의 기름방울을 함유한다.

생태 여름~가을 / 숲속의 부식토에 군생한다.

분포 한국, 일본, 중국, 북중미

황갈색창싸리버섯

Clavulinopsis umbrinella (Sacc.) Corner
C. cinerieoides (G.F. Atk.) Corner

형태 자실체의 높이는 2~4.5㎝이고 가지를 많이 친다. 가지들은 처음 백색이나 차차 검은색의 연한 갈색과 암갈색으로 되며 끝은 더 검은색이다. 자루는 짧고 백색이며 긴 털로 된 털술(털뭉치)이다. 가지의 폭은 0.1~0.25㎝로 뭉쳐져서 아래로 직립하고 가지들은 처음에 많은 가지를 치며 다음에 불규칙하게 2개의 가지를 친다. 살은 처음엔 백색에서 갈색으로 되며 굳고 단단하다. 맛은 불분명하지만 냄새는 좋다. 포자는 4~6.7×3~6㎛로 거친 반구형에서 씨 모양이고 표면은 매끈하며 한 개의 기름방울을 함유한다. 담자기는 길고 70~95×8~9㎛로 기부 쪽으로 갈수록 가늘고 폭이 좁아진다. 기부는 둘레가 2.5㎛, 4-포자성이며 소경자의 길이는 8~10㎛다.

생태 가을 / 숲속의 땅에 발생한다. 드문 종이다. 식용 여부는 알 수 없다.

분포 한국, 유럽, 북미

민황색돌기버섯

Mucronella calva (Alb. & Schwein.) Fr.

형태 자실체는 길이가 길이 0.4~0.6㎜로 백색이며 흔히 아래를 향해서 자라고 가시는 굽어 있다. 국수버섯(Clavaria)과 비슷하다. 살은 백색으로, 연하고 미끄럽다. 맛과 냄새는 불분명하다. 포자의 크기는 지름 5.5~6×4~6㎛로 아구형이며 표면은 매끈하다. 아미로이드 반응이 있다. 담자기는 긴 곤봉형이며 4-포자성이다. 낭상체는 밋밋하고 미끄럽다. 포자문은 백색이다.

생태 늦여름~가을 / 썩는 고목, 참나무과 식물의 크고 오래된 또는 나무 등걸의 밑쪽에 작은 집단에서 큰 집단으로 발생한다.

분포 한국, 유럽

황색돌기버섯

Mucronella flava Corner

형태 자실체는 하나 또는 여러 개가 뭉쳐진 속생으로, 가시가 있다. 가시는 길이 2~7㎜, 굵기 0.5~1㎜이며 송곳 모양 또는 방추상이다. 가시는 노랑색에서 살구색으로 되며 기부로 갈수록 폭이 좁고 예리하게 뾰족하며 속은 차 있다. 표면은 백색이고 건조성, 매끈하고 기부는 크림색에서 노랑색으로 되며 미세한 털이 있다. 냄새와 맛은 불분명하다. 포자의 크기는 4~5×2.5~3㎛로 아구형에서 좁은 타원형이고 표면은 매끈하고 투명하다. 아미로이드 반응이 있다. 포자문은 백색, 꺽쇠는 모든 조직에 있다.
생태 봄~여름 / 썩는 고목에 단생 또는 밀집하여 속생한다. 식용 여부는 알 수 없다.
분포 한국, 북미

빛더듬이버섯

Multiclavula clara (Berk. & Curt.) Petersen

형태 자실체는 높이 3~5㎝, 폭 0.1~0.25㎝ 정도의 가늘고 긴 곤봉형이다. 신선할 때는 오렌지색이고 건조할 때는 적색의 오렌지색이 된다. 포자의 크기는 6.5~8.0×3.5~4.5㎛로 타원형이며 표면은 매끈하고 투명하며 벽은 얇다.
생태 여름~가을 / 나지 또는 절개지 등 토양에 나는데, 녹색의 조류와 함께 나고, 군생에서 산생한다.
분포 한국, 일본, 호주, 중남미

끈적더듬이버섯

Multiclavula mucida (Pers.) Petersen
Lentaria mucida (Pers.) Corner

형태 자실체의 높이 0.3~1㎝, 폭은 0.03~0.1㎝로 기부가 다소 가늘고 막대 모양-곤봉 모양이며 보통 휘어져 있다. 선단이 뾰족하나 드물게 둔한 것도 있다. 분지되지는 않지만 간혹 분지되는 것도 있다. 자루는 가늘기는 하지만 강인하여 구부러지거나 꺾어지지 않으며 속이 차 있다. 끝은 둔한 막대 모양이거나 원통상의 방추형이다. 전체가 백색-연한 황토색이며 오래되면 갈색-흑색을 가지기도 한다. 때때로 기부에 백색의 균사가 덮여 있기도 한다. 살은 유연하다. 포자의 크기는 5.5~6.5×2~3㎛로 원주상의 타원형, 표면은 매끈하고 투명하며 2개의 기름방울을 가진 것도 있다.
생태 봄~가을 / 습기가 있는 썩는 고목에 발생하는 녹조류에 다수가 군생한다.
분포 한국, 일본, 중국

두가닥쇠뜨기버섯

Ramariopsis biformis (G.F. Atk.) R.H. Petersen

형태 자실체의 크기는 0.5~2㎝로 분지하지 않으나 드물게 분지하는 것도 있다. 자실체는 약간 가늘고, 끝은 뭉턱하며 표면은 약간 밋밋하다. 자루의 길이는 1~4㎝로 뒤틀리고, 불규칙한 모양이다. 맛과 냄새는 불분명하다. 살은 백색이고 비교적 단단하며 질기고, 유연하다. 포자의 크기는 3~5×2.5~4㎛로 광타원형이며 표면은 미세한 가시가 있다. 비아미로이드 반응이 있다. 담자기의 크기는 지름이 15~25㎛로 구형이며, 4-포자성이다. 포자문은 백색이다.

생태 가을 / 숲속의 풀이 있는 곳에 단생하며 또는 작은 집단으로 발생하기도 한다.

분포 한국, 유럽

쇠뜨기버섯

Ramariopsis kunzei (Fr.) Corner

형태 자실체는 높이 2~12㎝로 백색 또는 상아색이나 분홍색~살색을 띠기도 한다. 살은 질기고 탄력성이 있지만 쉽게 부서진다. 자루와 주된 가지 기부에 짧은 융털이 있다. 각개의 자루는 높이 0.5~1.5㎝이며 자루가 없는 것도 있다. 기부는 황색~분홍색으로 3~5분지 하나 상부는 2분지하여 직립하며 빗자루 모양이다. 포자의 크기는 3~5.5×2.3~4.5㎛로 광타원형 또는 아구형, 표면에 미세한 가시와 사마귀반점이 있으며 1개의 기름방울을 가졌다.

생태 여름~가을 / 숲속이나 들판의 땅, 썩은 나무에 단생 · 군생한다.

분포 한국, 일본, 중국, 유럽, 호주, 남북미

노랑쇠뜨기버섯

Ramariopsis crocea (Pers.) Corner

형태 자실체는 complex, 산호 같은 덩어리를 형성하고, 중심 줄기로부터 올라온다. 높이가 4㎝까지 된다. 가지는 규칙적인 포크형이고 백황색에서 밝은 노랑색으로 된다. 살은 부드럽고 탄력성이 있으며 노랑색이다. 냄새는 없고 맛은 온화하다. 포자는 3.5~4×2.5~4㎛, 아구형-구형이며, 표면에 미세한 사마귀반점이 있다.

생태 여름~가을 / 땅, 나무 부스러기, 침엽수의 전나무 같은 썩는 쓰레기에 단생 · 군생한다.

분포 한국, 북유럽

쇠스랑쇠뜨기버섯

Ramariopsis subtilis (Pers.) R.H. Petersen
Clavulinopsis subtilis (Pers.) Corner

형태 자실체의 높이는 10~40㎜로 사슴의 뿔 모양, 분명한 자루를 가지고 있으며 자루의 길이 5~15㎜, 굵기 1.5~3㎜로 마주 보며(대생) 가지를 치며 가늘고 밀집하게 배열한다. 가지는 굵기 0.5~1㎜이고 끝은 간단하고 또는 4번 정도 가지를 치며 우뚝하다. 자실체는 백색에서 맑은 베이지색 또는 그을린 백색이며 끝은 어두운 색에서 갈색으로 된다. 살은 부서지기 쉽고, 냄새가 약간 나며 맛은 온화하다. 포자의 크기는 3~4×3~4.5㎛로 아구형 표면은 매끈하고 투명하며 1개의 기름방울을 함유한다. 담자기는 가는 곤봉형으로 30~35×4~5㎛로 4-포자성이며 기부에 꺽쇠가 있다. 낭상체는 보이지 않는다.
생태 가을 / 숲속과 숲속 변두리의 땅에, 또는 풀밭과 이끼류 속에 군생 · 속생한다. 드문 종이다.
분포 한국, 유럽, 북미

붉은방망이싸리버섯

Clavariadelphus ligula (Schaeff.) Donk

형태 자실체의 높이는 3~8(10)㎝, 굵기 0.5~1(1.5)㎝ 정도의 일반적으로 긴 곤봉형 또는 중앙이 넓고 끝쪽으로 좁아진 형이다. 선단이 두껍고 둔하다. 드물게는 2개의 가지로 갈라지는 것도 있다. 연한 황갈색이다가 후에 황적색을 띤 연한 회갈색이 된다. 중간에 세로 골 모양으로 오목해지기도 하며 표면은 밋밋하다. 기부에는 흰 융털 모양의 균사가 있다. 살은 흰색으로 연하고 다소 스폰지상이며 포자의 크기는 10~14×3~4.5㎛, 타원상의 원주형, 표면은 매끈하고 투명하다.

생태 여름~가을 / 주로 고산지대의 침엽수림 땅에 단생 · 군생한다.

분포 한국, 일본, 유럽, 북미, 아프리카

방망이싸리버섯

Clavariadelphus pistillaris (L.) Donk

형태 자실체는 높이 10~20(30)㎝, 굵은 부분의 굵기는 1.5~5(8)㎝이다. 일반적으로 긴 곤봉형-절구공이형, 선단이 굵고 둔하다. 끝부분은 둥글고 아래쪽으로 갈수록 가늘다. 어릴 때는 연한 황색에서 오렌지 갈색-황갈색으로 되며 때로는 적갈색이다. 자실체의 아래쪽이 진하고 세로로 주름이 져 있다. 살은 흰색, 연하고 다소 스폰지상이다. 절단하면 자갈색으로 변색한다. 포자의 크기는 11~12(13)×6~7㎛, 타원형이며 표면은 매끈하고 투명하며 기름방울이 있다.

생태 가을 / 석회질 토양의 참나무류 등 활엽수의 땅에 산생 · 군생한다. 식용 가능하다.

분포 한국, 일본, 중국, 유럽, 북미, 아프리카

잘린방망이싸리버섯

Clavariadelphus truncatus Donk

형태 자실체는 5~10×2~5㎝로 원통형에서 막대형을 거쳐 원추형 또는 도원추형으로 되며 보통 칼로 잘라낸 모양이다. 두부는 다소 편평하고, 접힌 주름이 가장자리로 펴지며 부서지기 쉽다. 노랑에서 오렌지노랑색으로 된다. 원추형인 자루는 기부로 갈수록 가늘어진다. 표면은 세로줄의 주름이 있고 무디며 황갈색 또는 황토노랑이지만 가끔 라일락색을 가진 것도 있다. 자실체의 속은 차 있다. 육질은 백색으로 스폰지상이고 연하며, 상처 시 라일락색-갈색으로 변색한다. 냄새는 좋으며, 맛은 온화하고 달콤하다. 포자의 크기는 10~13×6~7.5㎛로 타원형이고 표면은 매끈하고 투명, 기름방울이 있고, 거친 과립을 함유한다. 담자기는 가는 막대형으로 60~80×9~11㎛, 4-포자성이며 기부에 꺽쇠가 있다.

생태 여름~가을 / 침엽수림과 활엽수림의 혼효림 땅에 단생·군생한다.

분포 한국

흰나팔버섯

Gloeocantharellus pallidus (Yasuda) Giachini
Gomphus pallidus (Yasuda) Corner

형태 자실체의 높이는 10㎝ 정도로 부정형의 깔대기 모양 또는 부채 모양이면서 균모의 양측이 처들어져서 불완전한 깔대기 모양이다. 또는 몇 개의 열편으로 갈라진다. 흰색-크림색이다. 거짓주름살 하면의 자실층 탁은 얕은 주름살 모양, 처음에는 흰색이나 포자가 성숙하면 점차적으로 크림색이 된다. 자루는 편심생-측생 때로는 2-3회 분지된다. 자루의 거의 밑까지 거짓주름살이 생긴다. 포자의 크기는 8~12×4~4.5㎛, 타원형, 표면에 사마귀반점이 덮여 있다. 담황토색이다.
생태 가을 / 숲속의 땅에 군생한다.
분포 한국, 일본, 중국, 유럽, 북미

자주나팔버섯

Gomphus clavatus (Pers.) Gray

형태 자실체의 크기는 40~100×20~60㎜로 팽이 모양 또는 역원추형, 깔대기형이다. 어릴 때 원통-원추형, 곤봉형, 잘린 형이며 위는 편평하다. 라일락색에서 보라색, 노쇠하면 위는 들어가서 깔대기형이 되며 때때로 늘어진다. 자루 위에서는 귀 모양이며, 황토갈색에서 회갈색으로 라일락색을 함유한다. 표면은 밋밋하다가 물결형이고 주름진다. 가장자리는 예리하고 물결형이다. 바깥 표면은 자실층으로 세로로 맥상이며, 다소 넓고 두꺼운 융기로 포크형의 엽맥상에 의하여 융합된다. 라일락-보라색에서 핑크-노랑이 되며 기부는 밋밋하고 미세한 털상이다. 자실체는 육질로 차 있고 살은 백색, 반점이 있고 대리석 띠가 있으며 부드럽고 부서지기 쉽다. 냄새는 약간 나고 맛은 온화하다가 쓴맛이다. 포자의 크기는 10~14×4.5~5.5㎛, 타원형, 표면은 거친 사마귀반점, 기름방울을 함유하며 노랑색이다. 담자기는 50~65×10~11㎛로 가는 곤봉형, 4-포자성, 기부에 꺽쇠가 있다.

생태 여름 / 침엽수림, 드물게 혼효림과 높은 고지대의 땅에 단생 · 군생, 또는 속생한다. 보통 열을 지어 나거나 균륜을 형성한다. 보통 종은 아니다.

분포 한국, 아시아, 북미

전나무흑볏싸리버섯

Phaeoclavulina abietina (Pers.) Giachini
Ramaria abietina (Pers.) Quél., R. ochraceovirens (Jungh.) Donk

형태 자실체는 밑에서부터 산호처럼 올라온다. 하나에서 여러 개의 가지를 치며 포크형이 되거나 여러 번 끝쪽으로 분지하여 가늘어진다. 자실체의 높이는 30~60㎜, 기부의 둘레 3~14㎜로 백색의 균사체 가지를 가진다. 분지된 가지는 편평형에서 둥글게 되며 두께 2~5㎜, 어릴 때 올리브 황색으로 고르고, 손으로 만지거나 오래되면 녹색으로 변색하며 끝에 2~4개의 반점이 있고 노랑색이다. 육질은 백색, 세로줄의 섬유가 있고 질기며 냄새는 없고 맛은 약간 쓰다. 포자의 크기는 9~10.5×3.5~5㎛로 씨앗 모양이며 배불뚝이형으로 표면에 가시가 있고 황색이다. 담자기는 원통-곤봉형으로 55~60×5.5~6.5㎛이다. 담자기는 4-포자성, 기부에 꺽쇠가 있다. 낭상체는 없다.
생태 여름~가을 / 가문비나무 숲의 침엽수의 쓰레기에 줄을 지어 발생한다. 드문 종이다.
분포 한국, 유럽, 북미

하늘흑볏싸리버섯

Phaeoclavlina cyanocephala (Berk. & Curt.) Giachini
Ramaria cyanocephala (Berk. & Curt.) Corner

형태 자실체는 높이 7~12㎝, 폭이 4-5㎝로 옅은 커피색이나 꼭대기는 남색이다. 자루는 길이 1~4㎝, 폭 1~1.5㎝로 표면은 거칠고 줄기는 4~5차례 여러 번 분지하여 교차한다. 작은 가지의 분지 꼭대기는 남색이며 기부는 뿌리처럼 길다. 살은 오백색이며 포자의 크기는 10~15×5~8㎛로 류타원형, 표면은 사마귀반점이 있으며 옅은 황갈색이다.
생태 가을 / 활엽수림의 땅에 군생한다. 식용 가능하다.
분포 한국, 유럽

다박흑볏싸리버섯

Phaeoclavulina flaccida (Fr.) Giachini
Ramaria flaccida (Fr.) Bourd.

형태 자실체의 높이는 3~10㎝, 굵기는 3~4㎝로 회황색~적황색에서 갈색~계피색으로 된다. 자루의 길이는 1.5~3㎝이고 자루가 없는 것도 있다. 가지는 많고 직립하며 1~3회 분지하여 안쪽으로 구부러지고, 끝은 뾰족하며 연한 색이다. 살은 백색인데 상부는 황색이나 변색하지 않고 질기며 탄력성이 있으며 냄새는 과일 냄새, 맛은 온화하다가 쓰다. 포자의 크기는 5~8×3.5~4㎛로 타원형, 표면은 사마귀반점이 있으며 연한 적황색이고 매끈, 투명하다. 담자기는 50~60×6~8㎛, 가는 곤봉형, 4-포자성, 기부에 꺽쇠가 있다. 낭상체는 없다.

생태 여름~가을 / 침엽수, 드물게 활엽수림의 부식토, 낙엽에 난다.

분포 한국, 일본, 중국, 유럽, 북미, 호주, 아프리카

막대흑볏싸리버섯

Phaeoclavulina cokeri R.H. Petersen) Giachini
Ramaria cokeri R.H. Petersen

형태 자실체 높이는 8~13㎝, 넓이 5~10㎝, 여러 번 분지하며 줄기는 오황갈색이다. 상부는 작은 분지로 되고, 갈색-분홍색이며 꼭대기는 침 모양이고 예리하다. 살은 오백색이고 맛은 불분명하다. 자루의 길이는 1~4.5㎝, 폭은 0.5~1㎝로 막대 모양이다. 포자의 크기는 7.8~15×3.5~4.7㎛로 타원형이며 표면은 황갈색이고 작은 사마귀 같은 가시가 있다.
생태 여름~가을 / 활엽수림의 고목, 떨어진 나뭇가지 등에 난다.
분포 한국, 유럽

팡이흑볏싸리버섯

Phaeoclavulina myceliosa (Peck) Fanchi & M. Marchetti
Ramaria myceliosa (Peck) Corner

형태 자실체는 높이 20~40㎜, 폭 15~30㎜로 산호형이고 분지된 가지의 폭은 2~3㎜로 치밀하며, 펴진다. 끝은 포크형 또는 편평하다. 때때로 많은 치아형으로 둥글거나 가로로 자르면 약간 편평하게 된다. 표면은 밋밋하고 크림색에서 회-노랑색, 그을린 황갈색 또는 황토색이다. 오래되면 황갈색에서 연한 올리브-노랑색이다. 자루는 길이 5~10㎜, 둘레 2~3㎜로 가늘거나 분지된 것들이 뭉쳐지고 크림색, 백색이다. 살은 유연하다가 부스러지기 쉽고 연한 노랑색이다. 상처 시 갈색으로 된다. 냄새는 불분명하고, 맛은 약간 쓰다. 포자의 크기는 4.5~6×2.5~3.5㎛, 타원형, 표면에 가시가 있다. 담자기는 4-포자성이다. 기부에 꺽쇠가 있다. 낭상체는 없다. 포자문은 황갈색이다.

생태 여름~가을 / 침엽수 나무 아래 군생한다. 식용 여부는 알 수 없다.

분포 한국, 북미

주름균강 》 나팔버섯목 》 나팔버섯과 》 흑볏싸리버섯속

황토흑볏싸리버섯

Phaeoclavulina campestris (Yokoy. & Sagara) Giachini
Ramaria campestris (Yokoy. & Sagara) Petersen

형태 자실체의 높이는 3~7cm, 굵기 3~4cm이고 4-5회 분지되어 높이 15cm 정도의 덩어리 모양이다. 가지는 처음에는 연한 황색-연한 황토색에서 황갈색-녹슨 색으로 되며 땅속에 묻힌 밑동은 흰색이다. 하부의 가지에는 얕은 주름살이 있으며 상부의 가지는 2~4mm로 가늘다. 상처를 받으면 보라색으로 된다. 살은 흰색-회백색이며 견고하고 공기에 접촉하면 포도주색으로 변색한다. 포자의 크기는 11~14×5~7μm로 타원형이고 표면에 예리한 침이 있다.
생태 여름~가을 / 조릿대 군락지나 삼나무 숲속의 땅에 나고 균륜을 형성한다. 식용 가능하다.
분포 한국, 일본, 중국

주름균강 》 나팔버섯목 》 나팔버섯과 》 싸리버섯속

변색싸리버섯

Ramaria velocimutans Marr & Stuntz

형태 자실체의 높이 7~30cm, 폭 3.5~26cm로 짧게 분지되어 꽃양배추의 덩어리 모양이다. 줄기에서 8회 정도 분지하여 여러 갈래로 나누어져 끝은 둥글고, 손가락 모양이다. 분지된 것들은 노랑색, 백갈색, 밝은 노랑색이며 끝도 이와 비슷한 색이거나 보다 연한 색이다. 기부는 20~90×10~45mm로 하나 또는 여러 개가 합쳐지며 땅속, 아래로 가늘어지고 또는 막대형이다. 색깔은 백색에서 연한 노랑색을 거쳐 흑갈색으로 변색하여 번진다. 육질은 살색의 섬유상, 건조 시 단단하고 부서지기 쉬우며 백색이다. 냄새는 달콤, 그러나 가끔 달콤하지 않은 것도 있으며 맛은 불분명하다. 포자의 크기는 8~12×3.5~5μm로 약간 곤봉형으로 표면은 미세한 엽편 같은 사마귀반점이 있다. 난아미로이드 반응이 있다. 포자문은 밝은 노랑색에서 회오렌지색, 균사에 꺽쇠가 있다.
생태 가을 / 숲속의 땅에 발생한다. 식용과 독성 여부는 불분명하다.
분포 한국, 북미

바늘싸리버섯

Ramaria apiculata (Fr.) Donk.

형태 자실체는 높이 7㎝ 정도이며 자루의 길이는 0.3~0.4㎝로 짧으며, 여러 번 가지를 쳐서 빗자루 모양이 된다. 처음에는 연한 황갈색에서 진한 황갈색~계피색으로 된다. 때로는 가지의 끝이 녹색을 띤다. 가지는 비교적 직립한다. 살은 치밀하고 강인하다. 포자의 크기는 7~11×3.5~5.5㎛로 긴 방추형이며 표면에 작은 사마귀반점이 있다.
생태 가을 / 침엽수의 썩는 고목에 난다. 식용이 가능하다.
분포 한국, 일본, 중국, 시베리아, 유럽, 북미

원통포자싸리버섯

Ramaria araiospora Marr & D.E. Stuntz
R. ariospora var. arariospora Marr & D.E. Stuntz, R. ariospora var. rubella Marr & D.E. Stuntz

형태 자실체의 크기는 높이 5~13㎝, 폭이 2~8㎝, 기부로부터 6개 정도로 분지, 그다음 되풀이하여 분지하면 가늘어지며 끝에서는 포크형이 된다. 적색이 퇴색하나 끝은 적색, 결국 노랑색 또는 오렌지색으로 된다. 기부의 크기는 2~3×1.5㎝로 약간 둥글고, 백색 또는 흰 황백색으로 백색의 털로 덮인다. 살은 살색-섬유실로 잘 부서지며 냄새와 맛은 불분명하다. 포자의 크기는 8~13×3~4.5㎛, 원주형에 비슷, 표면의 장식물은 가는 엽상의 사마귀반점이다. 담자기에 꺽쇠는 없다. 포자문은 노랑색이다.
생태 가을 / 숲속의 땅에 군생한다. 식용 가능하다.
분포 한국, 북미

원통포자싸리버섯(적색형)

Ramaria ariospora var. **rubella** Marr & D.E. Stuntz

형태 자실체는 지름이 2~7㎝, 높이 6~12㎝로 견고하며, 많은 분지가 가는 기부에서 올라오고, 분지된 가지는 포크형이며 반복되며 끝쪽으로 갈수록 좁게 된다. 분지된 가지는 어릴 때 밝은 연지 적색에서 네온핑크색으로 되며, 노쇠하면 약간 퇴색한다. 가지 끝은 보통 포크형, 밝은 핑크색에서 연지 적색으로 되며, 노쇠하면 퇴색하여 약간 핑크색 빛이 남는다. 자루의 길이 1~4㎝, 굵기 0.5~1.5㎝, 뿌리형, 흔히 약간 부푼다. 백색에서 핑크색이 된다. 살은 핑크색에서 분지된 가지에 적색, 기부는 백색이다. 냄새는 불분명하며 맛은 약간 후추맛에서 무우맛이다. 포자문은 노랑색이며 포자는 8~14×3~5㎛, 넓은 원통형, 표면은 미세한 반점이 있다. 담자기에 꺽쇠는 없다.

생태 가을 / 침엽수림의 땅에 단생 또는 작은 집단으로 발생한다. 특히 가문비나무 숲에 난다. 식용 가능하다.

분포 한국, 북미

황금싸리버섯

Ramaria aurea (Schaeff.) Quél.
Clavaria aurea Schaeff.

형태 자실체의 높이 5~15(20)㎝, 폭은 5~12(15)㎝ 정도이나 크기가 다양하다. 기부는 굵고 지름 1.5~2㎝ 정도 굵기의 가지로 다수 분지되고, 이 가지는 반복적으로 끝부분까지 분지되어 빗자루-산호 모양으로 되며 일반적으로 끝부분은 2개의 짧은 첨단이 된다. 기부 부분을 제외하고는 전체가 황금색-난황색이다. 기부 부근은 굵고 흰색-레몬 황색이고 살은 흰색이나 표피 밑은 황색이다. 변색되지 않는다. 연한 육질이다. 포자의 크기는 9~11×3.5~5㎛, 타원형이며 표면에 작은 사마귀반점이 덮여 있고 투명하다.

생태 여름~가을 / 참나무류 등 활엽수림의 땅에 발생한다. 식용 가능하다.

분포 한국, 일본, 중국, 유럽, 북미, 호주

회보라싸리버섯

Ramaria bataillei (Maire) Corner

형태 자실체는 백색 기부로부터 산호처럼 올라오고 높이 3~7㎝, 두께 0.5~1.5㎝로 위로 계속해서 분지하여 포크형~U 모양으로 되며 끝은 2~4회의 분지하여 둔한 가시처럼 되고 다소 직립한다. 표면은 평편하다. 어릴 때 황토적갈색에서 포도주갈색을 거쳐 자회갈색 또는 갈색으로 된다. 끝은 골든황토색에서 연한 황색으로 되었다가 마침내 보라회색으로 된다. 가끔 줄기는 오렌지적색이다. 분지되면 포크형과 줄기는 낙하 포자 때문에 꿀색의 노랑색으로 된다. 육질은 백색이지만 상처 시 포도주적갈색으로 변색하며 섬유상이며 연하다. 냄새는 조금 있으며 맛은 쓰다. 한 개 한 개의 개별적인 자실체는 높이와 폭이 5~15㎝다. 포자의 크기는 11~14×4~5.8㎛로 타원형이고 표면은 미세한 사마귀반점이 있으며 노랑색, 기름방울이 있다. 담자기는 가는 곤봉형으로 50~60×6~8㎛, 기부에 꺽쇠가 있다. 낭상체는 없다. 균사에 꺽쇠가 있다.

생태 가을 / 단생으로 열을 지어 발생하여 균륜을 형성한다.

분포 한국, 유럽

싸리버섯

Ramaria botrytis (Pers.) Bourdot

형태 자실체의 높이와 폭이 15㎝를 넘는 큰 버섯이다. 자루는 백색의 나무토막처럼 생겼으며 아래쪽은 굵기가 3~5㎝이고, 위쪽에서 분지를 되풀이한다. 분지된 가지는 차차 가늘어지고 짧아져 작은 가지의 집단이 되어 위에서 보면 양배추 같다. 가지의 끝은 연한 붉은색 또는 연한 자색으로 아름답다. 끝을 제외하고는 백색인데 오래되면 황토색으로 바뀐다. 살은 백색이며 속은 차 있다. 포자의 크기는 14~16×4.5~5.5㎛, 긴 타원형이며 표면에 세로로 늘어선 작은 주름이 있다. 포자문은 황토색이다.

생태 여름~가을/ 활엽수림의 땅에 군생하며 부생생활을 한다. 약용, 항암에 용한다.

분포 한국, 일본, 중국 북반구 온대이북에 자생

끝황토싸리버섯

Ramaria concolor (Corner) R.H. Petersen

형태 자실체의 높이 14㎝ 정도, 폭은 10㎝, 여러 개의 중심 분지가 다시 작은 분지로 갈라지며 끝은 긴 날개 모양이 된다. 분지된 가지는 연한 황토색-연어색에서 그을린 황갈색이며 노쇠하면 검게 된다. 끝들은 연한 그을린 황갈색 또는 황토 그을린 색 비슷하다. 기부의 균사체의 백색 펠트상, 강한 균사체가 땅속으로 들어가서 엉켜 있다. 자루는 다양하여 길이 1.5㎝ 정도로 분지하면 적색 또는 진흙색의 적갈색 또는 짙은 초콜릿색으로 된다. 냄새는 강한 향기, 맛은 온화하고 쓴맛에서 매운맛이 난다. 포자의 크기는 7.8~10×3.7~4.8㎛, 타원형, 표면의 장식물은 둔하고 낮은 융기 또는 사마귀반점이 있다. 꺽쇠는 있다.
생태 여름~가을 / 썩는 고목, 활엽수 또는 침엽수의 썩는 고목에 단생하며 집단으로 속생한다. 식용 여부는 알 수 없다.
분포 한국, 북미

결합싸리버섯

Ramaria conjunctipes (Coker) Corner

형태 자실체의 크기는 높이 4.5~18㎝, 폭은 3~7㎝, 분지된 가지는 가늘고, 속은 비었다. 빽빽하고 거의 평행하며, 가지 끝의 근처는 갈라지며 연어색 또는 복숭아색으로 미끈거린다. 끝은 맑은 노랑색, 상처를 받으면 희미한 엷은 자색으로 물든다. 기부는 10개 정도의 가는 것이 뭉쳐서 약간 부푼 자루가 된다. 땅속의 것은 백색으로 하얀 털이 덮여 있다. 살은 살색-유연, 고무질, 건조시 부서지기 쉽고, 투명한 플리스틱처럼 보이며 자실체와 똑같은 색이다. 냄새와 맛은 불분명하다. 포자의 크기는 6~10×4~6.5㎛, 난형, 타원형, 표면은 미세한 장식물이 일렬로 된 사마귀반점이 있다. 꺽쇠는 없다. 난아미로이드 반응이 있다.
생태 가을 / 솔송나무의 밑 땅에 군생한다.
분포 한국, 북미

참싸리버섯

Ramaria eumorpha (P. Karst.) Corner
R. invalii (Cott. & Wakef.) Donk

형태 자실체의 높이는 4~9㎝, 꿀황색~다회색이며 자루는 거칠고, 기부는 미세한 황색이다. 줄기는 짧고 폭은 좁으며 가늘고 작은 줄기가 많다. 포자의 크기는 8~10.5×4.5~5㎛로 장방형의 타원형이며 표면은 연한 황색이고 그물꼴이며 기름방울이 있다. 담자기는 곤봉상이다.
생태 가을 / 혼효림의 지상에 난다.
분포 한국, 유럽

주름균강 》 나팔버섯목 》 나팔버섯과 》 싸리버섯속

고목싸리버섯

Ramaria fennica (Karst.) Ricken

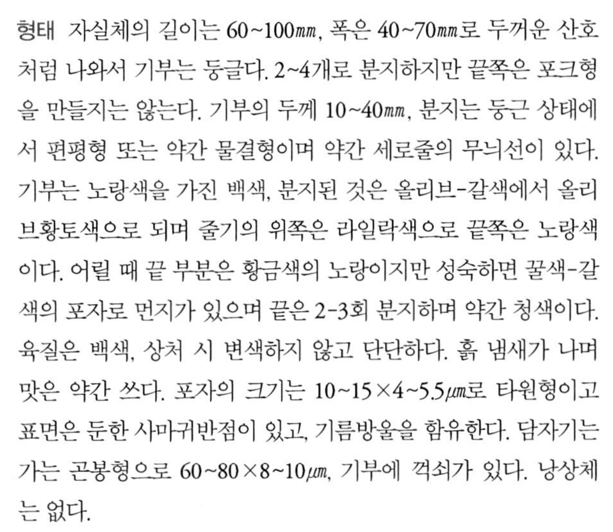

형태 자실체의 길이는 60~100㎜, 폭은 40~70㎜로 두꺼운 산호처럼 나와서 기부는 둥글다. 2~4개로 분지하지만 끝쪽은 포크형을 만들지는 않는다. 기부의 두께 10~40㎜, 분지는 둥근 상태에서 편평형 또는 약간 물결형이며 약간 세로줄의 무늬선이 있다. 기부는 노랑색을 가진 백색, 분지된 것은 올리브-갈색에서 올리브황토색으로 되며 줄기의 위쪽은 라일락색으로 끝쪽은 노랑색이다. 어릴 때 끝 부분은 황금색의 노랑이지만 성숙하면 꿀색-갈색의 포자로 먼지가 있으며 끝은 2-3회 분지하며 약간 청색이다. 육질은 백색, 상처 시 변색하지 않고 단단하다. 흙 냄새가 나며 맛은 약간 쓰다. 포자의 크기는 10~15×4~5.5㎛로 타원형이고 표면은 둔한 사마귀반점이 있고, 기름방울을 함유한다. 담자기는 가는 곤봉형으로 60~80×8~10㎛, 기부에 꺽쇠가 있다. 낭상체는 없다.

생태 여름~가을 / 숲속의 침엽수의 흙에 단생 · 군생한다. 드문 종이다.

분포 한국, 유럽, 북미

노랑싸리버섯

Ramaria flava (Schaeff.) Quél.

형태 자실체의 높이는 6~15㎝, 폭은 10~15㎝ 정도다. 굵은 밑둥에서 1.5~3㎝ 정도 굵기의 가지가 여러 개 분지되고, 반복적으로 분지되어 산호 모양을 이룬다. 가지의 끝은 흔히 2분지한다. 밑둥은 약간 뚱뚱하고 백색이며 그 외는 전체가 레몬색 또는 유황색에서 탁한 황색으로 된다. 노쇠하거나 마찰하면 암적색으로 변색하는 특성이 있다. 살은 백색이고 연하며 밑둥은 부서지기 쉬우며 변색하지 않는다. 포자의 크기는 11~18×4~6.5㎛로 장타원형, 표면은 사마귀반점으로 덮이며 투명하고 기름방울이 있다. 포자문은 황토색이다. 담자기는 40~60×8~10㎛, 가는 곤봉형, 4-포자성, 기부에 꺽쇠가 있다. 낭상체는 없다.

생태 가을 / 숲속의 땅에 난다. 먹으면 심한 설사를 하기 때문에 독균으로 취급한다.

분포 한국, 일본, 중국, 유럽

주름균강 》 나팔버섯목 》 나팔버섯과 》 싸리버섯속

진노랑색싸리버섯

Ramaria flavescens (Schaeff.) R.H. Petersen

형태 자실체의 지름은 10~20(25)㎝, 높이는 10~15(23)㎝로 구형이며 산호 모양이다. 분지된 가지는 억세고, 두께 5㎝로 수없이 분지하며 높이는 1.5㎝, 가지는 꼭대기로 반복하여 분지한다. 분지 끝은 2개의 짧은 가지로 된다. 자루는 미숙하며 뿔 모양으로 자라며, U자 모양, V자 모양의 떨어진 포자로 황토색이 전체를 피복한다. 백색의 기부는 자루 같으며 위쪽의 기질은 미성숙하다. 크림색의 분지, 노랑색 꼭대기며 상처 시 변색하지 않는다. 분지된 가지들은 노랑색에서 살구색-노랑색으로 되거나 또는 연어색으로 된다. 끝은 동색이다. 어릴 때 난황-노랑색이다. 살은 백색의 대리석 같고, 연하거나 단단하며 냄새는 좋고 맛은 온화하다. 포자는 9~13×4~5.5㎛, 타원형, 사마귀반점, 투명하다. 포자문은 노랑색, 담자기는 가는 곤봉형, 60~70×10~12㎛, 4-포자성, 기부에 꺽쇠가 있으며 낭상체는 없다.
생태 여름~가을 / 숲속의 땅에 단생, 보통 집단으로 발생하며 균륜을 형성한다.
분포 한국, 유럽

주름균강 》 나팔버섯목 》 나팔버섯과 》 싸리버섯속

노랑끈적싸리버섯

Ramaria flavigelatinosa Marr & Stuntz

형태 자실체의 높이 5~14㎝, 폭 3~24㎝로 기부에서부터 자라 올라오면서 여러 개로 분지하거나 수십 개로 분지하여 개개로 되어 나누어진다. 개개는 점점 자라서 포크형으로 되거나 분리되어 손가락 모양이 되며 끝은 좁은 둥근 모양이다. 분지된 것들은 맑은 노랑색에서 옥수수 같은 노랑색으로 되지만 끝도 이와 비슷한 색이며 약간 밝은 색, 때때로 상처받은 곳은 엷은 자주색으로 된다. 기부의 크기는 15~55×10~60㎜으로 합쳐지고, 원추형의 덩어리로 백색이며, 자랄수록 밝은 색이다. 살은 단단하고 끈적기가 있다. 기부는 투명한 백색, 분지된 가지들은 노랑색이다. 콩냄새가 나고 맛은 불분명하다. 포자의 크기는 8~11×3.5~4.5㎛로 곤봉형 비슷하고, 표면은 불규칙한 모양의 사마귀반점이 있다. 균사에 꺽쇠는 없다. 난아미로이드 반응이 있다. 포자문은 옥수수의 노랑색, 또는 살구의 노랑색이다.
생태 가을 / 숲속의 땅에 속생한다. 식용 여부는 불분명하다.
분포 한국, 북미

붉은싸리버섯

Ramaria formosa (Pers.) Quél.
R. formosa var. concolor McAfee & Grund

형태 자실체의 높이 7~20㎝, 폭 6~15㎝ 정도의 대형 싸리버섯이다. 굵은 밑동에서 1.5~2㎝ 정도의 여러 가지를 치며 반복적으로 분지하여 산호 모양을 이룬다. 가지의 끝은 보통 2-3개로 갈라진다. 밑둥은 흰색이고 위쪽은 오렌지홍색-탁한 분홍색이며 자실체의 끝부분은 황색이다. 먹으면 설사, 구토, 복통 등을 일으킨다. 살은 흰색, 상처를 받으면 탁한 적갈색으로 변색하며 나중에는 검은색으로 된다. 연하고 마르면 부서지기 쉽다. 포자의 크기는 9~13×4~6.5㎛로 원주상의 타원형이며 표면은 사마귀반점으로 덮여 있다. 담자기는 40~50×7~9㎛, 가느다란 곤봉형, 4-포자성, 기부에 꺽쇠가 있다. 낭상체는 없다. 포자문은 탁한 황색이다.

생태 가을 / 활엽수림의 땅에 열을 지어난다.

분포 한국, 일본, 북반구 온대 이북, 호주

붉은싸리버섯(동색형)

Ramaria formosa var. **concolor** McAfee & Grund

형태 자실체는 높이 5~10㎝, 폭 3.5~9㎝로 여러 개의 분지에서 작은 가지로 다시 분지되어 끝에는 손가락 모양으로 된다. 분지된 것들은 연한 황갈색 또는 연어색으로 되며 끝도 이와 비슷한 색이며, 상처 시 오래되면 갈색으로 된다. 분지된 줄기는 주름지는 것도 있다. 기부는 하나 또는 불완전한 속생의 줄기로 되며 밋밋하고 손으로 만지면 백갈색으로 된다. 살은 치밀하고 건조시 유연하며 끈적기는 없고, 백색으로 냄새는 없다. 맛은 신선할 땐 온화하지만 신맛이 난다. 포자의 크기는 10.4~13×4.7~5.4㎛이고 협타원형, 표면은 사마귀반점이 있고 사마귀점의 높이는 0.2㎛이다. 담자기의 기부에 꺽쇠가 있다.

생태 여름~가을 / 침엽수림의 혼효림 땅에 군생한다. 식용 여부 알 수 없다.

분포 한국, 북미

보라싸리버섯

Ramaria fumigata (Peck) Corner

형태 자실체는 다소 굵은 밑동에서 산호가지 모양으로 분지한다. 보통 밑동에서 2-4개의 가지가 나와 이것이 반복적으로 분지해서 높이 7~13cm, 폭 5~15cm의 크기가 되고 밑동은 1~4cm 정도 크기다. 가지는 세로로 약간 곧으며 끝부분은 U자형을 이룬다. 밑동은 라일락색-보라색을 띤 백색이다. 어린 가지는 거의 보라색에서 점차 회자색-베이지색으로 되고 포자가 성숙하면 벌꿀의 갈색을 띠며 끝에 보라색이 남아 있다. 자루의 살은 백색이고 다소 단단한 편이어서 잘 부서지지 않는다. 포자의 크기는 9.5~11.5×4.5~5.5㎛로 타원형, 표면에 둔한 사마귀반점이 있고, 연한 황색이며 가끔 기름방울이 있다. 담자기는 60~75×9~11㎛, 가느다란 곤봉형, 4-포자성, 기부에 꺽쇠가 있다. 낭상체는 없다.
생태 여름~가을 / 참나무류 등 활엽수의 낙엽이 쌓인 땅에 군생한다.
분포 한국, 일본, 중국, 유럽, 북미, 호주

주름균강 》 나팔버섯목 》 나팔버섯과 》 싸리버섯속

가는싸리버섯

Ramaria gracilis (Pers.) Quél.

형태 자실체의 크기는 30~60×20~50㎜로 처음 뿌리처럼 생긴 기부에서 올라오며 산호처럼 분지한다. 기부의 줄기는 10~15×3~5㎜, 백색의 균사체, 2분지된 것이 꼭대기로 수십 번 분지하여 가늘어진다. 분지된 끝에서 다시 여러 번 분지하여 왕관처럼 된다. 분지된 것은 두께 1~3㎜이고 밝은 황토-노랑색 또는 살색으로 되며 끝쪽으로 백색이다. 상처 시 변색하지 않는다. 살은 탄력적이며 질기고, 냄새는 약간 나고 맛은 약간 쓰다. 포자의 크기는 5~7×3~4㎛로 타원형, 표면은 미세한 사마귀반점이 있고 투명하다. 담자기는 가는 곤봉형으로 30~40×5~7㎛로 4-포자성, 기부에 꺽쇠가 있다. 낭상체는 없다.

생태 여름~가을 / 죽은 나무가 있는 숲속의 땅에 단생 · 군생한다.

분포 한국, 아시아, 유럽, 북미

주름균강 》 나팔버섯목 》 나팔버섯과 》 싸리버섯속

흰끝싸리버섯

Ramaria grandis (Peck) Corner

형태 자실체는 높이 4~12㎝, 폭 6~18㎝로 굵은 밑동에서 여러 개의 가지가 나와 2-4회 분지하며 끝은 뾰족하며 둥글다. 버섯 전체가 황갈색-벽돌색인데 가지 끝이 흰색인 것이 특징이다. 밑동은 흰색인데 솜털이 덮여 있으며 땅속 깊게 박힌다. 살은 흰색이고 자르거나 문지르면 곧 청갈색으로 변색한다. 포자의 크기는 12~18×7~10㎛로 타원형이며 표면에 가시가 있다.

생태 여름~가을 / 숲속의 땅에 군생한다. 식용 가능하다.

분포 한국, 일본, 동아시아, 북미

반적색싸리버섯

Ramaria hemirubella R.H. Petersen & M. Zang

형태 자실체는 비교적 대형으로 높이 7.5~13㎝, 폭 6~8㎝, 외형은 난형 또는 배 모양이다. 자실체의 기부는 거칠다. 분지 2-3회로 밀집된 거친 상태로 직립하고 만곡하며, 꼭대기는 3-6회 분지한다. 색깔은 분홍색 혹은 장미홍색, 꼭대기의 끝은 뭉툭하고 짙은 홍색 또는 분홍색이다. 살은 KOH용액에서 오렌지색으로 반응한다. 신선할 시 상아백색, 색은 변색하지 않는다. 포자의 크기는 9.4~11.5×4.3~5㎛, 짧은 원주형 또는 난형, 표면은 거칠다. 담자기는 곤봉형으로 크기는 45~60×7~9㎛이다.
생태 여름~가을 / 활엽수림의 땅에 단생 · 군생한다. 식용 가능하다.
분포 한국, 북미

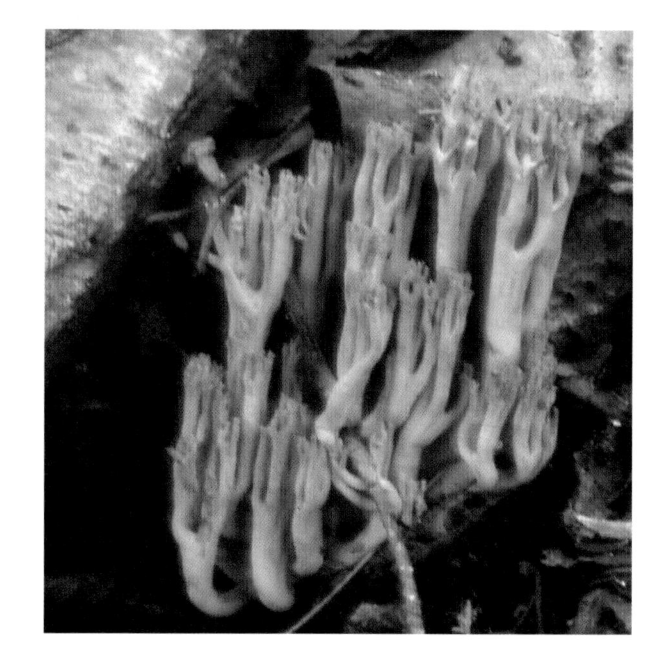

단색싸리버섯

Ramaria ignicolor Corner

형태 자실체는 높이 8㎝, 폭 3㎝로 하나의 대단히 짧은 줄기가 있거나 없으며 기부로부터 보통 가지가 나와서 펴진다. 가지의 큰 분지는 많은 분지를 거치는 연어색이며, 끝은 날카롭고 노랑색이다. 살은 백색, 흡수성이다. 색깔은 상처를 입어도 변색하지 않으며 탄력성이있다. 자실체의 냄새는 없고, 맛은 온화하다. 포자의 크기는 6.5~8×4.5~9.5㎛로 난형이며 황적색이다.
생태 여름~초가을 / 풀밭에 하나씩 뭉쳐서 발생한다. 식용에 적절하지 않다.
분포 한국, 유럽

상아싸리버섯

Ramaria indo-yunnmaniana R.H. Petersen & M. Zang

형태 자실체의 크기는 중 정도로 높이 4~8㎝, 폭 2~6㎝, 기부에서 위로 상향 분지한다. 중심축은 짧고 광택이 나며 밋밋하다. 전체가 상아백색에서 연한 오렌지-갈색 혹은 황색으로 된다. 자실체의 말단은 담홍색, 하단은 담갈색, 땅 밑은 때때로 포도자색, 손으로 만지면 약간 홍갈색의 반점이 생긴다. 살은 연한 분홍색, 우유 같은 백색, KOH용액에서 황색이 된다. 포자의 크기는 7.2~8.3×4.3~5㎛, 난원형 혹은 누에 모양, 표면에 사마귀반점으로 거칠고, 불규칙반점이며 만곡진다.

생태 여름~가을 / 혼효림의 땅에 군생한다. 식용 가능하다.

분포 한국, 중국

주름균강 》 나팔버섯목 》 나팔버섯과 》 싸리버섯속

큰산호싸리버섯

Ramaria largentii Marr & D.E. Stuntz

형태 자실체는 산호 모양, 둘레 10~18㎝, 높이 12㎝, 보통 억센 줄기가 있다. 두께 5㎝, 여기서 여러 개의 비교적 짧은 가지가 나오며 반복하여 위로 발생하면서 분지에 1-2개의 짧은 점이 있다. 포크형으로 U자에서 V모양이다. 줄기는 부풀고 기부는 백색이다. 위쪽은 연한 노랑색, 분지된 가지는 노랑-오렌지색, 끝은 동색이다. 상처 시 변색하지 않는다. 살은 백색의 섬유상이며 단단하다. 냄새는 부푼 고무 냄새가 나며 맛은 온화하다. 포자의 크기는 12~14.5×3.7~5㎛, 타원형, 불규칙한 투명, 표면은 거친 사마귀점이 있다. 담자기는 가는 곤봉형, 60~75×8~12㎛로 4-포자성, 기부에 꺽쇠가 있으며 낭상체는 없다.

생태 여름~가을 / 숲속의 땅 또는 숲속의 변두리에 단생하나 열을 지어 난다.

분포 한국, 유럽, 북미

주름균강 》 나팔버섯목 》 나팔버섯과 》 싸리버섯속

밑동황색큰싸리버섯

Ramaria magnipes Marr & Stuntz

형태 자실체의 높이 9~25㎝, 폭은 14~25㎝, 여러 개로 분지하여 빽빽한 자실체가 된다. 꽃양배추처럼 되며 끝은 왕관의 끝 둘레처럼 된다. 어린 분지와 끝은 맑은 노랑색이 된다. 다음에 오래되면 갈색에서 연한 오렌지색으로 된다. 상처 시 또는 노출 시 색이 변색하여 벽돌색의 빨간색으로 된다. 기부는 7~14㎝로 대형이며 자실체가 급격히 가늘거나 또는 넓은 원추형으로 뿌리 모양이다. 유백색에서 갈색이다. 살은 살색-섬유상이며 단단하거나 또는 부서지기 쉽다. 냄새는 온화하거나 좋지 않으며 맛은 온화하지만 요리를 하면 약간 쓴맛이다. 아미로이드 반응이 있다. 포자의 크기는 10~14×3~4㎛, 원통형, 표면의 장식물은 없고, 표면에 불분명한 사마귀반점이 있다.

생태 봄~여름 / 혼효림의 땅에 단생한다. 식용 여부는 불분명하다.

분포 한국, 북미

감귤싸리버섯

Ramaria leptoformosa Marr & Stuntz

형태 자실체는 산호형, 위로 직립하고 교차로 분지한다. 높이는 12~25㎝, 둘레는 15~30㎝로 줄기는 가늘고 길다. 개개의 폭은 2~4㎝, 감귤황색으로 아름답다. 아래는 연한 황색~백색이고 위로는 분지하여 V자형이다. 살은 백색이다. 포자의 크기는 10~12×4~5㎛로 타원형이고 긴 은행 모양이며 예리하게 만곡하며 표면은 짧은 섬유상이 있다. 드물게 사마귀반점이 있다. 담자기는 긴 곤봉상으로 50~60×10~12㎛, 기부는 가늘고, 4-포자성이다.

생태 가을 / 숲속의 땅에 발생한다. 식용 가능하다.

분포 한국, 중국

녹슨싸리버섯

Ramaria madgascariensis (Henn.) Corner

형태 자실체는 중대형, 높이 4~10㎝로 연한 녹슨색 또는 녹슨 갈색-계피색이다. 자루의 길이 2~4㎝, 폭 1cm, 분지를 많이 하고 직립하며, 소분지의 끝은 치아상이다. 포자의 크기는 12.7~13×2.5~5.6㎛, 긴 타원형, 표면은 거칠고 광택이 난다. 담자기는 비교적 긴 곤봉형으로 4-포자성, 기부는 연쇄적으로 융합한다.

생태 여름~가을 / 활엽수림의 땅에 단생 · 군생한다. 식용 가능하다.

분포 한국, 중국

흰보라싸리버섯

Ramaria mairei Donk

형태 자실체는 비교적 중대형으로, 높이 6~15㎝, 폭 4~8㎝로 산호 모양이며 자색이다. 자루는 짧고 거칠며 기부는 백색이다. 살은 백색, 포자문은 옅은 황토색이다. 포자의 크기는 9~12.7×4.5~6.5㎛, 타원형-장타원형, 무색, 표면은 거칠다. 담자기는 긴 곤봉형, 4-포자성으로 50~62×7.5~10㎛이다.
생태 여름~가을 / 활엽수림의 땅에 군생 · 산생한다.
분포 한국, 중국

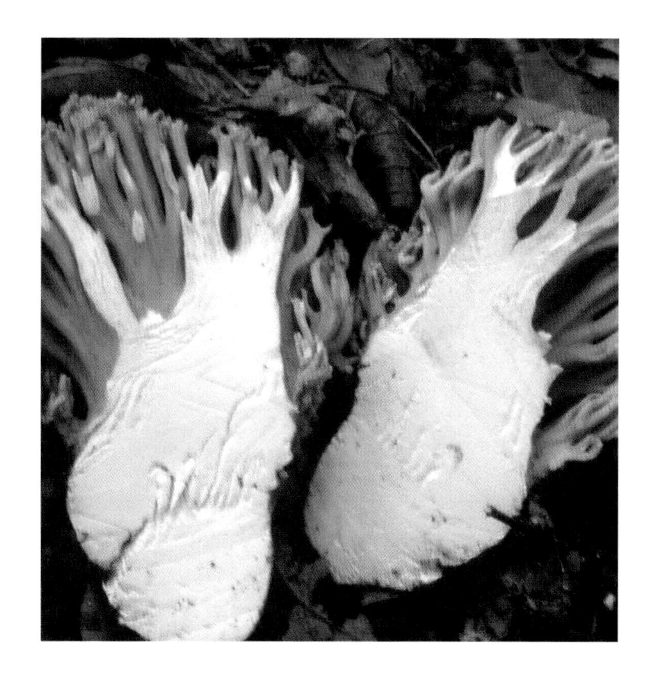

새붉은싸리버섯

Ramaria neoformosa Petersen

형태 자실체의 높이는 100㎜ 정도로 산호 모양이고 한 줄기이며 길이는 40㎜, 두께는 15~20㎜로 분지하며 기부의 위는 올라간다. 여러 번 분지한 끝은 2~3㎜로 짧으며 가끔 털 자란 것이 있고 밖으로 가시처럼 자란 것도 있다. 분지된 것들은 포크형 또는 V모양, 줄기는 짧고 원통형이며 기부는 백색이지만 분지한 곳은 밝은 연어색으로 상처 시 변색하지 않는다. 끝은 엷은 노랑색이다. 육질은 백색으로 부드럽고, 부서지기 쉽고, 건조 시 백색이다. 냄새가 약간 나고 맛은 온화하고 쓰다. 포자의 크기는 10.5~11.5×5~5.7㎛로 원통형-타원형, 표면은 일렬로 연결되는 사마귀반점이 있으며, 투명하고 기름방울이 있다. 담자기는 가는 곤봉형 50~65×10~12㎛로 4-포자성, 낭상체는 관찰되지 않는다.
생태 여름~가을 / 너도밤나무-가문비나무의 혼효림에 단생 · 군생한다. 드문 종이다.
분포 한국, 유럽

주름균강 》 나팔버섯목 》 나팔버섯과 》 싸리버섯속

도가머리싸리버섯

Ramaria obtusissima (Peck) Corner

형태 자실체의 높이 6~15㎝, 폭 10~15㎝ 정도의 중형-대형으로, 굵기 2~5㎝의 땅딸막한 밑동에서 굵기 1~2㎝ 정도의 가지가 나고 이후 반복해서 분지되어 산호 모양이 된다. 끝부분은 뭉뚝하고 짧으며 두 갈래로 갈라진다. 가지는 어릴 때는 흰색-연한 황색이나 오래되면 난황색이 되고 때때로 포도주갈색으로 변한다. 특히 만지면 변색된다. 끝부분은 황색이 오래 남아 있다. 밑동은 흰색, 살은 흰색이고 맛이 쓰다. 연하고 부서지기 쉽다. 포자의 크기는 11~14×3.7~4㎛, 원주상의 타원형, 표면은 매끈하고 투명하며 기름방울이 들어 있다.
생태 가을 / 숲속의 땅에 단생 · 군생한다. 식용 가능하다.
분포 한국, 일본, 중국, 유럽, 북미

주름균강 》 나팔버섯목 》 나팔버섯과 》 싸리버섯속

바랜싸리버섯

Ramaria pallida (Schaeff.) Ricken

형태 자실체의 높이 4~15㎝, 폭은 5~15㎝ 정도의 중대형으로, 어릴 때는 통 모양의 줄기에 양배추 모양이나 충분히 자라면 밑동의 굵기는 4㎝ 정도, 가지의 굵기는 1~1.5㎝ 정도이다. 가지가 반복해서 분지되어 산호 모양이 된다. 가지의 끝 부분은 V자 모양으로 갈라진다. 가지는 어릴 때 유백색에서 연한 백갈색으로 되며 갈색의 얼룩이 있다. 낙하된 포자에 의해서 황색를 띠기도 하며 밑동은 유백색이고 끝 부분은 가지와 같으나 때때로 연보라색을 띤다. 살은 흰색이고 연하고 부서지기 쉬우며 상처를 받아도 변색하지 않는다. 포자의 크기는 9~12×4.5~5.5㎛로 타원형, 한쪽 면은 약간 평평하고 표면에 사마귀반점이 덮여 있다. 담자기는 50~60×8~10㎛, 가는 곤봉형, 4-포자성, 기부에 꺽쇠는 없다. 낭상체는 없다.
발생 여름~가을 / 숲속의 땅에 단생 · 군생한다.
분포 한국, 유럽, 아프리카

주름균강 》 나팔버섯목 》 나팔버섯과 》 싸리버섯속

습지싸리버섯

Ramaria paludosa (S. Lundell) Schild

형태 자실체의 높이는 10~15㎝, 둘레는 10~20㎝, 꽉대기 쪽은 손가락처럼 되며 끝은 뾰족한데 시간이 지나면 뭉툭해지기도 한다. 색깔은 처음 백색에서 연한 핑크색으로 변한다. 자실체는 기부에서 시작하여 여러 번 분지하며 파 모양처럼 되기도 한다. 살은 백색이고 맛은 온화하지만 냄새가 난다.
생태 여름~가을 / 숲속, 또는 숲속 길가의 이끼류에 군생한다. 식용 가능하다.
분포 한국, 북유럽

주름균강 》 나팔버섯목 》 나팔버섯과 》 싸리버섯속

황색싸리버섯

Ramaria primulina R.H. Petersen

형태 자실체의 높이는 15㎝, 폭은 8㎝이고, 5개가 위로 분지하여 갈라져서 3-6개의 작은 가지로 분지한다. 선단은 딱딱하고 얇으며, 뭉쳐진 끝은 갈라져서 손가락 모양으로 되고, 분지는 노랑색 또는 가끔 녹색을 가진다. 끝은 밝고 맑은 노랑색이다. 기부는 25×5㎜로 하나로 되며 불규칙한 모양이다. 표면은 유백색으로 밋밋하다가 미끌미끌하게 된다. 자실체의 속은 살로 차 있고, 반점이 있다. 끈적기는 점점 없어지고 투명해지며, 유백색에서 노랑색으로 된다. 살은 밀가루와 강낭콩 냄새가 나거나 또는 향긋한 냄새지만 맛은 약간 쓰다. 포자의 크기는 9~12×4~4.5㎛로 타원형, 표면의 사마귀반점은 산재하며 분리되어서 연결되지 않는다. 균사에 꺽쇠가 있다.
생태 여름~가을 / 침엽수 혼효림의 땅에 군생한다.
분포 한국, 북미

적변싸리버섯

Ramaria rufescens (Schaeff.) Corner

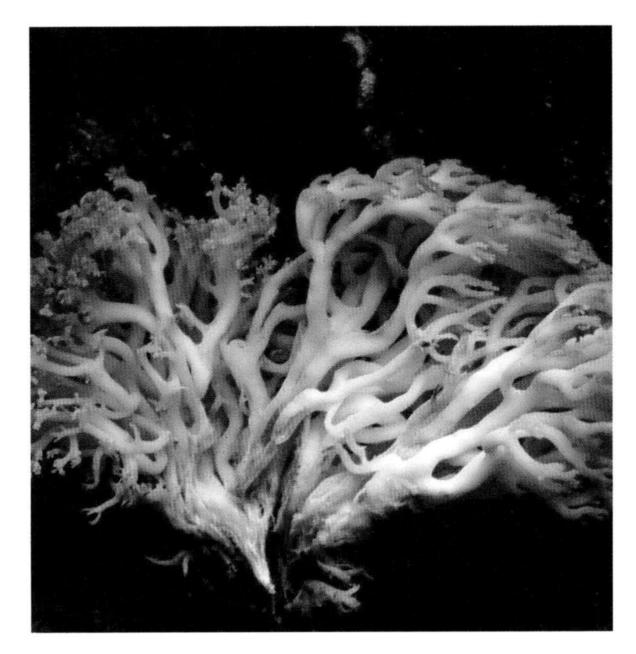

형태 자실체는 비교적 대형이고 분지를 많이 하며 높이 7~12㎝, 담황색, 자실체의 끝은 분홍색이다. 자루는 거칠고, 길이 3~6㎝, 굵기 1.5~3㎝, 분지를 많이 하고 밀집된다. 포자의 크기는 8~10×3.6~4.5㎛, 장방타원형, 한쪽 끝이 뾰족하고 광택이 나며, 표면은 매끈하고 연한 색이다. 담자기는 곤봉상으로 40~55×6~8㎛, 4-포자성이다.

생태 여름~가을 / 숲속의 땅에 군생한다. 식용 가능하다.

분포 한국, 중국

자주색싸리버섯

Ramaria sanguinea (Pers.) Quél.

형태 자실체의 높이 7~12㎝, 폭은 4~10㎝ 정도, 기부는 굵기 4㎝ 정도까지 이른다. 가지는 1~2㎝ 정도의 굵기가 반복해서 분지되어 산호 모양-양배추 모양이 된다. 끝은 뭉뚝하고 V자형으로 갈라진다. 윗부분은 연한 크림색이다가 담황색에서 유황색으로 된다. 끝부분은 진한 황색을 띤다. 기부는 다소 뚱뚱하고 흰색이나 문지르면 적색-적자색으로 된다. 살은 흰색, 연하나 섬유질이다. 포자의 크기는 8.5~10×4~4.8㎛, 타원형, 한쪽 면이 약간 편평하고 표면은 미세한 사마귀반점이 덮여 있다.
생태 여름~가을 / 활엽수림 및 혼효림의 땅에 단생 · 군생한다.
분포 한국, 유럽

옆싸리버섯

Ramaria secunda (Berk.) Corner

형태 자실체는 높이 6~12㎝, 넓이 3~6㎝로 여러 번 분지하며, 황색이다. 자루는 짧고 거칠며 위쪽으로 많은 가지를 치지만 소수가 분지하며 꼭대기는 침형 혹은 약간 예리하다. 살은 거의 백색이고, 치밀하며 부드럽다. 포자의 크기는 8~15×4~6㎛로 타원형, 표면은 매끈하고 투명하며 광택이 난다. 담자기는 곤봉상으로 40~65×6.5~10㎛다.

생태 여름~가을 / 숲속의 땅에 군생한다. 식용 가능하다.

분포 한국, 중국, 유럽

직립싸리버섯

Ramaria stricta (Pers.) Quél.

형태 자실체의 높이 4~10㎝, 폭 3~8㎝ 정도의 중형으로, 밑동은 뿌리 모양으로 길이 1~4㎝, 굵기 0.5~1.5㎝로 흰색의 균사다발이 있다. 밑동의 위쪽에 다수의 직립된 가지가 다소 길게 반복 분지되어 빗자루 모양을 이룬다. 첨단 부분은 2갈래로 갈라져 가시 모양으로 날카롭다. 밑동과 가지 부분은 황토색이며 첨단 부분은 어릴 때 황색이다. 오래되면 자실체 전체가 살갗색-포도주색으로 변색한다. 상처를 받으면 암갈색-포도주색으로 된다. 살은 흰색-연한 황색으로 질기고 탄력성이 있다. 포자의 크기는 7.5~10×4~5㎛로 광타원형, 표면은 미세한 사마귀반점이 덮여 있고 투명하다. 담자기는 25~35×8~9㎛, 가는 곤봉형, 4-포자성, 기부에 꺽쇠가 있다. 낭상체는 없다.

생태 늦여름~가을 / 활엽수 또는 침엽수의 그루터기, 썩은 나무, 버려진 나무 등에 속생한다.

분포 한국, 중국, 유럽

등색싸리버섯아재비

Ramaria subaurantica Corner

형태 자실체는 중대형, 높이 8~12㎝로 여러 번 분지한다. 황금색에서 갈색으로 되며 미세하게 홍색을 띤다. 자루의 중심에서 여러 번 분지하며, 분지의 말단은 뭉툭하고 흰색의 균사들이 연쇄적으로 연합한다. 포자의 크기는 9~11.5×5~6㎛, 타원형, 표면에 사마귀반점이 있고, 기름방울을 함유하며 황색이다. 담자기는 4-포자성, 곤봉 모양, 흰색이다.

생태 여름~가을 / 혼효림의 땅에 군생한다. 식용 가능하다.

분포 한국, 중국

주름균강 》 나팔버섯목 》 나팔버섯과 》 싸리버섯속

산호싸리버섯

Ramaria subbotrytis (Coker) Corner

형태 자실체는 높이 6~9㎝, 폭은 4~10㎝, 정도의 중형으로, 기부는 높이 1~3㎝로 가늘고 털이 없다. 기부의 굵기 0.5~1㎝의 가지가 분지되고 다시 반복 분지되어 산호 모양을 이룬다. 첨단 부분은 두 갈래로 갈라지고, 둔하다. 가지는 다소 촘촘하고 직립하거나 또는 약간 확장되면서 굽어진다. 어릴 때는 전체가 분홍색인데 후에 크림황토색으로 퇴색된다. 살은 표면과 같은 색이고 표면보다 핑크색이 오래 남는다. 절단해도 변색하지 않는다. 매우 연약하다. 포자의 크기는 7~9×3~4㎛, 타원형, 표면은 매끈하고 투명하며 미세한 사마귀가 있고 연한 계피황색이다.
생태 여름 / 숲속의 땅에 발생한다.
분포 한국, 일본, 북미
참고 붉은싸리버섯과 달리 이 버섯은 분홍색이고 가지 끝 부분이 황색이 아니다.

주름균강 》 나팔버섯목 》 나팔버섯과 》 싸리버섯속

붉은노랑싸리버섯

Ramaria tesataceo-flava (Bres.) Corner

형태 자실체는 높이 5~12㎝, 폭 4~7㎝로 모양은 상당히 다양하다. 밑동에서 분지되어 위로 올라가며, 기부에서부터 이슬 맺힌 자갈색이다. 분지 끝은 건초색에서 회색빛의 노랑색으로 되었다가 바랜 색으로 변색된다. 자루의 높이 2~4㎝, 두께 1~2㎝이다. 살은 특별한 냄새는 없고, 맛도 없다. 포자의 크기는 9~11×4~5㎛로 타원형, 표면에 미세한 사마귀반점이 있으며 황색이다.
생태 가을 / 이끼류 속에 군생한다. 식용 가능하다.
분포 한국, 중국, 유럽

사탕싸리버섯

Ramaria suecica (Fr.) Donk

형태 자실체는 중대형, 높이 4~10㎝, 주분지는 직립상, 2-4회 분지하며, 백색-옅은 살색이다. 꼭대기는 가늘고 길며 뾰족하다. 분지된 자실체의 자루는 좌우 2㎝, 굵기 3~7㎜, 기부는 습할 시 백색의 융모가 있다. 살은 백색이며 단단하고 맛은 쓰다. 포자의 크기는 7.5~10.5×4~5㎛, 타원형, 표면은 거칠고, 황색이다. 담자기는 길고 곤봉형, 4-포자성이다.
생태 여름~가을 / 침엽수림의 땅에 군생한다. 식용 가능하다.
분포 한국, 중국

자갈색싸리버섯

Ramaria violaceibrunnea (Marr & D.E. Stuntz) R.H. Petersen

형태 자실체의 크기는 1.5~8㎝, 높이 5~12㎝, 일반적으로 가늘고 곧은 왕관 모양이며 분명한 자루가 있다. 어릴 때 분지한 것들은 보라색이며 곧 연한 베이지색에서 회갈색으로 되며 자루 위쪽과 아래쪽에 보라색의 띠가 있다. 황토-노랑색으로 된다. 노쇠하면 회색의 그을린 황갈색으로 된다. 자루의 길이 1~4㎝, 굵기 0.5~2.5㎝로 길며, 막대 모양에서 약간 부푼형이며 기부는 백색이고, 위쪽은 보라색이다. 살은 섬유상, 백색이고 맛과 냄새는 불분명하다. 난아미로이드 반응이 있다. 포자문은 맑은 황토-노랑색이다. 포자의 크기는 9~13×4~5.5㎛, 타원형에서 난형, 많은 작은 분리된 사마귀반점으로 거칠다. 담자기의 기부에 꺽쇠가 있다.
생태 가을~초겨울 / 혼효림의 땅에 단생 · 산생한다. 식용 여부는 알 수 없다.
분포 한국, 북미

붉은팽이버섯

Turbinellus floccosus (Schwein.) Earle ex Giachini & Castellano
Cantharellus floccosus Schw., Gomphus floccosus (Schwein.) Sing.

형태 자실체는 높이 10~20㎝이고 균모는 지름이 4~12㎝로 어릴 때는 뿔피리 모양에서 깊은 깔때기 모양~나팔 모양으로 된다. 중심부는 근부까지 오목하다. 표면은 황토색 바탕에 적홍색 반점이 있고 뒤집힌 큰 인편이 있다. 살은 백색이다. 주름살은 거짓주름살로, 세로로 된 내린주름살이며 자실층면은 황백색~크림색이다. 자루의 길이 5~10㎝, 굵기 1.5~5㎝로 적색의 원통형이고 속이 비어 있다. 포자는 12~16×6~7.5㎛로 무색의 타원형, 표면은 매끄럽고 투명하다. 포자문은 크림색이다.
생태 여름~가을 / 침엽수림의 땅에 군생한다. 식용 가능하다.
분포 한국, 일본, 중국, 동북아시아, 북미

황토팽이버섯

Turbinellus fujisanensis (S. Imai) Giachini
Gomphus fujisanensis (S. Imai) Parmasto

형태 균모의 높이는 5~10㎝, 지름은 3~8㎝로 어릴 때는 긴 원통형이나 곧 긴 나팔형-깔대기형으로 된다. 표면은 연한 황토색, 오렌지 황토색-연한 갈색, 처음에는 계피색의 작은 인편이 있고 나중에 인편은 오렌지색을 띤 계피색이다. 인편은 거친 것도 있고 아예 없는 것도 있다. 독성이 있어 설사, 구토를 일으키나 끓이면 먹을 수 있다. 살은 백색이고 약간 연약한 육질이다. 주름살은 융기된 주름살(거짓주름살)로 얕고 쭈글쭈글하게 굴곡진 거짓주름살로 기부에서는 약간 평행으로 올라가 여러 번 분지되며 그물 모양이 된다. 처음 백색에서 황색을 띤 계피색 또는 연한 계피-갈색이 된다. 거짓주름살과 자루의 경계가 분명치 않다. 자루의 속은 비어 있고 아래로 갈수록 가늘다. 처음 백색에서 거짓주름살과 같은 색으로 된다. 붉은 나팔버섯과 달리 자루에 붉은색은 거의 없다. 포자의 크기는 12.5~15×6~7.5㎛로 타원형이고 연한 황색, 표면에 많은 점상의 돌기가 있다. 포자문은 황색의 계피색이다.

생태 여름~가을 / 침엽수, 활엽수림, 혼효림의 땅에 군생 · 속생한다.

분포 한국, 일본, 중국

곤봉팽이버섯

Turbinellus kauffmanii (A.H. Sm.) Giachini

형태 균모의 지름은 5~20(30)㎝로 자실체는 원통형이며 편평 또는 어릴 때 약간 들어가고, 이어서 중앙은 깊게 들어간다. 넓고 둥근 산 모양이며 다음에 위로 올린 형에서 화분 받침 모양이 된다. 가장자리는 얇고, 오래되면 물결형, 둔한 베이지색에서 그을린 색이 되며 때때로 백색이다. 표면은 건조하며 거친 원 모양들이고 점상의 인편이 있고 중앙은 움푹 패인다. 가장자리 부근은 편평, 갈색이다. 주름살은 융기된 내린주름살, 분지하며 맥상으로 다른 주름살과 연결된다. 아주 어릴 때 백색, 크림베이지색에서 그을린 색으로 된다. 자루의 길이 7~15㎝, 굵기 2~5㎝, 원통형, 또는 아래로 갈수록 가늘고, 기부로 곤봉상이다. 거의 융기의 주름살 조직이 기부까지 있다. 연한 베이지색에서 그을린 색이다. 살은 균모에서 얇고 자루는 두껍고 단단하며 섬유상, 백색 또는 오렌지 그을린 색으로 물들고 냄새는 불분명하고 맛은 온화하다. 포자문은 황토-담황색에서 살구색이다. 포자의 크기는 12.5~17.5×6~8㎛, 긴 타원형, 표면에 사마귀반점이 있다.

생태 늦가을~초겨울 / 침엽수림의 땅에 단생 · 군생한다. 식용 여부는 알 수 없다.

분포 한국, 유럽, 북미

참고 붉은팽이버섯과 아주 비슷한데 색깔에서 차이가 난다.

주름균강 》 나팔버섯목 》 뱅어버섯과 》 바늘가죽버섯속

바늘가죽버섯

Hydnocristella himantia (Schw.) Petersen
Kavinia himantia (Schw.) Erikss.

형태 자실체는 전체가 배착생이며 기주에 넓게 펴진다. 자실층은 연한 오렌지황색이다. 표면은 바늘 모양-혹 모양을 이룬다. 주변은 백색 섬유상이며 때때로 백색 균사속이 생긴다. 살은 백색으로 면모상이며 두께 0.2~1㎜로 얇다. 포자의 크기는 10~12×5㎛, 긴 타원형이며 한쪽 끝이 가늘다. 표면에 미세한 반점이 있으며 매끈하고 투명하다. 2-3개의 기름방울을 함유하는 것도 있다.

생태 연중 / 활엽수에 백색부후를 일으키며 흔히 땅에 떨어진 작은 가지에 난다.

분포 한국, 일본, 유럽, 북미, 러시아

주름균강 》 나팔버섯목 》 뱅어버섯과 》 뱅어버섯속

껍질뱅어버섯

Lentaria epichnoa (Fr.) Corner

형태 자실체는 높이 2~4㎝로 아주 하얀색이고, 거의 투명하다. 손가락 같은 모양의 버섯으로 자실체는 부드럽고 탄력이 있으며 규칙적으로 분지하여 포크형이며 U-자형을 나타낸다. 분지된 것들은 각을 나타냄과 함께 비단실처럼 되며, 위쪽으로 분지되어 끝은 약간 무디게 뾰족하고 끝은 보통 짧은 발 모양이다. 오래되면 자실체는 누런빛으로 되었다가 때때로 적갈색으로 변색된다. 포자의 지름은 5~7㎛로 구형 또는 아구형, 백색이며 표면은 매끈하고 투명하다.

생태 연중 / 숲속의 고목에 군생한다.

분포 한국, 북유럽

흰보라뱅어버섯

Lentaria albovinacea (Pilát) Pilát

형태 자실체는 산호형이고 자루는 짧고 약하며 두께 2~4㎜로 여러 번 분지되어 포크형이며 U모양이다. 분지된 자루는 둥글게 압축되고 두께 0.5~1.5㎜, 끝은 둔하거나 뾰족하다. 표면은 백색에서 크림색으로 되며, 오래되면 황토색으로 된다. 미세한 백색의 코팅형으로 손으로 만지거나 상처 시 핑크-자색으로 변색하였다가 나중에 다시 퇴색한다. 자실체의 높이는 15~30㎜에서 40㎜까지 이르는 것도 있다. 육질은 연하고 탄력성이 있는 백색이다. 포자의 크기는 5.5~7.5×2.5~3㎛로 타원형이며 표면은 매끈하고 투명하다. 아미로이드 반응이 있다. 담자기는 가는 곤봉형으로 25~28×5~6.5㎛로 4-포자성, 기부에 꺽쇠가 있다. 낭상체는 관찰이 안 된다.

생태 가을 / 혼효림의 땅, 고목 옆에 단생 · 군생한다.

분포 한국, 아시아, 유럽, 북미

솜뱅어버섯

Lentaria byssiseda Corner

형태 자실체는 높이 6.5㎝다. 자루의 길이는 0.3~2㎝로 짧은 자루이며 수없이 분지하고 기부는 백색의 솜 같은 균사체에 둘러싸여 있다. 분지는 되풀이하여 포크형이다. 여러 개의 가늘고 긴 끝으로 된다. 표면은 연하고, 장미핑크색에서 그을린 핑크색으로 된다. 상처 시 갈색으로 물들고, 성숙하면 검은색에서 핑크갈색으로 된다. 오래되면 백색의 끝이 핑크갈색으로 변색된다. 살의 맛은 온화하지만 때때로 쓴맛이다. 포자의 크기는 11~16.5×3~5.5㎛, 원통형에서 장방형이며, 표면은 매끈하고 투명하다.
생태 여름~가을 / 썩는 고목 또는 때때로 나뭇잎과 구과 열매에 난다. 식용이 불가하다.
분포 한국, 북미

가지뱅어버섯

Lentaria micheneri (Berk. & Curt.) Corner

형태 자실체의 높이는 4㎝ 이하로 짧은 자루가 여러 개의 가지에 직립으로 분지하며, 끝은 날카롭게 V자형으로 갈라진다. 색깔은 연한 오렌지분홍색~연어살색이고, 건조하면 칙칙한 회색-둔한 황색이다. 살은 질기다. 포자의 크기는 7~9×2.3~4.5㎛로 장타원형, 표면은 매끈하고 투명하다.
생태 여름~가을 / 참나무류 등 활엽수의 낙엽이 쌓인 곳에 단생 · 군생한다.
분포 한국, 일본, 중국, 북미

부록

1. 신종 버섯

솔외대버섯

Entoloma pinusm D.H. Cho & J.Y. Lee

형태: 균모의 지름은 2~2.5㎝로 둥근 산 모양이다가 편평해지며 가운데가 볼록하나 꼭대기는 오목한 배꼽형이 된다. 검은 오렌지 황색, 짙은 오렌지황색 또는 회색으로 건조하면 유백색을 띤다. 가장자리에는 줄무늬가 있으나 고르지 않으며 잘 찢어지고 간혹 안으로 말린다. 살은 얇고 백황색, 주름살은 자루에 올린주름살, 어두운 분홍색, 촘촘하거나 성기며 폭은 0.3~0.5㎝이다. 주름살은 자루에 올린주름살, 길이 2~3㎝, 굵기 0.15~0.2㎝, 원주형이고 위와 아래의 굵기가 같으며 색깔은 균모보다 약간 연하다. 기부에는 백색의 균사가 있다. 속은 차 있다가 비게 되며 살은 표면과 같은색이다. 포자는 10~13×7.5~9㎛, 아구형, 오각형, 드물게 기름방울 함유, 벽이 두껍다. 담자기는 31~40×6.3~10㎛, 곤봉형, 경자는 높이 3.8~6.3㎛, 2-포자성, 꺽쇠는 없다. 측낭상체와 연낭상체는 없다. 균모의 균사는 43.8~175×12.5~15㎛, 원통형, 균모의 균사는 45~95

×10~12.5㎛, 원통형이다. 자루 균사의 부푼 곳은 132.5~177×23.8(11.3)~27.5㎛, 필라멘트 모양은 60~85×50~11.3㎛이다.

생태: 초여름 / 소나무 숲(적송)의 소나무 잎이 떨어진 흙에서 무리를 지어 발생한다.

분포: 한국(만덕산 : 전주시 교외)

표본: CHO-2578, 1992년 6월 14일 만덕산에서 채집

참고: 국제균학회(IMC-5, 1994, Aug. 캐나다 밴쿠버)에서 한국 최초로 버섯의 신종을 발표했다.

Pieus: 2.0~2.5cm broad, at firstbroadly plane with umbilicus or broadly umbonate with depression, finally plane with umbilicus, dull yellow orange, then deep dull yellow orange, white when dry. Often margin striate, uneven, torn, rarelly incurved. Context thin, whitish yellow. Taste and odor farinaceous or none. Lamellae 3.0~5.0mm wide, narrow front, more or less broad behind, ventricose, dull pinkish, mixed short and long, distant more or less sparse, edges concolorous, even. Stipe 2.2~2.5cm long, 1.5~2.0mm thick, cylindrical, equual, the paler concolorous with the pileus, flexible, glabrous, white myceloid attaching at base, solid to stuffed, concolorous with the surface. Spores 10~13×7.5~9.0㎛, mostly five angles, subglobose, rarely with oil drop. Basidia 31~40×6.3~10㎛, clavate sterigmata 3.8~6.3 high, 2-spored, clampcoeection absent. Pleurocystidia and cheilicystidia absent. Hyphaefrom pilus trama 43.8~175×12.5~15㎛, cylindrica, pilepellis 45~95×10~12.5㎛, cylindrical, hyphae from stipe trama 132.5~177×23.8(-11.3)-27.5㎛, at bulb and 60~85×50~11.3㎛ at filament.

Habitat: Clustered on soil offallen leaves of Pinus densiflora.

Distribution: Mt.Manduck near Chonju city of Korea

Pileo: 2.0~3.0cm crassi, planus deinde umbilicaris, fulvus vel pello-fulvus, marginis striatus. Conntextus diaphanes, flavido-albus gustatus et odois tenuis vel nillus. Lamellae distant, pello-vinaceae, ventricosa. Stipe 2.2~2.5cm longus, 1.5~2.0cm crassis, cylindratus, aequi-coloris cum pileo, basiglobellus. Sporis 10~13×7.5~9.0, pentagonous, basidia di-sporis, clamp connection nullus, pleurocystidia et cheilocystidia nullus.

Habitat: In humo infra sylvam Pinus densiflora.

Typus: CHO-2578, Quartus decimus Junius, 1992.

순노랑외대버섯

Entoloma sulphurinum D.H.Cho

형태: 균모의 지름은 5.5~6.5㎝로 둥근 산 모양에서 차차 편평하게 되지만 중앙에 황갈색의 볼록이 있다. 표면은 순노랑색으로 산재하며 줄무늬선이 가장자리부터 거의 중앙까지 발달한다. 살은 얇고 노랑색이다. 가장자리는 약간 톱니상, 물결형이다. 주름살은 자루에 대하여 떨어진주름살로 약간 촘촘하거나 성기며, 상처 시 붉은빛의 노랑색으로 된다. 언저리는 톱니상, 자루의 길이 5.5㎝, 굵기 0.6~0.8㎝, 표면은 희미한 세로줄의 줄무늬선이 있으며 부서지기 쉽고 백황색이며 속은 비었다. 포자의 크기는 6~8×6~7㎛, 류구형으로 6-7개의 각이 있고 기름방울이 한 개 있으며 벽은 두껍다. 담자기는 곤봉형으로 25~37.5×8.8~10㎛, 4-포자성이다. 주름살조직의 균사는 50~145×10~22.5㎛, 원통형, 표면은 매끈하고 투명하며 물결형이다. 균사의 폭은 4~5㎛, 자루의 균사는 80~125×15~22.5㎛, 원통형이다.

생태: 여름 / 절개지의 맨땅에 단생한다.

분포: 한국

참고: 국제균학회(IMC-9, 2010, 8월. 영국, 에덴버러), 아시아균학회(AMC-2009), 대만 충칭에서 보고되었다.

Pieus: 5.5~6.5cm broad, convex to plane, yellowish brown umbo in the center. Pure yellowish, scattered color, striate from margin to the near center. Context thin, yellowish. Margin slightly crenate, undulating. Lamellae remote, slightly crowded or sparse, yellowish, yellowish with reddish when bruised. Edge crenate. Stipe 5.5cm long, 0.6~0.8cm thick, surface faintly longitudinal, fargil, yellowish with white, hollow. Spores 6~8×6~7㎛, with 6-7 angles, with drop, wall thick, dull. outline subglobose. Basidia 25~37.5×8.8~10㎛, clavate, with 1-2drops, 4-spored. Hypahae from lamellae trama 50~145×10~22.5㎛, cylindrcal, smooth or undulating or hyphae of 4~5㎛, wide. Hypahe from stipe 80~125×15~22.5㎛, cylindrical.

Habitat: Solitary on bare soils of cliff.

Distribution: Korea(Mt.Chilgap)

Studied specimens: CHO-12428(22 August 2009) collected at astronomical office to peak of Mt.Chilgap in Korea.

Pileo: 5.5~6.5cm, convexo dein plane, xanhto-bruneus umbo. Pure xantho, striato. Carnelepto, xantho. Marginalis teeth. Lamellae remote, crowded, sparse. Xantho with rubro, fragile, favo넌. Stipe 5.5 cm longis , 0.6-0.8cm crasso, longitudially, fragile, whitish yellowish, hollow. Sporis 6.5~8×6~7㎛, dull angle, subglobosr.

2. 한국의 버섯

A. 한국 균류의 다양성

한국 균류의 다양성은 많은 사람들에게 연구되어 정확히 얼마나 많은 종류가 서식하는지 가늠하기가 쉽지 않다. 한국의 균류를 어디부터 어디까지 포함할 것인가에 따라 달라지기 때문이다. 본서에서는 자실체를 뚜렷이 형성하는 종류 중에서 자실체가 균사로 되어 있는 것을 중심으로 다루었다. 주로 진균류(Eumycota)와 변형균류(Myxomycota)를 중심으로 하였다. 국내에서는 진균류인 담자균문과 자낭균문이 주로 연구되고 있으나 변형균류문에 대한 연구는 일부 극소수인 것으로 보고되었다.

전 세계적으로 50,000종이 넘는 균류 중에서 버섯이라 칭하는 종류는 20,000종으로 추측하고 있다. 여기에는 담자기에 4개의 포자를 만드는 담자균과 자낭에 8개의 포자를 만드는 자낭균 두 그룹으로 나눌 수가 있다. 흔히 우리가 버섯이라 칭하는 것에는 담자균류를 지칭하는 경우가 많다.

한국의 균류 연구는 일제시대에 재배에 관한 연구가 시작되면서 균류의 다양성에 관한 연구도 시작되었다. 주로 분류학적 연구였고 본격적인 연구가 시작된 것은 1970년 한국균학회가 창립되면서부터였다. 한국에서 발행된 각종 버섯도감과 균류 목록, 북한의 조선포자식물, 중국의 장백산 버섯도감을 고려할 때 4,000 종류 넘게 연구된 것으로 추측된다. 그러나 이것은 한국에 자생하는 종류의 20~30%에도 미치지 못하는 숫자다. 앞으로 지속적인 연구가 계속된다면 버섯의 종수는 적어도 10,000종에 육박하리라 추정하고 있다.

B. 한국 버섯의 지정학적 특성

균류 중 버섯류가 발생하는 조건 중에서 온도와 습도는 매우 중요한 요소이다. 거기에 한 가지를 더하자면 식생이 풍부한가의 여부다. 다행히도 한국은 3면이 바다로 둘러싸인 반도국가이며 국토의 60~70%가 산지로 된 나라이다. 식생은 난대성 활엽수림에서 한대성 침엽수림에 이르기까지 다양한 식생으로 이루어져 있다. 우리 한반도는 북방계버섯과 남방계버섯이 교차할 수 있는 지형학적 특성을 가지고 있다. 북방계버섯류인 송이, 팽나무버섯류는 남쪽으로 이동하고 남방계버섯인 그물버섯류, 광대버섯류는 북쪽으로 이동하고 있다. 그래서 한반도는 북방계버섯류와 남방계버섯류가 교차하는 지역이라 생각할 수가 있다. 이것은 버섯들의 교잡이 일어날 확률이 높다는 것을 의미한다. 식물에서는 이와 같은 현상이 일어나면서 내성이 강한 식물이 만들어졌다. 그러므로 버섯도 오랜 세월에 걸쳐서 병해충에 강한 버섯이 생길 수 있다고 기대해볼 수 있다.

C. 한국에 버섯 종이 다양한 이유

버섯은 식물과 더불어 진화해온 생물이다. 이것은 버섯과 식물이 아주 밀접한 관계를 가지고 있다는 것이다. 예를 들면 식물과 공생하는 송이버섯 등이 대표적이라 할 수 있다. 한국에 자생하는 버섯의 종류가 많은 것은 식물상이 풍부하기 때문이다. 빙하시대의 영향을 크게 받지 않았으며 춥고 더운 것이 확연히 구분되기 때문에 열대와 한대 양쪽에 적응된 식물이 많은 편인데 산림이나 초원 등에 의존하여 살아가는 버섯에게는 더없이 좋은 환경이 제공되는 셈이다. 봄, 여름, 가을, 겨울의 사계절이 뚜렷한 기후로 여름에는 몬순 기후의 특성상 무덥고 비가 많이 내리기 때문에 자연히 열대성 버섯이 많이 발생한다. 반면 겨울에는 며칠씩 추웠다 풀렸다 반복되는 기후라 남방계의 열대성버섯과 북방계의 한대성 버섯이 모두 발생할 수 있는 여건이 이루어짐으로써 버섯의 발생이 풍부해지는 것이다. 지금까지 보고된 버섯을 보면 북반구의 한국, 일본, 중국, 북아메리카와 남반구의 오스트레일리아, 남아메리카에 분포하는 종류가 있다는 것을 보면 알 수 있다.

보통 6월 중순에 장마가 시작되면서 장마 이후 기온도 크게 올라간다. 7월 하순에 장마가 끝나고 무더위가 계속되면 그때는 광대버섯류, 벚꽃버섯류, 그물버섯류가 많이 발생한다. 다른 종류의 버섯류도 이때 많이 발생한다. 태풍이 남쪽에서 올라오는 시기가 되면 기온도 떨어지면서 북쪽이 원산지인 송이과의 송이버섯류가 발생하기 시작하여 추석 무렵에 절정을 이룬다. 가을철로 접어들면 끈적버섯류, 싸리버섯류 등의 버섯류가 발생한다. 온도가 더 내려가는 12월 초순경부터 초봄까지 팽나무버섯이 발생하기 시작한다.

D. 한국의 버섯과 세계의 버섯

한국에는 전 세계에 분포하는 모든 종이 발생하고 있다. 물론 종류와 개체 수, 빈도에는 많은 차이가 있지만 세계의 모든 버섯이 발생한다고 볼 수 있다. 그중에서 북아메리카 동부-동아시아에 분포하는 종과 북아메리카 서부-동아시아에 분포하는 종이 우리의 관심을 끈다. 현재 지리적으로 정반대의 지역이다. 이 정반대의 지역에 같은 종이 분포한다는 것은 지리적으로 이 두 지역이 동일한 지역이었다가 지각 변동으로 분리되었기 때문이라는 것을 추정해볼 수도 있다. 이것은 생물학적으로 생물의 분포상을 통하여 생물의 진화의 한 단면을 알 수 있는 좋은 본보기가 된다.

참고문헌

한국

서재철 · 조덕현, 2004,『제주도버섯』, 일진사.

이지열, 2007,『버섯생활백과』, 경원미디어.

이지열, 1988,『원색 한국의 버섯』, 아카데미.

이지열 · 홍순우, 1985,『한국동식물도감 제28권: 고등균류(버섯편)』, 문교부

이태수, 2016.『식용 · 약용 · 독버섯과 한국버섯목록』, 한택식물원.

이태수 · 조덕현 · 이지열, 2010,『한국의 버섯도감』, 저숲출판.

윤영범 · 리영웅 · 현운형 · 박원학, 1987,『조선포자식물1 (균류편1)』, 과학백과사전출판사

윤영범 · 현운형, 1089,『조선포자식물(균류편 2)』, 과학백과사전종합출판사

조덕현, 2009,『한국의 식용 · 독버섯 도감』, 일진사.

조덕현, 2003,『원색 한국의 버섯』, 아카데미서적.

조덕현, 2001,『버섯』, 지성사.

조덕현, 2007,『조덕현의 재미있는 독버섯 이야기』, 양문.

논문

반승언 · 조덕현, 2011,「한국산 담자균류의 연구」, 한국자연보존연구지, 9(3-4):153-161.

반승언, 조덕현, 2012. 백두산의 고등균류상 (I), 한국자연보존연구지, 10(3-4):193-220.

조덕현, 2010. 백두산의 균류자원, 한국자원식물학회지, 23(1):115-121.

조덕현, 반승언. 2012. 백두산의 고등균류상 (II), 한국자연보존연구지, 10(3-4):193-220.

Park, Seung-Sick and Duck-Hyun Cho, The Mycoflora of Higher Fungi in Mt. Paekdu and Adjacent Areas(I). Kor. J. Mycol. 20(1):11-28. 1992.

Cho, Duck-Hyun, Park,Seong-Sick and Choi, Dong-Soo, 1992. The Flora of Higher Fungi in Mt.Paekdu, Proc. Asian Mycol. Symp, :115-124.

Cho, Duck-Hyun,1990. The Flora of Genus Entoloma in Korea, IMC-4, Regensburg, Germany.

Cho, Duck-Hyun and Ji-Yul Lee, 1994. Entoloma pinesum sp. nov.in Korea, IMC-5, Vancouver, British Columbia Canada.

Cho, Duck-Hyun, 1995. Taxonomical Study on the genus Entoloma of Korea (II) The Proceedings of the Second China-Korea JointSeminar for Mycology, Beijing, China.

Cho, Duck-Hyun, 2009. Flora of Mushrooms of Mt.Backdu in Korea, Asian Mycological Congress 2009(AMC 2009): Symposium Abstracts,B-03(p-109), Chungching(Taiwan).

Cho, Duck-Hyun, 2010. Four New Species of Mushrooms from Korea, International Mycologica Congress 9(IMC-9), Edinburgh(U.K).

유럽 및 미국

Baron, G.L. 2014. Mushrooms of Ontario and Eastern Canada, George Barron

Baroni, T.J. 2017. Mushrooms of the Northeastern United States and Eastern Canada, Timber Press Field Guide

Bas, C. TH. W. Kuyper, M.E. Noodeloos & E.C. Vellinga, 1988. Flora Agaricina Neerlandica (1), A.A. Balkema/Rotterdam/Brookfield

Bessette, A.E., A.R. Bessette, D.W. Fischer, 1996. Mushrooms of Northeastern North America, Syracuse University Press

Bessette, A.E., O.K. Miller, Jr. A.R. Bessette, H.H. Miller, 1984. Mushrooms of North America in Color, Syracuse University Press

Boertmann, D. et al. 1992. Nordic Macromycetes vol. 2. Nordsvamp-Copenhagen

Bon, M. 1987. The mushrooms and Toadstools of Britain and North-Western Europe, Hodder & Stoughton

Breitenbach, J. and Kränzlin, F. 1991. Fungi of Switzerland. Vols. 3. Verlag Mykologia, Lucerne.

Breitenbach, J. and Kränzlin, F. 1995. Fungi of Switzerland. Vols. 4. Verlag Mykologia, Lucerne.

Breitenbach, J. and Kränzlin, F. 2000. Fungi of Switzerland. Vols. 5. Verlag Mykologia, Lucerne.

Buczacki, S. 1992. Mushrooms and Toadstools of Britain and Europe, Harper Collins Publishers

Buczacki, S. 2012. Collins Fungi Guide, Collins

Cetto Bruno, 1987. Enzyklopadie der Pilze, 2. BLV Verlagsgesellschaft, Munchen Wein Zurich

Cetto Bruno, 1987-1988. Enzyklopadie der Pilze, (2-3). BLV Verlagsgesellschaft, Munchen Wein Zurich

Corfixen Peer, 1997. Nordic Macromycetes vol. 3. Nordsvamp-Copenhagen

Courtecuisse, R. & B. Duhem. 1995. Collins Field Guide, Mushrooms & Toadstools of Britain & Europe, Harper Collins Publishers.

Courtecuisse, R. & B. Duhem. 1994. Des Chamignons de France, Eclectis

Courtecuisse, R. 1994. Guide des Champignons de France et DEurope,

Cripps,C.L., V.S. Evenson, and M. Kuo, Rocky Mountain Mushrooms by Habitat, University of Illinois Press

Davis, R.M., R. Sommer, and J.A. Menge, 2012. Field Guide to Mushrooms of Weastern North America,

University of California Press

Dahncke, R.M., S.M. Dahncke, 1989. 700 Pilze in Farbfotos, At Verlag Aarau, Stuttgart

Dahncke, R.M, 1994. Grundschule fur Pilzsammler, At Verlag

Dennis E. Desjarin, Michael G. Wood, Fredericka. Stevens, 2015, California, Mushrooms, Timber Press.

Dkfm. Anton Hausknecht & Mag. Dr. Irmgard Krisai-Greilhuber, 1997.

Fungi non Delieati, Liberia Bassa.

Evenson, V.S. and D.B. Gardens, 2015. Mushrooms of the Rocky Mountain Region (Colorado, New Mexico, Utah, Wyoming), Timber Press Field Guide

Foulds, N. 1999. Mushrooms of Northeast North America, George Barron

Hall, I.R., S.L. Stephenson, P.K. Buchanan, W. YUn, A.L. 2003. Cole, Edible and Poisonous Mushrooms of the World, Timber Press, Portland. Cambridge

Hemmes, D.E & Desjardin,D.E. Mushrooms of Hawaii, EPBM

Holmberg P. and H. Marklund, 2002. Nya Svampboken, Prisma

Huang Nianlai, 1988. Colored Illustration Macrofungi of China, China Agricultural Press, China.

Huffman,D.M., L.H. Tiffany, G. Knaphus, R.A. Healy, Mushrooms and Other Fungi of the Middcontinenta United States, University of Iowa Press

JacobsonJ.H., Mushrooms and other Fungi of Alaska, Windy Ridge Publishing

Jordan, P. 1996. The New Guide to Mushrooms, Lorenz Books

Keller, J. 1997. Atlas des Basidiomycetes, Union des Societies Suisses de Mycologie

Kibby, G. 1992. Mushrooms and other Fungi, Smithmark

Kibby,G, 2017. Mushrooms and Toadstools of Britain & Europe,Vol.1, Published in Great Britain in 2017 byGeoffrey Kibby

Kirk, P.M., F, Cannon, D.W. Minter and J.A. Stalpers, 2008, Dictionary of the Fungi (10th ed), CABI, 770pp

Kirk. P.M, P.F. Cannon, J.C. David & J.A. Stalpers, 2001, Dictionary of the Fungi 10th Edition, CABI Publishing.

Kobayashi, T., The taxonomic studies of the genus Inocybe, J. Cramer, Berlin . Stuttgart 2002.

Laursen, G.A. 1994. Alaska Mushrooms, Neil McArthur

Laessoe, T. 1998. Mushrooms, Dorling Kindersley

Laessoe, T. and A. D. Conte, 1996. The Mushroom Book, Dorling Kindersley

Laursen, G.A. Mcarthur, N. 2016. Alaskas, Mushrooms, Alaska Northwest Books

Lincoff, G.H. 1981. Guide to Mushrooms, Simon & Schuster Inc. Grafe & Unzer, G/U

Lincoff, G.H. 1992, The Audubon Society Field Guide to North American Mushroom, Alfred A. Knof.

Linton, A. 2016. Mushrooms of the Britain And Europe, Reed New Holland Publishers

Mahapatra, A.K., S.S. Tripathy, V. Kaviyarasan, 2013. Mushroom Diversity in Eastern Ghats of India, Chief Executive Regional Plant Resource Center

Marren Peter, 2012. Mushroos, British Wildlife

Matheny, P. B. & N.L. Bougher, Fungi of Australia, Australian Government (Department of the Environment and Energy)

Mazza, R. 1994. I Funghi, Manuali Sonzogno.

McKnight, K.H., V.B. McKnight, 1987. A Field Guide to Mushrooms North America, Houghton Mifflin Company, Boston

Meixner, A. 1989. Pilze selber zuchten At Verlag

Michael R. Davis, Robert Sommer, John A. Menge, 2012, Mushrooms of Western North America.

Miller, Jr. O.K. and H.H. Miller, 2006, North American Mushrooms, Falcon Guide

Moser, M. and W.Julich, 1986. Farbatlas der Basidiomyceten, Gustav Fischer Verlag

Noordeloos, M.E. 2011. Strophariaceae s.1. Edizioni Candusso

Nylen, B. 2000. Svampar I Norden och Europa, natur och Kultur/Lts Forlag

Nylen, 2002. Svampar i skog dch mark, Prisma

Overall,A. 2017. Fungi, Gomer Press Ltd, Llandysul, Ceredigion

Pegler David N. 1993. Mushrooms and Toadstools, Mitchell Beazley

Petrini, O. & E. Horak, 1995. Taxonomic Monographs of Agaricales, J. Cramer

Phillips, R. 1981. Mushroom and other fungi of great Britain & Europe. Ward Lock Ltd. UK.

Phillips, R. 1991. Mushrooms of North America, Little, Brown and Company.

Phillips, R, 2006, Mushrooms, Macmillan.

Rea, C. 1980, British Basidiomycetaceae, J. Cramer

Reid, D. 1980. Mushrooms and Toadstool, A Kingfisher Guide

Russell, B. 2006. Field Guide to Wild Mushrooms of Pennsylvania and the Mid-Atlantic, The Pennsylvania State University Press

Russell, B. 2006. Field Guide to Wild Mushrooms, The Pennsylvania State

Schwab, A. 2012. Mushrooming with Confidence, Merlin Unwin Books Ltd.

Senn-Irlet, 1995. The genus Crepidotus (Fr.) Staude in Europe, An International Mycological Journal

Siegel, N. and C. Schwarz, 2016, Mushrooms of the Redwood Coast, Ten Speed Press Berkeley

Singer, R. 1986. The Agaricales in Modern Taxonomy, 4th ed. Koeltz Scientific Books, Koenigstein.

Spooner B. and T. Laessoe, 1992. Mushrooms and Other Fungi, Hamlyn

Spooner, B. and p. Roberts, 2005. Fungi. Colins

Sterry, P. and B. Hughes, 2009. Collins Complete Guide to British Mushrooms & Toadsrools, Collins

Sturgeon,W. E., Appalachian Mushrooms a field guide, Ohio University Press

Trudell, S. and J. Ammirati, 2009. Mushrooms of the Pacific Northwest. Timber Press Field Guide.

Vasilyeva, L.N. 2008. Macrofungi Associated Oaks of Eastern North America, West Virginia Press

Watling, R. & N.M. Gregory, 1989. Crepidotaceae, Pleurotaceae, and other pleurotoid agarics, Roya Botanic Garden, Edinburgh.

Westhuizen, van der, G.C.A., A. Eicker, 1994. Mushrooms of Southern Africa, Struck

Winkler Rudolf, 1996. 2000 Pilze einfach bestimmen, At Verlag

Wood, E., J. Dunkelma, M.Schuyl, K. Mosely, M. Dunkelma, 2017. Grassland Fungi a field guide. Monmouthsire Meadows Group

일본

今關六也 · 大谷吉雄 · 本鄕次雄, 1989, 日本のきの乙, 山と溪谷社.

伊藤誠哉, 1955, 日本菌類誌 第2券 擔子菌類 第4號, 養賢堂.

印東弘玄 · 成田傳藏, 1986, 原色きの乙圖鑑, 北隆館.

朝日新聞, 1997, きの乙の世界, 朝日新聞社.

本鄕次雄 監修 (幼菌の會編), 2001, きの乙圖鑑, 家の光協會.

本鄕次雄 · 上田俊穗 · 伊澤正名, 1994, きの乙, 山と溪谷社.

本鄕次雄 · 上田俊穗 · 伊澤正名, きのこ圖鑑, 保育社.

本鄕次雄, 1989, 本鄕次雄教授論文選集, 滋賀大學教育學部生物研究室.

工藤伸一 · 長澤榮史 · 手塚豊, 2009, 東北きの乙圖鑑, 家の光協會.

伍十嵐恒夫, 2009, 北海道のきの乙, 北海道新聞社.

Imazeki, R. and T. Hongo, 1987. Colored Illustrations of Mushroom of Japan, vol. 1. Hoikusha Publishing Co. Ltd.

중국

嗚聲華 · 周文能 · 王也珍, 2002, 臺灣高等眞菌, 國立自然科學博物館.

周文能 · 張東柱, 2005, 野菇圖鑑, 遠流出版公司.

卯餞豊, 2000, 中國大型眞菌, 河南科學技術出版社.

卯餞豊 · 蔣張坪, 欧珠次旺, 1993, 西蔣大型經濟眞菌, 北京科學技術出版社.

謝支錫 · 王云 · 王柏 · 董立石, 1986, 長白山傘菌圖志, 吉林科學技術出版社.

黃年來, 1998. 中國大型眞菌原色圖鉴,, 中國衣业出版社.

李建宗 · 胡新文 · 彭寅斌, 1993, 湖南大型眞菌志, 湖南師範大學出版社.

戴賢才 · 李泰輝, 1994, 四川省甘牧州菌类志, 四川省科學技術出版社.

Bi Zhishu, Zheng Guoyang · Li Taihui, 1994, Macrofungus Flora of Guangdong Province, Guangdong

Science and Technology Press.
Bi Zhishu · Zheng Guoyang · Li Taihui · Wang Youzhao, 1990, Macrofungus Flora of Mountainous District of North Guangdong, Guangdong Science & Technology Press.
Liu Xudong, 2002, Coloratlas of the Macrogfungi in China, China Forestry Publishing House.
Liu Xudong, 2004, Coloratlas of the Macrogfungi in China 2, China Forestry Publishing House.

영국 http://www.indexfungorum.org
조덕현 http://mushroom.ndsl.kr

색 인

ⓢ

ⓞ

Ⓓ

Ⓔ

조덕현
(조덕현버섯박물관, 버섯 전문 칼럼니스트, 한국에코과학클럽)

- 경희대학교 학사
- 고려대학교 대학원 석사, 박사
- 영국 레딩(Reading)대학 식물학과
- 일본 가고시마(鹿兒島)대학 농학부
- 일본 오이타(大分)버섯연구소에서 연구

- 우석대학교 교수(보건복지대학 학장)
- 광주보건대학 교수
- 경희대학교 자연사박물관 객원교수
- 한국자연환경보전협회 회장
- 한국자원식물학회 회장
- 세계버섯축제 조직위원장
- 한국과학기술 앰버서더
- 전라북도 양육 출산협의회 대표
- 새로마지 친선대사(인구보건복지협회)
- 전라북도 농업기술원 겸임연구관
- 숲해설가 강사(광주, 대전, 충북)
- WCC총회 실무위원

- **버섯 DB 구축**
  한국의 버섯(북한버섯 포함): http://mushroom.ndsl.kr
  가상버섯 박물관: http://biodiversity.re.kr

- **저서**
  『균학개론』(공역)
  『한국의 버섯』
  『암에 도전하는 동충하초』(공저)
  『버섯』(중앙일보 우수도서)
  『원색한국버섯도감』
  『푸른 아이 버섯』
  『제주도 버섯』(공저)
  『자연을 보는 눈 "버섯"』
  『나는 버섯을 겪는다』
  『조덕현의 재미있는 독버섯 이야기』(과학창의재단)
  『집요한 과학씨, 모든 버섯의 정체를 밝히다』
  『한국의 식용, 독버섯 도감』(학술원 추천도서)
  『옹기종기 가지각색 버섯』
  『한국의 버섯도감 I』(공저)
  『버섯과 함께한 40년』
  『버섯수첩』
  『백두산의 버섯도감 1, 2』(세종우수학술도서)
  『한국의 균류 1: 자낭균류』
  『한국의 균류 2: 담자균류』
  『한국의 균류 3: 담자균류』 외 10여 권

- **논문**
  「The Mycoflor of Higher Fungi in Mt.Baekdu and Adjacent Areas(I)」 외 200여 편

- **방송**
  마이산 1억 년의 비밀(KBS 전주방송총국)
  과학의 미래(YTN 신년특집)
  갑사(MBC)
  숲속의 잔치(버섯)(KBS)
  어린이 과학탐험(SBS)
  싱싱농수산(KBS)
  신간서적(HCN서초방송)

- **수상**
  황조근조훈장(대한민국)
  자랑스러운 전북인 대상(학술 · 언론부문, 전라북도)
  사이버명예의 전당(전라북도)
  전북대상(학술 · 언론부문, 전북일보)
  교육부장관상(교육부)
  제8회 과학기술 우수논문상(한국과학기술단체총연합회)
  한국자원식물학회 공로패(한국자원식물학회)
  우석대학교 공로패 2회(우석대학교)
  자연환경보전협회 공로패(한국자연환경보전협회)